全 国 高 职 高 专 水 利 类 规 划 教 材

水利工程施工

主　编　张玉福　刘祥柱

副主编　王玉强　费成效

主　审　钟汉华

U0291643

中国水利水电出版社

www.waterpub.com.cn

内 容 提 要

本书为全国高职高专水利类规划教材,是根据全国水利水电高职教研会审定的水利工程、水利水电工程建筑专业指导性教学计划《水利工程施工》课程教学大纲编写的。本书较全面地阐述了水利工程施工中主要工种施工工艺、水工建筑物施工技术、施工组织与管理等内容。全书共分九章,包括施工导流与排水、爆破工程施工、土方工程施工、钢筋混凝土工程施工、地基工程施工、拦河坝工程施工、输水工程施工、施工组织、施工管理。

本书是高职高专院校水利工程、水利工程施工技术、水利水电建筑工程、工程造价、工程监理等专业的教材,可作为其它职业院校水利类专业和土木类专业的参考教材,也可供从事水利建筑行业的工程技术人员参考。

图书在版编目(CIP)数据

水利工程施工 / 张玉福,刘祥柱主编. -- 北京:
中国水利水电出版社,2010.7(2024.7重印).
全国高职高专水利类规划教材
ISBN 978-7-5084-7633-9

Ⅰ.①水… Ⅱ.①张… ②刘… Ⅲ.①水利工程-工程施工-高等学校:技术学校-教材 Ⅳ.①TV5

中国版本图书馆CIP数据核字(2010)第131182号

书　　名	全国高职高专水利类规划教材 **水利工程施工**
作　　者	主　编　张玉福　刘祥柱 副主编　王玉强　费成效 主　审　钟汉华
出版发行	中国水利水电出版社 (北京市海淀区玉渊潭南路1号D座　100038) 网址:www.waterpub.com.cn E-mail:sales@mwr.gov.cn 电话:(010)68545888(营销中心)
经　　售	北京科水图书销售有限公司 电话:(010)68545874、63202643 全国各地新华书店和相关出版物销售网点
排　　版	中国水利水电出版社微机排版中心
印　　刷	天津嘉恒印务有限公司
规　　格	184mm×260mm　16开本　21印张　498千字
版　　次	2010年7月第1版　2024年7月第6次印刷
印　　数	16001—17000册
定　　价	**62.00元**

前　言

　　教材事关国家和民族的前途命运，教材建设必须坚持正确的政治方向和价值导向。本书坚持党的二十大精神，全面贯彻党的教育方针，落实立德树人根本任务，为党育人，为国育才，弘扬劳动光荣、技能宝贵、创造伟大的时代风尚。

　　本书是根据教育部《关于加强高职高专教育人才培养工作意见》和《国家中长期教育改革和发展规划纲要（2010～2020年)》、《国家中长期人才发展规划纲要（2010～2020年)》的精神，实现人才强国的战略目标，以及全国水利水电高职教研会审定的水利工程、水电工程建筑专业指导性教学计划《水利工程施工》课程教学大纲编写的。它贯彻了最新的规范和行业标准，适应水利建设的新形势和新任务，适应我国高等职业技术教育的发展和改革。

　　在本书编写过程中，考虑到高等职业技术教育的特点和教学要求，并借鉴高等院校现有水利工程施工教科书的体系，本着"少而精"的原则，力求突出科学性、先进性、针对性、系统性、实用性，将本书内容分为九章，包括施工导流与排水、爆破工程施工、土方工程施工、钢筋混凝土工程施工、地基工程施工、拦河坝工程施工、输水工程施工、施工组织、施工管理。书中突出了学习重点、案例应用、学习检测，注重学生技能培养。

　　本书采用新标准、新规范，各专业可根据自身的教学目标及教学时数对教材内容进行取舍。

　　本书编写人员及编写分工如下：沈阳农业大学高等职业技术学院张玉福（绪论、第一、二、三章）；山东水利职业学院刘祥柱（第四章）；山西水利职业技术学院吕中东（第五章）；浙江水利水电专科学校王玉强（第六章）；安徽水利水电职业技术学院费成效（第七章）；四川水利职业技术学院张松（第八章）；华北水利水电学院水利职业学院毕书贞（第九章）。本书由张玉福、刘祥柱担任主编，张玉福负责全书统稿，由王玉强、费成效担任副主编，由湖北水利水电职业技术学院钟汉华担任主审。

由于编者水平有限，编写时间紧张，书中难免出现不妥之处，诚恳希望师生及读者批评指正。

编　者

2024 年 6 月

目　录

绪　　论

水利工程施工是研究水利工程建设项目施工技术、施工机械、施工组织与管理的一门应用性学科，是一门理论与实践紧密结合的水利类专业的核心专业课。水利工程施工是水利工程建设过程中最重要的一个阶段，其主要任务是：

（1）研究工种和建筑物的施工程序、施工工艺、施工方法和施工设备，贯彻施工规范和行业要求，解决施工技术问题。

（2）根据水利建设各阶段的任务不同，依据设计、合同任务和有关部门的要求，编制切实可行的施工组织设计，为水利工程的设计和施工提供技术上的保证。

（3）按照施工组织设计，做好施工准备，有计划、科学地组织施工，合理地使用资金，确保工程质量，降低工程建设成本，优质快速地完成工程施工任务。

（4）在工程施工过程中，开展观测、试验和研究工作，促进水利科学技术的创新与进步。

一、水利建设发展与成就

水利建设在我国历史悠久，成绩卓著。如春秋时期的黄河大堤工程、秦代的都江堰工程、元代的京杭大运河工程等都是我国人民经验和智慧的结晶。到目前，我国已建成各类水库 8.7 万余座，修建和加固了 26 万余 km 的堤防，初步控制了大江大河的常遇洪水，累计治理水土流失面积 78 万 km^2，形成了 5800 多亿 m^3 的供水能力，灌溉面积达 8 亿多亩。水利对于抗旱防洪减灾、保障工农业生产和城市建设、维护社会稳定发挥了重要的作用。

水利施工技术水平不断提高，水利科学技术也得到快速发展。如三峡工程建设中，解决了多项施工技术难题，使我国的水利施工技术居世界前列。

但应该看到，我国在施工机械智能化的研发和生产、施工机械自动化程度、施工管理的水平等方面和发达国家相比还有差距。

二、水利工程施工的特点

（1）工程量大、投资高、工期长。水利工程的工程量一般都很大，涉及工种多，需要大量的劳动力、机械设备、材料、构件等，工期往往几年甚至十几年。如三峡工程，仅混凝土工程量达到 2820 万 m^3，动态投资达 2000 多亿元，施工总工期达 16 年。

（2）施工流动性大、临时工程多。由于建筑产品是固定不动的，所以生产产品的建筑施工人员和机械设备要随建造地点而流动。由于地点偏僻、交通不便，需要修建较多的临时工程，如导流工程、施工辅助企业、生活房屋和生活设施，要解决施工空间布置和时间安排，做好人力、物资、机械的合理调度。

（3）受自然条件影响大。因为水利工程施工在露天条件下作业，水文、气象、地形、地质、水文地质等自然条件在很大程度上影响着施工方案的取舍和施工的难易程度，如施工导流措施、冬季雨季施工措施、复杂地形的施工布置、复杂地质的地基处理、施工安全等。

（4）施工质量要求高。水利工程多为挡水和输水建筑物，对防渗、防冲、稳定、安全性能要求高，潜在危险大，一旦失事，将对下游国民经济和人民生命财产带来很大的损失。

（5）施工干扰大，管理难度大。水利工程一般由许多单项工程组成，布置比较集中，工种多、施工强度高、地形条件限制大、施工干扰大、工期要求严格、影响因素多，涉及多个部门利益，需要统筹兼顾、合理规划。

（6）施工风险大。水利工程施工中有爆破作业、地下作业、水上水下高空作业，这些作业往往平行交叉进行，对安全不利，还可能遭遇洪水、地震、气象灾害，工程风险大。

三、水利工程施工程序

水利工程施工是水利基本建设的一个重要过程，将设计蓝图变为工程实体。根据施工的经验和规律，水利工程施工程序一般分五步进行：

（1）投标承包工作。收集信息，获取招标信息，编制投标文件，通过竞标，取得施工项目，中标后签订施工合同。施工单位要熟悉合同文件，检查上级主管部门的批文等。

（2）全面统筹安排，作好施工组织设计。对承建工程的任务、经济要求、施工条件、现场情况进行调查、研究和分析，在此基础上，拟定施工规划，编制施工组织设计，部署施工力量，为正式施工开工创造条件。

（3）落实施工准备，提出开工报告。在作好施工部署的条件上，对第一期工程施工的单项工程进行图纸会审，编制单项工程施工组织设计，落实人力、材料、设备进场，进行三通一平，向监理单位提出开工报告。

（4）组织项目施工，加强施工管理工作。按施工组织设计精心组织施工，加强项目的质量、进度、成本、工期、安全管理，高效优质进行施工。

（5）工程验收及交付使用。每项工程竣工后，施工单位先进行内部预验收，整理汇总各项技术资料，合格后，再由业主、监理单位、下级质监部门进行竣工验收，办理验收签证，交付使用。

四、本课程的特点和任务

本课程的特点是专业性、实用性、系统性强。

专业性强：本课程是水利类专业的专业课，也是核心课程之一，介绍水利工程中主要工种和典型建筑物的施工程序、方法、设备和施工组织。

实用性强：为方便学生学习的需要和工作使用的方便，本课程较详细地介绍了建筑物的施工方法，以及设备的工作特点、适用条件等，具有较强的实用性。

系统性强：本课程体现了工种施工、建筑物施工、施工组织与管理的有机结合，理论联系实际，体现较好的系统性，便于学生学习。

本课程的任务：在水利工程建设中，要按基本建设程序办事，按施工合同要求和施工规范及行业标准，编制施工组织设计，合理利用人、财、物，结合当地特点和季节组织施工，采取技术措施，科学组织和管理，实现均衡连续施工，实现优质、快速、安全、经济等目标。

第一章 施 工 导 流 与 排 水

内容摘要： 本章主要介绍导流方法、围堰工程、导流水力计算、截流工程、导流方案、施工度汛、封堵蓄水，以及基坑排水的一般方法和技术要求。

学习重点： 施工导流的方法，导流时段、导流标准、导流工程布置；土石围堰和混凝土围堰适用条件、布置要求；立堵法和平堵法截流的适用条件及设计要求；主要的度汛措施；初期排水和经常性排水方法布置要求。

施工导流与排水是水利枢纽总体设计的主要组成部分，是选定设计方案、确定施工程序和施工总进度的重要因素。

施工导流工作贯穿于水利工程施工的全过程。导流设计要妥善解决从初期导流到后期导流整个过程中的挡、泄水问题，保证干地施工条件和施工期不影响水资源的合理使用。

施工导流设计的主要任务是：研究分析水文、地形、地质、水文地质、枢纽布置及施工条件等基本资料，在保证施工要求和施工期水资源要求的前提下，选定导流标准，划分导流时段，确定导流设计流量；选定导流方案及导流建筑物的型式，确定导流建筑物的布置、构造及尺寸；拟定导流建筑物的修建、拆除、封堵的施工方法以及截流、度汛及基坑排水的措施等。

第一节 导 流 方 法

在河床上修建水利工程，为了使水工建筑物能够在干地上施工，需要用围堰围护基坑，并将河水引向预定的泄水建筑物泄向下游，这些措施就是施工导流。

施工导流的基本方法分为全段围堰法和分段围堰法。

一、全段围堰法导流

全段围堰法导流是在河床主体工程的上、下游各建一道围堰，使上游来水通过预先修筑的临时或永久泄水建筑物泄向下游，在排干的基坑中进行建筑物的施工，主体工程建成或接近建成时再封堵临时泄水通道。这类导流方法的优点是工作面大，河床内的建筑物在围堰的围护下一次性建造完成。如能利用枢纽中的永久泄水建筑物进行导流，可节约大量工程投资。

按泄水建筑物的类型不同，全段围堰法可分为：明渠导流、隧洞导流、涵管导流等。

（一）明渠导流

利用上下游围堰一次拦断河床形成基坑，保护主体建筑物在干地施工，河道水流经河岸或滩地上开挖的导流明渠泄向下游，这种导流方式称为全段围堰法明渠导流。

1. 明渠导流的适用条件

当坝址河床较窄，或河床覆盖层很深，分期导流困难，且具备下列条件之一者，可考虑采用明渠导流。

（1）河床一岸有较宽的台地、垭口或古河道。

（2）河道流量大，地质条件不适于开挖导流隧洞。

（3）施工期有通航、排冰、过木等要求。

（4）总工期紧，不具备洞挖设备和经验。

在导流方案比较过程中，如明渠导流和隧洞导流均可采用时，一般是倾向于明渠导流，这是因为明渠开挖可采用大型设备，施工进度快，对主体工程提前开工有利。如施工期间河道有通航、过木和排冰要求时，采用明渠导流更为有利。

2. 导流明渠布置

导流明渠布置有在岸坡布置和在滩地布置两种形式，如图1-1所示。

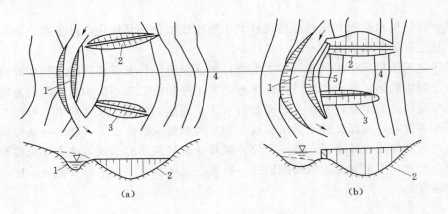

图1-1　明渠导流示意图

（a）在岸坡上开挖的明渠；（b）在滩地上开挖的明渠

1—导流明渠；2—上游围堰；3—下游围堰；4—坝轴线；5—明渠外导墙

（1）导流明渠轴线的布置。导流明渠应布置在较宽台地、垭口或古河道一岸；渠身进出口要外延至上、下游围堰外坡脚外一定距离，水平距离要满足防冲要求，一般50～100m；明渠进出口应与上下游水流相衔接，与河道主流的交角以30°为宜；以减少冲刷，保证水流畅通，明渠转弯半径应大于5倍渠底宽；明渠轴线布置应尽可能缩短明渠长度和避免深挖方。

（2）明渠进出口位置和高程的确定。明渠进出口的水流条件要符合要求，力求不冲、不淤和不产生回流，形状和位置可通过水力学模型试验进行调整，以达到这一目的；进口高程按截流设计选择，出口高程一般由下游消能控制；进出口高程和渠道水流流态应满足施工期通航、过木和排冰要求。在满足上述条件下，尽可能抬高进出口高程，以减少水下开挖量。

3. 导流明渠断面设计

（1）确定断面尺寸。明渠断面尺寸由导流设计流量控制，考虑地形、地质和允许抗冲流速要求，应按不同的明渠断面尺寸与围堰的组合，通过技术分析和经济比较确定。

（2）确定断面型式。明渠断面一般设计成梯形，渠底为坚硬基岩时，可设计成矩形。有时为满足截流和通航不同目的，也有设计成复式梯形断面。

（3）确定明渠糙率。明渠糙率大小直接影响到明渠的泄水能力，而影响糙率大小的因素有：衬砌的材料、开挖的方法、渠底的平整度等，可根据具体情况确定。

4. 明渠封堵

进行导流明渠布置时应考虑后期封堵要求。当施工期有通航、放木和排冰任务，且明渠较宽时，可在明渠内预设闸门墩，以利于后期封堵。施工期无通航、过木和排冰任务时，应于明渠通水前，将明渠坝段施工到适当高程，以加快二期施工进度。

（二）隧洞导流

利用上下游围堰一次拦断河床水流形成基坑，创造干地施工条件，将河道水流全部由导流隧洞宣泄的导流方式称为全段围堰法隧洞导流。

1. 隧洞导流的适用条件

隧洞导流适用于导流流量不大，坝址河床狭窄，两岸地形陡峻，如一岸或两岸地形、地质条件良好的山区河流。

2. 导流隧洞的布置

如图 1-2 所示。

（1）隧洞轴线沿线地质条件良好，足以保证隧洞施工和运行的安全。

（2）隧洞轴线宜按直线布置，如有转弯时，转弯半径不小于 5 倍洞径（或洞宽），转角不宜大于 60°，弯道首尾应设直线段，长度不应小于 3～5 倍的洞径（或洞宽）；进出口引渠轴线与河流主流流方向夹角宜小于 30°。

（3）隧洞间净距、隧洞与永久建筑物间距、洞脸与洞顶围岩厚度均应满足结构受力要求。

（4）隧洞进出口位置应保证水力学条件良好，并外延至堰外坡脚一定距离，一般距离应大于 50m，以满足围堰防冲要求。进口高程多由截流控制，出口高程由下游消能控制，洞底按需要设计成缓坡或急坡，避免成反坡。

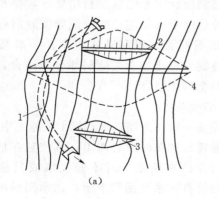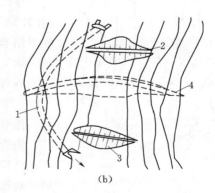

图 1-2 隧洞导流示意图

（a）土石坝；（b）混凝土坝

1—导流隧洞；2—上游围堰；3—下游围堰；4—主坝

3. 导流隧洞断面设计

隧洞断面尺寸的大小，取决于设计流量、地质和施工条件，洞径应控制在施工和结构安全允许范围内，目前国内单洞断面尺寸多在 $200m^2$ 以下，单洞泄流量不超过 $2000\sim2500m^3/s$。

隧洞断面形状取决于地质条件、隧洞工作状况（有压或无压）及施工条件，常用断面形状有：圆形、马蹄形、城门形等，如图 1-3 所示。

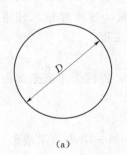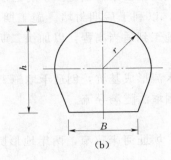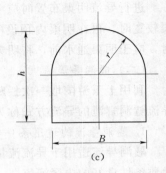

（a） （b） （c）

图 1-3 隧洞断面形式

(a) 圆形；(b) 马蹄形；(c) 城门形

圆形多用于高水头处，马蹄形多用于地质条件不良处，城门形有利于截流和施工，国内外导流隧洞多采用城门形。

糙率 n 值的选择。糙率的大小直接影响到断面的大小，而衬砌与否、衬砌的材料和施工质量、开挖的方法和质量则是影响糙率大小的主要因素。混凝土衬砌的隧洞，糙率值一般为 $0.014\sim0.017$；不衬砌隧洞的糙率变化较大，光面爆破时为 $0.025\sim0.032$，一般炮眼爆破时为 $0.035\sim0.044$。设计时根据具体条件，查阅有关手册，选取设计的糙率值。对重要的导流隧洞工程，应通过水工模型试验验证其糙率的合理性。

导流隧洞设计应考虑后期封堵要求，要布置封堵闸门门槽及启闭平台设施。要论证导流隧洞应与永久隧洞结合的可行性，以利节省投资。一般高水头枢纽，导流隧洞只可能与永久隧洞部分相结合，中低水头则有可能全部相结合。

（三）涵管导流

涵管导流一般在土坝、堆石坝工程施工中采用。

涵管通常布置在河岸岩滩上，其位置在枯水位以上，这样可在枯水期施工时不修围堰或只修一小围堰，通过涵管将河水经涵管下泄，枯水期后再加高形成上下游围堰，如图 1-4 所示。

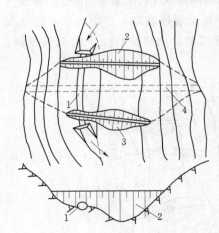

图 1-4 涵管导流示意图

1—导流涵管；2—上游围堰；

3—下游围堰；4—土石坝

涵管一般是钢筋混凝土结构。当有永久涵管可以利用或修建隧洞有困难时，采用涵管导流是合理的。在某些情况下，可在建筑物基岩中开挖沟槽，必要时予以衬砌，然后封上混凝土或钢筋混凝土顶盖，形成涵管。利用这种涵管导流往往可以获得较好的经济效果。由于涵管的泄水能力较低，所以一般用于导流流量较小的河流上或只用来担负枯水期的导流任务。

为了防止涵管外壁与坝身防渗体之间的渗流，通常在涵管外壁每隔一定距离设置截流环，以延长渗径，降低渗透坡降，减少渗流的破坏作用。此外必须严格控制涵管外壁防渗体的压实质量。涵管管身的温度缝或沉陷缝中的止水必须保证质量。

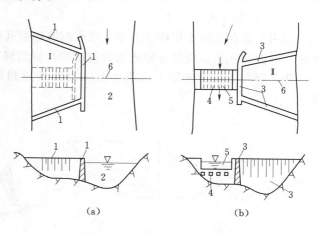

图1-5 分期导流布置示意图

(a) 一期导流；(b) 二期导流

1——一期围堰；2—束窄河床；3—二期围堰；
4—导流底孔；5—坝体缺口；6—坝轴线

二、分段围堰法导流

分段围堰法，也称分期围堰法或河床内导流，就是用围堰将建筑物分段分期围护起来进行施工的方法。图1-5是一种常见的分段围堰法导流示意图。

分段围堰法导流要解决好分段分期问题。分段就是从空间上用围堰将河床围护成若干个基坑进行施工；分期就是从时间上将导流过程划分成若干个施工阶段。如图1-6所示为导流分期和围堰分段的几种情况。

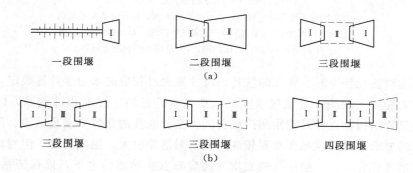

图1-6 导流分期分段示意图

(a) 二期施工；(b) 三期施工

Ⅰ期施工；Ⅱ期施工；Ⅲ期施工

从图中可以看出，导流的分期数和围堰的分段数并不一定相同，因为在同一导流分期中，建筑物可以在一段围堰内施工，也可以同时在不同段内施工。必须指出，段数分得的愈多，围堰工程量愈大，施工也愈复杂；同样，期数分的愈多，施工的工期有可能拖得愈长。因此在工程实践中，二期二段或二期三段导流法采用得最多。在比较宽阔的通航河道上施工，在不允许断航或其它特殊情况下，才采用多段多期导流法。

分段围堰法导流一般适用于河床宽阔、流量大、施工期较长的工程，尤其在通航河流或冰凌严重的河流上。这种导流方法的费用较低，在大、中型水利工程采用较广。分段围堰法导流，前期由束窄的原河道导流，后期可利用事先修建好的泄水建筑物导流。常见泄水建筑物的类型，在混凝土坝中采用底孔、缺口等，在土石坝中采用隧洞或明渠。

（一）底孔导流

利用设置在混凝土坝体中的永久底孔或临时底孔做为泄水道，是二期导流经常采用的方法。导流时让全部或部分导流流量通过底孔宣泄到下游，保证后期工程的施工。如系临时底孔，则在工程接近完工或需要蓄水时要加以封堵。底孔导流的布置形式如图 1-7 所示。

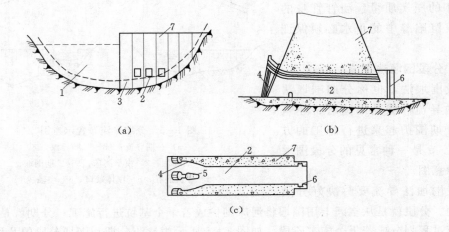

（a）　　　　　　　　　　　　（b）

（c）

图 1-7　底孔导流

（a）二期施工时下游立视图；（b）底孔纵断面；（c）底孔水平剖面

1—二期修建坝体；2—底孔；3—二期纵向围堰；4—封闭闸门门槽；
5—中间墩；6—出口封闭门槽；7—已浇筑的混凝土坝体

当采用临时底孔导流时，底孔的数目、尺寸要通过相应的水力学计算确定，其中底孔的尺寸在很大程度上取决于导流过水要求，如过水、过船、过木和过鱼等，以及流量要求、水工建筑物结构特点和封堵用闸门设备的类型。底孔的布置要满足截流、围堰工程以及本身封堵的要求。如底坎高程布置较高，截流时落差就大，围堰也高。但封堵时的水头较低，封堵措施就容易。一般底孔的底坎高程应布置在枯水位之下，以保证枯水期泄水。当底孔数目较多时可把底孔布置在不同的高程，封堵时从最低高程的底孔堵起，这样可以减少封堵时所承受的水压力。

临时底孔的断面形状多采用矩形，为了改善孔周的应力状况，也可采用有圆角的矩形。如表 1-1 所列一些典型工程导流底孔尺寸。

表 1-1　　　　　　　　　　　　水利工程导流底孔尺寸

工程名称	底孔尺寸（宽×高，m）	工程名称	底孔尺寸（宽×高，m）
新安江水库	10×13	石泉水库	7.5×10.41
黄龙滩水库	8×11	白山水电站	9×14.2

底孔导流的优点是：挡水建筑物上部的施工可以不受水流的干扰，有利于均衡连续施工。当坝体内设有永久底孔时，如果能用来导流时更为理想。底孔导流的缺点是：增加了建筑物的钢材用量；如果封堵质量不好，会削弱坝体的整体性，还有可能漏水；在导流过程中底孔有被漂浮物堵塞的危险；由于水头较高，封堵时安放闸门及止水等均较困难。

（二）坝体缺口导流

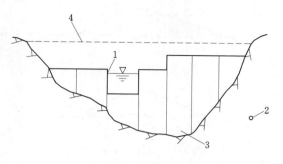

图 1-8 坝体缺口过水示意图
1—过水缺口；2—导流隧洞；3—坝体；4—坝顶

在山区河流上，汛期河水出现暴涨暴落，对于混凝土坝，当导流建筑物不足以宣泄全部流量时，为了不影响坝体施工进度，使坝体在涨水时仍能继续施工，可以在未建成的坝体上预留临时缺口措施，如图 1-8 所示，以便配合导流建筑物宣泄汛期洪峰流量，待洪峰过后，上游水位回落，再继续修筑缺口。所留缺口的宽度和高度取决于导流设计流量、建筑物的泄水能力、建筑物的结构特点和施工条件。采用底坎高程不同的缺口时，需要适当控制高低缺口间的高差，避免各缺口单宽流量相差过大，产生侧向泄流，引起压力分布不均匀。根据经验，其高差以不超过 4～6m 为宜。在修建混凝土坝，特别是大体积混凝土坝时，由于这种导流方法比较简单，常被采用。

第二节 围 堰 工 程

围堰是导流工程中临时的挡水建筑物，用来保护施工中的基坑，保证水工建筑物的干地施工条件。在导流任务结束后，应予拆除。

水利工程中的围堰形式类型可划分如下：

（1）按其所使用的材料，可以分为土石围堰、混凝土围堰、钢板桩格型围堰和草土围堰。

（2）按围堰与水流方向的相对位置，可分为横向围堰和纵向围堰。

（3）按导流期间基坑淹没条件，可分为过水围堰和不过水围堰。过水围堰除需要满足一般围堰的基本要求外，还要满足堰顶过水的专门要求。

围堰应满足下述基本要求：

（1）具有足够的稳定性、防渗性、抗冲性和一定的强度。

（2）造价便宜，构造简单，修建、维护和拆除方便。

（3）围堰的布置应力求使水流平顺，不发生严重的水流冲刷。

（4）围堰接头和岸边连接都要安全可靠，不致因集中渗漏等破坏作用而引起围堰失事。

（5）必要时应设置抵抗冰凌、船筏冲击和破坏的设施。

一、围堰的基本型式和构造

（一）土石围堰

土石围堰是水利工程中采用最为广泛的一种围堰形式，如图 1-9 所示。用当地材料填筑而成的围堰，不仅可以就地取材和充分利用开挖弃料作围堰填料，而且构造简单，施工方便，易于拆除，工程造价低，可以在流水中、深水中、岩基或有覆盖层的河床上修建。但其工程量较大，堰身沉陷变形也较大。

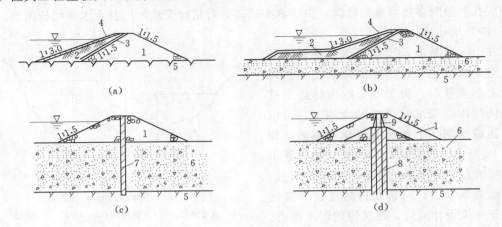

图 1-9 土石围堰
(a) 斜墙式；(b) 斜墙带水平铺盖式；(c) 垂直防渗墙式；(d) 灌浆帷幕式
1—堆石体；2—黏土斜墙、铺盖；3—反滤层；4—护面；5—隔水层；
6—覆盖层；7—垂直防渗墙；8—灌浆帷幕；9—黏土心墙

土石围堰断面较大，因此，一般用于横向围堰。但在宽阔河床的分期导流中，当围堰束窄河床而增加的流速不大时，也可作为纵向围堰，但需注意防冲设计，以保围堰安全。

土石围堰的设计与土石坝基本相同，但其结构形式在满足导流期正常运行的情况下应力求简单，便于施工。

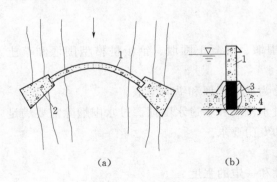

图 1-10 混凝土拱形围堰
(a) 平面图；(b) 横断面图
1—拱身；2—拱座；3—灌浆帷幕；4—覆盖层

（二）混凝土围堰

混凝土围堰的抗冲与抗渗能力大，挡水水头高，底宽小，易于与永久混凝土建筑物相连接，必要时还可以过水，因此采用比较广泛。其主要的类型有拱式混凝土围堰和重力式混凝土围堰。拱式混凝土围堰常用于全段围堰法导流中的上游围堰；重力式混凝土围堰一般用于分段围堰法导流中的纵向围堰。

1. 拱形混凝土围堰（见图 1-10）

这种围堰一般适用于两岸陡峻、岩石坚实的山区河流，常采用隧洞及允许基坑淹没的导流方案。通常围堰的拱座是在枯水期的水面以上施工的。对围堰的基础处理，当河床的覆盖层较薄时，需进行水下清基，若覆盖层较厚，则可灌注水泥浆防渗加固。堰身的混凝土浇筑则要进行水下施工，因此，难度较高。在拱基两侧要回填部分砂砾料以利灌浆，形成阻水帷幕。

拱形混凝土围堰由于利用了混凝土抗压强度高的特点，与重力式相比，断面较小，可节省混凝土工程量。

2. 重力式混凝土围堰

采用分段围堰法导流，重力式混凝土围堰往往可兼作第一期和第二期纵向围堰，两侧均能挡水，还能作为永久建筑物的一部分，如隔墙、导墙等。

重力式围堰可作成普通的实心式，与非溢流重力坝类似。也可作成空心式，如三门峡工程的纵向围堰如图 1-11 所示。

纵向围堰需抗御高速水流的冲刷，所以一般均修建在岩基上。为保证混凝土的施工质量，一般可将围堰布置在枯水期出露的岩滩上。如果这样还不能保证干地施工，则通常需另修土石低水围堰加以围护。重力式混凝土围堰可采用碾压混凝土，以降低造价。

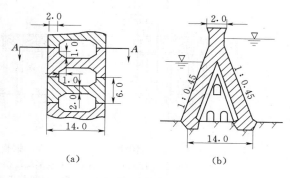

图 1-11　混凝土纵向围堰（三门峡工程）
（a）平面图；（b）A—A 剖面

（三）钢板桩围堰

钢板桩格型围堰是重力式挡水建筑物，由一系列彼此相接的格体构成，按照格体的平面形状，可分为筒形格体、扇形格体和花瓣形格体。这些形式适用于不同的挡水高度，应用较多的是圆筒形格体。图 1-12 所示为钢板桩格型围堰的平面示意图。它是由许多钢板桩通过锁口互相连接而成为格形整体。钢板桩的锁口有握裹式、互握式和倒钩式三种。格体内填充透水性强的填料，如砂、砂卵石或石渣等。在向格体内进行填料时，必须保持各格体内的填料表面大致均衡上升，因高差太大会使格体变形。

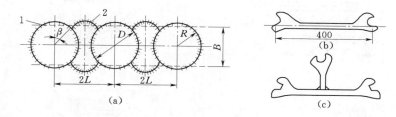

图 1-12　圆筒形格体钢板桩围堰
（a）平面图；（b）一字形钢板桩；（c）钢板桩异形接头

钢板桩格型围堰坚固、抗冲、抗渗、围堰断面小，便于机械化施工；钢板桩的回收率高，可达 70% 以上；尤其适用于束窄度大的河床段作为纵向围堰，但由于需要大量的钢材，且施工技术要求高，我国目前仅应用于大型工程中。

圆筒形格体钢板桩围堰，一般适用的挡水高度小于 15～18m，可以建在岩基上或非岩基上，也可作为过水围堰用。

圆筒形格体钢板桩围堰的施工由定位、打设模架支柱、模架就位、安插钢板桩、打设钢板桩、填充料渣、取出模架及其支柱和填充料碴到设计高程等工序组成，见图 1-13。

圆筒形格体钢板桩围堰一般需在流水中修筑，受水位变化和水面波动的影响较大，施工难度较大。

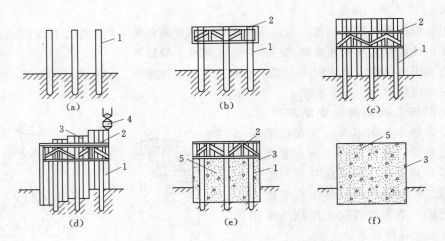

图 1-13 圆筒形格体钢板桩围堰施工程序图

(a) 定位、打设模架支柱；(b) 模架就位；(c) 安插钢板桩；(d) 打设钢板桩；

(e) 填充料渣；(f) 取出模架及其支柱和填充料渣到设计高程

1—支柱；2—模架；3—钢板桩；4—打桩机；5—填料

（四）草土围堰

草土围堰是一种以麦草、稻草、芦柴、柳枝和土为主要原料的草土混合结构，如图 1-14 所示，它已经有 2000 多年的历史，在青铜峡、盐锅峡、八盘峡等工程中应用。

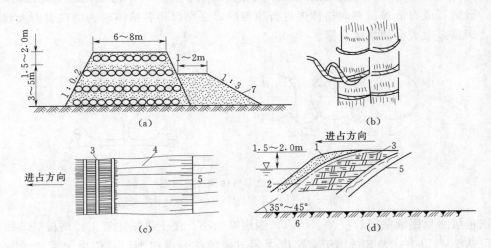

图 1-14 草土围堰及施工过程示意图

(a) 草土围堰；(b) 草捆；(c) 围堰进占平面图；(d) 围堰进占纵断面图

1—黏土；2—散草；3—草捆；4—草绳；5—已建堰体；6—河底；7—戗台

草土围堰施工简单，速度快，取材容易，造价低，拆除也方便，具有一定的抗冲、抗渗能力，堰体的容重较小，特别适用于软土地基。但这种围堰不能承受较大的水头，所以仅限水深不超过 6m、流速不超过 3.5m/s、使用期二年以内的工程。草土围堰的施工方法比较特殊，就其实质来说也是一种进占法。按其所用草料型式的不同，可以分为散草法、捆草法、埽捆法三种，实践中的草土围堰，普遍采用捆草法施工。

二、围堰的平面布置

围堰的平面布置主要包括确定基坑范围和围堰轮廓布置。

（一）围堰内基坑范围确定

堰内基坑范围大小主要取决于主体工程的轮廓和相应的施工方法。当采用一次拦断法导流时，围堰基坑是由上、下游围堰和河床两岸围成的。当采用分期导流时，基坑是由纵向围堰与上下游横向围堰围成。在上述两种情况下，上下游横向围堰的布置，都取决于主体工程的轮廓。通常，基坑坡趾距离主体工程轮廓的距离不应小于 20～30m，以便布置排水设施、交通运输道路、堆放材料和模板等，如图 1-15 所示。至于基坑开挖边坡的大小，则与地质条件有关。

当纵向围堰不作为永久建筑物的一部分时，基坑坡趾距离主体工程轮廓的距离一般不小于 2.0m，以便布置排水导流系统和堆放模板，如果无此要求，只需留 0.4～0.6m，如图 1-15（b）、（c）所示。

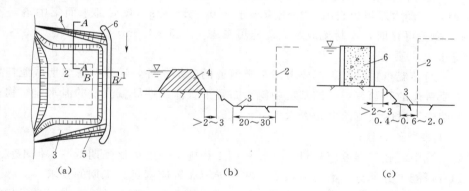

（a）　　　　　　　　　（b）　　　　　　　　　（c）

图 1-15　围堰布置与基坑范围示意图

（a）平面图；（b）A—A 剖面；（c）B—B 剖面

1—主体工程轴线；2—主体工程轮廓；3—基坑；4—上游横向围堰；
5—下游横向围堰；6—纵向围堰

实际工程的基坑形状和大小往往是很不相同的。有时可以利用地形以减少围堰的高度和长度；有时为照顾个别建筑物施工的需要，将围堰轴线布置成折线形；有时为了避开岸边较大的溪沟，也采用折线布置。为了保证基坑开挖和主体建筑物的正常施工，基坑范围应当留有一定余地。

（二）分期导流纵向围堰布置

在分期导流方式中，纵向围堰布置与施工是其关键问题，选择纵向围堰位置，实际上就是要确定适宜的河床束窄度。束窄度就是天然河流过水面积被围堰束窄的程度，一般可用下式表示：

$$K = \frac{A_2}{A_1} \times 100\% \tag{1-1}$$

式中　K——河床的束窄程度，%，一般取值在 47%～68% 之间；

　　A_1——原河床的过水面积，m^2；

　　A_2——围堰和基坑所占据的过水面积，m^2。

纵向围堰位置，与以下主要因素有关。

1. 地形地质条件

浅滩、小岛、河心洲、基岩露头等，都是可供布置纵向围堰的有利条件，这些部位便于施工，并有利于防冲保护。

2. 水工布置

尽可能利用厂坝、厂闸、闸坝等建筑物之间的隔水导墙作为纵向围堰的一部分。

3. 河床允许束窄度

允许束窄度主要与河床地质条件和通航要求有关。对于非通航河道，如河床易冲刷，一般均允许河床产生一定程度的变形，只要能保证河岸、围堰堰体和基础免受淘刷即可。束窄流速常可允许达到 3m/s 左右，岩石河床允许束窄度主要视岩石的抗冲流速而定。

对于一般性河流和小型船舶，当缺乏具体研究资料时，可参考以下数据：当流速小于 2.0m/s 时，机动木船可以自航；当流速小于 3.0～3.5m/s，且局部水面集中落差不大于 0.5m 时，拖轮可自航，木材流放最大流速可考虑为 3.5～4.0m/s。

4. 导流过水要求

进行一期导流布置时，不但要考虑束窄河道的过水条件，还要考虑二期截流与导流的要求。主要考虑的问题有：一期基坑中能否布置下宣泄二期导流流量的泄水建筑物；由一期转入二期施工时的截流落差是否太大。

5. 施工布局的合理性

各期基坑中的施工强度应尽量均衡。一期工程施工强度可比二期低些，但不宜相差太悬殊。如有可能，分期分段数应尽量少一些。导流布置应满足总工期的要求。

分期导流时，上、下游围堰一般不与河床中心线垂直，围堰的平面布置常呈梯形，既可使水流顺畅，同时也便于运输道路的布置和衔接。当采用全段围堰法导流时，上、下游围堰不存在突出的绕流问题，为了减少工程量，围堰多与主河道垂直。

纵向围堰的平面布置形状，对于过水能力影响较大。但是，纵向围堰的防冲安全，通常比上、下游围堰更重要。常采用流线型和挑流式布置。

三、围堰的拆除

围堰是临时建筑物，导流任务完成后，应按设计要求拆除，以免影响永久建筑物的施工及运转。例如，在采用分段围堰法导流时，第一期横向围堰的拆除，如果不合要求，势必会增加上、下游水位差，从而增加截流工作的难度，增大截流料物的重量及数量。这类经验教训在国内外是不少的，如前苏联的伏尔谢水电站截流时，上下游水位差达 1.88m，其中由于引渠和围堰没有拆除干净，造成的水位差达 1.73m。又如下游围堰拆除不干净，会抬高尾水位，影响水轮机的利用水头，浙江省富春江水电站曾受影响，降低了水轮机出力，造成不应有的损失。土石围堰相对来说断面较大，拆除工作一般是在运行期限的最后一个汛期过后，随上游水位的下降，逐层拆除围堰的背水坡和水上部分，如图 1-16 所示。但必须保证依次拆除后所残留的断面，能继续挡水和维持稳定，以免发生安全事故，使基坑过早淹没，影响施工。土石围堰的拆除一般可用挖土机或爆破开挖等方法。

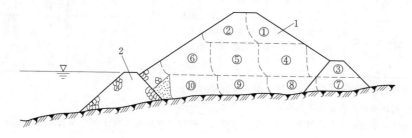

图 1-16　土石围堰拆除程序图
1—正铲挖除；2—索铲挖除；①~⑩—拆除顺序

钢板桩格型围堰的拆除，首先要用抓斗或吸石器将填料清除，然后用拔桩机起拔钢板桩。混凝土围堰的拆除，一般只能用爆破法炸除，但应注意主体建筑物或其它设施不受爆破危害。

第三节　水　力　计　算

一、导流设计流量确定

(一) 导流标准

导流设计流量的大小，取决于导流设计的洪水频率标准，通常简称为导流设计标准。

施工期可能遭遇的洪水是一个随机事件。如果标准太低，不能保证工程施工安全；反之则使导流工程规模过大，不仅导流费用增加，而且可能因其规模太大而无法按期完工，造成工程施工被动局面。因此，导流设计标准的确定，实际是要在经济性与风险性之间加以抉择。

根据 SL303—2004《水利水电工程施工组织设计规范》，在确定导流设计标准时，首先根据导流建筑物（指枢纽工程施工期所使用的临时性挡水和泄水建筑物）所保护对象、失事后果、使用年限和工程规模等因素划分为 3~5 级，具体按表 1-2 确定。然后再根据导流建筑物级别及导流建筑物类型确定导流标准（见表 1-3）。

表 1-2　　　　　　　　　导流建筑物级别划分

级别	保护对象	失事后果	使用年限 (年)	围堰工程规模	
				堰高 (m)	库容 (亿 m³)
3	有特殊要求的 1 级永久建筑物	淹没重要城镇、工矿企业、交通干线或推迟工程总工期及第一台（批）机组发电，造成重大灾害和损失	>3	>50	>1.0
4	1、2 级永久建筑物	淹没一般城镇、工矿企业或推迟工程总工期及第一台（批）机组发电而造成较大灾害和损失	1.5~3	15~50	0.1~1.0

级别	保护对象	失事后果	使用年限（年）	围堰工程规模	
				堰高（m）	库容（亿 m³）
5	3、4级永久建筑物	淹没基坑，但对总工期及第一台（批）机组发电影响不大，经济损失较小	<1.5	<15	<0.1

注 1. 导流建筑物包括挡水和泄水建筑物，两者级别相同。

　　2. 表中所列四项指标均按施工阶段划分。

　　3. 有、无特殊要求的永久建筑物均针对施工期而言，有特殊要求的1级永久建筑物指施工期不允许过水的土坝及其它有特殊要求的永久建筑物。

　　4. 使用年限指导流建筑物每一施工阶段的工作年限，两个或两个以上施工阶段共用的导流建筑物，如分期导流，一、二期共用的纵向围堰，其使用年限不能叠加计算。

　　5. 围堰工程规模一栏中，堰高指挡水围堰最大高度，库容指堰前设计水位所拦蓄的水量，两者必须同时满足。

表 1-3　　　　　　　　　　　　导流建筑物洪水标准 ［重现期（年）］

导流建筑物类型	导流建筑物级别			导流建筑物类型	导流建筑物级别		
	3	4	5		3	4	5
土石结构	50～20	20～10	10～5	混凝土浆砌石	20～10	10～5	5～3

　　在确定导流建筑物的级别时，当导流建筑物根据表 1-2 指标分属不同级别时，应以其中最高级别为准。但列为 3 级导流建筑物时，至少应有两项指标符合要求；不同级别的导流建筑物或同级导流建筑物的结构型式不同时，应分别确定洪水标准、堰顶超高值和结构设计安全系数；导流建筑物级别应根据不同的施工阶段按表 1-2 划分，同一施工阶段中的各导流建筑物的级别，应根据其不同作用划分；各导流建筑物的洪水标准必须相同，一般以主要挡水建筑物的洪水标准为准；利用围堰挡水发电时，围堰级别可提高一级，但必须经过技术经济论证；导流建筑物与永久建筑物结合时，结合部分结构设计应采用永久建筑物级别标准，但导流设计级别与洪水标准仍按表 1-2 及表 1-3 规定执行。

　　当 4～5 级导流建筑物地基地质条件非常复杂，或工程具有特殊要求必须采用新型结构，或失事后淹没重要厂矿、城镇时，结构设计级别可以提高一级，但设计洪水标准不相应提高。

　　确定导流建筑物级别的因素复杂，当按表 1-2 和上述各条件确定的级别不合理时，可根据工程具体条件和施工导流阶段的不同要求，经过充分论证，予以提高或降低。

　　导流建筑物设计洪水标准，应根据建筑物的类型和级别在表 1-3 规定幅度内选择，并结合风险度综合分析，使所选择标准经济合理。对失事后果严重的工程，要考虑对超标准洪水的应急措施。

　　导流建筑物洪水标准，在下述情况下可用表 1-3 中的上限值：

　　(1) 河流水文实测资料系列较短（小于 20 年），或工程处于暴雨中心区；

　　(2) 采用新型围堰结构型式；

（3）处于关键施工阶段，失事后可能导致严重后果；

（4）工程规模、投资和技术难度用上限值与下限值相差不大。

枢纽所在河段上游建有水库时，导流设计采用的洪水标准应考虑上游梯级水库的影响及调蓄作用。

过水围堰的挡水标准，应结合水文特点、施工工期、挡水时段，经技术经济比较后，在重现期 3～20 年范围内选定。当水文序列较长（不小于 30 年）时，也可按实测流量资料分析选用。过水围堰级别，按表 1-2 确定的各项指标以过水围堰挡水期情况作为衡量依据。围堰过水时的设计洪水标准，应根据过水围堰的级别和表 1-3 选定。当水文系列较长（不小于 30 年）时，也可按实测典型年资料分析并通过水力学计算或水工模型试验选用。

（二）导流时段划分

导流时段就是按照导流程序划分的各施工阶段的延续时间。在我国一般河流全年的流量变化过程如图 1-17 所示。

按其水文特征，可将河流全年的流量变化过程分为枯水期、中水期、洪水期。在不影响主体工程施工的条件下，若导流建筑物只担负枯水期的挡水泄水任务，显然可以大大减少导流建筑物的工程量，改善导流建筑物的工作条件，具有明显的技术经济效益。因此，合理划分导流时段，明确不同导流时段建筑物的工作条件，是既安全又经济地完成导流任务的基本要

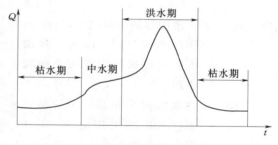

图 1-17　河流流量变化过程线

求。导流时段的划分与河流的水文特征、水工建筑物的型式、导流方案、施工进度有关系。土坝、堆石坝一般不允许过水，因此当施工期较长，而洪水来临前又不能完建时，导流时段就要考虑以全年为标准。其导流设计流量，就应以导流设计标准确定的相应洪水期的年最大流量为准。但如安排的施工进度能够保证在洪水来临之前使坝体起拦洪作用，则导流时段即可按洪水来临前的施工时段为标准，导流设计流量即为该时段内按导流标准确定的相应洪水重现期的最大流量。当混凝土坝采用分段围堰法、后期用临时底孔导流时，一般宜划分为三个导流时段：第一时段，河水由束窄河流通过，进行第一期基坑内的工程施工；第二时段，河水由导流底孔下泄，进行第二期基坑内的工程施工；第三时段，进行底孔封堵，坝体全面升高，河水由永久建筑物下泄，也可部分或完全拦蓄在水库中，直到工程完建。在各时段中，围堰和坝体的挡水高程和泄水建筑物的泄水能力，均应按相应时段内相应洪水重现期的最大流量作为导流设计流量进行设计。

山区型河流，其特点是洪水期流量特别大，历时短，而枯水期流量特别小，因此水位变幅很大。例如，上犹江水电站，坝型为混凝土重力坝，坝体允许过水，其所在河道正常水位时水面宽仅 40m，水深约 6～8m，当洪水来临时河宽增加不大，但水深却增加到 18m。若按一般导流标准要求设计导流建筑物，不是挡水围堰修得很高，就是泄水建筑物的尺寸很大，而使用期又不长，这显然是不经济的。在这种情况下可以考虑采用允许基坑

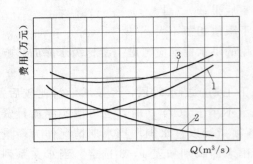

图 1-18 导流费用与设计流量的关系
1—导流建筑物费用曲线；2—基坑淹没损失曲线；
3—导流总费用曲线

淹没的导流方案，就是大水来临时围堰过水，基坑被淹没，河床部分停工，待洪水退落、围堰挡水时再继续施工。这种方案，由于基坑淹没引起的停工天数不长，施工进度能够保证，而导流总费用（导流建筑物费用与淹没基坑费用之和）却较省，所以是合理的。

采用允许基坑淹没的导流方案时，导流费用最低的导流设计流量必须经过技术经济比较才能确定，如图 1-18 所示。

二、堰顶高程的确定

堰顶高程的确定，取决于导流设计流量及围堰的工作条件。

下游横向围堰堰顶高程可按下式计算：

$$H_d = h_d + \delta \tag{1-2}$$

式中　H_d——下游围堰的顶部高程，m；

　　　h_d——下游水位高程，m 可直接由天然河道水位流量关系曲线查得；

　　　δ——围堰的安全超高，一般结构不过水围堰可按表 1-4 查得，过水围堰取 0.2~0.5m。

表 1-4　不过水围堰堰顶安全超高下限值

（单位：m）

围堰形式	围堰级别	
	III	IV~V
土石围堰	0.7	0.5
混凝土围堰	0.4	0.3

上游围堰的堰顶高程由下式确定：

$$H_d = h_d + Z + h_a + \delta \tag{1-3}$$

式中　H_d——上游围堰顶部高程，m；

　　　Z——上下游水位差，m；

　　　h_a——波浪高度，可参照永久建筑物的有关规定和其它专业规范计算，一般情况可以不计，但应适当增加超高。

纵向围堰的堰顶高程，应与堰侧水面曲线相适应。通常纵向围堰顶面往往作成阶梯形或倾斜状，其上、下游高程分别与相应的横向围堰同高。

三、导流建筑物的水力计算

导流水力计算的主要任务是计算各种导流泄水建筑物的泄水能力，以便确定泄水建筑物的尺寸和围堰高程。下面介绍束窄河床水位壅高计算。

分期导流围堰束窄河床后，使天然水流发生改变，在围堰上游产生水位壅高，如图 1-19 所示。

围堰上游产生的水位壅高值可采用式（1-4）试算。即先假设上游水位 H_0，算出 Z 值，以 $Z+t_{cp}$ 与所设 H_0 比较，逐步修改 H_0 值，直至接近 $Z+t_{cp}$ 值，一般 2~3 次即可。

$$Z = \frac{1}{\varphi^2} \frac{v_c^2}{2g} - \frac{v_0^2}{2g} \tag{1-4}$$

$$v_c = \frac{Q}{W_c} \qquad (1-5)$$

$$W_c = b_c t_{cp} \qquad (1-6)$$

式中 Z——水位壅高，m；

v_0——行近流速，m/s；

g——重力加速度，取 9.80m/s²；

φ——流速系数，与围堰布置形式有关，见表 1-5；

v_c——束窄河床平均流速，m/s；

Q——计算流量，m³/s；

W_c——收缩断面有效过水断面，m²；

b_c——束窄河段过水宽度，m；

t_{cp}——河道下游平均水深，m。

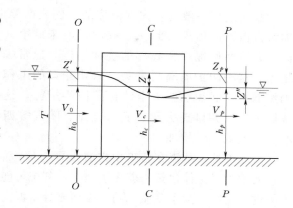

图 1-19 束窄河床水力计算简图

表 1-5　　　　　不同围堰布置的 φ 值

布置形式	矩　形	梯　形	梯形且有导水墙	梯形且有上导水坝	梯形且有顺流丁坝
布置简图					
φ	0.70～0.80	0.80～0.85	0.85～0.90	0.70～0.80	0.80～0.85

第四节　截　流　工　程

施工导流过程中，当导流泄水建筑物建成后，应抓住有利时机，迅速截断原河床水流，迫使河水经完建的导流泄水建筑物下泄，然后在河床中全面展开主体建筑物的施工，这就是截流工程。分段围堰法截流过程和全段围堰法截流过程如图 1-20 所示。

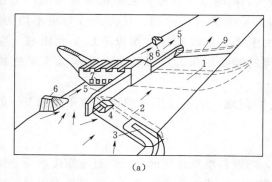
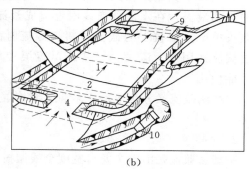

(a)　　　　　　　　　　　　　　　　　　(b)

图 1-20　截流过程示意图

(a) 分段围堰法截流过程；(b) 全段围堰法截流过程

1—大坝基坑；2—上游围堰；3—戗堤；4—龙口；5—二期纵堰；6—一期堰残留；
7—底孔；8—已浇坝体；9—下游围堰；10—导洞进口；11—导洞出口

　　截流过程一般为：先在河床的一侧或两侧向河床中填筑截流戗堤，逐步缩窄河床，称为进占。戗堤进占到一定程度，河床束窄，形成流速较大的泄水缺口叫龙口。为了保证龙口两侧堤端和底部的抗冲稳定，通常采用工程防护措施，如抛投大块石、铅丝笼等，这种防护堤端叫裹头。封堵龙口的工作叫合龙。合龙以后，龙口段及戗堤本身仍然漏水，必须在戗堤全线设置防渗措施，这一工作叫闭气。所以整个截流过程包括戗堤进占、龙口裹头及护底、合龙、闭气等四项工作。截流后，对戗堤进一步加高培厚，修筑成设计围堰。

　　由此可见，截流在施工中占有重要地位，如不能按时完成，就会延误整个建筑物施工，河槽内的主体建筑物就无法施工，甚至可能拖延工期一年，所以在施工中常将截流作为关键性工程。为了截流成功，必须充分掌握河流的水文、地形、地质等条件，掌握截流过程中水流的变化规律及其影响。做好周密的施工组织，在狭小的工作面上用较大的施工强度在较短的时间内完成截流。

一、截流的方式

　　截流的基本方式有平堵法与立堵法两种。

　　1. 立堵法

　　立堵法是将截流材料从龙口一端或两端向中间抛投进占，逐渐束窄河床，直至全部拦断（见图 1-21）。

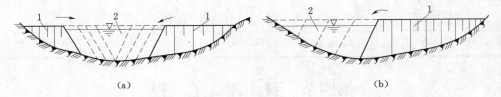

图 1-21　立堵法截流

（a）双向进占；（b）单向进占

1—截流戗堤；2—龙口

　　立堵法截流不需架设浮桥，准备工作比较简单，造价较低。但截流时水力条件较为不利，龙口单宽流量较大，出现的流速也较大，同时水流绕截流戗堤端部使水流产生强烈的立轴漩涡，在水流分离线附近造成紊流，易造成河床冲刷，且流速分布很不均匀，需抛投单个重量较大的截流材料。截流时由于工作前线狭窄，抛投强度受到限制。立堵法截流适用于大流量、岩基或覆盖层较薄的岩基河床，对于软基河床应采用护底措施才能使用。

　　立堵法截流又分为单戗、双戗和多戗立堵截流，单戗适用于截流落差不超过 3m 的情况。

　　2. 平堵法（见图 1-22）

　　平堵法截流是沿整个龙口宽度全线抛投，抛投料堆筑体全面上升，直至露出水面。这种方法的龙口一般是部分河宽，也可以是全河宽。因此，合龙前必须在龙口架设浮桥，由于它是沿龙口全宽均匀地抛投，所以其单宽流量小，出现的流速也较小，需要的单个材料的重量也较轻，抛投强度较大，施工速度快，但有碍于通航，适用于基础较软、架桥方便且对通航影响不大的河流。

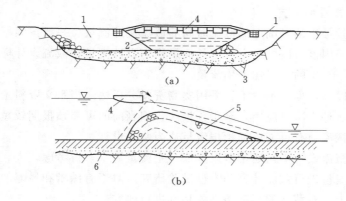

图 1-22 平堵法截流

(a) 立面图；(b) 横断面图

1—截流戗堤；2—龙口；3—覆盖层；4—浮桥；5—截流抛石体

3. 综合方式

(1) 立平堵。为了充分发挥平堵水力学条件较好的优点，同时又降低架桥的费用，有的工程采用先立堵、后在栈桥上平堵的方式。前苏联布拉茨克水电站，在截流流量 3600m³/s、最大落差 3.5m 的条件下，采用先立堵进占，缩窄龙口至 100m，然后利用管柱栈桥全面平堵合龙。

多瑙河上的铁门工程，经过方案比较，决定采取立平堵方式，立堵进占结合管柱栈桥平堵。立堵段首先进占，完成长度 149.5m，平堵段龙口 100m，由栈桥上抛投完成截流，最终落差达 3.72m。

(2) 平立堵。对于软基河床，单纯立堵易造成河床冲刷，常采用先平抛护底、再立堵合龙的方式，平抛多利用驳船进行。我国青铜峡、丹江口、大化及葛洲坝等工程均采用此法，三峡工程在二期大江截流时也采用了该方法，取得了满意的效果。由于护底均为局部性，故这类工程本质上同属立堵法截流。

二、截流时间和设计流量的确定

1. 截流时间的选择

截流时间应根据枢纽工程施工控制性进度计划或总进度计划决定，至于时段选择，一般应考虑以下原则，经过全面分析比较而定。

(1) 尽可能在较小流量时截流，但必须全面考虑河道水文特性和截流应完成的各项控制工程量，合理使用枯水期。

(2) 对于具有通航、灌溉、供水、过木等特殊要求的河道，应全面兼顾这些要求，尽量使截流对河道综合利用的影响最小。

(3) 有冰冻河流，一般不在流冰期截流，避免截流和闭气工作复杂化，如特殊情况必须在流冰期截流时应有充分论证，并有周密的安全措施。

根据以上所述，截流时间应根据河流水文特征、气候条件、围堰施工及通航过木等因素综合分析确定，一般多选在枯水期初、流量已有显著下降的时候，严寒地区应尽量避开河道流冰及封冻期。

2. 截流设计流量的确定

截流设计流量是指某一确定的截流时间的截流设计流量。一般按频率法确定，根据已选定截流时段，采用该时段内一定频率的流量作为设计流量，截流设计标准一般可采用截流时段重现期 5～10 年的月或旬平均流量。

除了频率法以外，也有不少工程采用实测资料分析法。当水文资料系列较长、河道水文特性稳定时，这种方法可应用。至于预报法，因当前的可靠预报期较短，一般不能在初设中应用，但在截流前有可能根据预报流量适当修改设计。

在大型工程截流设计中，通常多以选取一个流量为主，再考虑较大、较小流量出现的可能性，用几个流量进行截流计算和模型试验研究。对于有深槽和浅滩的河道，如分流建筑物布置在浅滩上，对截流的不利条件要特别进行研究。

三、截流材料种类、尺寸和数量的确定

（一）材料种类选择

截流时采用当地材料在我国已有悠久的历史，主要有块石、石串、装石竹笼等。此外，当截流水利条件较差时，还须采用混凝土块体。

石料容重较大，抗冲能力强，一般工程较易获得，而且通常也比较经济。因此，凡有条件者，均应优先选用石块截流。

在大中型工程截流中，混凝土块体的运用较普遍。这种人工块体的制作、使用方便，抗冲能力强，故为许多工程采用（如三峡工程、葛洲坝工程等）。

在中小型工程截流中，因受起重运输设备能力限制，所采用的单个石块或混凝土块体的重量不能太大。石笼（如竹笼、铅丝笼、钢筋笼）或石串，一般在龙口水力条件不利的条件下使用。大型工程中除了石笼、石串外，也采用混凝土块体串。某些工程，因缺乏石料，或因河床易冲刷，则也可根据当地条件采用梢捆、草土等材料截流。

（二）材料尺寸的确定

采用块石和混凝土块体截流时，所需材料尺寸可通过水力计算初步确定，然后，考虑该工程可能拥有的起重运输设备能力，作出最后抉择。

（三）材料数量的确定

1. 不同粒径材料数量的确定

无论是平堵或立堵截流，原则上可以按合龙过程中水力参数的变化来计算相应的材料粒径和数量。常用的方法是将合龙过程按高程（平堵）或宽度（立堵）划分成若干区段，然后按分区最大流速计算出所需材料粒径和数量。实际上，每个区段也不是只用一种粒径材料，所以设计中均参照国内外已有工程经验来决定不同粒径材料的比例。例如平堵截流时，最大粒径材料数量可按实际使用区段（$Z = 0.42 \sim 0.6 Z_{max}$）考虑，也可按最大流速出现时起，直到戗堤出水时所用材料总量的 70%～80% 考虑。立堵截流时，最大粒径材料数量，常按困难区段抛投总量的 1/3 考虑。根据国内外十几个工程的截流资料统计，特殊材料数量约占合龙段总工程量的 10%～30%，一般为 15%～20%。如仅按最终合龙段统计，特殊材料所占比例约为 60%。

2. 备料量

备料量的计算，可按设计戗堤体积为准，另外还得考虑各项损失。平堵截流的设计戗堤体积计算比较复杂，需按戗堤不同阶段的轮廓计算。立堵截流戗堤断面为梯形，设计戗堤体积计算比较简单。戗堤顶宽视截流施工需要而定，通常取 $10\sim18$m 者较多，可保证 2 ~3 辆汽车同时卸料。

备料量的多少取决于对流失量的估计。实际工程的备料量与设计用量之比多在 $1.3\sim$ 1.5 之间，个别工程达到 2.0。例如，铁门工程达到 1.35，青铜峡采用 1.5。实际合龙后还剩下很多材料。因此，初步设计时备料系数不必取得过大，实际截流前，可根据水情变化适当调整。

（四）分区用料规划

在合龙过程中，必须根据龙口的流速流态变化采用相应的抛投技术和材料。这一点在截流规划时就应予考虑。

第五节 导 流 方 案

一、主要影响因素

水利水电枢纽工程的施工，从开工到完建往往不是采用单一的导流方法，而是几种导流方法组合起来配合运用，以取得最佳的技术经济效果。这种不同导流时段采用不同导流方法的组合，通常就称为导流方案。

导流方案的选择受各种因素的影响。合理的导流方案，必须在周密地研究各种影响因素的基础上，拟定几个可能的方案，进行技术经济比较，从中选择技术经济指标优越的方案。

选择导流方案时需要考虑的主要因素如下：

（1）水文条件。河流的流量大小、水位变化的幅度、全年流量的变化情况、枯水期的长短、汛期洪水的延续时间、冬季的流冰及冰冻情况等，均直接影响导流方案的选择。一般来说，对于河床单宽流量大的河流，宜采用分段围堰法导流。对于水位变化幅度大的山区河流，可采用允许基坑淹没的方法导流，在一定时期内通过过水围堰和淹没基坑来宣泄洪峰流量。对于枯水期较长的河流，充分利用枯水期安排工程施工是完全必要的。但对于枯水期不长的河流，如果不利用洪水期进行施工，就会拖延工期。对于流冰的河流，应充分注意流冰的宣泄问题，以免流冰壅塞，影响泄流，造成导流建筑物失事。

（2）地形条件。坝区附近的地形条件对导流方案的选择影响很大。对于河床宽阔的河流，尤其在施工期间有通航、过木要求时，宜采用分段围堰法导流，当河床中有天然石岛或沙洲时，采用分段围堰法导流，更有利于导流围堰的布置，特别是纵向围堰的布置。例如，三峡水利枢纽的施工导流就曾利用长江中的中堡岛来布置一期纵向围堰，取得了良好的技术经济效果。在河段狭窄、两岸陡峻、山岩坚实的地区，宜采用隧洞导流。至于平原河道，河流的两岸或一岸比较平坦，或有河湾、老河道可资利用时，则宜采用明渠导流。

（3）地质及水文地质条件。河流两岸及河床的地质条件对导流方案的选择与导流建筑物的布置有直接影响。若河流两岸或一岸岩石坚硬、风化层薄且有足够的抗压强度时，则有利于选用隧洞导流。如果岩石的风化层厚且破碎，或有较厚的沉积滩地，则适合于采用明渠导流。由于河床的束窄，减小了过水断面的面积，使水流流速增大，这时为了河床不受过大的冲刷，避免把围堰基础淘空，应根据河床地质条件来决定河床可能束窄的程度。对于岩石河床，抗冲刷能力较强，河床允许束窄程度较大，甚至可达到88%，流速可增加到7.5m/s；但对覆盖层较厚的河床，抗冲刷能力较差，其束窄程度都不到30%，流速仅允许达到3.0m/s。此外，选择围堰型式、基坑能否允许淹没、能否利用当地材料修筑围堰等，也都与地质条件有关。水文地质条件则对基坑排水工作和围堰型式的选择有很大影响。因此，为了更好地进行导流方案的选择，要对地质和水文地质勘测工作提出专门要求。

（4）水工建筑物的型式及其布置。水工建筑物的型式和布置与导流方案相互影响，因此在决定建筑物的型式和枢纽布置时，应该同时考虑并拟定导流方案，而在选定导流方案时，又应该充分利用建筑物型式和枢纽布置方面的特点。

如果枢纽组成中有隧洞、渠道、涵管、泄水孔等永久泄水建筑物，在选择导流方案时应该尽可能加以利用。在设计永久泄水建筑物的断面尺寸并拟定其布置方案时，应该充分考虑施工导流的要求。

采用分段围堰法修建混凝土坝枢纽时，应当充分利用水电站与混凝土坝之间或混凝土坝溢流段和非溢流段之间的隔墙作为纵向围堰的一部分，以降低导流建筑物的造价。在这种情况下，对于第二期工程，应该核算它是否能够布置二期工程导流底孔和缺口。

就挡水建筑物的型式来说，土坝、土石混合坝和堆石坝的抗冲能力小，除采用特殊措施外，一般不允许从坝身过水，所以多利用坝身以外的泄水建筑物如隧洞、明渠等或坝身范围内的涵管来导流，这时，通常要求在一个枯水期内将坝身抢筑到拦洪高程以上，以免水流漫顶，发生事故。至于混凝土坝，特别是混凝土重力坝，由于抗冲能力较强，允许流速达到25m/s，故不但可以通过底孔泄流，而且还可以通过未完建的坝身过水，使导流方案选择的灵活性大大增加。

（5）施工期间河流的综合利用。施工期间，为了满足通航、筏运、渔业、供水、灌溉或水电站运转等要求，导流问题的解决更加复杂。如前所述，在通航河流上，大多采用分段围堰法导流。要求河流在束窄以后，河宽仍能满足船只的通行，水深要与船只吃水深度相适应，束窄断面的最大流速一般不得超过2.0m/s，特殊情况时需与当地航运部门协商确定。

在施工中后期，水库拦洪蓄水时，要注意满足下游供水、灌溉用水和水电站运行的要求，有时还要修建临时的过鱼设施，以便鱼群能回游。

（6）施工进度、施工方法及施工场地布置。水利水电工程的施工进度与导流方案密切相关。通常是根据导流方案才能安排控制性进度计划，在水利水电枢纽施工导流过程中，对施工进度起控制作用的关键性时段主要有：导流建筑物的完工期限、截断河床水流的时间、坝体拦洪的期限、封堵临时泄水建筑物的时间以及水库蓄水发电的时间等。但各项工程的施工方法和施工进度又直接影响到各时段中导流任务的合理性和可能性。例如，在混凝土坝枢纽中，采用分段围堰施工时，若导流底孔没有建成，就不能截断河床水流和全面修建第二期围堰；若坝体没有达到一定高程和没有完成基础及坝体接缝灌浆以前，就不能封堵底孔和使水库蓄水等。因此，施工方法、施工进度与导流方案三者是密切相关的。

此外，导流方案的选择与施工场地的布置亦相互影响，例如，在混凝土坝施工中，当混凝土生产系统布置在一岸时，以采用全段围堰法导流为宜。若采用分段围堰法导流，则应以混凝土生产系统所在的一岸作为第一期工程，因为这样两岸的交通运输问题比较容易解决。在选择导流方案时，除了综合考虑以上各方面因素以外，还应使主体工程尽可能及早发挥效益，简化导流程序，降低导流费用，使导流建筑物既简单易行，又适用可靠。

二、导流方案比较实例

导流方案的比较选择，应在同精度、同深度的几种可行性方案中进行。首先研究分析采用何种导流方法，然后再研究什么类型，在此全面分析的基则上，排除明显不合理的方案，保留可行的方案或可能的组合方案。

【例 1-1】 三峡工程，位于长江干流三峡河段，由大坝、水电站厂房、通航建筑物等主要建筑物组成。大坝坝顶高程 185m，正常蓄水位 175m，汛期防洪限制水位 145m，枯季消落最低水位 155m，相应的总库容、防洪库容和兴利库容分别为 393 亿 m^3、221.5 亿 m^3 和 165 亿 m^3。安装单机容量 70 万 kW 的水轮发电机组 26 台，总装机容量 1820 万 kW，年发电量 847 亿 kW·h。选定的坝址位于西陵峡中的三斗坪镇。坝址地质条件优越，基岩为完整坚硬的花岗岩（闪云斜长花岗岩），地形条件也有利于布置枢纽建筑物和施工场地，是一个理想的高坝坝址。选定的坝线在左岸的坛子岭及右岸的白岩尖之间，并穿过河床中的中堡岛。该岛左侧为主河槽，右侧为支沟（称后河）。

施工导流方案：三斗坪坝址河谷宽阔，江中有中堡岛将长江分为主河床及后河，适于采用分期导流方案。长江为我国的水运交通动脉，施工期通航问题至关重要。分期导流方案设计必须结合施工期通航方案和枢纽布置方案一并研究。在可行性论证和初步设计阶段，对右岸导流明渠施工期通航和不通航两大类型的多种方案进行了大量的技术经济比较工作。1993 年 7 月，经国务院三峡建设委员会批准，确定为"三期导流，明渠通航"方案，如图 1-23～图 1-25 所示。

第一期围右岸，如图 1-24 所示。一期导流的时间为 1993 年 10 月至 1997 年 11 月，计 3.5 年。在中堡岛左侧及后河上下游修筑一期土石围堰，形成一期基坑，并修建茅坪溪小改道工程，将茅坪溪水导引出一期基坑。在一期土石围堰保护下挖除中堡岛，扩宽后河修建导流明渠、混凝土纵向围堰，并预建三期碾压混凝土围堰基础部分的混凝土。水仍从主河床通过。一期土石围堰形成后束窄河床约 30%。汛期长江水面宽约 1000m，当流量不大于长江通航流量 $45000m^3/s$ 时，河床流速为 3m/s 左右，因此船只仍可在主航道航行。一期土石围堰全长 2502.36m，最大堰高 37m。堰体及堰基采用塑性混凝土防渗墙上接土工膜防渗型式，局部地质条件不良地段的地基采用防渗墙下接帷幕灌浆或高压旋喷桩柱墙等措施。混凝土纵向围堰全长 1191.47m，分为上纵段、坝身段与下纵段。坝身段为三峡大坝的一部分，下纵段兼作右岸电站厂房和泄洪坝段间的导墙。导流明渠为高低渠复式断面，全长 3726m，最小底宽 350m；右侧高渠底宽 100m，渠底高程 58m（进口部位

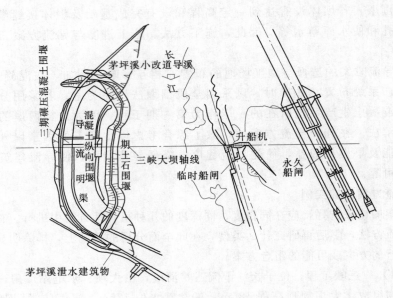

图 1-23 一期导流平面图

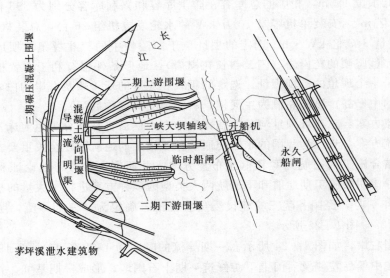

图 1-24 二期导流平面图

59m）；左侧渠底宽 250m，渠底高程自上至下分别为 59m、58m、50m、45m、53m。

第二期围左岸（见图 1-25）。二期导流时间为 1997 年 11 月至 2002 年 11 月，共计 5 年。

1997 年 11 月实现大江截流后，立即修建二期上下游横向围堰将长江主河床截断，并与混凝土纵向围堰共同形成二期基坑。在基坑内修建泄洪坝段、左岸厂房坝段及电站厂房等主体建筑物。二期导流时江水由导流明渠宣泄，船舶从导流明渠和左岸已建成的临时船闸通航。

二期上、下游土石围堰轴线长度分别为 1440m、999m，最大高度分别为 75.5m、

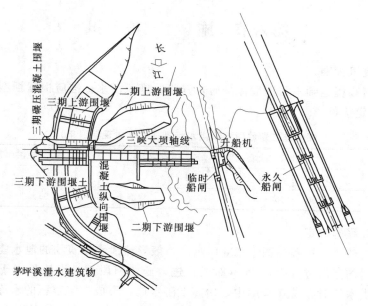

图 1-25 三期导流平面图

57.0m，基本断面为石渣堤夹风化砂复式断面，防渗体为 1～2 排塑性混凝土防渗墙上接土工合成材料，基岩防渗采用帷幕灌浆。二期围堰是在 60m 水深中抛填建成，工程量大、基础条件复杂、工期紧迫、施工技术难度极高，是三峡工程最重要的临时建筑物之一。

第三期再围右岸（见图 1-26）。三期导流时间为 2002～2009 年，共计 6.5 年。总进度安排于 2002 年汛末拆除二期土石横向围堰，在导流明渠内进行三期截流，建造上、下游土石围堰。在其保护下修建三期上游碾压混凝土围堰并形成右岸三期基坑，在三期基坑内修建右岸厂房坝段和右岸电站厂房。三期截流和三期碾压混凝土围堰施工是三峡工程施工中的又一关键技术问题。在导流明渠中截流时，江水从泄洪坝段内高程 56.5m 的 22 个 6.5m×8.5m 的导流孔中宣泄，截流最大落差达 3.5m，龙口最大流速 6.13m/s，技术难度与葛洲坝大江截流相同。

碾压混凝土围堰要求在截流以后的 120 天内，从高程 50m 浇筑到 140m，最大月浇筑强度达 39.8 万 m³/月，最大日上升高度达 1.18m，且很快挡水并确保在近 90m 水头下安全运行，设计和施工难度为世所罕见。三期截流后到水库蓄水前，船只从临时船闸航行，当流量超过 12000m³/s、上下游水位差超过 6m 时临时船闸不能运行，长江断航。经测算断航时间发生在 5 月下半月至 6 月上半月内，共计 33 天。断航期间设转运码头用水陆联运解决客货运输问题。三期碾压混凝土围堰建成后，即关闭导流底孔和泄洪深孔，水库蓄水至 135m，第一批机组开始发电，永久船闸开始通航。水库蓄水以后，由三期碾压混凝土围堰与左岸大坝共同挡水（下游仍由三期土石围堰挡水），长江洪水由导流底孔及泄洪深孔宣泄。继续在右岸基坑内建造大坝和电站厂房。左岸各主体建筑物上部结构同时施工，直至工程全部完建。

第六节 施 工 度 汛

一、施工度汛标准

当坝体填筑高程达到不需围堰保护时，其临时度汛洪水标准应根据坝型及坝前拦洪库容按表1－6规定执行。

表1－6 坝体施工期临时度汛洪水标准 ［洪水重现期（年）］

坝型	拦洪库容（亿 m³）			坝型	拦洪库容（亿 m³）		
	＞1.0	1.0～0.1	＜0.1		＞1.0	1.0～0.1	＜0.1
土石结构	＞100	100～50	50～20	混凝土	＞50	50～20	20～10

二、度汛高程的确定

洪水来临时的泄洪过程如图1－26所示。一般导流泄水建筑物的泄水能力远不及原河道。洪水来临时的泄洪过程中，t_1～t_2时段，进入施工河段的洪水流量大于泄水建筑物的泄量，使部分洪水暂时存蓄在水库中，抬高上游水位，形成一定容积的水库，此时泄水建筑物的泄量随着上游水位的升高而增大，达到洪峰流量 Q_m。到了入库的洪峰流量 Q_m 过后（即 t_2～t_3 时段），入库流量逐渐减少，但入库流量仍大于泄量，蓄水量继续增大，库水位继续上升，泄量 q 也随之增加，直到 t_3 时刻，入流量和泄量相等时，蓄水容积达到最大值 V_m，相应的上游水位达最高值 H_m，即坝体挡水或拦洪水位，泄水建筑物的泄量也达最大值 q_m，即泄水建筑物的设计流量。t_3 时刻以后，Q 继续减少，库水位逐渐下降，q 也开始减少，但此时库水位较高，泄量 q 仍较大，且大于入流量 Q，使水库存蓄的水量逐渐排出，直到 t_4 时刻，蓄水全部排完，回复到原来的状态。以上便是水库调节洪水的过程。显然，由于水库的这种调节作用，削减了通过泄水建筑物的最大泄量（如图1－29中，由 Q_m 削减为 q_m），但却抬高了坝体上游的水位，因此要确定坝体的挡水或拦洪高程，需要通过调洪计算，以求得相应的最大泄量 q_m 与上游最高水位 H_m。上游最高水位 H_m 加上安全超高便是坝体的挡水或拦洪高程，用公式表示为：

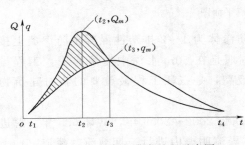

图1－26 入流和泄流过程示意图

$$H_f = H_m + \delta \tag{1-7}$$

式中 H_m——拦洪水位，m；

δ——安全超高，m，依据坝的级别而定，Ⅰ级，$\delta \geqslant 1.5$；Ⅱ级，$\delta \geqslant 1.0$；Ⅲ级，$\delta \geqslant 0.75$；Ⅳ级，$\delta \geqslant 0.5$。

三、拦洪度汛措施

根据施工进度安排，汛期到来之前若坝体不可能修筑到拦洪高程时，必须考虑拦洪度汛措施，尤其当主体建筑物为土坝或堆石坝且坝体填筑又相当高时，更应给予足够的重视，因为一旦坝身过水，就会造成严重的溃坝后果。

（一）围堰挡水度汛

截流后，应严格掌握施工进度，确保围堰在汛前达到度汛高程。如果堰体土石方量过大，汛前难以达到度汛要求的高程时，则需采取临时度汛措施。如设计临时挡水断面，并满足安全超高、稳定、防渗等要求，顶部要有一定宽度，以满足运输、防汛抢险的要求。临时断面的边坡必要时做一定的防护，避免受到地表径流的冲刷。在堆石围堰中，则可采用大块石、钢丝笼、混凝土盖板、喷混凝土面层、顶面和坡面设钢筋网及深入堰体的加筋护体等加固措施，保证过水时不被冲坏。如果围堰是挡水坝体的一部分，其度汛标准应参照永久建筑物施工过程中的度汛标准，施工质量应满足坝体填筑质量的要求。

（二）坝体挡水度汛

1. 混凝土坝的拦洪度汛

混凝土坝一般是允许过水的，若坝身在汛期前不可能浇筑到拦洪高程，为了避免坝身过水时造成停工，可以在坝面上预留缺口以度汛，待洪水过后再封填缺口，全面上升。此外，如果根据混凝土浇筑进度安排，虽然在汛前坝身可以浇筑到拦洪高程，但一些纵向施工缝尚未灌浆封闭时，可考虑用临时断面挡水。在这种情况下，必须提出充分论证，采取相应措施，以消除应力恶化的影响。如拓溪工程的大头坝为提前挡水就采用了调整纵缝位置、提高初期灌浆高程和改变纵缝形式等措施，以改善坝体的应力状态。

2. 土石坝拦洪度汛措施

土坝、堆石坝一般是不允许过水的。若坝身在汛期前不可能填筑到拦洪高程时，一般可以考虑采用降低溢洪道高程、设置临时溢洪道并用临时断面挡水，如图 1-27 所示，或经过论证采用临时坝体保护过水等措施。

采用临时断面挡水时应注意以下几点：

（1）临时断面顶部应有足够的宽度，以便在紧急情况下仍有余地抢筑子堰，确保安全。

（2）临时断面的边坡应保证稳定，其安全系数一般应不低于正常设计标准。为防止施工期间由于暴雨冲刷和其它原因而坍坡，必要时应采取简单的防护措施和排水措施。

（3）心墙坝的防渗体一般不允许采用临时断面。

（4）上游垫层和块石护坡应按设计要求筑到拦洪高程，否则应考虑临时的防护措施。

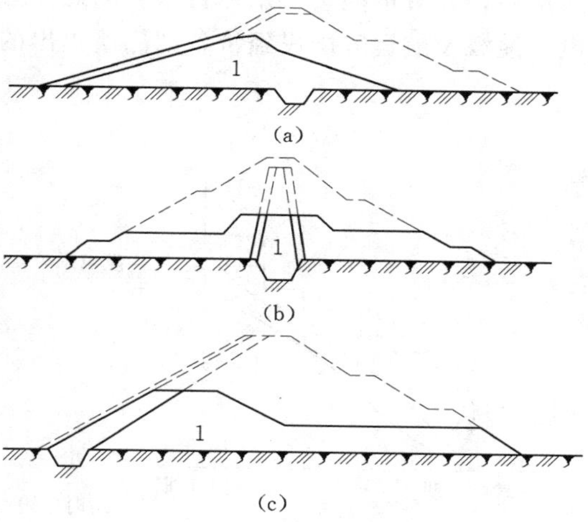

下游坝体部位，为满足临时断面的安全要求，基础清理完毕后，应按全断面填筑几米后再收坡，必要时应结合设计的反滤排水设施统一安排考虑。

采用临时坝面过水时，应注意以下几点：

图 1-27 土坝拦洪的临时断面

1—临时断面

（1）为保证过水坝面下游边坡的稳定，应加强保护或作成专门的溢流堰，例如利用反滤体加固后作为过水坝面溢流堰体等，并应注意堰体下游的防冲保护。

（2）靠近岸边的溢流体堰顶高程应适当抬高，以减小坝面单宽流量，减轻水流对岸披的冲刷。

（3）坝面高程一般应低于溢流堰体顶0.5～2.0m，或做成反坡式坝面，以避免过水坝面的冲淤。

（4）根据坝面过流条件，合理选择坝面保护型式，防止淤积物渗入坝体，特别注意防渗体、反滤层等的保护。必要时上游设置拦污设施，防止漂木、杂物淤积坝面，撞击下游边披。

第七节 封堵与蓄水

施工后期，当坝体已修筑到拦洪高程以上，能够发挥挡水作用时，其它工程项目，如混凝土坝已完成了基础灌浆和坝体纵缝灌浆，库区清理、水库坍岸和渗漏处理已经完成，建筑物质量和闸门设施等也均经检查合格，这时，整个工程就进入了所谓完建期。此时应根据施工的总进度计划、主体工程或控制性建筑物的施工进度、天然河流的水文特征、下游的用水要求、受益时间及是否具备封堵条件等，有计划地进行导流用临时泄水建筑物的封堵和水库的蓄水工作。

一、蓄水计划

水库的蓄水与导流用临时挡水建筑物的封堵有密切关系，只有将导流用临时泄水建筑物封堵后，才有可能进行水库蓄水。因此，必须制订一个积极可靠的蓄水计划，既能保证发电、灌溉及航运等国民经济各部门所提出的要求，如期发挥工程效益，又要力争在比较有利的条件下，封堵导流用的临时泄水建筑物，使封堵工作得以顺利进行。

水库蓄水一般按保证率为75％～85％的年流量过程线来制订。可以从发电、灌溉及航运等国民经济各部门提出的运用期限和水位的要求，反推出水库开始蓄水的日期，即根据各时段的来水量减去下泄量和用水量得出各时段留在水库的水量，将这些水量依次累计，对照水库容积水位关系曲线，就可制定出水库蓄水计划，也就是水库蓄水高程与历时关系曲线（见图1-28）。蓄水计划是施工后期进行水流控制、安排施工进度的主要依据。

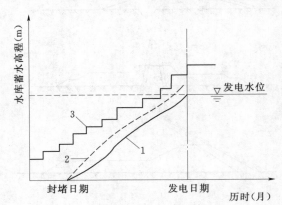

图1-28 水库蓄水高程与历时关系曲线水
1—库蓄水高程与历时关系曲线；2—导流
泄水建筑物封堵塞后坝体度汛水库蓄水
高程与历时曲线；3—坝体全线施工
高程过程曲线

二、封堵技术

导流用临时泄水建筑物封堵时的设计流量，应根据河流水文特征及封堵条件进行选择，一般可选用封堵期10～20年一遇月或旬的平均流量，也可根据实测水文资料分析确定。封孔日期与初期蓄水计划有关，一般均在枯水期进行。最常用的封堵方式是首先下闸封孔，然后浇筑封堵混凝土塞。

1. 下闸封孔

常用的封孔闸门有钢闸门、钢筋混凝土叠梁闸门、钢筋混凝土整体闸门等。我国新安江和柘溪工程的导流底孔封堵，成功地利用了多台 5～10t 的手摇绞车，顺利沉放了重达321t 和 540t 的钢筋混凝土整体闸门。这种方式断流快，水封好，只要起吊下放时掌握平衡，下沉比较方便，不需重型运输起吊设备，特别在库水位上升较快的工程中，最后封孔时被广泛采用。

闸门安放以后，为了加强闸门的水封防渗效果，在闸门槽两侧填以细粒矿碴并灌注水泥砂浆，在底部填筑黏土麻包，并在底孔内把闸门与坝面之间的金属承压板互相焊接。

2. 浇筑混凝土塞

导流用底孔一般为坝体的一部分，因此封堵时需要全孔堵死，而导流用的隧洞或涵管则并不需要全洞堵死，常浇筑一定长度的混凝土塞，就足以起永久挡水作用。混凝土塞的最小长度可根据极限平衡条件确定。

当导流隧洞的断面积较大时，混凝土塞的浇筑必须考虑降温措施，不然产生的温度裂缝会影响其止水质量。例如美国新伯拉斯巴坝的导流隧洞封堵，在混凝土塞中央部位设有冷却和灌浆用坑道，底部埋有冷却水管，待混凝土塞的平均温度降至 12.8℃ 时进行接触灌浆，以保证混凝土塞与围岩的连接。

当临时泄水建筑物封堵以后，在一段时间内还有两个问题值得注意：一是下游工农业生产用水和居民生活用水如何解决；二是虽然封堵工程多选在洪水期后，但封堵以后万一发生意外大水，而溢洪道工程又未完成，则将出现紧张被动局面。故在提出封堵措施的同时，应对下游供水和预防意外大水作出相应的考虑和安排。

第八节 基 坑 排 水

修建水利水电工程时，在围堰合龙闭气以后，就要排除基坑内的积水和渗水，以保持基坑基本干燥状态，以利于基坑开挖、地基处理及建筑物的正常施工。

基坑排水工作按排水时间及性质，一般可分为：①基坑开挖前的初期排水，包括基坑积水、基坑积水排除过程中的围堰堰体与基础渗水和堰体及基坑覆盖层中的含水量以及可能出现的降水的排除；②基坑开挖及建筑物施工过程中的经常性排水，包括围堰和基坑渗水、降水以及施工弃水量的排除。如按排水方法分，有明式排水和人工降低地下水位两种。

一、初期排水

（一）排水流量的确定

初期排水主要包括基坑积水、围堰与基坑渗水两大部分。对于降雨，因为初期排水是在围堰或截流戗堤合龙闭气后立即进行的，通常是在枯水期内，而枯水期降雨很少，所以一般可不予考虑。除了积水和渗水外，有时还需考虑填方和基础中的饱和水。

初期排水渗透流量原则上可按有关公式计算，但是，初期排水时的渗流量估算往往很难符合实际。因为，此时还缺乏必要的资料。通常不单独估算渗流量，而将其与积水排除流量合并在一起，依靠经验估算初期排水总流量。

$$Q = Q_1 + Q_s = k\frac{V}{T} \tag{1-8}$$

式中　Q_1——积水排除的流量，m^3/s；

Q_s——渗水排除的流量，m^3/s；

V——基坑积水体积，m^3；

T——初期排水时间，s；

k——经验系数，主要与围堰种类、防渗措施、地基情况、排水时间等因素有关，根据国外一些工程的统计，$k=4\sim10$。

基坑积水体积可按基坑积水面积和积水水深计算，这是比较容易的。但是排水时间 T 的确定就比较复杂，排水时间主要受基坑水位下降速度的限制，基坑水位的允许下降速度视围堰种类、地基特性和基坑内水深而定。水位下降太快，则围堰或基坑边坡中动水压力变化过大，容易引起坍坡；下降太慢，则影响基坑开挖时间。一般认为，土围堰的基坑水位下降速度应限制在 $0.5\sim0.7m$/昼夜，木笼及板桩围堰等应小于 $1.0\sim1.5m$/昼夜。初期排水时间，大型基坑一般可采用 $5\sim7d$，中型基坑一般不超过 $3\sim5d$。

通常，当填方和覆盖层体积不太大时，在初期排水且基础覆盖层尚未开挖时，可以不必计算饱和水的排除。如需计算，可按基坑内覆盖层总体积和孔隙率估算饱和水总水量。

按以上方法估算初期排水流量、选择抽水设备后，往往很难符合实际。在初期排水过程中，可以通过试抽法进行校核和调整，并为经常性排水计算积累一些必要资料。试抽时如果水位下降很快，则显然是所选择的排水设备容量过大，此时应关闭一部分排水设备，使水位下降速度符合设计规定。试抽时若水位不变，则显然是设备容量过小或有较大渗漏通道存在。此时，应增加排水设备容量或找出渗漏通道予以堵塞，然后再进行抽水。还有一种情况是水位降至一定深度后就不再下降，这说明此时排水流量与渗流量相等，据此可估算出需增加的设备容量。

（二）水泵的选择与布置

排水设备常用离心泵，为运转方便，应选用不同容量的水泵，便于组合运用。

水泵的布置应结合实情况认真考虑。如布置不当，可能会降低排水效果，甚至造成频繁转移，造成人力、物力和时间上的浪费。水泵布置的形式见图 $1-29$。

初期排水中，当水深或吸水高度小于 6m 时，可采用固定式水泵，固定式水泵可设在围堰上，见图 $1-31$（a）；当水深或吸水高度大于 6m 时，可需将水泵转移到较低的高程，如设在基坑内的固定的平台上，见图 $1-31$（b），这种平台可以是桩台、木笼墩台或围堰内坡上的平台；当水深远大于 6m，则考虑用移动式泵或浮动式泵，可将水泵布置在有移动滑道的平台上，见图 $3-31$（c），用绞车控制上升或下降，或将水泵放在浮船上，见图 $1-31$（d）。

水泵和管路的基础应能够抵抗一定的漏水冲刷，在水泵排水管上应设置回阀，防止

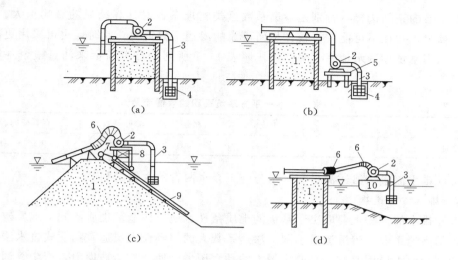

图 1-29 排水泵的布置

(a) 设在围堰上；(b) 设在固定平台上；(c) 设在移动平台上；(d) 设在浮船上

1—围堰；2—水泵；3—吸水管；4—集水井；5—固定平台；6—橡皮接头；

7—绞车；8—移动平台；9—滑道；10—浮船

水泵停止工作时基坑外水倒流落入基坑。浮式泵站应设置橡皮软接头，以适应泵的升降。

二、经常性排水

基坑内积水排干后，进入经常性排水阶段。经常性排水设计中，应确定排水流量、选择排水方法、进行排水系统的布置。

（一）排水量的确定

经常性排水的排水量，主要包括围堰和基坑的渗水、降雨、地基岩石冲洗及混凝土养护用废水等。设计中一般考虑两种不同的组合，从中择其大者，以选择排水设备。一种组合是渗水加降雨，另一种组合是渗水加施工废水。降雨和施工废水不必组合在一起，这是因为二者不会同时出现。如果全部叠加在一起，显然太保守。

（1）降雨量的确定。在基坑排水设计中，对降雨量的确定尚无统一的标准。大型工程可采用 20 年一遇三日降雨中最大的连续 6h 雨量，再减去估计的径流损失值（每小时 1mm），作为降雨强度。也有的工程采用日最大降雨强度，基坑内的降雨量可根据上述计算降雨强度和基坑集雨面积求得。

（2）施工废水。施工废水主要考虑混凝土养护用水，其用水量估算，应根据气温条件和混凝土养护的要求而定。一般初估时可按每立方米混凝土每次用水 5L、每天养护 8 次计算。

（3）渗透流量计算。通常，基坑渗透总量包括围堰渗透量和基础渗透量两大部分。关于渗透量的详细计算方法，在水力学、水文地质和水工结构等论著中均有介绍，可按完整井和不完整井理论计算。由于围堰的种类很多，各种围堰的渗透计算公式，可查阅有关水工手册和水力计算手册。

应当指出，应用各种公式估算渗流量的可靠性，不仅取决于公式本身的精度，而且取决于计算参数的正确选择，特别是渗透系数这类物理参数对计算结果的影响很大。但是，在初步估算时，往往不可能获得较详尽而可靠的渗透系数资料。此时，也可采用更简便的估算方法。当基坑在透水地基上时，可按照表1-7所列的参考指标来估算整个基坑的渗透流量。

表1-7 一米水头下一平方基坑面积的渗透流量

土　类	细砂	中砂	粗砂	砂砾石	有裂缝的岩石
渗透流量（m³/h）	0.16	0.24	0.30	0.35	0.05～0.10

经常性排水流量为渗透流量和降水与施工弃水两者的大值之和。

（二）排水方法选择

经常性排水的方法主要取决于基坑的土质条件、地质构造。土质不同、地质构造不同的地下水的渗透系数、渗透流量不同。渗透系数大的粗颗粒土层适宜用明式排水法，渗透系数小的细颗粒土层用明排法会产生较大的动水压力，使开挖边坡塌滑，产生管涌，对这种情况宜采用人工降低地下水位，如管井法、井点法，可参照表1-8。

表1-8 各种排水方法及适用条件

土的种类	渗透系数 K		适用的排水方法
	m/d	cm/s	
砂砾石、粗砂	>150	>0.1	明排法
粗、中砂土	150～1	0.1～0.001	管井法、轻型井点法
中、细砂土	50～1	0.01～0.001	轻型井点法、深井点法
细砂土、砂壤土	1～0.1	0.001～0.0004	真空井点法
软砂质土、黏土、淤泥	<0.1	<0.0001	电渗井点法

人工降低地下水位的方法，使土由浮容重变为湿容重，为开挖创造成了条件，地下水位降低后，开挖边坡可以放陡，减少开挖量，降低造造价，缩短工期，但排水费用较高。明排法机动性好，可以充分利用初期排水设备，排水费用较低。

（三）明式排水布置

排水系统的布置通常应考虑两种不同情况：一种是基坑开挖过程中的排水系统布置，另一种是基坑开挖完成后修建建筑物时的排水系统布置。布置时，应尽量同时兼顾这两种情况，并且使排水系统尽可能不影响施工。

基坑开挖过程中的排水系统布置，应以不妨碍开挖和运输工作为原则。一般常将排水干沟布置在基坑中部，以利两侧出土，如图1-30所示。随基坑开挖工作的进展，逐渐加深排水干沟和支沟。通常保持干沟深度为1～1.5m，支沟深度为0.3～0.5m。集水井多布置在建筑物轮廓线外侧，井底应低于干沟沟底。但是，由于基坑坑底高程不一，有的工程就采用层层设截流沟、分级抽水的办法，即在不同高程上分别布置截水沟、集水井和水泵站，进行分级抽水。

建筑物施工时的排水系统，通常都布置在基坑四周，如图1-31所示。排水沟应布置在建筑物轮廓线外侧，且距离基坑边坡坡脚不少于0.3～0.5m。排水沟的断面尺寸和底坡大小，取决于排水量的大小。一般排水沟底宽不小于 0.3m，沟深不大于 1.0m，底坡不小于 0.002。在密实土层中，排水沟可以不用支撑，但在松土层中，则需用木板或麻袋装石来加固。

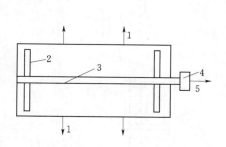

图 1-30 基坑开挖过程中排水系统的布置图

1—运土方向；2—支沟；3—干沟；

4—集水井；5—水泵抽水

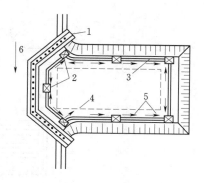

图 1-31 修建建筑物时基坑排水系统布置图

1—围堰；2—集水井；3—排水沟；4—建筑物

轮廓线；5—水流；6—河流

水经排水沟流入集水井后，利用在井边设置的水泵站，将水从集水井中抽出。集水井布置在建筑物轮廓线以外较低的地方，它与建筑物外缘的距离必须大于井的深度。井的容积至少要能保证水泵停止抽水 10~15min，井水不致漫溢。集水井可为长方形，边长 1.5~2.0m，井底高程应低于排水沟底 1.0~2.0m。在土中挖井，其底面应铺填反滤料，在密实土中，井壁用框架支撑在松软土中，利用板桩加固。如板桩接缝漏水，尚需在井壁外设置反滤层。集水井不仅可用来集聚排水沟的水量，而且还应有澄清水的作用，因为水泵的使用年限与水中含沙量的多少有关。为了保护水泵，集水井宜稍为偏大偏深一些。排水沟集水井结构如图 1-32 所示。

为防止降雨时地面径流进入基坑而增加抽水量，通常在基坑外缘边坡上挖截水沟，以拦截地面水。截水沟的断面及底坡应根据流量和土质而定，一般沟宽和沟深不小于 0.5m，底坡不小于 0.002，基坑外地面排水系统最好与道路排水系统相结合，以便自流排水。为了降低排水费用，当基坑渗水水质符合饮用水或其它施工用水要求时，可将基坑排水与生活、施工供水相结合。

明式排水系统最适用于岩基开挖。对砂砾石或粗砂覆盖层，当渗透系数 $K_s > 2 \times 10^{-1}$ cm/s 时，且围堰内外水位差不大的情况也可用。在实际工程中也有超出上述界限的，例如丹江口的细砂地基，渗透系数约为 2×10^{-2} cm/s，采用适当措施后，明式排水也取得了成功。不过，一般认为，当 $K_s < 10^{-1}$ cm/s 时，以采用人工降低水位法为宜。

（四）人工降低地下水位排水布置

经常性排水过程中，为了保持基坑开挖工作始终在干地进行，常常要多次降低排水沟和集水井的高程，变换水泵站的位置，影响开挖工作的正常进行。此外，在开挖细砂土、砂壤土一类地基时，随着基坑底面的下降，坑底与地下水位的高差愈来愈大，在地下水渗透压力作用下，容易产生边坡脱滑、坑底隆起等事故，甚至危及临近建筑物的安全，对开挖工作带来不良影响。

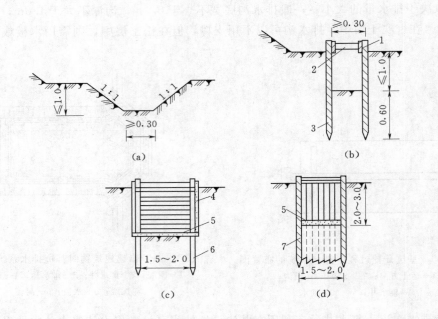

图 1-32 排水沟集水井剖面图

(a) 坚实土层排水沟；(b) 板桩加固的排水沟；(c) 框架支撑集水井；(d) 板桩加固集水井

1—木板；2—支撑；2—板桩；4—木板；5—卵石护底；6—木桩；7—厚板桩

而采用人工降低地下水位方法，可以改变基坑内的施工条件，防止流沙现象的发生，基坑边坡可以陡些，从而可以大大减少挖方量。人工降低地下水位的基本做法是：在基坑周围钻设一些井，地下水渗入井中后，随即被抽走，使地下水位线降到开挖的基坑底面以下，一般应使地下水位降到基坑底部 0.5~1.0m。

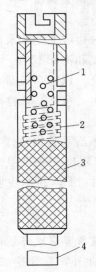

图 1-33 滤水管节构造简图

1—多孔管；2—绕面螺旋铁丝；3—铅丝网，1~2 层；4—沉淀

人工降低地下水位的方法按排水工作原理可分为管井法和井点法两种。管井法是单纯重力作用排水；井点法还附有真空或电渗排水的作用。

1. 管井法降低地下水位

管井法降低地下水位时，在基坑周围布置一系列管井，管井中放入水泵的吸水管，地下水在重力作用下流入井中，被水泵抽走。管井法降低地下水位时，须先设置管井，管井通常由下沉钢井管而成，在缺乏钢管时也可用木管或预制混凝土管代替。

井管的下部安装滤水管节（滤头），有时在井管外还需设置反滤层，地下水从滤水管进入井内，水中的泥沙则沉淀在沉淀管中。滤水管是井管的重要组成部分，其构造对井的出水量和可靠性影响很大。要求它过水能力大，进入的泥沙少，有足够的强度和耐久性。如图 1-33 所示是滤水管节的构造简图。

井管埋设可采用射水法、振动射水法及钻孔法。射水下沉时，先用高压水冲土下沉套管，较深时可配合振动或锤击（振动水冲法），然后在套管中插入井管，最后在套管与井管的间隙中间填反滤层和拔套管，反滤层每填高一次便拔一次套管，逐层上拔，直至完成。

管井中抽水可应用各种抽水设备，但主要的是普通离心式水泵、潜水泵或深井水泵，分别可降低水位 3～6m、6～20m 和 20m 以上，一般采用潜水泵较多。用普通离心式水泵抽水，由于吸水高度的限制，当要求降低地下水位较深时，要分层设置管井，分层进行排水。

要求大幅度降低地下水位的深井中抽水时，最好采用专用的离心式深井水泵。每个深井水泵都是独立工作，井的间距也可以加大，深井水泵一般深度大于 20m，排水效果好，需要井数少。

2. 井点法降低地下水位

井点法和管井法不同，它把井管和水泵的吸水管合二为一，简化了井的构造。

井点法降低地下水位的设备，根据其降深能力分轻型井点、真空井点、深井点和电渗井点等。

（1）轻型井点是一种常用的井点。轻型井点是由井管、集水总管、普通离心式水泵、真空泵和集水箱等设备所组成的一个排水系统，如图 1-34 所示。

轻型井点系统的井点管为直径 38～50mm 的无缝钢管，间距为 0.6～1.8m，最大可达 3.0m。地下水从井管下端的滤水管借真空泵和水泵的抽吸作用流入管内，沿井管上升汇入集水总管，流入集水箱，由水泵排出。轻型井点系统开始工作时，先开动真空泵，排除系统内的空气，待集水井内的水面上升到一定高度后，再启动水泵排水。水泵开始抽水后，为了保持系统内的真空度，仍需真空泵配合水泵工作。这种井点系统也叫真空井点。

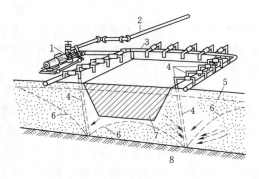

图 1-34 轻型井点系统
1—带真空泵和集水箱的离心式水泵；2—排水管；3—集水总管；4—井管；5—原地下水位；6—排水后水面曲线；7—基坑；8—不透水层

井点系统排水时，地下水位的下降深度，取决于集水箱内的真空度与管路的漏气和水位损失。一般集水箱内真空度为 53～80kPa（约 400～600mmHg），相当的吸水高度为 5～8m，扣去各种损失后，地下水位的下降深度为 4～5m。

当要求地下水位降低的深度超过 4～5m 时，可以像管井一样分层布置井点，每层控制范围 3～4m，但以不超过 3 层为宜。分层太多，基坑范围内管路纵横，妨碍交通。影响施工，同时也增加挖方量，而且当上层井点发生故障时，下层水泵能力有限，地下水位回升，基坑有被淹没的可能。

（2）真空井点抽水时，在滤水管周围形成一定的真空梯度，加速了土的排水速度，因此即使在渗透系数小到 0.1m/d 的土层中也能进行工作。

布置井点系统时，为了充分发挥设备能力，集水总管、集水管和水泵应尽量接近天然地下水位。当需要几套设备同时工作时，各套总管之间最好接通，并安装开关，以便相互支援。

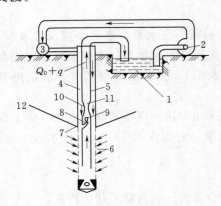

图 1-35　喷射井点排水示意图
1—集水池；2—高压水泵；3—输水干管；4—
外管；5—内管；6—滤水管；7—进水孔；
8—喷嘴；9—混合室；10—喉管；
11—扩散管；12—水面线

井管的安设，一般用射水法下沉。距孔口1.0m 范围内，应用黏土封口，以防漏气。排水工作完成后，可利用杠杆将井管拔出。

（3）深井点。与轻型井点不同，它的每一根井管上都装有扬水器（水力扬水器或压气扬水器），因此它不受吸水高度的限制，有较大的降深能力。深井点有喷射井点和扬水井点两种。喷射井点由集水池、高压水泵、输水干管和喷射井管等组成。通常一台高压水泵能为 30～35 个井点服务，其最适宜的降水位范围为 5～18m。喷射井点的排水效率不高，一般用于渗透系数为 3～50m/d、渗流量不大的场合。图 1-35 所示为喷射井点排水示意图。

压气扬水井点是用压气扬水器进行排水。排水时压缩空气由输气管送来，由喷气装置进入扬水管，于是，管内容重较轻的水气混合液在管外水压力的作用下，沿水管上升到地面排走。为达到一定的扬水高度，就必须将扬水管沉入井中有足够的潜没深度，使扬水管内外有足够的压力差。压气扬水井点降低地下水位最大可达 40m。

（4）电渗井点。电渗井点排水时，沿基坑四周布置两列正负电极，正极通常用金属管做成，负极就是井点的排水井。通电后，地下水将从金属管（正极）向井点（负极）移动集中，然后由井点系统的水泵排出。图 1-36 所示为电渗井点排水示意图。

3. 人工降低地下水位的设计与计算

采用人工降低地下水位进行施工时，应根据要求的地下水位下降深度、水文地质条件、施工条件以及设备条件等，确定排水总量（即总渗流量），计算管井或井点的需要量，选择抽水设备，进行抽水排水系统的布置。

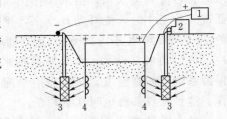

图 1-36　电渗井点排水示意图
1—直流发电机；2—水泵；3—井点；4—钢管

总渗流量的计算，可参考前面经常性排水中所介绍的方法和其它有关论著。

管井和井点数目 n，可根据总渗流量 Q 和单井集水能力 q_{max} 决定，即

$$n = \frac{Q}{0.8q_{max}} \tag{1-9}$$

单井的集水能力决定于滤水管面积和通过滤水管的允许流速，即

$$q_{max} = 2\pi r_0 l v_p \tag{1-10}$$

$$v_p = 65 \sqrt[3]{K}$$

式中　r_0——滤水管的半径，m，当滤水管四周不设反滤层时，用滤水管半径；设反滤层
　　　　　时，半径应包括反滤层在内；

　　　　l——滤水管长度，m；

　　　　v_p——允许流速，m/d；

　　　　K——渗透系数，m/d。

　　根据上面计算确定的 n 值，考虑到抽水过程中有些井可能被堵塞，因此尚应增加 5%～10%。管井或井点的间距 d（m）可根据排水系统的周线长度 L（m）来确定，即

$$d = \frac{L}{n} \tag{1-11}$$

　　在进行具体布置时，还应考虑满足下列要求：①为了使井的侧面进水不过分减少，井的间距不宜过小，要求轻型井点 $d \approx (5 \sim 10) 2\pi\gamma_0$，深井点 $d \approx (15 \sim 25) 2\pi\gamma_0$；②在渗透系数小的土层中，若间距过大，地下水位降低时间太长，因此要以抽水、降低地下水位时间来控制井的间距；③井的间距要与集水总管三通的间距相适应；④在基坑四角和靠近地下水流方向一侧，间距宜适当缩短。

　　井的深度可按下式进行计算：

$$H = s_0 + \Delta s + \Delta h + h_0 + l \tag{1-12}$$

式中　Δh——进入滤水管的水头损失，约 0.5～1.0m；

　　　h_0——要求的滤水管沉没深度，m，视井点构造不同而异，多小于 2.0m；

　　　s_0——原地下水位与基坑底的高差，m；

　　　Δs——基坑底与滤水管处降落水位的高差，m，可用下式确定。

$$\Delta s = \frac{0.8 q_{max}}{2.73 K l} \log \frac{1.32 l}{r_0} \tag{1-13}$$

学 习 检 测

一、名词解释

施工导流、全段围堰法导流、围堰、河床束窄度、导流标准、导流时段、截流工程、立堵法截流、平堵法截流、基坑排水、人工降低地下水位

二、填空

1. 施工导流的基本方法大体上分为两类，一类是（　　　），另一类是（　　　）。

2. 全段围堰法的泄水方式有（　　　）、（　　　）、（　　　）。

3. 分段围堰法导流要解决好（　　　）、（　　　）问题。

4. 按使用材料不同，围堰分为（　　　）、（　　　）、（　　　）、（　　　）。

5. 截流过程包括（　　　）、（　　　）、（　　　）、（　　　）四项工作。

6. 截流的主要方法有（　　　）、（　　　）、（　　　）、（　　　）。

7. 按排水时间和性质，基坑排水分为（　　　）、（　　　），按排水方法不同分为（　　　）、（　　　）两种。

8. 人工降低地下水位按排水工作原理可分为（　　　）、（　　　）。

三、选择题

1. 当河谷狭窄，岸坡陡峻，工期短，施工期又没有通航要求时，应选择（　　）。

    A. 全段围堰法明渠导流　　B. 全段围堰法隧洞导流　　C. 全段围堰法涵管导流

2. 采用隧洞导流，隧洞断面形状一般采用（　　）。

    A. 圆形　　　　　　　　B. 马蹄形　　　　　　　C. 城门形

3. 重力式混凝土围堰一般用于分段围堰法中的（　　）。

    A. 纵向围堰　　　　　　B. 横向围堰　　　　　　C. 过水围堰

4. 在分期导流中，河床束窄度一般取值在（　　）之间。

    A. 30％～46％　　　　B. 47％～68％　　　　C. 69％～80％

5. 在全段围堰法导流中，当导流标准确定后，如果围堰使用期为二年，导流设计流量应取设计洪水过程线中（　　）最大流量。

    A. 平水期限　　　　　　B. 洪水期　　　　　　　C. 枯水期

6. 基坑排水时间一般选在（　　）。

    A. 围堰合龙后　　　　　B. 围堰加高培厚后　　　C. 围堰闭气后

7. 在相同的条件下，采用立堵法比采用平堵法龙口出现的最大流速（　　）。

    A. 大　　　　　　　　　B. 小　　　　　　　　　C. 相同

8. 平堵法截流一般适用于（　　）。

    A. 软基河床　　　　　　B. 岩基河床　　　　　　C. 狭窄河床

9. 当地下水渗透速度为每天 160m 时，应采用（　　）。

    A. 井点法　　　　　　　B. 管井法　　　　　　　C. 明排法

四、问答题

1. 施工导流设计的主要任务是什么？

2. 全段围堰法和分段围堰法的适用条件有什么不同？

3. 什么叫分期？什么叫分段？二者有何异同？

4. 布置导流隧洞时，应注意哪些主要问题？

5. 土石坝拦洪度汛措施有哪些？应注意哪些问题？

五、论述题

1. 施工导流方案确定要考虑哪些因素？

2. 立堵法截流和平堵法截流各有何优缺点？为何采用立堵法截流较普遍？

第二章　爆破工程施工

内容摘要： 本章主要介绍爆破原理、器材、装药、施工方法、控制爆破和安全技术。

学习重点： 爆破基本原理；起爆方法和施工；浅孔、深孔爆破的布孔设计和装药计算；光面爆破、预裂爆破的区别、技术要点和应用；爆破安全要求。

　　水利工程建设需要大量土石方开挖，爆破则是最有效的方法之一。爆破施工不仅施工简便、节省人力、加快施工进度、提高劳动效率、降低成本，而且施工还不受气候限制，并能完成许多机械和人工无法完成的工作。因此，爆破技术已被广泛应用于水利工程施工中。爆破必须满足工程的设计要求，同时还必须保证其周围的人和物的安全。

第一节　爆　破　理　论

　　爆破是炸药爆炸作用于周围介质的结果。埋在介质内的炸药引爆后，在极短的时间内，由固态转变为气态，体积增加数百倍至几千倍，伴随产生极大的压力和冲击波，同时还产生很高的温度，使周围介质受到各种不同程度的破坏，称为爆破。

一、无限介质中的爆破

　　当具有一定质量的球形药包在无限均质介质内部爆炸时，在爆炸力作用下，距离药包中心不同区域的介质，由于受到的作用力有所不同，因而产生不同程度的破坏或振动现象。整个被影响的范围就叫做爆破作用圈，这种现象随着与药包中心间的距离增大而逐渐消失，按对介质作用不同可分为四个作用圈，如图 2-1 所示。

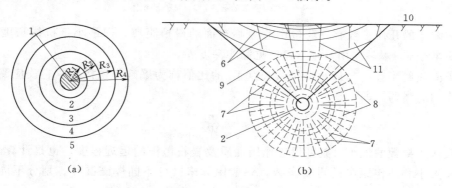

(a)　　　　　　　　　　　　　　(b)

图 2-1　爆破作用范围示意图

1—药包；2—压缩圈；3—抛掷圈；4—松动圈；5—震动圈；6—弧向裂缝；7—径向
裂缝；8—环向裂缝；9—爆破漏斗；10—临空面；11—临空面裂缝

（1）压缩圈。如图 2-1 中 R_1 表示压缩圈半径，在这个作用圈范围内，介质直接承受了药包爆炸而产生的极其巨大的作用力，因而如果介质是可塑性的土壤，便会遭到压缩形成孔腔；如果是坚硬的脆性岩石便会被粉碎。所以把 R_1 这个球形地带叫做压缩圈或破碎圈。

（2）抛掷圈。围绕在压缩圈范围以外至 R_2 的地带，其受到的爆破作用力虽较压缩圈内小，但介质原有的结构受到破坏，分裂成为各种尺寸和形状的碎块，而且爆破作用力尚有余力足以使这些碎块获得运动速度。如果这个地带的某一部分，处在临空的自由面条件下，破坏了的介质碎块便会产生抛掷现象，因而叫做抛掷圈。

（3）松动圈。又称破坏圈。在抛掷圈以外至 R_3 的地带，爆破的作用力更弱，除了能使介质结构受到不同程度的破坏外，没有余力可以使破坏了的碎块产生抛掷运动，因而叫做破坏圈。工程上为了实用起见，一般还把这个地带被破碎成为独立碎块的一部分叫做松动圈，而把只是形成裂缝、互相间仍然连成整块的一部分叫做裂缝圈或破裂圈。

（4）震动圈。在破坏圈范围之外，微弱的爆破作用力甚至不能使介质产生破坏。这时介质只能在应力波的传播下，发生振动现象，这就是图 2-1 中 R_4 所包括的地带，通常叫做震动圈。震动圈以外，爆破作用的能量就完全消失了。

二、有限介质中的爆破

在有限介质中，被爆破介质与空气或水的接触面称为临空面。在有限介质中，进行单孔爆破，当药包埋设较浅，爆破后将形成以药包中心为顶点的倒圆锥形爆破坑，称为爆破漏斗，如图 2-2 所示。

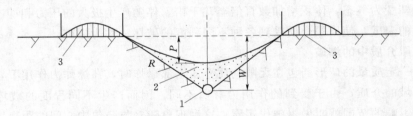

图 2-2　爆破漏斗示意图
1—药包；2—回落的石渣；3—坑外堆积体

爆破漏斗的几何参数有：药包中心至临空面的最短距离，即最小抵抗线长度 W，爆破漏斗底半径 r，爆破作用半径 R，可见漏斗深度 h。

爆破漏斗底半径 r 与最小抵抗线长度 W 的比值称为爆破作用指数，它反应漏斗形状和爆破作用的强弱。即：

$$n = \frac{r}{W} \tag{2-1}$$

爆破作用指数的大小可判断爆破作用性质及岩石抛掷的远近程度，也是计算药包量、决定漏斗大小和药包距离的重要参数。一般用 n 来区分不同爆破漏斗、划分不同爆破类型，如图 2-3 所示。

当 $n=1$ 时，$r=W$，称为标准抛掷爆破；

当 $n>1$ 时，$r>W$，称为加强抛掷爆破；

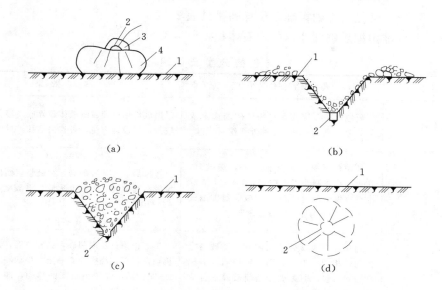

图 2-3 爆破分类

（a）裸露爆破；（b）抛掷爆破；（c）松动爆破；（d）内部爆破

1—临空面；2—药包；3—覆盖物（砂或黏土）；4—被爆破的物体

当 $0.75 < n < 1$ 时，$r < W$，称为减弱抛掷爆破；

当 $0.33 < n \leqslant 0.75$ 时，称为松动爆破；

当 $n < 0.2$ 时，爆破不会使临空面产生破坏，称为内部爆破。

各种爆破对应的药包称为标准抛掷药包、加强抛掷药包、减弱抛掷药包、松动药包和内部药包。各种爆破类型有不同的应用，加强抛掷爆破用于定向爆破筑坝，标准抛掷爆破用于爆破试验，松动爆破用于采石场和保护层的开挖，内部爆破用于扩充药壶。

单位耗药量：指爆破单位体积岩石的炸药消耗量。

炸药换算系数 e：某炸药的爆力 F 与标准炸药爆力之比（2♯岩石铵梯炸药为标准炸药，其爆力为 320mL）。

三、药包及其装药量计算

为了爆破某一物体而在其中放置一定数量的炸药，称为药包。药包的类型不同，爆破效果也各不相同。按形状，药包分为集中药包和延长药包，当药包的最长边与最短边之比小于 4 时，为集中药包，大于 4 时为延长药包。药包的分类及使用可见表 2-1。

爆破工程中的炸药用量计算是一个十分复杂的问题，因为影响因素很多。实践证明，无论在何种情况下，炸药的用量是与被破碎的介质体积成正比的。而被破碎的单位体积介质的炸药用量称为单日位耗药量，其最基本的影响因素又与介质的硬度有关。

目前，由于还不能较精确的计算出各种复杂情况下的相应用药量，所以一般都是根据现场试验方法，大致得出爆破单位体积介质所需的用药量，然后再按照爆破漏斗体积计算出每个药包的装药量。对于单个集药包，其药包重量可按下式计算：

$$Q = KV \tag{2-2}$$

式中 K——单位耗药量，即爆破单位体积岩石的耗药量，kg/m^3，其值可根据实验确定，常见岩土的标准单位耗药量见表 2-2；

V——标准抛掷爆破漏斗内的岩石体积，m^3，$V \approx W^3$。

表 2-1 　　　　　　　　　　　　药包的分类及使用

分类名称		药包放置部位及形状	作 用 效 果
按爆破作用分类	裸露药包	药包放在石块或其它物体的表面上或裂隙部位或浅穴内，亦称外部作用药包	爆破作用可使被爆破体破碎或飞移。爆破效果较差，但设置方便，可省去钻孔，见图2-3（a）
	抛掷药包	药包放在被爆破体的内部，爆破时，在表面形成漏斗形的破坏坑，$n=1$ 为标准抛掷爆破药包；$n<1$ 为减弱抛掷爆破药包；$n>1$ 为加强抛掷爆破药包	爆破后，被炸碎的岩石突破临空面部分或全部抛散在其周围，地面上形成一爆破漏斗［见图2-3（b）］
	松动药包	药包放在被爆破体的内部，爆破与抛掷药包相同。当 $r=W$（即 $n=1$）为标准破碎药包，即爆破作用使破碎部分成为知交倒正圆锥体	破坏作用只从内部破坏到临空面，并不产生抛掷运动，仅在临空面有一定的松动和凸起［见图2-3（c）］，或较小距离的移动，即 $n=0.33\sim0.75$，其类型见图2-3（b）
	内部作用药包	药包在被爆破体内部爆破，与减弱抛掷爆破药包相同，破坏范围刚好达到临空面，成为最大内部作用药包	破坏作用仅限于地层内部的压缩，而不显露到临空面上，见图2-3（d），一般用于扩大药室
按形状分类	集中药包	形状为球形，高度小于直径 4 倍的圆柱形或长边小于短边 4 倍的直角六面体	爆破效率高，省炸药和减少钻孔工作量，但破碎岩石块度不够均匀。多用于大量和抛掷爆破
	延长药包	形状为柱形，高度超过直径 4 倍的圆柱形或长边超过短边 4 倍的直角六面体。延长药包又有连续药包和间隔药包两种形式	在土石中可均匀分布炸药，破碎岩石块度较均匀。一般用于松动或破碎的炮孔爆破

故标准抛掷爆破药包药量计算公式（2-2）可以写为：

$$Q = KW^3 \tag{2-3}$$

对于加强抛掷爆破，

$$Q = (0.4 + 0.6n^3)KW^3 \tag{2-4}$$

对于减弱抛掷爆破，

$$Q = \left(\frac{4+3n}{7}\right)^3 KW^3 \tag{2-5}$$

对于松动爆破，

$$Q = 0.33KW^3 \tag{2-6}$$

式中　Q——药包重量，kg；

　　　W——最小抵抗线长度，m；

　　　n——爆破作用指数。

表 2－2　　　　　　　　　　　　　常见岩土的标准单位耗药量表

岩土种类	K 值（kg/m³）	岩土种类	K 值（kg/m³）
黏土	1.0～1.1	砾岩	1.4～1.8
坚实黏土、黄土	1.1～1.25	片麻岩	1.4～1.8
泥页岩	1.2～1.4	花岗岩	1.4～2.0
页岩、千枚岩、板岩、凝灰岩	1.2～1.5	石英砂岩	1.5～1.8
石灰岩	1.2～1.7	闪长岩	1.5～2.1
石英斑岩	1.3～1.4	辉长岩	1.6～1.9
砂岩	1.3～1.6	安山岩、玄武岩	1.6～2.1
流纹岩	1.4～1.6	辉绿岩	1.7～1.9
白云岩	1.4～1.7	石英岩	1.7～2.0

注　1. 表中数据以 2# 岩石铵梯炸药作为标准计算，若采用其它炸药时，应乘以炸药换算系数 e（见表 2－3）。
　　2. 表中数据是在炮眼堵塞良好的情况下确定出来的，如果堵塞不良，则应乘以 1～2 的堵塞系数。对于黄色炸药等烈性炸药，其堵塞系数不宜大于 1.7。
　　3. 表中 K 值是指一个自由面的情况。随着临空面的增多，单位耗药量随之减少：有两个临空面为 $0.83K$；有三个临空面为 $0.67K$。

表 2－3　　　　　　　　　　　　　炸 药 换 算 系 数 表

炸药名称	型　　号	换算系数 e	炸药名称	型　　号	换算系数 e
岩石铵梯	1#	0.91	煤矿铵梯	1#	1.10
岩石铵梯	2#	1.00	煤矿铵梯	2#	1.28
岩石铵梯	2# 抗水	1.00	煤矿铵梯	3#	1.33
露天铵梯	1#	1.04	煤矿铵梯	1# 抗水	1.10
露天铵梯	2#	1.28	梯恩梯	三硝基甲苯	0.86
露天铵梯	3#	1.39	62%硝化甘油	—	0.75
露天铵梯	1# 抗水	1.04	黑火药	—	1.70

对于延长药包，当药包与临空面垂直时，通常装药长度为孔深的 1/3，堵塞长度为孔深的 2/3，最小抵抗线长度为孔深的 5/6，如图 2－4 所示。

标准抛掷爆破的药包重量为：

$$Q = KW^3 = \frac{125}{216}KL^3 \qquad (2-7)$$

当药包与临空面平行时，延长药包爆破后形成的爆破漏斗为三棱柱体，其体积为：

$$V = \frac{1}{2}(2rW)L = nW^2L \qquad (2-8)$$

这时标准抛掷爆破的装药量为：

$$Q = KW^2L \qquad (2-9)$$

装药量的多少，取决于爆破岩石的体积、爆破漏斗的规格和其它有关参数。上述公式

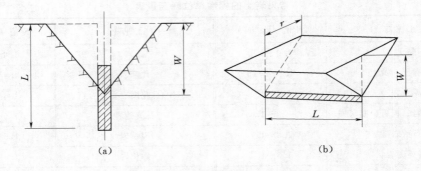

图 2-4 延长药包爆破漏斗示意图
(a) 药包直临空面；(b) 药包平行临空面

都是以单自由面集中药包为前提，在工程实际中都采用成组药包，为了改善爆破效果，都利用更多临空面进行爆破，这样就使爆破漏斗形状和大小变得复杂，因此在实计算中，要按具体情况确定每个药包所能爆破的体积和所需要的装药量进行累计，计算出总装药量。

第二节 爆 破 材 料

一、炸药

（一）炸药的基本性能

1. 爆力

爆力是指炸药在介质内部爆炸时对其周围介质产生的整体压缩、破坏和抛移能力。它的大小与炸药爆炸时释放出的能量大小成正比，炸药的爆热愈高，生成气体量愈多，爆力也就愈大。测定炸药爆力的方法常用铅柱扩孔法和爆破漏斗法。

2. 猛度

猛度是指炸药在爆炸瞬间对与药包接邻的介质所产生的局部压缩、粉碎和击穿能力。炸药爆速愈高，密度越大，其猛度愈大。测量炸药猛度的方法是铅柱压缩法。

3. 氧平衡

氧平衡是指炸药在爆炸分解时的氧化情况。如果炸药中的氧恰好等于其中可燃物完全氧化所需的氧量，即产生二氧化碳和水，没有剩余的氧成为零氧平衡；若含氧量不足，可燃物不能完全氧化且产生一氧化碳，此时称为负氧平衡；若含氧量过多，将炸药所放出的氮也氧化成有害气体一氧化氮，此时称为正氧平衡。

4. 炸药的安定性

炸药的安定性能指炸药在长期储存中保持原有物理化学性质的能力。有物理安定性与化学安定性之分。物理安定性主要是指炸药的吸湿性、挥发性、可塑性、机械强度、结块、老化、冻结、收缩等一系列物理性质。物理安定性的大小，取决于炸药的物理性质。炸药化学安定性的大小，取决于炸药的化学性质及常温下化学分解速度的大小，特别是取决于储存温度的高低。

5. 敏感度

炸药在外能作用下起爆的难易程度称为该炸药的敏感度。不同的炸药在同一外能作用下起爆的难易程度是不同的，起爆某炸药所需的外能小，则该炸药的敏感度高；起爆某炸药所需的外能大，则该炸药的敏感度低。炸药的敏感度对于炸药的制造加工、运输、储存、使用的安全十分重要。

6. 爆速

爆速是指爆炸时爆轰波沿炸药内部传播的速度。爆速测定方法有导爆索法、电测法和高速摄影法。

7. 殉爆

炸药爆炸时引起与它不相接触的邻近炸药爆炸的现象叫殉爆。殉爆反应了炸药对冲击波的感度。主发药包的爆炸引爆被发药包爆炸的最大距离称为殉爆距离。影响殉爆的因素有：装药密度、药量和直径、药卷约束条件和药卷放置方向等。

（二）工程炸药的分类、品种及性能

1. 炸药分类

按其作用特点和应用范围，工程爆破常用的炸药类型见表 2-4。

表 2-4　　　　　　　　　　　　　工程爆破常用炸药分类

分类	特点	品种	应用范围
起爆药	感度高、加热、摩擦或撞击易引起爆炸	主要有二硝基重氮酚、雷汞、迭氮化铅等	用于制作起爆器材，如火雷管、电雷管
单质猛炸药混合猛炸药	爆炸威力大，破碎岩石效果好；同起爆相比，猛炸药感度较低，使用时需用起爆药起爆	单质猛炸药有梯恩梯、黑索金、泰安、硝化甘油等；混合猛炸药有硝铵炸药、铵油炸药、铵沥蜡炸药、铵松蜡炸药、浆状炸药、水胶炸药、乳胶炸药、高威力炸药等	混合猛炸药是工业爆破工程中用量最大、最基本的一类炸药；单质猛炸药是制造某种品种混合猛炸药的主要成分；黑索金、泰安又常用作导爆索的药芯，黑索金也常用作雷管副起爆药
发射药	对火焰的感度极高，余火能迅速燃烧，在密闭条件下可转为爆炸	常用黑火药	用作导火索的药芯

2. 常用炸药的品种及性能

常用的炸药主要有梯恩梯、硝铵类炸药、胶质炸药、黑火药等，其主要性能和用途见表 2-5。

表 2-5　　　　　　　　　　　　常用炸药主要性能及用途表

名称	主要性能及特性	用途
梯恩梯（TNT）（三硝基甲苯）	有压榨的、鳞片的和熔铸的三种。淡黄色或黄褐色，味苦，有毒，爆烟也有毒。安定性好，对冲击和摩擦的敏感性不大。块状时不易受潮，威力大	1. 作雷管副起爆药； 2. 适于露天及水下爆破，不宜用于通风不良的隧洞爆破和地下爆破

名　称	主要性能及特性	用　途
硝铵类炸药	以硝酸铵为主要成分的混合炸药，常用的有铵梯炸药（又分露天铵梯炸药、岩石铵梯炸药、煤矿安全铵梯炸药）、铵油炸药、铵沥蜡炸药、浆状炸药、水胶炸药、乳化炸药等。浅黄或灰白色，粉末状。药质有毒，但爆烟毒气少，对热和机械作用敏感度不大，撞击摩擦不爆炸，不易点燃。易受潮，受潮后威力降低或不爆炸，长期存放易结块，能腐蚀铜、铅、铁等金属，起爆时，雷管插入药内不得超过一昼夜	应用较广。适于一般岩石爆破，也可用于隧洞或地下爆破
黑色火药	一般由硝石（75%），硫磺（15%），木炭10%混合而成。带深蓝黑色，颗粒坚硬明亮，对摩擦、火花、撞击均较敏感，爆速低，威力小，易受潮，但制作简便，起爆容易（不用雷管）	水中不能用。常用于小型水利工程中的小型岩石爆破，以及用做导火线芯药
胶质炸药（硝化甘油）	由硝化棉吸收硝化甘油而制成，为淡黄色半透明体的胶状物，不溶于水，可在水中爆炸，威力大。敏感度高，有毒性、粘于皮肤便可引起头痛中毒，冻结后更为敏感。受撞击摩擦或折断药包均可引起爆炸，可点燃，当储藏时间过长时，可能产生老化现象，威力降低	主要用于水下爆破

二、起爆器材

起爆材料包括雷管、导火索和传爆线等。

1. 火雷管

即普通雷管。有管壳、正副起爆药和加强帽三部分组成，如图2-5所示。管壳材料

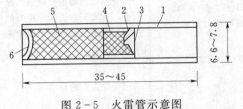

图2-5　火雷管示意图

1—管壳；2—加强帽；3—帽孔；4—正起爆药；
5—副起爆药；6—聚能窝槽

有铜、铝、纸、塑料等。上端开口，中段设加强帽，中有小孔，副起爆药压于管底，正起爆药压在上部。在管沟开口一端插入导火索，引爆后，火焰使正起爆药爆炸，最后引起副起爆药爆炸。根据管内起爆药量的多少分1～10个号码，常用的为6号、8号，其规格及主要性能见表2-6。火雷管具有结构简单，生产效率高，使用方便、灵活，价格便宜，不受各种杂电、静电及感应电的干扰等优点。但由于导火索在传递火焰时，难以避免速燃、缓燃等致命弱点，在使用过程中爆破事故多，因此使用范围和使用量受到极大限制。

表2-6　　　　　　　　　　　　　　　　雷管规格及主要性能

雷管号码	6号	7号	8号
雷管壳材料	铜铝铁	铜铝铁	纸
管壳（外径×全长）（mm×mm）	6.6×35	6.6×40	7.8×45
加强帽（外径×全长）（mm×mm）	6.16×6.5	6.16×6.5	（6.25～6.32）×6

续表

雷管号码	6 号	7 号	8 号
特性	受撞击、摩擦、搔扒、按压、火花、热等影响会发生爆炸；受潮容易失效		
点燃方法	利用导火索		
试验方法	外观检查：有裂口、锈点、砂眼、受潮、起爆药浮出等不能使用；振动试验：振动 5min 不允许爆炸、洒药、加强帽移动；铅板炸孔：5mm 厚的铅板（6 号用 4mm 厚），炸穿孔径不小于雷管外径		
适用范围	用于一般爆破工程，但有沼气及矿尘较多的坑道工程不宜使用		
包装方式	内包装为纸盒，每盒 100 袋；外包装为木箱，每箱 50 盒 5000 发		
有效保证期	2 年		

2. 电雷管

电雷管有即发、延发和毫秒微差三种。

（1）即发电雷管。即发电雷管是由火雷管和 1 个发火元件组成，其结构如图 2-5 所示。接通电源后，电流通过桥丝发热，使引火药头发火，导致整个雷管起爆。

（2）延期电雷管。普通延期电雷管是雷管通电后，间隔一定时间才起爆的电雷管。延期时间为半秒或秒；延期时间是用精致火索段或延期药来达到的。延期时间由其长度、药量和延期药配比来调节。采用精致导火索段的结构称为索式结构；采用延期体的结构称为装配式结构。秒或半秒延期电雷管的结构如图 2-6 所示。

该类雷管主要用于基建和隧道掘进、采石、土方开挖等爆破作业中，在有瓦斯和煤尘爆炸危险的工作面不得使用。

（3）毫秒电雷管的结构有多种形式，以延期药的装配关系分为直填式和装配式，装配式又有管式、索式和多芯结构式。毫秒电雷管有等间隔和非等间隔之分，段与段之间的间隔时间相等的称为等间隔，反之为非等间隔。

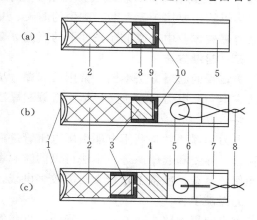

图 2-6 雷管结构图

（a）火雷管；（b）即发电雷管（c）延迟电雷管
1—聚能穴；2—副起爆药；3—正起爆药；4—缓燃剂；
5—点火桥丝；6—雷管外壳；7—密封胶；
8—脚线；9—加强帽；10—帽孔

毫秒电雷管在爆破工作中的作用越来越大，它对降低爆破地震、保护边坡、控制飞石等起了很好的作用，对于控制爆破保护地基的基础也起了重要作用。毫秒电雷管正在向高精度、多段数、多品种、多系列的方面发展，同时还要求它能抗静电、抗杂静电、耐高温、抗深水，以满足各种特殊要求的爆破需要。

3. 导火索

用来起爆火雷管和黑火药的起爆材料。用于一般爆破工程，不宜用于有瓦斯或矿尘爆炸危险的作业面。它是用黑火药做芯药，用麻、棉纱和纸作包皮，外面涂有沥青、油脂等防潮剂。

导火索的燃烧速度有两种：正常燃烧速度为 $100\sim120s/m$，缓燃速度为 $180\sim210s/m$。喷火强度不低于 50mm。

国产导火索每盘长 250m，耐水性一般不低于 2h，直径 $5\sim6mm$。

4. 导爆索

用强度大、爆速高的烈性黑索金作为药芯，以棉线、纸条为包缠物，并涂以防潮剂，表面涂以红色。索头涂以防潮剂。

导爆索的优点是不受电的干扰，使用安全；起爆准确可靠，并能同时起爆多个炮孔，同步性好，故在控制爆破中应用广泛；施工装药比较安全，网络敷设简单可靠；可在水孔或高温炮孔中使用。缺点是：价格高，网络连接后孔内无法检查；不能实现炮孔孔底起爆，影响能量充分应用。

5. 导爆管

导爆管是一种半透明的，具有一定强度、韧性、耐温、不透水的塑料管起爆材料。在塑料软管内壁涂薄薄一层胶状高性能混合炸药（主要为黑索金或奥克托金），涂药量为 $16\pm1.6g/m$。具有抗火、抗电、抗冲击、抗水以及导爆安全等特性。

导爆管主要用于无瓦斯、矿尘的露天、井下、深水、杂散电流大和一次起爆多数炮孔的微差爆破作业中，或上述条件下的瞬发爆破或秒延期爆破。

三、起爆方法

按雷管的起爆方法不同，常用的起爆方法可分为电力起爆法、非电力起爆法和无线起爆法三类。非电力起爆法又包括火雷管起爆法、导爆索起爆法和导爆管起爆法。

（一）电力起爆法

电力起爆法就是利用电能引爆电雷管进而起爆炸药的起爆方法，它所需的起爆器材有电雷管、导线和起爆源等。本法可以同时起爆多个药包；可间隔延期起爆，安全可靠。但是操作较复杂；准备工作量大；需较多电线，需一定检查仪表和电源设备。适用于大中型重要的爆破工程。

电力起爆网路主要有电源、导线、电雷管、脚线、端线、连接线、区域线和主线等组成，如图 2-7 所示。

1. 起爆电源

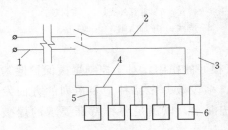

图 2-7 电爆网络的组成
1—电源线；2—主线；3—区域线；
4—连接线；5—端线；6—脚线

电力起爆的电源，可用普通照明电源或动力电源，最好是使用专线。当缺乏电源而爆破规模又较小和起爆的雷管数量不多时，也可用干电池或蓄电池组合使用。另外还可以使用电容式起爆电源，即发爆器起爆。国产的发爆器有 10 发、30 发、50 发和 100 发的几种型号，最大一次可起爆 100 个以内串联的电雷管，十分方便。但因其电流很小，故不能起爆并联雷管。常用的形式有 DF—100 型、FR_{81}—25 型、FR_{81}—50 型。

2. 导线

电爆网络中的导线一般采用绝缘良好的铜线和铝线。在大型电爆网络中的常用导线按其位置和作用划分为端线、连接线、区域线和主线。端线用来加长电雷管脚线，使之能引出孔口或洞室之外。端线通常采用断面 0.2～0.4mm² 的铜芯塑料皮软线。连接线是用来连接相邻炮孔或药室的导线，通常采用断面为 1～4mm² 的铜芯或铝芯线。主线是连接区域与电源的导线，常用断面为 16～150mm² 的铜芯或铝芯线。

3. 电雷管的主要参数

电雷管在电流作用下由于电流通过桥丝使其灼热，灼热的桥丝引燃了引火头，从而导致起爆药爆炸。其主要参数有：最高安全电流、最低准爆电流、电雷管电阻。

（1）最高安全电流。给电雷管通以恒定的直流电，在较长时间（5min）内不致使受发电雷管引火头发火的最大电流，称为电雷管最高安全电流。按规定，国产电雷管通50mA 的电流，持续 5min 不爆的为合格产品。

按安全规程规定，测量电雷管电爆网络的爆破仪表，其输出工作电流不得大于 30mA。

（2）最低准爆电流。给电雷管通一恒定的直流电。保证在 1min 内必定使任何一发电雷管都能起爆的最小电流，称为最低准爆电流。国产电雷管的准爆电流不大于 0.7A。

（3）电雷管电阻。电雷管电阻是指桥丝电阻与脚线电阻之和，又称电雷管安全电阻。电雷管在使用前应测定每个电雷管的电阻值（只准使用规定的专用仪表），在同一爆破网络中使用的电雷管应为同厂同型号产品。康铜桥丝雷管的电阻值差不得超过 0.3Ω；镍铬桥丝雷管的电阻值差不得超过 0.8Ω。电雷管的电阻值是进行电爆网络计算不可缺少的参数。

4. 电爆网络的连接方式

当有多个药包联合起爆时，电爆网络的连接可以采用串联、并联、串并联、并串联等方式，如图 2-8 所示。

（1）串联法。是将电雷管的脚线一个接一个的连在一起，并将两端的两根脚线接至主线，并通向电源。该法线路简单，计算和检查线路较易，导线消耗较小，需准爆电流小，可用放炮器、干电池、蓄电池作起爆电源。但整个起爆电路可靠性差，如一个雷管发生故障，或敏感度有差别时，易发生拒爆现象。适用于爆破数量不多、炮孔分散、电源电流不大的小规模爆破。

网络的计算：

总电阻

$$R = R_1 + R_2 + NR_A + R' \tag{2-10}$$

准爆电流

$$I = i \tag{2-11}$$

所需电压

$$E = RI = (R_1 + R_2 + NR_A + R') \tag{2-12}$$

式中　R——电爆网络中的总电阻，Ω；

I——电爆网络中所需总的准爆电流，A；

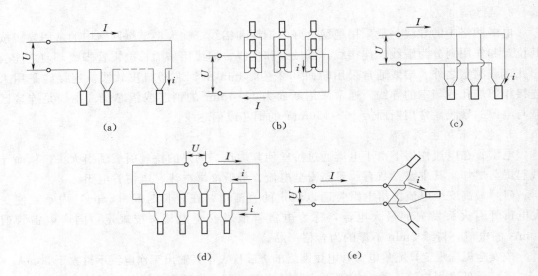

图 2-8 电爆网络的连接型式

(a) 串联；(b) 分段并联；(c) 并簇联；(d) 并串联；(e) 串并联

U—电源电压；i—雷管电流；I—网络电流

R_1——主导线的电阻，Ω；

R_2——端线、连接线、区域线的电阻，Ω；

N——电雷管的数目，个；

E——电源的电压，V；

R_A——每个电雷管的电阻 Ω，一般用 $R_A = 1.5$Ω 计算较接近实际；

i——通过每个电雷管所需的准爆电流，A，对于用直流电源起爆成组电雷管，应不小于 2A；对于用交流电源起爆，应不小于 2.5A；

R'——电源的内电阻，Ω，当用照明线路或动力线路时可忽略不计。

如果 E 为已知，则实际通过电雷管的电流强度为：

$$I = \frac{E}{R_1 + R_2 + NR_A + R'} \geq i \tag{2-13}$$

（2）并连法。是将所有电雷管的两根脚线分别接在两根主线上，或将所有雷管的其中一根脚线集合在一起，然后接在一根主线上，把另一根脚线也集合在一起，接在另一根主线上。其特点是：各个雷管的电流互不干扰，不易发生拒爆现象，当一个电雷管有故障时，不影响整个起爆。但导线电流消耗大，需较大截面主线；连接较复杂，检查不便；若分支电阻相差较大时，可能产生不同时爆炸或拒爆。适用于炮孔集中、电源容量较大及起爆小量雷管时使用。该网络的总电阻、准爆电流、所需电压计算公式分别如下：

总电阻

$$R = R_1 + R' + \frac{R_A}{N} + \frac{R_2}{M} \tag{2-14}$$

准爆电流

$$I = Ni \qquad (2-15)$$

所需电压

$$E = RI = Ni\left(R_1 + R' + \frac{R_A}{N} + \frac{R_2}{M}\right) \qquad (2-16)$$

式中　M——药室的数目，$M=N$；

其余符号意义同前。

（3）串并联法。是将所有雷管分成几组，同一组的电雷管串联在一起，然后组与组之间再并联在一起。这种方法需要的电流容量比并联小，同组中的电流互不干扰；药室中使用成对的电雷管，可增加起爆的可靠性。但线路计算和敷设复杂，导线消耗量大。该法适用于每次爆破的炮孔、药包组很多，且距离较远或全部并联电流不足时，或采取分层迟法布置药室时使用。该网络的总电阻、准爆电流、所需电压的计算公式分别如下：

总电阻

$$R = R_1 + R' + \frac{1}{M}(R_2 + NR_A) \qquad (2-17)$$

准爆电流

$$I = Mi$$

所需电压

$$E = RI = Mi\left[R_1 + R' + \frac{1}{M}(R_2 + NR_A)\right] \qquad (2-18)$$

如果电源电压 E 已知，则实际通过每个雷管的电流为：

$$I = \frac{E}{M\left[R_1 + R' + \frac{1}{M}(R_2 + NR_A)\right]} \geqslant i \qquad (2-19)$$

（4）并串联法。是将所有雷管分成几组，同一组的电雷管并联在一起。其特点是：可采用较小的电容量和较低的电压，可靠性比串联强。但线路计算和敷设较复杂，有一个雷管拒爆时，将切断一个分组的线路。该法各分支线路电阻应注意平衡或基本接近。这种方法适用于一次起爆多个药包且药室距离很长时，或每个药室设二个以上的电雷管，而又要求进行迟发起爆时，或无充足的电源电压时。

总电阻

$$R = R_1 + R' + \frac{MR_A}{N} + R_2 \qquad (2-20)$$

准爆电流

$$I = Ni$$

所需电压

$$E = RI = Ni\left(R_1 + R' + \frac{MR_A}{N} + R_2\right) \qquad (2-21)$$

式中　　N——并联成组每一支路电雷管的数目；

其余符号意义同前。

（二）非电起爆法

1. 火花起爆法

火花起爆法是以导火索燃烧时的火花引爆雷管进而起爆炸药的起爆方法。火花起爆法所用的材料有火雷管、导火索及点燃导火索的电火材料等。

火花起爆法的优点是操作简单，准备工作少，成本较低。缺点是操作人员处于操作地点不够安全。目前主要用于浅孔和裸露药包的爆破，在有水或水下爆破中不能使用。

2. 导爆索起爆法

导爆索起爆法是用导爆索爆炸产生的能量直接引爆药包的起爆方法。这种起爆方法所用的起爆器材有雷管、导爆索、继爆管等。

导爆索起爆法的优点是导爆速度高，可同时起爆多个药包，准爆性好；连接形式简单，无复杂的操作技术；在药包中不需要放雷管，故装药、堵塞时都比较安全。缺点是成本高，不能用仪表来检查爆破线路的好坏。适用于瞬时起爆多个药包的炮孔、深孔或洞室爆破。

导爆索起爆网络的连接方式有并簇联和分段并联两种。

（1）并簇联。并簇联是将所有炮孔中引出的支导爆索的末端捆扎成一束或几束，然后再与一根主导爆索相连接，如图2-9所示。这种方法同爆性好，但导爆索的消耗量较大，一般用于炮孔数不多又较集中的爆破中。

（2）分段并联法。分段并联法是在炮孔或药室外敷设一条主导爆索，将各炮孔或药室中引出的支导爆索分别依次与主导爆索相连，如图2-10所示。

分段并联法网络构造简单，导爆索消耗量小，适应性强，在网络的适当位置装上继爆管，可以实现毫秒微差爆破。

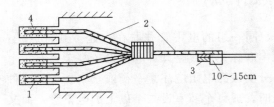

图2-9　导爆索起爆并簇联

1—炮孔；2—导爆索；3—雷管；4—药包

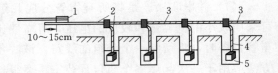

图2-10　导爆索起爆分段并联

1—雷管；2—导爆索；3—主线；4—支线；5—药室

3. 导爆管起爆法

导爆管起爆法是利用塑料导爆管来传递冲击波引爆雷管，然后使药包爆炸的一种新式起爆方法。导爆管起爆网络通常由激发元件、传爆元件、起爆元件和连接元件组成。这种方法导爆速度快，可同时起爆多个药包；作业简单、安全；抗杂散电流，起爆可靠。但导爆管连接系统和网络设计较为复杂。适用于露天、井下、深水、杂散电流大和一次起爆多个药包的微差爆破作业中进行瞬发或秒延期爆破。网络连接如图2-11、图2-12所示。

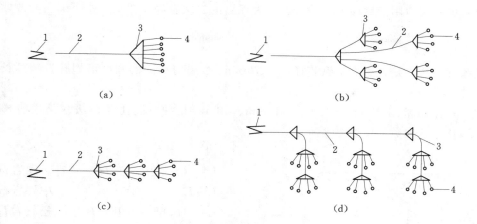

图 2-11 导爆管起爆网络

（a）簇并联；（b）并并联；（c）串并联；（d）分段并串联

1—激发源；2—导爆管；3—导爆雷管；4—炮孔

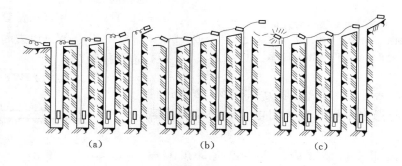

图 2-12 导爆管网络连接起爆分段并联

（a）导爆管单元；（b）网路的连接；（c）起爆

第三节 爆 破 施 工

一、爆破基本方法

1. 裸露爆破法

裸露爆破法又称表面爆破法，是将药包直接放置于岩石的表面进行爆破。

药包放在块石或孤石的中部凹槽或裂隙部位，体积大于 $1m^3$ 的块石，药包可分数处放置，或在块石上打浅孔或浅穴破碎。为提高爆破效果，表面药包底部可做成集中爆力穴，药包上护以草皮或是泥土沙子，其厚度应大于药包高度或以粉状炸药敷 30cm 厚。用电雷管或导爆索起爆。

裸露爆破无需钻孔设备，操作简单迅速，但炸药消耗量大（比炮孔法多 3~5 倍），破碎岩石飞散较远。

裸露爆破法适用于地面上大块岩石、大孤石的二次破碎及树根、水下岩石与改建工程的爆破。

2. 浅孔爆破法

浅孔爆破法，是在岩石上钻直径小于 75mm、深小于 5m 的圆柱形炮孔，装延长药包进行爆破。

炮孔直径通常用 35mm、42mm、45mm、50mm 几种。浅孔爆破法常采用阶梯开挖法，其炮孔布置参数如图 2-13 所示。

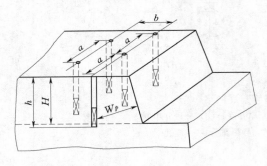

图 2-13 浅孔爆破台阶式布置
a—炮孔间距；b—炮孔排距；H—台阶高度；
h—炮孔深度；W_p—最小抵抗线

(1) 炮孔深度 L。

$L = (1.1 \sim 1.5) H$ 　　坚硬岩石；

$L = H$ 　　中硬岩石；

$L = (0.85 \sim 0.95) H$ 　　松软岩石；

式中　H——阶梯的高度。

(2) 计算抵抗线长度 W_p。

$$W_p = (0.6 \sim 0.8) H$$

(3) 炮孔间距 a。

$a = (1.0 \sim 1.5) W_p$（火雷管起爆）

或　$a = (1.2 \sim 2.0) W_p$（电力起爆）

(4) 炮孔排距 b。

$$b = (0.8 \sim 1.2) W_p$$

炮孔布置见图 2-14。一般为梅花形，依次逐排起爆，同时起爆多个炮孔应采用电力起爆或导爆索起爆。

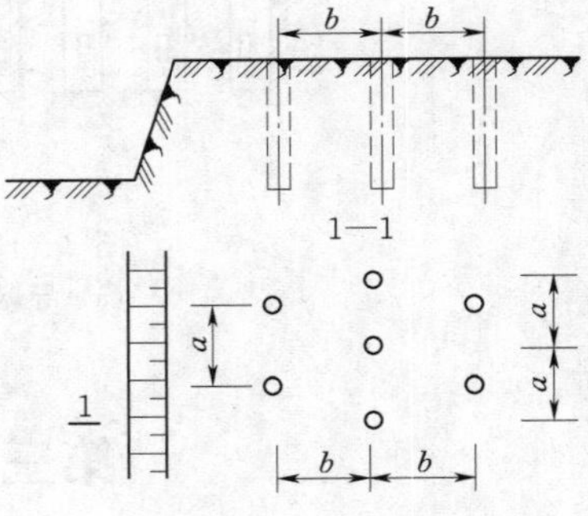

浅孔一般用于松动爆破，其药包重量按 $Q = 0.33 k W_p^3$ 计算。

该法不需复杂钻孔设备，施工操作简单，容易掌握；炸药消耗量少，飞石距离较近，岩石破碎均匀，便于控制开挖面的形状和尺寸，可在各种复杂条件下施工，在爆破作业中被广泛采用。但爆破量较小，效率低，钻孔工作量大。

图 2-14 炮孔平面布置图

该法适于各种地形和施工现场比较狭窄的工作面上作业，如基坑、管沟、渠道、隧洞爆破，或用于平整边坡、开采岩石、松动冻土以及改建工程拆除控制爆破。

3. 深孔爆破法

深孔爆破法是将药包放在直径大于 75mm、深大于 5m 的圆柱形深孔中爆破。爆前宜先将地面爆成倾角大于 55° 阶梯形，钻孔用轻、中型露天潜孔钻。深孔爆破法炮孔布置参数如图 2-15 所示。

(1) 炮孔深度 L。

$$L = H + h \tag{2-22}$$

式中　H——阶梯高度，m，一般取 10

　　　　　　～12m；

　　　　h——加超钻长度，m，一般取

　　　　　　（0.12～0.3）H。

（2）抵抗线长度 W_p。

$$W_p = HD\eta d/150 \qquad (2-23)$$

式中　D——岩石硬度系数，一般为 0.46

　　　　　　～0.56；

　　　　η——阶梯高度影响系数，参见表

　　　　　　2-7；

　　　　d——炮孔直径，mm。

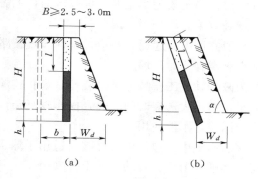

图 2-15　深孔布置图
(a) 垂直深孔　(b) 倾斜深孔

表 2-7　　　　　　　　　高　度　影　响　系　数

高度 H（m）	7	10	12	15	17	20	22	25	27	30
η	1.2	1.0	0.87	0.74	0.67	0.60	0.56	0.52	0.47	0.42

（3）炮孔间距 a。

$$a = W_p m \qquad (2-24)$$

式中　m——一般采用 0.65～0.80。

（4）排距 b。

$$b = a\sin60° = 0.87a \qquad (2-25)$$

（5）药包重量 Q。

$$Q = 0.33kHW_p a \qquad (2-26)$$

式中　k——单位岩石炸药用量，kg/m³。

该法装药采用分段或连续。爆破时，边排先起爆，后排依次起爆。

该法单位岩石体积的钻孔量少，耗药量少，生产效率高。一次爆落石方量多，操作机械化，可减轻劳动强度。但爆破的岩石不够均匀，有 10%～25% 的大块石需二次破碎，钻孔设备复杂，费用较高。

该法适用于料场、深基坑的松爆、场地整平以及高阶梯中型爆破各种岩石。

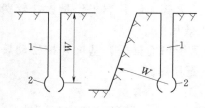

图 2-16　药壶爆破示意图
1—炮孔；2—药壶

4. 药壶爆破法

药壶爆破法又称葫芦炮、坛子炮，是在普通浅孔或深孔炮孔底先放入少量的炸药，经过一次至数次爆破，扩大成近似圆球形的药壶，如图 2-16 所示。然后装入一定数量的炸药进行爆破。爆破前，地形宜先造成较多的临空面，最好是立崖和台阶。

一般取 $W = （0.5～0.8）H$；$a = （0.8～1.2）W$；$b = （0.8～2.0）W$；堵塞长度为炮孔深的 0.5～

0.9 倍。

每次爆扩药壶后，须间隔 20～30min。扩大药壶用小木柄铁勺掏渣或用风管通入压缩

空气吹出。当土质为黏土时，可以压缩，不需出渣。药壶法一般宜与炮孔法配合使用，以提高爆破效果。

一般宜用电力起爆，并应敷设两套爆破路线；如用火花起爆，当药壶深在3～6m，应设两个火雷管同时点爆。

为减少钻孔工作量，可多装药，炮孔较深时，将延长药包变为集中药包，大大提高爆破效果。但扩大药壶时间较长，操作较复杂，破碎的岩石块度不够均匀，对坚硬岩石扩大药壶较困难，不能使用。

该法属集中药包的中等爆破，适用于露天爆破阶梯高度3～8m的软岩石和中等坚硬岩层，坚硬或节理发育的岩层不宜采用。

5. 洞室爆破法

洞室爆破法又称竖井法、蛇穴法，是在岩石内部开挖导洞（横洞或竖井）和药室进行爆破。导洞截面一般为 1m×1.5m（横洞）或 1m×1.2m 或直径 1.2m（竖井）。设单药室或双药室，如图 2-17 所示。横洞截面小于 0.6m×0.6m 时称蛇穴。药室应选择在最小抵抗线 W 比较大的地方或整体岩层内，并离边坡 1.5m 左右。按洞长度一般为 5～7m，其间距为洞深的 1.2～1.5 倍。竖井深度一般为（0.9～1.0）H，a 及 b 为（0.6～0.8）H，药室应在离底 0.3～0.7m 处，再开挖浅横洞装集中药包。蛇穴底部即为药室。导洞及药室用人力或机械打炮孔爆破方法进行，横洞用轻轨小平板车出渣；竖井用卷扬机、绞车或桅杆吊斗出渣。横洞堵塞长度不应小于洞高的 3 倍，堵塞材料用碎石和黏土（或砂）的混合物，靠近药室处宜用黏土或砂土堵塞密实。操作简单，爆破效果比炮孔法高，节约劳力，出渣容易（对横洞而言），凿孔工

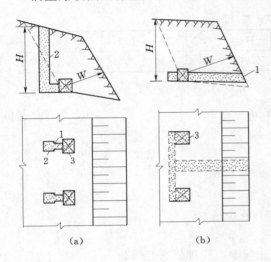

图 2-17 洞室爆破布置示意图
(a) 竖井爆破；(b) 平洞爆破
1—平洞；2—竖井；3—药室

作量少，技术要求不高，同时不受炸药品种限制，可用黑火药。但开洞工作量大，较费时，排水、堵洞较困难，速度慢，比药壶法费工稍多，工效稍低。

该法适于六类以上的较大量的坚硬石方爆破；竖井适于场地整平、基坑开挖松动爆破；蛇穴适于阶梯高不超过 6m 的软质岩石或有夹层的岩石松爆。

二、爆破施工

水利工程施工中一般多采用炮眼法爆破。其施工程序大体为：炮孔位置选择、钻孔、制作起爆药包、装药与堵塞、起爆等。

（一）炮孔位置选择

选择炮孔位置时应注意以下几点：

（1）炮孔方向尽量不要与最小抵抗线方向重合，以免产生冲天炮。

（2）充分利用地形或利用其它方法增加爆破的临空面，提高爆破效果。

（3）炮孔应尽量垂直于岩石的层面、节理与裂隙，且不要穿过较宽的裂缝以免漏气。

（二）钻孔

有人工钻孔和机械钻孔之分，工程中多用机械钻孔。浅孔作业一般采用轻型手提式风钻钻垂直孔；向上及倾斜钻孔，则多采用支架式重型风钻。国内常用 YT—23 型、YT—25 型、YT—30 型以及带腿的 YTP—26 型风钻。深孔作业常用的钻机有：回转式钻机、冲击式钻机（见图 2-18）和潜孔钻（见图 2-19）。潜孔钻钻孔作用既有回转也有冲击，其结构较以上两种钻机有进一步的改进，钻孔效率很高。国内常用 YQ—150A 型钻机。

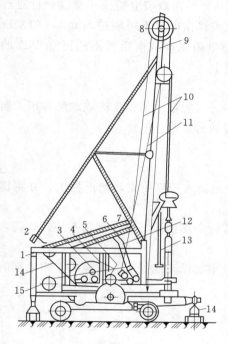

图 2-18 冲击式钻机

1—机架；2—导向滑轮；3—钻具提升绞车；

4—清碴筒绞车；5—冲击轮、6—摇杆；7—压轮；

8—钻桅；9—天轮；10—提升钻具钢索；

11—提升碴筒钢索；12—连杆；13—钻具；

14—千斤顶；15—发动机

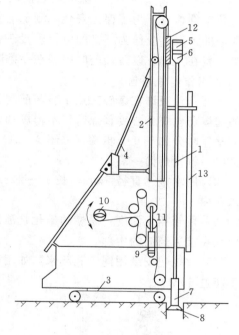

图 2-19 潜孔钻

1—钻杆；2—滑架；3—履带行走机构；

4—拉杆；5—电动机；6—减速箱；

7—冲击器；8—钻头；9—推压气缸；

10—卷扬机；11—托架；

12—滑板；13—副钻杆

（三）制作起爆药包

1. 火线雷管的制作

将导火索和火雷管联结在一起，叫火线雷管。制作火线雷管应在专用房间内，禁止在炸药库、住宅、爆破工点进行。

制作的步骤是：

（1）检查雷管和导火索。

（2）按照需要长度，用锋利小刀切齐导火索，最短导火索不应少于 60cm。

（3）把导火索插入雷管，直到接触火帽为止。不要猛插和转动。

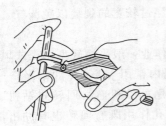

图2-20 火线雷管制作

（4）用铰钳夹夹紧雷管口（距管口5mm以内）。如图2-20所示。固定时，应使该钳夹的侧面与雷管口相平。如无铰钳夹，可用胶布包裹；严禁用嘴咬。

（5）在接合部包上胶布防潮。当火线雷管不马上使用时，导火索点火的一端也应包上胶布。

2. 电雷管检查

对于电雷管应先作外观检查，把有擦痕、生锈、铜绿、裂隙或其它损坏的雷管剔除，再用爆破电桥或小型欧姆计进行电阻及稳定性检查。为了保证安全，测定电雷管的仪表输出电流不得超过50mA。如发现有不导电的情况，应作为不良的电雷管处理。然后把电阻相同或电阻差不超过0.25Ω的电雷管放置在一起，以备装药时串联在一条起爆网络上。

3. 制作起爆药包

起爆药包只许在爆破工点于装药前制作该次所需的数量。不得先作成成品备用。制作好的起爆药包应小心妥善保管，不得震动，亦不得抽出雷管。

制作时分如下几个步骤（见图2-21）：

（1）解开药筒一端。

（2）用木棍（直径5mm，长10～12cm）轻轻地插入药筒中央，然后抽出，并将雷管插入孔内。

（3）雷管插入深度：易燃的硝化甘油炸药将雷管全部插入即可；其它不易燃炸药，雷管应埋在接近药筒的中部。

（4）收拢包皮纸用绳子扎起来，如用于潮湿处则加以防潮处置。防潮时，防水剂的温度不超过60℃。

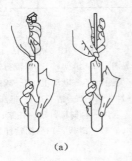  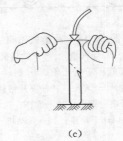

(a)　　　　　　　(b)　　　　　　　(c)

图2-21 起爆药包制作

（四）装药、堵塞及起爆

1. 装药

在装药前首先了解炮孔的深度、间距、排距等，由此决定装药量。根据孔中是否有水决定药包的种类或炸药的种类。同时还要清除炮孔内的岩粉和水分。在干孔内可装散药和药卷。在装药前，先用硬纸或铁皮在炮孔底部架空，形成聚能药包。炸药要分层用木棍压实，雷管的聚能穴指向孔底，雷管装在炸药全长的中部偏上处。在有水炮孔中装吸湿炸药时，注意不要将防水包装捣破，以免炸药受潮而拒爆。当孔深较大时，药包要用绳子吊下，不允许直接向孔内抛投，以免发生爆炸危险。

2. 堵塞

装药后即进行堵塞。对堵塞材料的要求是：与炮孔壁摩擦作用大，材料本身能结成一个整体，充填时易于密实，不漏气。可用 1:2 的黏土粗砂堵塞，堵塞物要分层用木棍压实。在堵塞过程中，要注意不要将导火线折断或破坏导线的绝缘层。

上述工序完成后即可进行起爆。

第四节 控 制 爆 破

控制爆破是为达到一定预期目的的爆破，如：定向爆破、预裂爆破、光面爆破、岩塞爆破、微差控制爆破、拆除爆破、静态爆破、燃烧剂爆破等。下面仅介绍水利工程常用的几种。

一、定向爆破

定向爆破是一种加强抛掷爆破技术，它利用炸药爆炸能量的作用，在一定的条件下，可将一定数量的土岩经破碎后按预定的方向抛掷到预定地点，形成具有一定质量和形状的建筑物或开挖成一定断面的渠道。

在水利建设中，可以用定向爆破技术修筑土石坝、围堰、截流戗堤以及开挖渠道、溢洪道等。在一定条件下，采用定向爆破方法修建上述建筑物，较之用常规方法可缩短施工工期、节约劳力和资金。

定向爆破主要是使抛掷爆破最小抵抗线方向符合预定的抛掷方向，并且在最小抵抗线方向事先造成定向坑，利用空穴聚能效应，集中抛掷，这是保证定向的主要手段。造成定向坑的方法，在大多数情况下，都是利用辅助药包，让它在主药包起爆前先爆，形成一个起走向坑作用的爆破漏斗。如果地形有天然的凹面可以利用，也可不用辅助药包。

图 2-22（a）所示是用定向爆破堆筑堆石坝。药包设在坝顶高程以上的岸坡上。根据地形情况，可从一岸爆破或两岸同时爆破。图 2-22（b）所示为定向爆破开挖渠道。

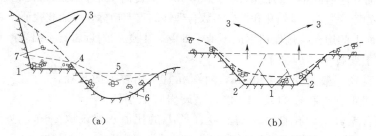

(a) (b)

图 2-22　定向爆破筑坝挖渠示意图

（a）筑坝；（b）挖渠

1—主药包；2—边行药包；3—抛掷方向；4—堆积体；

5—筑坝；6—河床；7—辅助药包

在渠底埋设边行药包和主药包。边行药包先起爆，主药包的最小抵抗线就指向两边，在两边岩石尚未下落时，起爆主药包，中间岩体就连同原两边爆起的岩石一起抛向两岸。

二、预裂爆破

进行石方开挖时，在主爆区爆破之前沿设计轮廓线先爆出一条具有一定宽度的贯穿裂缝，以缓冲、反射开挖爆破的震动波，控制其对保留岩体的破坏影响，使之获得较平整的开挖轮廓，此种爆破技术为预裂爆破，如图 2-23 所示。

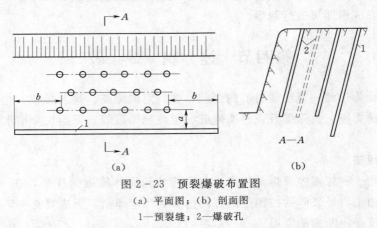

图 2-23　预裂爆破布置图

(a) 平面图；(b) 剖面图

1—预裂缝；2—爆破孔

在水利水电工程施工中，预裂爆破不仅在垂直、倾斜开挖壁面上得到广泛应用；在规则的曲面、扭曲面以及水平建基面等也取得了一定成果。它对避免超挖、降低工程造价和缩短工期都有好处，应予积极采用。

预裂爆破质量要求：

(1) 预裂缝要贯通且在地表有一定开裂宽度，对于中等坚硬岩石，缝宽不宜小于 1.0cm；坚硬岩石缝宽应达到 0.5cm 左右；但在松软岩石上缝宽达到 1.0cm 时，减振作用并未显著提高，应多做些现场试验，以利总结经验。

为防止主爆区爆破冲击波绕过预裂缝底部和两端，破坏保留岩体，预裂孔的深度比主爆区孔深大于 1.0~1.5m（或取 10 倍孔径），预裂缝两端布孔的主爆区外延 7~10m，预裂边线离主爆区厚度为 10 倍孔径。

(2) 预裂面开挖后的不平整度不宜大于 15cm。预裂面不平整度通常是指预裂孔所形成的预裂面的凹凸程度，它是衡量钻孔和爆破参数合理性的重要指标，可依此验证、调整设计数据。

(3) 预裂面上的炮孔痕迹保留率应不低于 80%，且炮孔附近岩石不出现严重的爆破裂隙。

预裂爆破主要技术措施如下：

(1) 炮孔直径一般为 50~200mm，对深孔宜采用较大的孔径。

(2) 炮孔间距宜为孔径的 8~12 倍，坚硬岩宜取小值。

(3) 不耦合系数（炮孔直径 d 与药卷直径 d_0 的比值）建议取 2~4，坚硬岩石取小值。

(4) 线装药密度一般取 250~400g/m。

(5) 药包结构形式，目前较多的是将药卷分散绑扎在传爆线上（见图 2-24）。分散药卷的相邻间距不宜大于 50cm 和不大于药卷的殉爆距离。

考虑到孔底的夹制作用较大，底部药包应加强，约为线装药密度的 2~5 倍，高度为 1~2m。

（6）装药时距孔口 1m 左右的深度内不要装药，可用粗砂填塞，不必捣实。填塞段过短，容易形成漏斗，过长则不能出现裂缝。

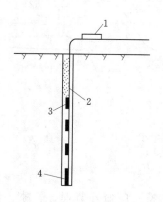

图 2-24 预裂爆破装药结构图
1—雷管；2—导爆索；3—药包；
4—底部加强药包

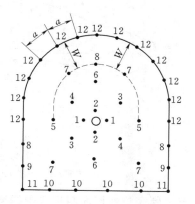

图 2-25 光面爆破洞挖布孔图
1~12—炮孔孔段编号

三、光面爆破

光面爆破也是控制开挖轮廓的爆破方法之一，如图 2-25 所示。它与预裂爆破的不同之处在于，光爆孔的爆破在开挖主爆孔的药包爆破之后进行。它可以使爆裂面光滑平顺，超欠挖均很少，能近似形成设计轮廓要求的爆破。光面爆破一般多用于地下工程的开挖，露天开挖工程中用得比较少，只是在一些有特殊要求或者条件有利的地方才使用。光面爆破的要领是孔径小、孔距密、装药少、同时爆。

光面爆破主要参数的确定：

（1）炮孔直径宜在 50mm 以下。

（2）最小抵抗线 W 通常采用 1~3m，或用下式计算：

$$W = (7 \sim 20)D \qquad (2-27)$$

（3）炮孔间距 a：

$$a = (0.6 \sim 0.8)W \qquad (2-28)$$

（4）单孔装药量。用线装药密度 Q_x 表示，即

$$Q_x = KaW \qquad (2-29)$$

式中　D——炮孔直径；

　　　K——单位耗药量。

四、岩塞爆破

岩塞爆破系一种水下控制爆破。在已建成水库或天然湖泊内取水发电、灌溉、供水或泄洪时，为修建隧洞的取水工程，避免在深水中建造围堰，采用岩塞爆破是一种经济而有效的方法。它的施工特点是先从引水隧洞出口开挖，直到掌子面到达库底或湖底邻近，然后预留一定厚度的岩塞，待隧洞和进口控制闸门井全部建完后，一次将岩塞炸除，使隧洞和水库连通。岩塞布置如图 2-26 所示。

岩塞的布置应根据隧洞的使用要求、地形、地质因素来确定。岩塞宜选择在覆盖层

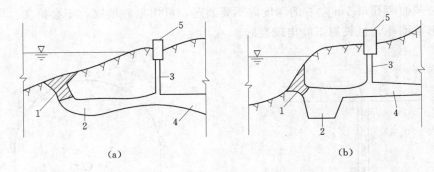

图 2-26 岩塞爆破布置图

(a) 设缓冲坑；(b) 设集渣坑

1—岩塞；2—集渣坑；3—闸门井；4—引水隧洞；5—操纵室

薄、岩石坚硬完整且层面与进口中线交角大的部位，特别应避开节理、裂隙、构造发育的部位。岩塞的开口尺寸应满足进水流量的要求。岩塞厚度应为开口直径的 1～1.5 倍。太厚，难一次爆通；太薄则不安全。

水下岩塞爆破装药量计算，应考虑岩塞上静水压力的阻抗，用药量应比常规抛掷爆破药量增大 20%～30%。为了控制进口形状，岩塞周边采用预裂爆破以减震防裂。

五、微差控制爆破

微差控制爆破是一种应用特制的毫秒延期雷管，以毫秒级时差顺序起爆各个（组）药包的爆破技术。其原理是把普通齐发爆破的总炸药能量分割为多数较小的能量，采取合理的装药结构，最佳的微差间隔时间和起爆顺序，为每个药包创造多面临空条件，将齐发大量药包产生的地震波变成一长串小幅值的地震波，同时各药包产生的地震波相互干涉，从而降低地震效应，把爆破震动控制在给定水平之下。爆破布孔和起爆顺序有排间微差、排内微差（又称 V 形式）、对角式、波浪式、径向式等（见图 2-27），或由它组合变换成的其它形式，其中以对角式效果最好，成排顺序式最差。采用对角式时，应使实际孔距与抵抗线比大于 2.5 以上，对软石可为 6～8；相同段爆破孔数根据现场情况和一次起爆的允

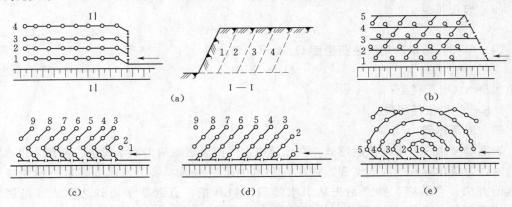

图 2-27 微差控制爆破起爆形式及顺序

(a) 排间微差；(b) 排内微差（V 形式）；

(c) 波浪式；(d) 对角式；(e) 径向式

许炸药量而定,装药结构一般采用空气间隔装药或孔底留空气柱的方式,所留空气间隔的长度通常为药柱长度的 20%～35% 左右。间隔装药可用导爆索或电雷管齐发或孔内微差引爆,后者能更有效降震。

爆破采用毫秒延迟雷管。最佳微差间隔时间一般取 (3～6)W (W 为最小抵抗线,m),刚性大的岩石取下限。

一般相邻两炮孔爆破时间间隔宜控制在 20～30ms,不宜过大或过小;爆破网路宜采取可靠的导爆索与继爆管相结合的爆破网络,每孔至少一根导爆索,确保安全起爆;非电爆管网络要设复线,孔内线脚要设保护措施,避免装填时把线脚拉断;导爆索网络联结要注意搭接长度、拐弯角度、接头方向,并捆扎牢固,不得松动。

这种爆破能有效地控制爆破冲击波、震动、噪音和飞石;操作简单、安全、迅速;可近火爆破而不造成伤害;破碎程度好,可提高爆破效率和技术经济效益。但网路设计较为复杂;需特殊的毫秒延期雷管及导爆材料。

微差控制爆破适用于开挖岩石地基、挖掘沟渠、拆除建筑物和基础,以及用于工程量与爆破面积较大,对截面形状、规格、减震、飞石、边坡面有严格要求的控制爆破工程。

第五节 爆 破 安 全

爆破工作的安全极为重要,从爆破材料的运输、储存、加工,到施工中的装填、起爆和销毁均应严格遵守各项爆破安全技术规程。

一、材料的储存与保管

(1)爆破材料应储存在干燥、通风良好、相对湿度不大于 65% 的仓库内,库内温度应保持在 18～30℃;周围 5m 内的范围须清除一切树木和草皮。库房应有避雷装置,接地电阻不大于 10Ω。库内应有消防设施。

(2)爆破材料仓库与民房、工厂、铁路、公路等应有一定的安全距离。炸药与雷管(导爆索)须分开储存,两库房的安全距离不应小于有关规定。同一库房内不同性质、批号的炸药应分开存放。严防虫鼠等啃咬。

(3)炸药与雷管成箱(盒)堆放要平稳、整齐。成箱炸药宜放在木板上,堆摆高度不得超过 1.7m,宽不超过 2m,堆与堆之间应设不小于 1.3m 的通道,药堆与墙壁间的距离不应小于 0.3m。

(4)施工现场临时仓库内爆破材料严格控制储存数量,炸药不得超过 3t,雷管不得超过 10000 个。雷管应放在专用的木箱内,距离炸药不少于 2m。

二、装卸、运输与管理

(1)爆破材料的装卸均应轻拿轻放,不得受到摩擦、震动、撞击、抛掷或转倒。堆放时要摆放平稳,不得散装、改装或倒放。

(2)爆破材料应使用专车运输,炸药与起爆材料、硝铵炸药与黑火药均不得在同一车辆、车厢装运。用汽车运输时,装载不得超过允许载重量的 2/3,行驶速度不应超过 20km/h。车顶部需遮盖,用马车运输,单车装载以 300kg 为限;双马车以 500kg 为限;人力运输不超过 25kg。

三、爆破安全要求

(1) 装填炸药应按照设计规定的炸药品种、数量、位置进行。装药要分次装入，用竹棍轻轻压实，不得用铁棒或用力压入炮孔内，不得用铁棒在药包上钻孔安设雷管或导爆索，必须用木或竹棒进行。当孔深较大时，药包要用绳子吊下，或用木制炮棍护送，不允许直接往孔内丢药包。

(2) 起爆药卷（雷管）应设置在装药全长（从炮孔口算起）的 1/3～1/2 位置上，雷管应置于装药中心，聚能穴应指向孔底，导爆索只许用锋利刀一次切割好。

(3) 遇有暴风雨或闪电打雷时，应禁止装药、安设电雷管和联结电线等操作。

(4) 在潮湿条件下进行爆破，药包及导火索表面应涂防潮剂加以保护，以防受潮失效。

(5) 爆破孔洞的堵塞应保证要求的堵塞长度，充填密实不漏气。填充直孔可用干细砂、沙子、黏土或水泥等惰性材料。最好用 1：2～1：3（黏土：粗砂）的泥沙混合物，含水量在 20%，分层轻轻压实，不得用力挤压。水平炮孔和斜孔宜用 2：1 土砂混合物，作成直径比炮孔小 5～8mm、长 100～150mm 的圆柱形炮泥棒（或泥蛋）填塞密实。填塞长度应大于最小抵抗线长度的 10%～15%，在堵塞时应注意勿捣坏导火索和雷管的线脚。

(6) 导火索长度应根据爆破员在完成全部炮眼和进入安全地点所需的时间来确定，其最短长度不得少于 1m。

四、爆破安全距离

爆破时，应划出警戒范围，立好标志，现场人员应躲避到安全区域，并有专人警戒，以防爆破飞石、爆破地震、冲击波以及爆破毒气对人身造成伤害。

爆破飞石、空气冲击波、爆破毒气对人身的安全距离，以及爆破震动对建筑物影响的安全距离计算分别介绍如下。

(1) 爆破地震安全距离。目前国内外爆破工程多以建筑物所在地表的最大质点震动速度作为判别爆破震动对建筑物的破坏标准。通常采用的经验公式为

$$v = K\left(\frac{Q^{1/3}}{R}\right)^a \qquad (2-30)$$

式中　v——爆破地震对建筑物（或构筑物）及地基产生的质点垂直震动速度，cm/s；

K——与岩土性质、地形和爆破条件有关的系数，在土中爆破时，$K=150～200$；在岩石中爆破时，$K=100～150$；

Q——同时起爆的总装药量，kg；

R——药包中心到某一建筑物的距离，m；

a——爆破地震随距离衰减系数，可按 1.5～2.0 考虑。

观测成果表明：当 $v=10～12\text{cm/s}$ 时，一般砖木结构的建筑物便可能破坏。

(2) 爆破空气冲击波安全距离

$$R_k = K_k\sqrt{Q} \qquad (2-31)$$

式中　R_k——爆破冲击波的危害半径，m；

K_k——系数，对于人，$K_k=5～10$；对建筑物要求安全无损时，裸露药包 $K_K=50$

～150；埋入药包 $K_k = 10 \sim 50$；

Q——同时起爆的最大的一次总装药量，kg。

（3）个别飞石安全距离

$$R_f = 20n^2 W \qquad (2-32)$$

式中　n——最大药包的爆破作用指数；

W——最小抵抗线，m。

实际采用的飞石安全距离不得小于下列数值：裸露药包 300m；浅孔或深孔爆破 200m；洞室爆破 400m。

（4）爆破毒气的危害范围。在工程实践中，常采用下述经验公式来估算有毒气体扩散安全距离 R_g。

$$R_g = K_g \sqrt[3]{Q} \qquad (2-33)$$

式中　K_g——系数，根据有关资料，K_g 的平均值为 160；

Q——爆破总装药量，t。

对于顺风向的安全距离应增大一倍。

五、爆破防护

（1）基础或地面以上构筑物爆破时，可在爆破部位上铺盖湿草垫或草袋（内装少量砂土）作头道防线，再在其上铺放胶管帘或胶垫，外面再以帆布棚覆盖，用绳索拉住捆紧，以阻挡爆破碎块，降低声响。

（2）离建筑物较近或在附近有重要设备的地下设备基础爆破时，应采用橡胶防护垫（用废汽车轮胎编织成排），环索联结在一起的粗圆木、铁丝网、脚手板等掩盖其上防护。

（3）对于一般破碎爆破，防飞石可用韧性好的铁丝爆破防护网、布垫、帆布、胶垫、旧布垫、荆笆、草垫、草袋或竹帘等作防护覆盖。

（4）对平面结构如钢筋混凝土板或墙面的爆破，可在板（或墙面）上架设可拆卸的钢管架子（或作活动式），上盖铁丝网，再上铺内装少量砂土的草包形成一个防护罩防护。

（5）爆破时为保护周围建筑物及设备不被打坏，可在其周围用厚 5cm 的木板加以掩护，并用铁丝捆牢，距炮孔距离不得小于 50cm。如爆破体靠近钢结构或需保留部分，必须用砂袋加以保护，其厚度不小于 50cm。

六、瞎炮的处理

通过引爆而未能爆炸的药包叫瞎炮。处理之前，必须查明拒爆原因，然后根据具体情况慎重处理。

（1）重爆法。瞎炮系由于炮孔外的电线电阻、导火索或电爆网（线）路不合要求而造成的，经检查可燃性和导电性能完好，纠正后，可以重新接线起爆。

（2）诱爆法。当炮孔不深（在 50cm 以内）时，可用裸露爆破法炸毁；当炮孔较深时，可在炮孔近旁 60cm 处（若为人工打孔则 30cm 以上）钻（打）一与原炮孔平行的新炮孔，再重新装药起爆，将原瞎炮销毁。钻平行炮孔时，应将瞎炮的堵塞物掏出，插入一木棍，作为钻孔的导向标志。

（3）掏炮法。可用木制或竹制工具，小心地将炮孔上部的堵塞物掏出；如系硝铵类炸药，可用低压水浸泡并冲洗出整个药包，或以压缩空气和水混合物把炸药冲出来，将拒爆的雷管销毁，或将上部炸药掏出部分后，再重新装入起爆药包起爆。

在处理瞎炮时，严禁把带有雷管的药包从炮孔内拉出来，或者拉动电雷管上的导火索或雷管脚线，把电雷管从药包内拔出来，或掏动药包内的雷管。

第六节 爆 破 实 例

三峡工程，坝址区地基为坚硬的闪云斜长花岗岩体，且以微新岩石为主，岩体结构完整，整体强度较高，坝区岩体自上而下一般可分为全、强、弱、微四个风化带，全、强风化岩体最厚接近 50m，枢纽工程土石方开挖工程量超过 1 亿 m³，主要分布在永久船闸、临时船闸、左右岸坡、挡水、发电和导流建筑物基础等部位。现介绍下岸溪砂石料场开采、坝基及保护层开挖、永久船闸高边坡开挖等。

一、下岸溪砂石料场开采施工

下岸溪人工砂石生产系统是目前世界上规模最大的人工砂石加工系统，具备生产成品砂 39 万 t、成品粗骨料 76 万 t 的月生产能力。砂石料场位于坝下游左岸下岸溪东面的鸡公岭，料场岩石主要为斑状花岗岩，骨料最大粒径为 70cm，并尽量增加爆破碎度中的细粒含量，符合设计级配，提高机械破碎的效率。

钻爆参数确定：钻孔直径 105mm，台阶高度 12m，钻孔超钻 0.8～1.0m，孔距 3.6m，排距 3.6m，单位耗药量 0.7～0.75kg/m³，孔距 5m，排距 2.5m，料场开采中采用了大孔距小抵抗线深孔梯段爆破技术，以改善爆破破碎效果及降低大块率，取得满意效果。

炸药采用混装乳化炸药，由混装炸药车现场混制，泵送入孔，实行耦合装药，并用专门的起爆弹起爆，混装乳化炸药性能可根据岩石性质不同随时调整，以实现炸药能量与岩石波阻抗匹配，提高爆破能量的利用率。

在双临空面条件下，采用方格形布孔，进行 V 形起爆；在多临空面条件下，采用方格形布孔，斜线形起爆，段间起爆时差一般适用 50～75ms。

二、坝基及保护层开挖施工

大坝坝基岩石开挖一般采用深孔台阶爆破方法。钻孔直径分别为 76mm、90mm、105mm、135mm 几种，孔距为 2.5～4.0m，排距为 2.0～3.0m，炸药单位耗药量为 0.5～0.7kg/m³。

坝基保护层开挖，根据使用的钻孔和药卷直径，保护层的厚度一般为 2.5～3.0m，采用传统的分层爆破法，因施工进度慢，工期长，质量也难完全有保证，必须采取新的技术措施。

三峡一期工程中，采用孔底柔性垫层的小梯段孔间顺序起爆法，进行一次爆除坝基保护层的现场试验，采用泡沫塑料、木粉和竹筒几种不同柔性垫层材料进行对比，达到了建基面开挖的质量要求，但因建基面开挖的起伏差较大，增大了人工撬挖量，没有推广应用。

又进行了取消坝基保护层的水平预裂爆破和上部垂直孔的建基面开挖方法试验。开挖中，上部垂直孔直径 76mm，孔底与水平预裂面之间的距离 1.0m，炸药单耗 0.4kg/m³。从试验中可以看出，建基面达到了理想的平整度，减少了爆破对基岩的破坏影响，而且能加快出碴和清基的速度，但要求适宜的地质条件和良好的水平钻孔工作面，限制了该方法在大规模坝基开挖中的应用。

通过反复试验，在三峡工程坝基保护层大规模开挖中得到广泛应用的方法为水平光面爆破一次爆除保护层的方法。施工中，爆破工作面沿拟定方向顺序推进，用手风钻或一型钻机沿建基面水平钻孔，水平光面爆破孔的孔径一般取 45mm，孔距为 50cm，线装药密度 200～250g/m，其上 60～80cm 处钻水平缓冲孔，孔距为 80～100cm，抵抗线为100cm，最上面一排水平主爆孔的孔距为 1.0～1.2cm，每一循环钻孔进尺为 4.5～5.0m。

三、船闸闸基高边坡开挖施工

三峡工程双线五级连续永久船闸，由上游引航道、闸室主体段、下游引航道、输水系统、山体地面排水系统组成。闸室主体段全长 1621m，船闸高边坡最大开挖深度 170m，闸槽开挖宽度 37m，其中直立墙最大挖深 67.18m，中间保留 57m 宽的岩体中隔墩。

高边坡开挖采用从上而下的开挖程序，如图 2-28 所示为永久船闸三闸首岩石高边坡北坡开挖程序示意图。入槽前分五层开挖，每层开挖高度与边坡台阶高度一致。

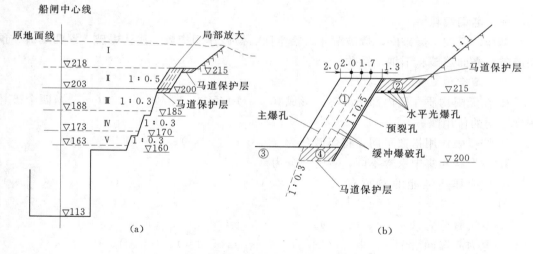

图 2-28　岩石高边坡开挖和程序示意图（单位：m）

（a）开挖程序图；（b）局部放大图

Ⅰ、Ⅱ、Ⅲ、Ⅳ、Ⅴ—高边坡开挖程序；①、②、③、④—临近开挖边线开挖程序

梯段爆破中采用的钻孔直径有 76mm、90mm、105mm、135mm 几种，以 105mm 为主，采用的药卷直径为 55～130mm 几种，与孔径相匹配，根据钻孔直径岩石风化程度不同，采用的孔距为 2.5～4.0m，排距为 2.0～3.0m，炸药单位耗药量为 0.5～0.7kg/m³。

为获得平整的边坡开挖面，在开挖轮廓线上采用预裂爆破和光面爆破，临近开挖边线的开挖设计如图 2-29 所示。边坡开挖边线采用预裂爆破时，采取的起爆顺序为：预裂孔爆破→主爆孔爆破→缓冲孔爆破；采用光面爆破时，起爆顺序采用：主爆孔爆破→缓冲孔

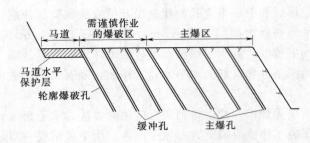

图 2-29 临近边坡岩体边线的开挖爆破设计示意图

→光面孔爆破。

预裂孔采用 76mm 和 90mm 两种孔径,孔距 0.8～1.0m;采用 32mm 直径药卷不耦合装药,线装药密度为 350～550g/m。

高边坡马道的保护和坡面的保护同样重要,因此在马道顶部保留 2～3m 的马道保护层,马道保护层的开挖与坝基保护层开挖类似,宜采用水平光面爆破方法挖除。

高边坡开挖中一般每次布置 4～5 排炮孔,采用微差爆破技术,梯段爆破的最大单响药包药量一般控制在 300kg 以内,预裂爆破的最大单响药包的药量一般不超过 120kg,进入闸槽开挖阶段后,梯段爆破主炮孔、缓冲孔和预裂孔的单响药包药量分别按照 70kg、50kg、30kg 严格控制。

学 习 检 测

一、名词解释

爆炸、爆破、爆破圈、爆破漏斗、临空面、爆破作用指数、浅孔爆破、深孔爆破、预裂爆破、光面爆破、不耦全系数

二、填空题

1. 在无限均质介质内部爆破中,形成 ( )、( )、( )、( ) 四个破坏程度不同的作用圈。

2. 按爆破作用指数不同,将爆破分为 ( )、( )、( )、( )、( )。

3. 按形状和集中系数不同,将药包分为 ( )、( )。

4. 反应炸药性能的参数有 ( )、( )、( )、( )、( )、( )、( )。

5. 电雷管分为 ( )、( )、( )。

6. 电力起爆网络由 ( )、( )、( )、( ) 组成。

7. 电力起爆网络连接可以采用 ( )( )( ) 等方式。

8. 按雷管的起爆方法不同,常用的起爆方法有 ( )、( )、( )。

9. 爆破的基本方法有 ( )、( )、( )。

10. 水利工程中常用的几种控制爆破技术有 ( )、( )、( )、( )、( )。

三、选择题

1. 某单孔单临空面爆破,漏斗半径为 3.5m,药包中心到临空面距离为 5m,是 ( )。

A. 抛掷爆破　　　B. 松动爆破　　　C. 内部爆破

2. 某药包的外形为圆柱形,长边与短边之比为 5,该药包是 ( )。

A. 集中药包　　　　B. 延长药包　　　　C. 松动药包

3. 如果炸药爆炸氧化分解后产生二氧化碳和水，该炸药氧化情况是（　　　）。

A. 正氧平衡　　　　B. 负氧平衡　　　　C. 零氧平衡

4. 主发药包爆炸引爆被发药包爆炸的（　　　）距离叫殉爆距离。

A. 最小　　　　　　B. 最大　　　　　　C. 一定

5. 当接通电源后，电流通过桥丝发热，使引火药头发火，导致雷管起爆，该雷管是
（　　　）。

A. 即发电雷管　　　B. 延期电雷管　　　C. 毫秒电雷管

6. 用强度大、爆速高的烈性黑索金作为药芯，以棉线、纸条为包缠物并涂以防潮剂，表面涂以红色的引爆器材是（　　　）。

A. 导火索　　　　　B. 导爆索　　　　　C. 导爆管

7. 药包中不设雷管的爆破是（　　　）。

A. 电力起爆　　　　B. 火线雷管起爆　　C. 导爆索起爆

8. 药包直径与炮孔直径相等的装药是（　　　）。

A. 不耦合装药　　　B. 耦合装药　　　　C. 间隔装药

四、问答题

1. 什么叫爆破？什么叫爆炸？
2. 炸药的主要性能有哪些？
3. 如何用爆破作用指数对爆破进行分类？各种类型的爆破有哪些应用？
4. 如何确定浅孔爆破的布孔参数？
5. 预裂爆破、光面爆破的技术要点是什么？

五、论述题

1. 如何进行装药量计算？如何提高爆破效果减少装药量？
2. 请简述爆破的基本方法和适用条件。
3. 预裂爆破和光面爆破的区别是什么？定向爆破、微差爆破的原理是什么？

第三章 土方工程施工

内容摘要：本章主要介绍土的特性与分级，土方开挖、运输与填筑压实施工的方法、施工设备的使用，土方冬季、雨季施工。

学习重点：土方工程施工的过程、方法；土方施工机械性能、生产率计算、适用条件、选型与配套；土料压实试验方法与参数选择；土方冬季、雨季施工业的要求与措施。

在水利工程建筑中，土方工程施工应用非常广泛。有些水工建筑物，如土坝、土堤、土渠等，几乎全部都是土方工程。土方工程的基本施工过程是开挖、运输和压实，可根据实际情况采用人工、机械、爆破或水力冲填等方法施工。

第一节 土的分级和特性

对土方工程施工影响较大的因素有土的施工分级与特性。

一、土的工程分级

土方施工的工程分级，按十六级分类法，Ⅰ～Ⅳ级称为土，Ⅴ～Ⅻ为岩石。土又按外形特征、开挖方法、自然密度不同，分成Ⅰ级土、Ⅱ级土、Ⅲ级土和Ⅳ级土；岩石按强度系数不同分松软岩石、中等硬度岩石、坚硬岩石，强度越大，级别越高。土的级别不同，采用的施工方法应不同，施工成本也不同。表3-1为一般工程土壤分级表。

表3-1 土壤的工程分级表

土质级别	土壤名称	自然湿密度 (t/m³)	外形特征	开挖方法
Ⅰ	1. 沙土 2. 种植土	1.65～1.75	疏松，黏着力差或易透水，略有黏性	用锹（有时略加脚踩）开挖
Ⅱ	1. 壤土 2. 淤泥 3. 含根种植土	1.75～1.85	开挖时能成块并易打碎	用锹并用脚踩开挖
Ⅲ	1. 黏土 2. 干燥黄土 3. 干淤泥 4. 含砾质黏土	1.80～1.95	粘手，干硬，看不见砂砾	用镐、三齿耙或用锹并用力加脚踩开挖
Ⅳ	1. 坚硬黏土 2. 砾质黏土 3. 含卵石黏土	1.90～2.10	土壤结构坚硬，将土分裂后成块状或含黏粒、砾石较多	用镐、三齿耙等工具开挖

二、土的工程特性

土的工程特性指标有土的表观密度、含水量、可松性、自然倾角。土的工程特性对土方施工和组织具有重要影响，是在选择施工方法、施工机具、确定施工劳动定额、分配施工任务、计量与计价中要考虑的重要因素。

1. 表观密度

土壤表观密度，就是单位体积土壤的质量。土壤保持其天然组织、结构和含水量时的表观密度称为自然表观密度。单位体积湿土的质量称为湿表观密度。单位体积干土的质量称为干表观密度。它是体现黏性土密实程度的指标，常用它来控制压实的质量。

2. 含水量

表示土壤空隙中含水的程度，常用土壤中水的重量与干土重量的百分比表示。含水量的大小直接影响黏性土压实质量。

3. 可松性

是自然状态下的土经开挖后因变松散而使体积增大的特性，这种性质称为土的可松性。土的可松性用可松性系数表示，即：

$$k = \frac{V_2}{V_1} \tag{3-1}$$

式中　V_2——土经开挖后的松散体积，m^3；

　　　V_1——土在自然状态下的体积，m^3。

土的可松性系数，用于计算土方量、进行土方填挖平衡计算和确定运输工具数量。各种土的可松性系数见表3-2。

表3-2　　　　　　　　　　　土的表观密度和可松性系数

土的类别	自然状态		挖松后	
	表观密度（t/m³）	可松系数	表观密度（t/m³）	可松系数
砂土	1.65～1.75	1.0	1.50～1.55	1.05～1.15
壤土	1.75～1.85	1.0	1.65～1.70	1.05～1.10
黏土	1.80～1.95	1.0	1.60～1.65	1.10～1.20
砂砾土	1.90～2.05	1.0	1.50～1.70	1.10～1.40
含砂砾壤土	1.85～2.00	1.0	1.70～1.80	1.05～1.10
含砂砾黏土	1.90～2.10	1.0	1.55～1.75	1.10～1.35
卵石	1.95～2.15	1.0	1.70～1.90	1.15

4. 自然倾斜角

自然堆积土壤的表面与水平面间所形成的角度，称为土自然倾斜角。挖方与填方边坡的大小，与土壤的自然倾斜角有关。确定土体开挖边坡和填土边坡应慎重考虑，重要的土方开挖应通过专门的设计和计算确定稳定边坡。挖深在5m以内的窄槽未加支撑时的安全边坡一般可参考表3-3。

表3-3　　　　　　　　　挖深在 5m 以内的窄槽未加支撑时的安全施工边坡

土的类别	人工开挖	机械开挖	备　　注
砂土	1：1.00	1：0.75	
轻亚黏土	1：0.67	1：0.50	1. 必须做好防水措施，雨季应加支撑。
亚黏土	1：0.50	1：0.33	
黏土	1：0.33	1：0.25	2. 附近如有强烈振动，应加支撑
砾石土	1：0.67	1：0.50	
干黄土	1：0.25	1：0.10	

5. 土粒与分类

根据土的颗粒级配，土可分为碎石类土、砂土和黏性土。按土的沉积年代，黏性土又可分为老黏性土、一般黏性土和新近沉积黏性土。按照土的颗粒大小分类，又可分为块石、碎石、砂粒等，详见表3-4。

表3-4　　　　　　　　　　　　土　的　颗　粒　分　类

颗粒名称	粒径（mm）	颗粒名称	粒径（mm）
漂石或块石	＞200	砂粒	2.0～0.05
卵石或碎石	200～20	粉粒	0.05～0.005
圆砾或角砾	20～2.0	粘粒	＜0.005

6. 土的松实关系

当自然状态的土挖后变松，再经过人工或机械碾压、振动，土可被压实。例如：在填筑拦河坝时，从土区取 1m³ 的自然方，经过挖松运至坝体进行碾压后的实体方，就小于原 1m³ 的自然方，这种性质叫做土的可缩性。

在土方工程施工中，经常有三种土方的名称，即：自然方、松方、实体方。它们之间有着密切的关系。

（1）土的体积关系。土体在自然状态下是由土粒、水和气体三相组成。当自然土体松动后，气体体积（即孔隙）增大，当土粒数量不变，原自然土体积 $V_自$＜松动后的土体积 $V_松$；当经过碾压或振动后，气体被排出，则压实后的土体 $V_实$＜$V_自$。三者之间的关系即：$V_实$＜$V_自$＜$V_松$。

对于砾、卵石和爆破后的块碎石，由于它们的块度大或颗粒粗，可塑性远小于黏土，因而它们的压实方大于自然方，详见表3-5。

表3-5　　　　　　　　　　　几种典型土的体积变化换算系数

土壤种类	$V_自$	$V_松$	$V_实$
黏土	1.00	1.27	0.90
壤土	1.00	1.25	0.90
砂	1.00	1.12	0.95
爆破块石	1.00	1.50	1.30
固结砾石	1.00	1.42	1.29

当 $1m^3$ 的自然土体松动后，土体增大了，因而单位体积的重量变轻了；再经过碾压或振动，使土粒紧密度增加，因而单位体积质量增大。即

$$\rho_{松} < \rho_{自} < \rho_{实}$$

式中　$\rho_{松}$——开挖后的土体密度，kg/m^3；

　　　$\rho_{自}$——未扰动的土体密度，kg/m^3；

　　　$\rho_{实}$——碾压后的土体密度，kg/m^3。

（2）自然方和压实成品方的关系。在土方工程施工中，设计工程量为压实后的成品方，取料场的储量是自然方。在计算压实工程的备料量和运输量时，应该将二者之间的关系考虑进去，并考虑施工过程中技术处理、要求以及其它不可避免的各种损耗。水利水电系统在多年施工实践经验的基础上，提出了压实成品方与所需自然方的换算公式：

$$V_{实} = \left(1 + \frac{A}{100}\right)\frac{\rho_d}{\rho_0} \tag{3-2}$$

式中　$V_{实}$——压实成品方的体积，m^3；

　　　A——综合系数；

　　　ρ_d——设计干表观密度，kg/m^3；

　　　ρ_0——未经扰动的自然干表观密度，kg/m^3。

综合系数 A 考虑了施工中各种损失，包括：坝上运输、雨后清理、边坡削坡、接缝削坡、施工沉陷、取土坑、试验坑和不可避免的压坏等损失因素。综合系数取值见表3-6。

表 3-6　　　　　　　　　　　土 料 施 工 综 合 系 数

填 筑 料	A	填 筑 料	A
机械填筑混合坝坝体土料	5.86	人工填筑心墙土料	3.43
机械填筑均质坝坝体土料	4.93	坝体沙石料、反滤料	2.20
机械填筑心墙土料	5.70	坝体堆石料	1.40
人工填筑坝体土料	3.43		

第二节 土 方 开 挖

土方开挖常用的方法有人工法和机械法。一般采用机械施工。用于土方开挖的机械有单斗挖掘机、多斗挖掘机、铲运机械及水力开挖机械。

一、单斗式挖掘机

单斗挖掘机是仅有一个铲土斗的挖掘机械。它由行走装置、动力装置和工作装置三部分组成。行走装置分为履带式、轮胎式和步行式三类。履带式是最常用的一种，它对地面的单位压力小，可在各种地面上行驶，但转移速度慢。动力装置分为电动驱动和内燃机驱动两种，电动为常用型式，效率高，操作方便，但需要电源。工作装置由铲土斗、斗柄、推压和提升装置组成，按铲土方向和铲土原理分为正向铲、反向铲、拉铲和抓铲四种类型，如图3-1所示，用钢索或液压操纵。钢索操纵用于大中型正向铲，液压操纵用于小型正铲和反铲较多。

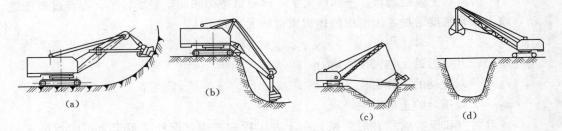

图 3-1 单斗挖掘机
(a) 正向铲挖掘机；(b) 反向铲挖掘机；(c) 索铲挖掘机；(d) 抓铲挖掘机

1. 正向铲挖掘机

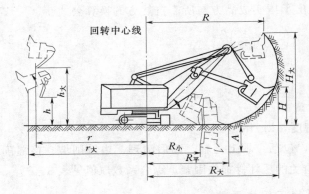

图 3-2 正向铲挖掘机工作尺寸
A—停机面以下挖掘深度；$R_平$—停机面以上最大挖掘半径；$R_小$—停机面以上最小挖掘半径；$R_大$—最大挖掘半径；H—最大挖掘半径时的挖掘高度；R—最大挖掘高度时的挖掘半径；$H_大$—最大挖掘高度；$r_大$—最大卸土半径；h—最大卸土半径时卸土高度；r—最大卸土高度时的卸土半径；$h_大$—最大装土高度

能见表 3-7。

该种挖掘机，由推压和提升完成挖掘，开挖断面是弧形，最适于挖停机面以上的土方，也能挖停机面以下的浅层土方。由于稳定性好，铲土能力大，可以挖各种土料及软岩、岩碴进行装车。它的特点是循环式开挖，由挖掘、回转、卸土、返回构成一个工作循环，生产率的大小取决于铲斗大小和循环时间长短。正铲的斗容从 0.5m³ 至几十立方米，工程中常用 1～4m³。基坑土方开挖常采用正面开挖，土料场及渠道土方开挖常用侧面开挖，还要考虑与运输工具配合问题。挖掘机工作尺寸见图 3-2，常用挖掘机性

表 3-7 正铲挖掘机工作性能

项 目	WD—50	WD—100	WD—200	WD—300	WD—400	WD—1000
铲斗容量（m³）	0.5	1.0	2.0	3.0	4.0	10.0
动臂长度（m）	5.5	6.8	9.0	10.5	10.5	13.0
动臂倾角（°）	60.0	60.0	50.0	45.0	45.0	45.0
最大挖掘半径（m）	7.2	9.0	11.6	14.0	14.4	18.9
最大挖掘高度（m）	7.9	9.0	9.5	7.4	10.1	13.6
最大卸土半径（m）	6.5	8.0	10.1	12.7	12.7	16.4
最大卸土高度（m）	5.6	6.8	6.0	6.6	6.3	8.5
最大卸土半径卸土高度（m）	3.0	3.7	3.5	4.9		5.8
最大卸土高度卸土半径（m）	5.1	7.0	8.7	12.4		15.7
工作循环时间（s）	28.0	25.0	24.0	22.0	23～25	
卸土回转角度（°）	100	120	90	100	100	

2. 反向铲挖掘机

能用来开挖停机面以下的土料，挖土时由远而近，就地卸土或装车，适用于中小型沟渠、清基、清淤等工作。由于稳定性及铲土能力均比正铲差，只用来挖 I 、 II 级土，硬土要先进行预松。反铲的斗容有 0.5m³、1.0m³、1.6m³ 几种，目前最大斗容已超过 3m³。沟槽开挖中，在沟端站立倒退开挖；当沟槽较宽时，采用沟侧站立，侧向开挖。

3. 拉铲挖掘机

拉铲式挖掘机的铲斗用钢索控制，利用臂杆回转将铲斗抛至较远距离，回拉牵引索，靠铲斗自重下切铲土装满铲斗，然后回转装车或卸土。挖掘半径、卸土半径、卸土高度较大，最适用于水下土砂及含水量大的土方开挖，在大型渠道、基坑及水下砂卵石开挖中应用广泛。开挖方式有沟端开挖和沟侧开挖两种，当开挖宽度和卸土半径较小时，用沟端开挖；开挖宽度大，卸土距离远时，用沟侧开挖。

4. 抓铲挖掘机

抓铲挖掘机靠铲斗自由下落中斗瓣分开切入土中，抓取土料合瓣后提升，回转卸土。适用于挖掘窄深型基坑或沉井中的水下淤泥开挖，也可用于散粒材料装卸，在桥墩等柱坑开挖中应用较多。

5. 单斗挖掘机生产率

单斗挖掘机实用生产率可按下式计算：

$$P = 60nqK_1K_2K_3K_4/K_5 \tag{3-3}$$

式中 P——单斗挖掘机实用生产率，m³/h；

　　n——设计每分钟循环次数；

　　q——铲斗容量，m³；

　　K_1——铲斗充盈系数，正铲取 1；

　　K_2——卸土延误系数，卸土堆为 1.0，卸车为 0.9；

　　K_3——时间利用系数，取 0.8～0.9；

　　K_4——工作循环时间修正系数，$K_4=1/(0.4\alpha+0.6\beta)$；

　　K_5——土壤可松性系数；

　　α——土壤级别修正系数，取 1.0～1.2；

　　β——转角修正系数，转角 90°时取 1.0，100°～135°时取 1.08～1.37。

挖掘机是土方机械化施工的主导机械，为提高生产率，应采取：加长斗齿，减小切土阻力；合并一个工作循环各个工作过程，小角度装车或卸土，采用大铲斗；合理布置工作面和运输道路；加强机械保养和维修，维持机械良好性能状态等措施。

二、多斗式挖掘机

多斗挖掘机是有多个铲土斗的挖掘机械，它能够连续地挖土，是一种连续工作的挖掘机械；按其工作方式不同，分为链斗式和斗轮式两种。

链斗式挖掘机最常用的型式是采砂船，如图 3-3 所示。它是一种构造简单，生产率高，适用于规模较大的工程，可以挖河滩及水下砂砾料的多斗式挖掘机械。采砂船工作性能见表 3-8。

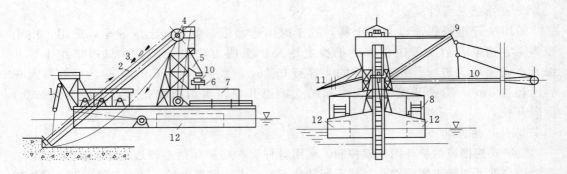

图 3-3 链斗式采砂船

1—斗架提升索；2—斗架；3—链条和链斗；4—主动链轮；5—卸料漏斗；6—回转盘；

7—主机房；8—卷扬机；9—吊杆；10—皮带机；11—泄水槽；12—平衡水箱

表 3-8 采砂船工作性能表

项 目	链 斗 容 量（L）			
	160	200	400	500
理论生产率（m/h）	120	150	250	750
最大挖掘深度（m）	6.5	7.0	12.0	20.0
船身外廓尺寸（长×宽×高）(m)	28.05×8×2.4	31.9×8×2.3	52.2×12.4×3.5	69.9×14×5.1
吃水深度（m）	1.0	1.1	2.0	3.1

斗轮式挖掘机的斗轮装在斗轮臂上，在斗轮上装有 7～8 个铲土斗。当斗轮转动时，下行至拐弯时挖土，上行运土至最高点时，土料靠自重和旋转惯性卸入受料皮带上，转送到运输工具或料堆上。其主要特点是斗轮转速较快，作业连续，斗臂倾角可以改变并作 360°回转，生产率高，开挖范围大。斗轮式挖掘机如图 3-4 所示，斗轮式挖掘机水平分层挖土工作如图 3-5 所示。

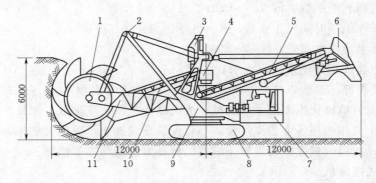

图 3-4 斗轮式挖掘机（单位：mm）

1—斗轮；2—升降机构；3—司机室；4—中心料仓；5—卸料皮带机；6—双槽卸料斗；

7—动力装置；8—履带；9—转台；10—受料皮带机；11—斗轮臂

三、铲运机械

铲运机械是指用一种机械同时完成开挖、运输和卸土任务，这种具有双重功能的机

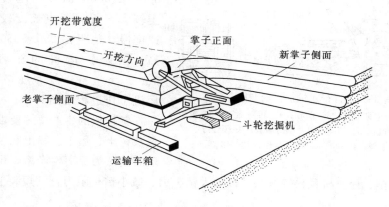

图 3-5 斗轮式挖掘机水平开挖法作业

械，常用的有推土机、铲运机、装载机等。

1. 推土机

推土机是一种在履带式拖拉机上安装推土板等工作装置而成的一种铲运机械，是水利水电工程建设中最常用、最基本的机械，可用来完成场地平整、基坑、渠道开挖、推平填方、堆积土料、回填沟槽、清理场地等作业，还可以牵引振动碾、松土器、拖车等机械作业。它在推运作业中，距离不能超过 60～100m，挖深不宜大于 1.5～2.0m，填高小于 2～3m。推土机按安装方式分为固定式和万能式；按操纵方式分为钢索和液压操纵；按行驶分为履带式和轮胎式。推土机的基本构造见图 3-6。

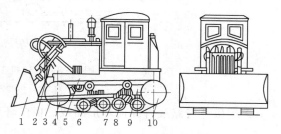

图 3-6 推土机构造示意图
1—推土板；2—液压油缸；3—推杆；4—引导轮；
5—托架；6—支承轮；7—铰销；8—托带轮；
9—履带架；10—驱动轮

固定式推土机的推土板，仅能上下升降，强制切土能力差，但结构简单，应用广泛，而万能式不仅能升降，还可左右、上下调整角度，用途多。履带式推土机附着力大，可以在不良地面上作业；液压式推土机可以强制切土，重量轻，构造简单，操作方便。推土机推运土料采用前进推后退开行，为提高生产率，常采取下坡推土、沟槽推土、并列推土等方法。

2. 铲运机

铲运机是一种能连续完成铲土、运土、卸土、铺土、平土等工序的综合性土方工程机械，能开挖黏土、砂砾石等。其生产率高，运转费用低，适用于开挖大型基坑、渠道、路基开挖，以及大面积场地的平整、土料开采、填筑堤坝等。

铲运机按牵引方式分为自行式和拖式；按操纵方式分为钢索和液压操纵；按卸土方式分为自由卸土、强制卸土、半强制卸土；按行走装置分履带式和轮胎式。自行式铲运机组成见图 3-7。

自行式铲运机切土力较小，装满铲斗所需的切土长度较大，但行驶速度快，运距在

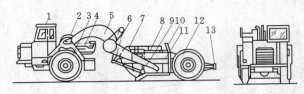

图 3-7　自行式铲运机示意图

1—驾驶室；2—中央框架；3—前轮；4—转向油缸；5—辕架；
6—得斗油缸；7—斗门；8—斗门油缸；9—铲刀；
10—卸土板；11—铲斗；12—后轮；13—尾架

800～15000m 时生产率较高；拖式切土较大，所需切土长度较短，但行驶速度慢，运距在 250～350m 时生产率高。国产铲运机的斗容有 2.5m³、6m³、7m³、15m³ 等规格。自行式铲运机工作过程见图3-8。

铲运机的生产率主要取决于铲斗容量及铲土、运土、卸土和回返的工作循环时间。为提高生产率，可采取下坡取土、推土机助推、松土机预松等方法，以加大铲土力、减小铲土阻力，缩短装土时间。

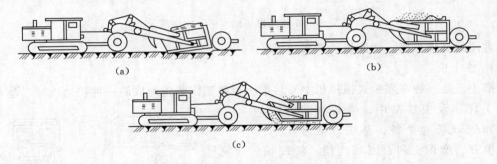

(a)　(b)　(c)

图 3-8　铲运机工作过程示意图

(a) 铲土；(b) 运土；(c) 卸土

铲动机开行路线有纵向环形路线、横向环形路线、8字形开行路线，如图3-9所示。

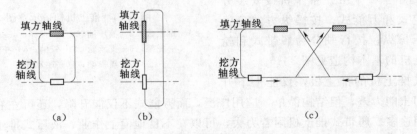

(a)　(b)　(c)

图 3-9　铲运机开行路线示意图

(a) 纵向环形；(b) 横向环形；(c) 8字形

选择合理的开行路线可缩短空程时间，又能减少对铲运机零部件的磨损。常用铲运机的工作性能见表3-9。

3. 装载机

装载机是一种挖土、装土和运土连续作业的机械设备，见图3-10。

轮胎式装载机行走灵活，运转快，效率高，适合于松土、轻质土、基坑清淤以及无地下水影响的河渠开挖。挖出的土方可直接卸土、装车或外运，其运距以不超过150m为宜。还适于砂料的采挖及零星材料的挖装及短距离的运输。斗容有 0.5m³、1.0m³、1.5m³、2.0m³、2.5m³ 等。履带式装载机用于恶劣作业条件下作业。常用装载机工作性能见表3-10。

表 3 - 9 铲 运 机 工 作 性 能

项　目	单位	C₆ - 2.5	C₃ - 6A	C₃ - 6	C₄ - 7
行驶方式		拖式	拖式	自行式	自行式
牵引车功率	马力	54～75	80～100	120	160
操作方式	传动	液压	机械（钢丝绳）	机械（钢丝绳）	液压
铲斗（平装）	m³	2.5	6.0	6.0	7.0
容量（堆装）	m³	2.7～3.0	8.0	8.0	9.0
铲刀宽度	mm	1900	2600	2600	2700
切土深度	mm	150	300	300	300
切土厚度	mm	230	380	380	400
最小回转半径	m	2.7	3.75		14.00
重量　空车	kg	1979	7300	14000	15000
重量　重车	kg	6396	1700～19000	25500	28000
外形尺寸（长×宽×高）	mm	5600×2440×2400	8770×3093×2540	10182×3130×3020	9800×3210×2980

注　1 马力=735.5W。

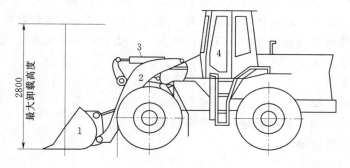

图 3 - 10　轮胎式装载机示意图

表 3 - 10 装 载 机 工 作 性 能 表

项目	单位	Z4 - 1.2	Z4 - 2	Z4 - 30	Z4 - 40	DZL - 50	KSS - 70
铲斗容量	m³	0.5	1.0	1.5	2	3	2.2
铲斗载重量	t	1.2	2.0	3.0	3.6	6.0	3.8
铲斗卸料高	m	2.95	2.60	2.7	2.8	1.7	2.67
发动机功率	马力	55	65	100	135	200	145
前进速度	km/h	0～25	0～25	0～32	0～35	0～34	0～38
后退速度	km/h	0～25	0～14.4	0～32	0～35	0～34	0～38
最大牵引力	tf	1.4	4.0	7.2	10.5	15.2	12.0
爬坡能力	(°)	12.0	29.0	25.0	30.0	30.0	25.0
回转半径	m	3.25		5.06	5.96	6.46	5.25
外形尺寸（长宽高）	m	4.1×1.3×2.4	2.6×2.4×2.5	6×2.3×2.8	6.1×2.1×3.2	8.8×2.5×1.9	6.8×2.1×3.2
重量	t	4.2	6.1	9.2	11.5	16.7	12.4

注　1 马力=735.5W；1tf=9.087kN。

四、水力开挖机械

水力开挖主要有水枪开挖和吸泥船开挖。

1. 水枪开挖

水枪开挖是利用水枪喷嘴射出的高速水流切割土体形成泥浆，然后输送到指定地点的开挖方法。水枪可在平面上回转360°，在立面上仰俯50°～60°，射程达20～30m，切割分解形成泥浆后，沿输泥沟自流或由吸泥泵经管道输送至填筑地点。利用水枪开挖土料场、基坑，节约劳力和大型挖运机械，经济效益明显。水枪开挖适于砂土、亚黏土和淤泥，可用于水力冲填筑坝。对于硬土，可先进行预松，提高水枪挖土的工效。

2. 吸泥船开挖

它是利用挖泥船下的绞刀将水下土方绞成泥浆，由泥浆泵吸起经浮动输泥管运至岸上或运泥船。

第三节　土料运输

在土方施工中，土方运输的费用往往占土方工程总费用的60%～90%，因此，确定合理的运输方案，进行合理的运输布置，对于降低土方工程造价具有重要意义。土方运输的特点是：运输线路多是临时性的，变化比较大，几乎全是单向运输，运输距离比较短，运输量和运输强度较大。

土方运输的类型有：

(1) 无轨运输，如汽车、拖拉机、胶轮车等。

(2) 有轨运输，如标准轨铁路、窄轨铁路等。

(3) 带式运输机运输。

(4) 架空索道运输等。

一、无轨运输

1. 汽车运输

汽车运输具有操纵灵活、机动性大、适应各种复杂地形的优点，但燃料较贵，运输费用较高，维修的要求也高。

土方运输一般采用自卸汽车，见图3-11。随着土木工程的飞速发展，工程规模愈来愈大，大型自卸汽车采用愈来愈多，其载重量达18～25t，最大已达100～110t。几种国产汽车的技术性能见表3-11。

表3-11　　　　几种国产汽车的技术性能表

项　目	单　位	解放牌 CA340型	黄河牌 QD351型	交通牌 SH361型	北京牌 BJ370型	上海牌 SH型
载重量	t	3.5	7.0	15.0	20.0	32.0
外形尺寸 （长×宽×高）	mm×mm ×mm	5940×2290 ×2180	5705×2450 ×2815	7885×2600 ×3060	7710×2900 ×3145	7500×3550 ×3500
发动机功率	马力	95	160	220	200	400

续表

项 目	单 位	解放牌 CA340 型	黄河牌 QD351 型	交通牌 SH361 型	北京牌 BJ370 型	上海牌 SH 型
最高行速	km/h	75	63	68	33	41
本身重量	kg	4210	7565	13000	15900	22000
最大爬坡	%	20	31	40	28	7～10
车厢容积	m³	2.4	4.4	6.0	10.7	16.0

良好的道路条件和及时养护，对提高汽车的运输能力和延长车辆使用寿命有十分重要的意义。因此在土方运输中必须重视道路的修建和养护。汽车路面有土路面、碎石路面、矿渣路面、混凝土路面和沥青路面，一般碎石路面的横断面图见图 3－12。

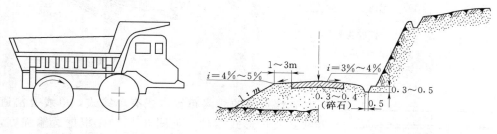

图 3－11　自卸汽车示意图　　　　　图 3－12　汽车碎石路横断面图

汽车运输线路的布置一般采用双线（往复）或环形两种，运输线路的布置及线路条数必须满足昼夜运输量的要求。

2. 拖拉机运输

拖拉机运输是以拖拉机牵引拖车进行运输。拖拉机履带式和轮胎式两种。履带式牵引力大，对道路要求低，对地面压强小，但行驶速度慢，适用于运距短、道路不良而汽车运行困难的情况。轮胎式拖拉机对于道路的要求与汽车相同，行驶速较大，适用于运距较大的情况。

3. 架子车运输

架子车是一种人力胶轮车，容积小（0.1～0.2m³），使用轻便灵活，其运距以不超过1km 为宜。架子车上坡可用爬坡机牵引，边坡不小于 45°，见图 3－13。架子车装料可采用装料漏斗，见图 3－14。

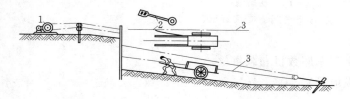

图 3－13　爬坡机助拉
1—卷扬机；2—挂钩；3—牵引索

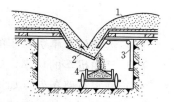

图 3－14　装料漏斗
1—土料；2—活动斗门；
3—启闭索；4—架子车

二、有轨运输

工程施工所用的有轨运输均为窄轨铁路。窄轨铁路的轨距有 1000mm、762mm、610mm 几种。铁路的剖面如图 3-15 所示。轨距 1000mm 和 762mm 窄轨铁路的钢轨重量为 11～18kg/m，其上可行驶 $3m^3$、$6m^3$、$15m^3$ 可倾翻的车厢，用机车牵引。轨距 610mm 的钢轨重量为 8kg/m，其上可行驶 0.6～1.5m^3 可倾翻的铁斗车（见图 3-16），可用人力推运或电瓶车牵引。

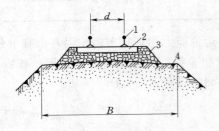

图 3-15 铁路横断面
1—钢轨；2—枕木；3—道渣；4—路肩；
d—轨距；B—路肩宽度

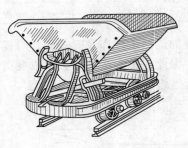

图 3-16 V型斗车

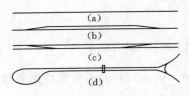

图 3-17 铁路线布置方式
(a) 单线式；(b) 单线带叉道；
(c) 双线式；(d) 环形式

铁路运输的线路布置方式有单线式，单线带岔道式、双线式及环形式四种（见图 3-17）。根据运输强度，车辆的运行方式及当地地形条件进行选择。在铁路交叉部位设岔道，但在窄轨铁路上，当场地窄狭时，可采用转盘。转盘可使单个车辆掉转任意方向。

当遇到较陡的坡度时，通常采用卷扬道（绞车道）（见图 3-18）。由卷扬机牵引车辆上、下坡，其坡度可达 30%。为保证安全，卷扬道上应设置自动的制动装置。在有轨运输中，需进行牵引力计算，以解决下列问题：

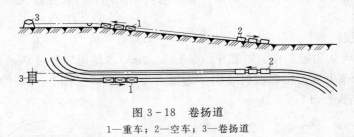

图 3-18 卷扬道
1—重车；2—空车；3—卷扬道

（1）选择列车牵引机车的功率。

（2）已知机车的功率，确定牵引车厢数目和载重量。

（3）确定道路条件（如道路纵坡等）。

（4）确定列车的行车速度。

三、带式运输机

带式运输机是一种连续式运输设备，生产率高，机身结构简单、轻便，造价低廉；可做水平运输，也可做斜坡运输，而且可以转任何方向；在运输中途任何地点都可卸料；适用于地形复杂、坡度较大、通过比较复杂的地形和跨越沟壑的情况，特别适用于运输大量的粒状材料。

带式运输机是由胶带（通常称皮带）、两端的鼓筒、承托带条的辊轴、拉紧装置、机架和喂料、卸料设备等部分组成。按照运输机能否移动分为固定式和移动式两种，如图 3－19 所示。

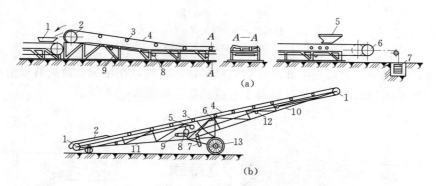

图 3－19 带式运输机

（a）固定式：1—卸料槽；2—主动鼓筒；3—承托轴承；4—带条；
5—喂料器；6—拉紧鼓筒；7—拉紧装置；8—空载轴承；9 机架

（b）移动式：1—鼓筒；2—装料器；3—承托轴承；5—转向鼓筒；6—活动关节；
7—手动绞车；8—主动鼓筒；9—电动机；10—机架；12—空载轴承；13—移动轮

固定式带式运输机没有行走装置，多用于动距较长且线路固定的情况；移动式带式运输机长 5～15m，装有轮子，移动方便，常用于作需经常移动的短距离的运输。

承托载重带条的上层辊轴有水平和槽形两种型式，见图 3－20。一般常用的为槽形。我国目前常用的 TD—72 型固定式带式运输机，其胶带的宽度有 300mm、400mm、650mm、800mm、1000mm、1200mm、1400mm、1600mm 等，带速为 1.25m/s、1.60m/s、2.50m/s、3.15m/s、4.00m/s。

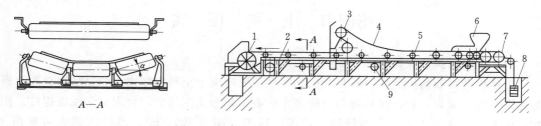

图 3－20 带式输送机组成

1—驱动滚筒；2—金属支架；3—卸料小车；4—带条；5—上托辊；
6—装料装置；7—张紧装置；8—重物；9—下托辊

为了均匀而连续的向带条上装料，通常用喂料器，其类型见图 3－21。料斗上方是储料斗，下方是喂料器。为了减少运输皮带的磨损，装料方向应和带条的运动方向一致。

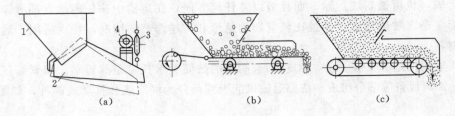

图 3 - 21 喂料器

(a) 振动式；(b) 往复式；(c) 带式

1—料斗；2—振动槽；3—调整螺栓；4—振动器

卸料可以在尾部，也可在中部。在运输机尾端卸料时，在尾端鼓筒处装设滑槽或卸料斗；在运输机中部卸料时，可装设卸料小车或挡板。如图 3 - 22 所示。

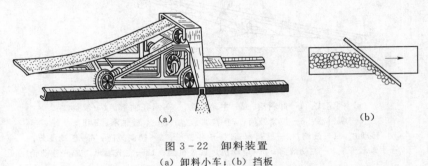

图 3 - 22 卸料装置

(a) 卸料小车；(b) 挡板

四、索道运输

索道运输是一种架空式运输。在地形崎岖复杂的地区，用支塔架立起空中索道，运料斗沿索道运送土料、砂石料、碎石等。特别是由高处向低处运送材料时，利用索道的自重下滑，不需要动力，更为经济。当用索道由低处向高处或水平运土时，则需由动力设备通过牵引索拖动。

第四节 土 料 压 实

一、土料压实基理论

土是松散颗粒的集合体，其自身的稳定性主要取决于土料内摩擦力和黏结力。而土料的内摩擦力、凝聚力和抗渗性都与土的密实性有关，密实性越大，物理力学性能越好。例如：干表观密度为 $1.4t/m^3$ 的砂壤土，压实后若提高到 $1.7t/m^3$，其抗压强度可提高 4 倍，渗透系数将降至原来的 1/200。由于土料压实，可使坝坡加陡，减少工程量，加快施工进度。

土料压实效果与土料的性质、颗粒组成与级配、含水量以及压实功能有关。黏性土与非黏性土的压实有显著的差别。一般黏性土的黏结力较大，摩擦力较小，具有较大的压缩性，但由于它的透水性小，排水困难，压缩过程慢，所以很难达到固结压实。而非黏性土料正好相反，它的黏结力小，摩擦力大，具有较小的压缩性，但由于它的透水性大，排水容易，压缩过程快，能很快达到密实。

　　土料颗粒大小与组成也影响压实效果。颗粒越细，空隙比就越大，就越不容易压实。所以黏性土压实干表观密度低于非黏性土压实干表观密度。颗粒不均匀的砂砾料，比颗粒均匀的砂砾料达到的干表观密度要大一些。

　　含水量是影响黏土压实效果的重要因素之一。当压实功能一定时，黏土的干表观密度随含水量增加而增大，并达到最大值，此时的含水量为最优，大于此含水量后，干表观密度会减小，因为此时土料逐渐饱和，外力被土料内自由水抵消。非黏性土料的透水性大，排水容易，不存在最优含水量，含水量不作专门控制。

　　压实功能的大小，也影响着土料干表观密度的大小。压实功能增加，干表观密度也随之增大，而最优含水量随之减少。说明同一种土料的最优含水量和最大干表观密度，随压实功能的改变而变化，这种特性对于含水量过低或过高的土料更为显著。

二、土料压实方法与机械

　　压实方法按其作用原理分为碾压、夯击和振动三类，如图 3-23 所示。

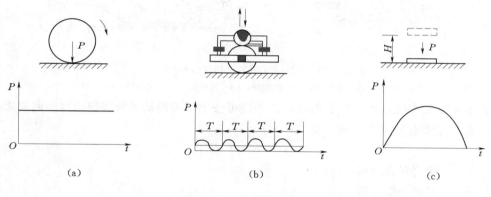

图 3-23　土料压实方法
(a) 静力法；(b) 振动法；(c) 夯击法

　　碾压和夯击用于各类土，振动法仅适用于砂性土。根据压实原理，制成各种机械。常用的机械有平碾、肋形碾、羊脚碾、气胎碾、振动碾、蛙夯等，如图 3-24 所示。

　　1. 羊脚碾

　　它是碾的滚筒表面设有交错排列的柱体，形若羊脚。碾压时，羊脚插入土料内部，使羊脚底部土料受到正压力，羊脚四周侧面土料受到挤压力，碾筒转动时土料受到羊脚的揉搓力，从而使土料层均匀受压，压实层厚，层间结合好，压实度高，压实质量好，但仅适于黏土。非黏性土压实中，由于土颗粒产生竖向及侧向移动，效果不好。压实原理见图 3-25。

　　羊脚碾压实中，一种是逐圈压实，即先沿填土一侧开始，逐圈错距以螺旋形开行逐渐移动进行压实，机械始终前进开行，生产率高，适用宽阔的工作面，并可多台羊脚碾同时工作。但拐弯处及错距交叉处产生重压和漏压。另一种方式为进退错距压实，即沿直线前进后退压实，返复行驶，达到要求后错距，重复进行。压实质量好，遍数好控制，但后退操作不便。

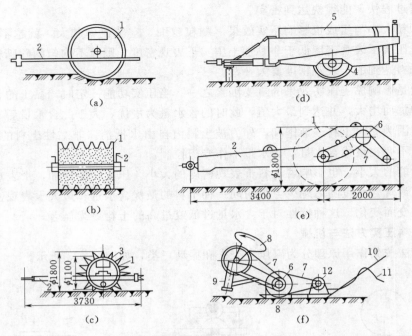

图 3-24 常用的土料压实机械

(a) 平碾；(b) 肋形碾；(c) 羊脚碾；(d) 气胎碾；(e) 振动碾；(f) 蛙夯

　　此法用于狭窄工作面。压实遍数，由经验可按土层表面被羊脚普遍压过一遍就能满足要求估算。压实遍数可按下式计算：

$$N = KS/(MF) \tag{3-4}$$

式中　　S——碾筒表面面积，cm^2；

　　　　F——羊脚的端面积，cm^2；

　　　　M——羊脚的数量；

　　　　K——碾压时羊脚在土料表面分布不均匀修正系数，一般取 1.3。

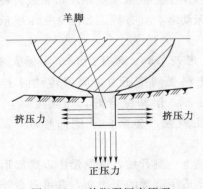

图 3-25　羊脚碾压实原理

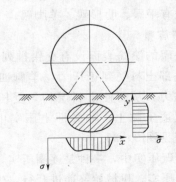

图 3-26　气胎碾压实原理

　　2. 气胎碾

　　气胎碾是利用充气轮胎作为碾子，由拖拉机牵引的一种碾压机械。这种碾子是一种柔性碾，碾压时碾和土料共同变形，其原理见图 3-26。胎面与土层表面的接触压力与碾重关系不大，增加碾重（可达几十吨至上百吨），可以增加与土层的接触面积，从而增大压实影响深度，提高生产率。它即适用于黏性土的压实，也可以压实砂土、砂砾石、黏土与非黏性土的结合带等。与羊脚碾联合作业效果更佳，如气胎碾压实，用羊脚碾收面，有利于上下层结合；羊脚碾碾压，气胎碾收面，有利于防雨。

3. 振动碾

振动碾是一种具有静压和振动双重功能的复合型压实机械。常见的类型是振动平碾，也有振动变形（表面设凸块、肋形、羊脚等）碾。它是由起振柴油机带动碾滚内的偏心轴旋转，通过连接碾面的隔板，将振动力传至碾滚表面，然后以压力波的形式传到土体内部。非黏性土的颗粒比较粗，在这种小振幅、高频率的振动力的作用下，摩擦力大大降低，由于颗粒不均匀，惯性力大小不同而产生相对位移，细粒滑入粗粒孔隙而使空隙体积减小，从而使土料达到密实。振动碾的构造见图 3-27。

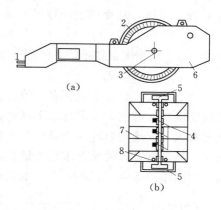

图 3-27　振动碾构造示意图
1—牵引挂钩；2—碾滚；3—轴；4—偏心块；
5—轮；6—车架侧壁；7—隔板；8—弹簧悬架

由于振动力的作用，土中的应力可提高 4～5 倍，压实层达 1m 以上，有的高达 2m，生产率很高。可以有效地压实堆石体、砂砾料和砾质土，也能压实黏性土，是土坝砂壳、堆石坝碾压必不可少的工具，应用非常广泛。

4. 夯实机械

夯实机械是一种利用冲击能来击实土料的一种机械，有强夯机、挖掘机夯板等，用于夯实砂砾料，也可以用于夯实黏性土。适于在碾压机械难于施工的部位压实土料。

（1）强夯机，是一种发展很快的强力夯实械机。它由高架起重机和铸铁块或钢筋混凝土块做成的夯砣组成。夯砣的重量一般为 10～40t，由起重机提升 10～40m 高后自由下落冲击土层，影响深度达 4～5m，压实效果好，生产率高，用于杂土填方软基及水下地层。

（2）挖掘机夯板，是一种用起重机械或正铲挖掘机改装而成的夯实机械。其结构见图 3-28。夯板一般做成圆型或方型，面积约 1m²，重量为 1～2t，提升高度为 3～4m。主要优点是压实功能大，生产率高，有利于雨季、冬季施工。当石块直径大于 50cm 时，工效大大降低，压实黏土料时，表层容易发生剪力破坏，目前看有逐渐被振动碾取代之势。

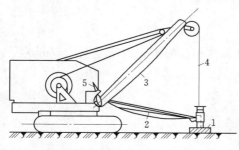

图 3-28　挖掘机夯板示意图
1—夯板；2—控制方向杆；3—支杆；
4—起重索；5—定位杆

三、压实标准及参数确定

（一）压实标准

毫无疑问，土料压实越好，物理力学性能越高，坝体质量越有保证。但对土料过分压实，不仅提高了费用，还会造成剪力破坏。因此，应确定合理的压实标准。

1. 黏性土料

其压实标准，主要以压实干表观密度和施工含水量这两个指标来控制。

(1) 压实干表观密度。用击实试验来确定。我国采用南实仪 25 击 [89.75 (t·m) / m³] 作为标准压实功能，得出一般不少于 25～30 组最大干表观密度的平均值 γ_{d-max} (t/m³) 作为依据，从而确定设计干表观密度 γ_d (t/m³)：

$$\gamma_d = m\gamma_{d-max} \tag{3-5}$$

式中 m——施工条件系数，一般Ⅰ、Ⅱ级坝及高坝采用 0.97～0.99，中低坝采用 0.95～0.97。

此法对大多数黏土料是合理的、适用的。但是，土料的塑限含水量、黏粒含量不同，对压实度都有影响，应进行以下修正：其一，以塑限含水量为最优水量，由试验从压实功能与最大干密度与最优含水量曲线上初步确定压实功能；当天然含水量与塑限含水量接近且易于施工时，以天然含水量做最优含水量确定压实功能；其二，考虑沉降控制的要求，通过控制压缩系 $\alpha = 0.0098～0.0196 cm^2/kg$，确定干表观密度。

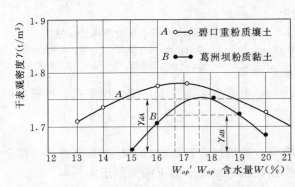

图 3-29 设计干表观密度与施工含水量范围

(2) 施工含水量。是由标准击实条件时的最大干表观密度确定的，而最大干表观密度对应的最优含水量是一个点值，而实际的天然含水量总是在某一个范围变动。为适应施工的要求，必须围绕最优含量规定一个范围，即含水量的上下限。即在击实曲线上以设计干表观密度值作水平线与曲线相交的两点就是施工含水量的控制范围，如图 3-29 所示。

2. 砂土及砂砾石

砂土及砂砾石的压实程度与颗粒级配及压实功能关系密切，一般用相对密度 Dr 表示。

$$Dr = (e_{max} - e)/(e_{max} - e_{min}) \tag{3-6}$$

式中 e_{max}——砂石料的最大孔隙比；

e_{min}——砂石料的最小孔隙比；

e——设计孔隙比。

在施工现场，当使用相对密度不方便时，可换算成相应的干表观密度 γ_P (t/m³)：

$$\gamma_P = \gamma_{max}\gamma_{min}/[\gamma_{max} - Dr(\gamma_{max} - \gamma_{min})] \tag{3-7}$$

式中 γ_{max}——砂石料最大干表观密，t/m³；

γ_{min}——砂石料最小干表观密，t/m³。

3. 石渣及堆石体

石渣及堆石体作为坝壳填筑料，压实指标一般用空隙率表示。根据国内外的经验，碾压式堆石坝坝体压实后空隙率应小于 30%，为了防止过大的沉陷，一般规定为 22%～28%。上游主堆石区标准为 21%～25%。

（二）压实参数确定

根据土料的性质、颗粒大小及组成、压实标准等条件初步确定压实机械的类型后，还应进一步确定压实参数，使之达到经济合理。最好的方法是进行现场碾压试验，确定施工控制含水量、铺土厚度、压实遍数。

（三）压实试验

现场压实试验是土石坝施工中的一项技术措施。通过压试验核实坝料设计填筑指标的合理性，作为选择压实机械类型、施工参数的依据。

1. 试验场地选择

试验场地应平坦、坚实，靠近水源，地形开阔，有水电附属设施。用试验土料先在地基上铺筑一层，压实到设计标准，将这一层作为基层，然后在上面进行碾压试验。

2. 试验场地布置

每个试验组合面积为：黏土不小于 $5m \times 2m$（长×宽）；砾石土、风化砾石土、砂及砂砾不小于 $4m \times 8m$；卵漂石、堆石料不小于 $6m \times 10m$。由于碾压时产生侧向挤压，因此，试验区的两侧应各留出一个碾宽，试验区的两端各留出 $4 \sim 5m$（黏土）或 $8 \sim 10m$（堆石料）作非试区，以满足停车和错车的要求。黏性土及堆石料试验场布置如图 3-30、图 3-31 所示。

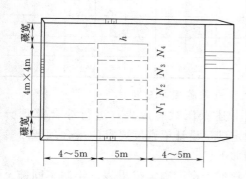

图 3-30 黏性土碾压场地布置

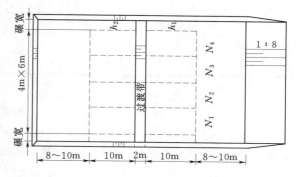

图 3-31 堆石料压实场地布置

3. 试验参数

土料的碾压试验，是根据已选定的压实机械来确定铺土厚度、压实遍数及相应的含水量。应选择有代表性的土料，各料场如有差异，应分别试验，可参照表 3-12。

4. 试验方法

试验组合方法一般采用淘汰法，也叫逐步收敛法。此法每次变动一种参数，固定其它参数，通过试验求出该参数的适宜值，依此类推。待各项参数选定后，用选定参数进行复核试验。这种方法的优点是：效果相同时试验总数较少。一般试验可完成十几或几十个组合试验。每场只变动一种参数，一般一场试验布置 4 个组合试验。

5. 碾压试验记录

按不同压实遍数（n）、不同铺土厚度（h）和不同含水量（w）进行压实、取样。每一个组合取样数量为：黏土、砂砾石 $10 \sim 15$ 个；砂及砂砾 $6 \sim 8$ 个；堆石料不少于 3 个。

分别测定干表观密度、含水率、颗粒级配。将实测数据填入表3-13。

表 3-12　　　　　　　　试验的铺土厚度和压实遍数

序号	压实机械名称	铺土厚度 h（cm）	碾压遍数 n	
			黏土	非黏性土
1	80 型履带拖拉机	10 - 13 - 16	6 - 8 - 10 - 12	4 - 6 - 8 - 10
2	10t 平碾	16 - 20 - 24	4 - 6 - 8 - 10	2 - 4 - 6 - 8
3	5t 双联羊脚碾	19 - 23 - 27	8 - 11 - 14 - 18	
4	30t 双联羊脚碾	50 - 25 - 65	4 - 6 - 8 - 10	
5	13.5t 振动碾	75 - 100 - 150		2 - 4 - 6 - 8
6	25t 气胎碾	28 - 34 - 40	4 - 6 - 8 - 10	2 - 4 - 6 - 8
7	50t 气胎碾	40 - 50 - 60	4 - 6 - 8 - 10	2 - 4 - 6 - 8
8	2～3t 夯板	80 - 100 - 150	2 - 4 - 6	2 - 3 - 4

表 3-13　　　　　　　　干表观密度测定成果表

n	h_1				h_2				h_3				h_4			
	w_1	w_2	w_3	w_4	w_1	w_2	w_3	w_4	w_1	w_2	w_3	w_4	w_1	w_2	w_3	w_4
n_1																
n_2																
n_3																
n_4																

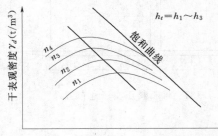

图 3-32　铺土厚度、压实遍数
与干密度、含水量关系曲线

6. 试验成果整理与分析

根据上述碾压试验成果，进行综合整理分析，以确定满足设计干密度要求的最合理碾压参数，步骤如下：

（1）根据干密度测定成果表，绘制不同铺土厚度、不同压实遍数土料含水量和干密度的关系曲线，如图3-32所示。

（2）从图3-31上查出最大干容重对应的最优含水量，填入最大干容重与最优含水量汇总表，如表3-14所示。

表 3-14　　　　　　　　最大干表观密度与最优含水量汇总表

h	h_1	h_2	h_3	h_4
n				
最大干表观密度				
最优含水量				

（3）根据表3-9，绘制出铺土厚度、压实遍数和最优含水量、最大干密度关系曲线，

如图3-33所示。

（4）根据设计干密度 g_d，从图 3-31曲线上分别查出不同铺土厚度时所对应的压实遍数 a、b、c 和最优含水量 d、e、f，分别计算 h_1/a、h_2/b 及 h_3c 之值（即单位压实遍数的压实厚度）进行比较，以单位压实遍数的压实厚度最大者为最经济合理。

由图3-33曲线上，根据设计干表观密度 γ_d，分别查取不同铺土厚度所需的碾压遍数 a、b、c 及相应的最

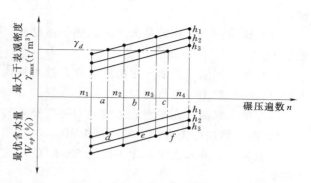

图 3-33　铺土厚度、压实遍数与最大干密度、最优含水量关系曲线

优含水量 d、e、f。然后计算压实遍数与铺土厚度比值，即 a/h_1；b/h_2；c/h_3，取最小者。因为单位铺土厚度的压实遍数最少，需要压实功能最少，最经济合理。确定了合理的压实参数后，将选定的含水量控制范围与天然含水量比较，看是否便于施工控制。否则适当改变含水量或其它参数再进行试验。

第五节　土料冬雨季施工

一、土料冬季施工

我国北方地区，冬季时间长，天气寒冷，给土方工程带来很大困难。当气温降至0℃以下，土料中发生水分迁移，结冰形成硬土层，难以压实。由于水的体积受冻后产生膨胀，使土粒间的距离被扩大，破坏了土层结构，化冻后的土料变得疏松，降低了土料的密度。由于黏土受冻时，水分迁移慢，有一定的抗冻性，非黏性土，土粒粗，水分迁移快，极易受冻。按 SL303—2004《水利水电施工组织设计规范》规定，日平均气温低于0℃时，按低温季节施工。冬季一般采取露天施工方式，要求土料压实温度必须在−1℃以上，当日最低气温在−10℃以下，或虽在0℃以下但风速大于10m/s时，应停工；黏土料的含水率不大于塑限的90%，粒径小于5mm的细砂砾料的含水率应小于4%；填土中严禁带有冰雪、冻块；土、砂、砂砾料与堆石不得加水；防渗体不得受冻。低温施工应采取如下措施。

1. 防冻

（1）降低土料含水量。在入冬前，采用明沟截、排地表水或降低地下水位，使砂砾料的含水量降低到最低限度；对黏性土将其含水量降低到塑限的90%以下，并在施工中不再加水。

（2）降低土料冻结温度。在填土中加入一定量的食盐，降低土料冻结温度。

（3）加大施工强度，保证填土连续作业。采用严密的施工组织，严格控制各工序的施工速度，使土料在运输和填筑过程中的热量损失最小，下层土料未冻结前被新土迅速覆盖，以利于上下层间的良好结合。发现冻土应及时清除。

2. 保温

（1）覆盖隔热材料。对开挖面积不大的料场，可覆盖树枝、树叶、干草、锯末等保温

材料。

（2）覆盖积雪。积雪是天然的隔热保温材料，覆盖一定厚度的积雪可以达到一定的保温效果。

（3）冰层保温。采取一定措施，在开挖土料表面形成10～15cm厚度冰层，利用冰层下的空气隔热对土料进行保温。

（4）松土保温。在寒潮到来前，对将要开采的料场表层土料翻松、击碎，并平整至5～35cm厚，利用松土内的空气隔热保温。

一般来讲，开采土料温度不低于5～10℃，压实温度不低于2℃，便能保证土料的压实效果。

3. 加热

当气温低、风速过大，一般保温措施不能满足要求时，则采用加热和保温相结合的暖棚作业，在棚内用蒸汽或火炉升温。蒸汽可以用暖气管或暖气包放热。暖棚作业费用高，只有在冬季较长、工期很紧、质量要求很高、工作面狭长的情况下使用。

二、土料雨季施工

在多雨的地区进行土方工程施工，特别是黏性土，常因含水量过大而影响施工质量和施工进度。因此，规范要求：土料施工尽可能安排在少雨季节，若在雨季或多雨地区施工，应选用合适的土料和施工方法，并采取可靠的防雨措施。雨季作业通常采取以下措施：

（1）改进黏性土特性，使之适应雨季作业。在土料中掺入一定比例的砂砾料或岩石碎屑，滤出土料中的水分，降低土料含水量。

（2）合理安排施工，改进施工方法。对含水量高的料场，采用推土机平层松土取料，以利于降低含水量；晴天多采土，加以翻晒，堆成土堆，并将土堆表面压实抹光，以利排水，形成储备土料的临时土库，即所谓"土牛"；充分利用气象预报，晴天安排黏土施工，雨天安排非黏性土施工。

（3）增加防雨措施，保证更多有效工作日。对作业面不大的土方填筑工程，雨季施工可以采用搭建防雨棚的方法，避免雨天停工；或在雨天到来时，用帆布或塑料薄膜加以覆盖；当雨量不大，降雨历时不长，可在降雨前迅速撤离施工机械，然后用平碾或振动碾将土料表面压成光面，并使其表面向一侧倾斜，以利排水。

学 习 检 测

一、名词解释

土的干密度、土的含水量、土的可松性、自然方、单斗挖掘机、机械技术生产率、机械实用生产率、最优压实参数

二、填空题

1. 广义上的土包括（　　）和（　　）两大类。

2. 土方施工中常说的土方，它的三个名称是（　　）、（　　）、（　　）。

3. 土的工程特性指标有土的（　　）、（　　）、（　　）、（　　）。

4. 土方开挖，一般采用机械施工，用于土方开挖的机械有（   ）、（   ）、（   ）、（   ）。

5. 单斗挖掘机按铲土方向和铲土原理分为（   ）、（   ）、（   ）、（   ）四种类型。

6. 铲运机械能同时完成开挖、运输和卸土任务，这类机械常用的有（   ）、（   ）、（   ）等。

7. 土方运输的类型有：（   ）、（   ）、（   ）、（   ）。

8. 土料压实效果与（   ）、（   ）、（   ）、（   ）等因素有关，压实方法按其原理分为（   ）、（   ）、（   ）三类。

9. 土料压实最常用的机械有（   ）、（   ）、（   ）、（   ）四种类型。

10. 土料现场压实试验的步骤有（   ）、（   ）、（   ）、（   ）、（   ）。

三、选择题

1. 岩石的级别是Ⅴ，这种岩石是（   ）。

    A. 松软岩石   B. 中硬岩石   C. 坚硬岩石

2. 土坝设计方量是指（   ）。

    A. 自然方   B. 松方   C. 压实方

3. 铲土能力最大的挖掘机是（   ）。

    A. 反铲挖掘机   B. 正铲挖掘机   C. 抓铲挖掘机

4. 机械工作特点不同，确定挖运方案时，循环式工作的挖掘机械应和（   ）运输机械配套。

    A. 连续式   B. 循环式   C. 间歇式

5. 在地形复杂、坡度较大、跨越沟壑的情况下，运输大量的粒状土料，应选择（   ）。

    A. 无轨运输   B. 有轨运输   C. 带式运输机运输

6. 挖掘机和自卸汽车配套进行土方挖运作业时，合理的装车斗数应在（   ）斗。

    A. 1～2   B. 3～5   C. 6～8

7. 黏土心墙压实中，当压实标准要求较高时，应采用（   ）。

    A. 平碾   B. 羊脚碾   C. 振动碾

8. 按 SL303—2004《施工规范》规定，日平均气温低于（   ）℃时，按低温季节施工。

    A. 零   B. 负5   C. 正5

9. 在土料压中，含水量影响最大的土料是（   ）。

    A. 砂土   B. 黏土   C. 堆石

四、问答题

1. 土方工程施工运用的主要机械有哪几种类型？

2. 单斗挖掘机有几种类型？适用条件？

3. 土方运输的类型有哪些？应用条件？

4. 简述羊脚碾、气胎碾、振动碾各适合压实哪几种土料。

5. 土方冬季施工应采取哪些措施？

五、论述题

1. 如何进行压实试验？压实参数如何选取？

2. 简述土方工程施工全过程？

六、计算题

1. 某砂砾料填实工程，压实后方量为 63.6 万 m³，设计干表观密度为每立方米 1.98t，砂砾料的自然表观密度为每立方米 1.94t，含水量为 5%，有效工作日数为 312 天，三班作业，如果采用 WD—100 正铲挖掘机与自卸汽车配合（挖掘机转 90°装车，最佳掌子高度），不计设备备用量，不计开挖、运输、压实、沉陷等各种土料损失，不考虑土的级别修正，时间利用为 0.75，可松性为 1.25，计算需要的挖掘机台数。

2. 某土石坝坝壳砂砾石料压实实验实测数据如表 3-15 所示，设计干密度为 2.05t/m³，采用 C—80 东方红拖拉机碾压，试确定最优碾压参数。

表 3-15　　　　　　　　　　　　现场压实试验资料干密度　　　　　　　　　　单位：t/m³

碾压遍数	铺 料 厚（cm）			
	50	75	100	125
2	2.00	1.95	1.89	1.84
4	2.11	2.06	2.00	1.95
6	2.18	2.14	2.09	2.03
8	2.22	2.18	2.13	2.07

第四章　钢筋混凝土工程施工

内容摘要： 本章主要介绍钢筋验收、存储、加工、安装；模板的作用、组成、安装与拆除；混凝土制备、运输、浇筑工艺，骨料生产、混凝土生产、运输系统，混凝土运输浇筑方案选择；混凝土低温、高温、雨季施工措施；碾压混凝土施工过程和工艺要求。

学习重点： 钢筋加工工艺流程及各环节对质量的检验方法；模板的作用、分类，以及设计、安装、拆除；骨料的制备及混凝土的制备；混凝土生产的主要程序及内容，以及对运输的要求；混凝土浇筑程序的主要内容，碾压混凝土施工工艺流程。

钢筋混凝土工程在水利工程施工中无论是人力物力的消耗，还是对工期的影响都占有非常重要的地位。

钢筋混凝土工程包括钢筋工程、模板工程和混凝土工程三个主要工种工程。由于施工过程多，因此要加强施工管理、统筹安排、合理组织，以保证工程质量，加快施工进度，降低施工费用，提高经济效益。

第一节　钢　筋　工　程　施　工

一、钢筋的验收与储存

钢筋进场应具有出厂证明书或试验报告单，同时还要分批作机械性能试验。对于直径 $d \leqslant 12mm$ 的热轧 I 级钢筋，有出厂证明书或试验报告单时，可以不再进行机械性能试验。如果在使用中对这批钢筋的性能产生怀疑时，如发现脆断、焊接性能不良或机械性能显著不正常等，则应进行钢筋的化学成分分析。

（一）热轧钢筋检验

1. 外观检验

热轧钢筋表面不得有裂缝、结疤和折叠。钢筋表面允许有凸块，但不允许超过螺纹筋的高度。钢筋外形尺寸应符合国家标准的规定。

对于精轧螺旋钢筋，螺纹尺寸要严格检查，除按要求的尺寸进行卡量外，并用正负公差做两个螺母进行检验。

2. 机械性能检验

钢筋应分批验收，每批重量不大于 60t。在每批钢筋中任意抽取两根钢筋，各截取一根试件，一根试件作拉力试验，拉力试验包括屈服点、抗拉强度和伸长率；另一根作冷弯试验，试验应按国家标准规定进行。如有一个试验项目结果不能符合规范所规定的数值时，则另取双倍数量的试件对不合格的项目作第二次试验，如仍有一根试件不合格，则该批钢筋质量不合格。

（二）热处理钢筋检验

1. 外观检验

热处理钢筋表面也不得有裂纹、结疤和折叠，钢筋的表面允许有局部凸块，但不得超过螺纹筋的高度。钢筋尺寸要有卡尺量度并符合国家标准规定。

2. 机械性能试验

钢筋进场时应分批验收。分批重量与同批标准参照热轧钢筋办理。从每批钢筋中选取10％的盘数（不少于25盘）进行拉力试验。试验结果如有一项不合格时，该不合格盘报废。再从未试验过的钢筋中取双倍数量的试样进行复验，如仍有一项不合格，则该批钢筋不合格。

（三）钢筋的储存

钢筋运到施工现场后，必须妥善保管，否则会影响施工或工程质量，造成不必要的浪费。因此，在钢筋储存工作中，一般应做好以下工作：

（1）应有专人认真验收入库钢筋，不但要注意数量的验收，而且对进库的钢筋规格、等级、牌号也要认真地进行验收。

（2）入库钢筋应尽量堆放在料棚或仓库内，并应按库内指定的堆放区分品种、牌号、规格、等级、生产厂家分批、分别堆放。

（3）每垛钢筋应立标签，每捆（盘）钢筋上应有标牌。标签和标牌应写有钢筋的品种、等级、直径、技术证书编号及数量等。钢筋保管要做到账、物、牌（单）三相符，凡库存钢筋均应附有出厂证明书或试验报告单。

（4）如条件不具备时，可选择地势较高、土质坚实、较为平坦的露天场地堆放，并应在钢筋垛下面用木方垫起或将钢筋堆放在堆放架上。

（5）堆放场地应注意防水和通风，钢筋不应和酸、盐、油等类物品一起存放，以防腐蚀或污染钢筋。

（6）钢筋的库存量应和钢筋加工能力相适应，周转期应尽量缩短，避免存放期过长，使钢筋发生锈蚀。

二、钢筋的配料

钢筋配料包括：识图、下料长度计算和编制配筋表。

在钢筋混凝土结构中要配多少钢筋，它的种类、形状及配在什么位置，都要通过设计及详细的计算。在构件制作前均应根据设计图纸、构造要求、施工验收规范等，设计出构件内各种形状和规格的单根钢筋图，逐根加以编号，然后计算出各种规格钢筋的数量和配筋下料长度，填写配料单，最后进行钢筋加工、绑扎与安装。

（一）配筋步骤

1. 看懂施工图以及掌握一般构造要求

看懂施工图是水利工程施工人员在施工作业之前必须进行的一道重要工作。通过研究分析要掌握各种钢筋混凝土结构的几何尺寸、钢筋配置的数量、规格、型号和在结构中的具体位置，钢筋相互之间的关系等基本内容。

2. 明确规范要求和图纸中的具体说明

在掌握图纸设计要求的同时，对图纸中有具体说明配筋要求者，必须按设计要求配置。对没有具体要求者应以施工验收规范为准。

3. 确定施工层次

对于较简单的、一次可以完成混凝土浇筑的构件，在配筋过程中可不考虑施工缝的钢筋配置状态。但是对于必须分层、分块施工的大体积钢筋混凝土，就存在着由于施工层次的不同而钢筋配置不相同的情况。因此钢筋的配置必须与建筑物施工时分层、分块层次相吻合，也就是先确定混凝土结构的施工分层、分块层次顺序，然后才可以进行配筋。

4. 编制配（料）筋表

在水工建筑物这种复杂的大体积钢筋混凝土结构中，施工图中只有设计钢筋表，而没有施工配筋表。因此钢筋下料加工之前必须进行配筋下料计算和编制配料表。这是由于钢筋所弯的形状在设计（理论）上（硬弯）与实际上（慢弯）的不一致，所以在钢筋下料时，必须考虑"下料调整值"，计算钢筋的下料长度，才能使弯曲成型后的钢筋，符合施工图纸的要求。

编制配筋表就是根据施工配筋图、表计算各种钢筋的几何尺寸、根数与重量，按一定的编号填制钢筋配料单和料牌，然后送交钢筋厂加工。钢筋配料单见表 4-1。

表 4-1　　　　　　　　　　　　　钢 筋 配 料 单

工程部位或构件名称	钢筋编号	钢号	直径（mm）	形　状	下料长度（mm）	根数	重量（kg）	备注

（二）配筋的注意事项

（1）要注意钢筋保护层的厚度和钢筋的几何尺寸之间的关系。

（2）在水工结构物中，在下面情况下不宜布置施工缝，即在以下部位不宜布置施工缝的钢筋配置：①在结构物断面改变的部位；②在支座断面和固结端部位；③在产生最大挠度和最大弯矩处；④在薄弱的受拉断面；⑤承受集中荷载或最大剪力部位。

具体如下：在溢洪道泄槽或进水口底板与边墙接头部位，多是固结状态，易产生较大的拉应力和弯矩。闸墩的闸槽部位是断面减小和薄弱的地方。挑流鼻坎，应一次浇完，溢流面主筋接头应布置在圆弧面部分中间。水电站厂房的尾水平台，悬伸较大，不可设置水平施工缝。

除上述举例部位外，凡与前 5 条情况相符者均应考虑不宜布置施工缝。

对于一定的混凝土结构物，如何布置分缝和浇筑分块，如何选择配筋方法，尚应具体分析，不可生搬硬套。

（3）弯起钢筋的角度要准确。

（4）钢筋的型号要努力做到最少。

（5）要方便绑扎安装。

（三）钢筋的配料

水工建筑物在分块分缝位置决定后，即可按钢筋图开始配筋。在进行钢筋配料计算时，首先是钢筋下料长度的计算，其次是同规格钢筋在下料过程中的合理搭配，再则是努力使成型钢筋的接头（焊接或搭接）数量达到最低限度。

1. 计算钢筋的下料长度

计算钢筋的下料长度是配料工作的第一步。根据钢筋加工表中各种成型钢筋的规格和形状，在分段累计长度后，分别加上或减去下料调整值作为钢筋的下料长度。各种形状钢筋下料长度计算如下：

$$直钢筋下料长度 = 构件长度 - 保护层厚度 + 弯钩增加长度$$

$$弯起钢筋下料长度 = 直段长度 + 斜段长度 - 弯曲调整值 + 弯钩增加长度$$

$$箍筋下料长度 = 箍筋周长 + 箍筋调整值$$

上述钢筋若需要搭接，还应加钢筋搭接长度，见表 4 - 2。

表 4 - 2　　　　　　　　　　　　　　　绑扎接头的最小搭接长度

钢筋级别	Ⅰ级钢筋	Ⅱ级钢筋	Ⅲ级钢筋	5 号钢筋
受拉区	$30d$	$35d$	$40d$	$30d$
受压区	$20d$	$25d$	$30d$	$20d$

注　d 为钢筋直径。

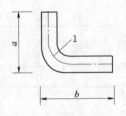

图 4 - 1　钢筋弯曲量测方法

（1）弯曲调整值。钢筋弯曲后，在弯曲处内皮收缩外皮伸长，轴线长度不变，因弯曲处形成圆弧，而量尺寸时又是沿直线量外包尺寸（见图 4 - 1），因此弯曲钢筋的量度尺寸大于下料尺寸，两者之差为弯曲调整值，根据理论推算，结合实践经验，列于表 4 - 3。

（2）弯钩增加长度。弯钩形式有三种：半圆弯钩、直弯钩及斜弯钩，见图 4 - 2。

表 4 - 3　　　　　　　　　　　　　　钢筋弯曲调整值（手工弯曲）

钢筋弯起角度	30°	45	60°	90°	135°
钢筋弯曲调整值	$0.35d$	$0.54d$	$0.85d$	$1.75d$	$2.5d$

注　d 为钢筋直径。

半圆弯钩是常用的一种弯钩，直弯钩只用于柱钢筋的下部、箍筋和附加钢筋中，斜弯钩只用在直径较小的钢筋中。按图 4 - 2 所示的计算简图（弯心直径为 $2.5d$、平直部分为

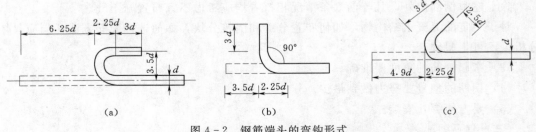

图 4 - 2　钢筋端头的弯钩形式
（a）半圆弯钩；（b）直弯钩；（c）斜弯钩

$3d$），其计算值为：半圆弯钩为 $6.25d$，直弯钩为 $3d$，斜弯钩为 $4.9d$，为计算方便取 $5d$（d 为钢筋直径）。但实际配料计算时，弯钩增加长度常根据具体条件采用经验数据，见表 4-4。

表 4-4　半圆弯钩增加长度参考表（用机械弯）

钢筋直径（mm）	≤6	8～10	12～18	20～28	32～36
一个弯钩长度（mm）	$4d$	$6d$	$5.5d$	$5d$	$4.5d$

注　d 为钢筋直径。

（3）弯起钢筋斜长。斜长的计算如图 4-3 所示，斜长系数见表 4-5。

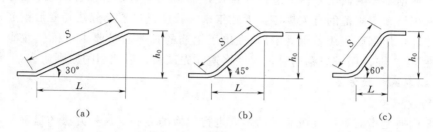

图 4-3　弯起筋斜长计算简图

（a）弯起角度 30°；（b）弯起角度 45°；（c）弯起角度 60°

表 4-5　弯起钢筋斜长计算系数表

弯起角度	30°	45°	60°
斜边长度 S	$2h_0$	$1.41h_0$	$1.15h_0$
底边长度 L	$1.732h_0$	h_0	$0.575h_0$
增加长度 S-L	$0.268h_0$	$0.41h_0$	$0.585h_0$

注　h_0 为弯起钢筋的外皮高度。

（4）箍筋调整值。箍筋调整值为弯钩增加长度和弯曲调整值两项之差，由箍筋量外包尺寸或内皮尺寸而定，见表 4-6。

表 4-6　箍　筋　弯　钩　增　加　值

箍筋量度方法	箍筋直径（mm）			
	4～5	6	8	10～12
量外包尺寸	40	50	60	70
量内皮尺寸	80	100	120	150～170

2. 归整相同规格和相同材质的钢筋

下料长度计算完毕后，把相同规格和材质的钢筋进行归整和组合，同时根据现有各种钢筋的长度和能够及时采购到的钢筋的长度进行合理安排组合加工。

3. 合理利用钢筋的接头位置

钢筋的配筋是根据施工蓝图进行合理选配钢筋的一项工作。一般情况下它是配筋人员在充分考虑满足工程设计和施工验收规范的前提下完成的，从配筋的角度来看，它是比较优化的。但与加工系统现有的钢筋长度及其批量往往不可能恰好吻合，在配料的过程中，就需要与配筋人员充分联系，合理调整成型钢筋的长度和充分利用钢筋的接头位置来满足钢筋的合理下料（当配筋和配料工作由同一人员完成时，则在配筋的过程中就应该充分地考虑两者之间的结合）。

尤其是对于有接头钢筋的配料，在满足构件中接头的对焊或搭接长度、接头错开要求的前提下，必须根据钢筋原材料的长度来考虑接头的布置。

三、钢筋的代换

钢筋施工时，由于设计需用的钢筋种类、钢号和直径与工地到货不符，或临时发生短缺情况，应根据不影响使用条件下进行代换使用。但代换时，必须征得设计部门的同意，并遵守国家现行施工规范的有关规定。近几年来，我国进口了部分热轧变形钢筋，并制定了《进口热轧变形钢筋应用若干规定》，提出了钢筋的具体质量要求（机械性能、化学成分、可焊性等）。在使用进口钢筋时，应严格遵守先试验、后使用的原则。

（一）钢筋的代换方法

1. 等强度代换

等强度代换是指对不同等级品种的钢筋进行代换的方法。这种方法的道理是，只要代换用的钢筋承载能力值和原设计钢筋的承载能力值相等，就可以代换。

等强度代换的计算原则是：

原设计钢筋截面积×原设计钢筋强度＝代换钢筋截面积×代换钢筋设计强度

因此，

$$代换钢筋的面积＝原设计钢筋截面积×\frac{原设计钢筋设计强度}{代换钢筋设计强度}$$

按上列两个式子求出代换钢筋的截面积后，可根据所求出的数值在有关钢筋截面积、根数表中查出所需要代换的钢筋的根数。如无钢筋截面积、根数有关的表格，可用计算方法求出，方法是：

$$代换钢筋根数＝\frac{代换钢筋的总面积}{\pi r^2}$$

式中　r——代换钢筋的半径；

　　　π——取 3.1416。

如果用高一级的钢筋代换低一级的钢筋，同样要采用上述方法求出代换钢筋截面积和根数。但是，如果原来构件中配筋较小，若用高一级的钢筋进行等强度代换时，所求出的代换钢筋截面必然会更小些，这时就可能不符合构件中钢筋最小直径的规范要求，所以在用高一级钢筋代换低一级钢筋时，首先应满足构件中钢筋最小直径要求，然后才能按等强度来考虑代换。

如果用直径较粗或强度较高的钢筋代换直径较细的钢筋或强度较低的钢筋，就会出现在构件中钢筋根数减少的情况。在很多构件中，构造要求是必须保证钢筋有一定根数或设计要求必须有一定的根数。这时，在代换中，不仅要使强度满足设计要求，而且根数也必须满足构造或设计要求，如在柱子中的配筋不得少于 4 根，在梁的下部受拉钢筋不得少于两根。若在代换中由于截面计算结果少于上述最少根数要求时，必须以满足最少根数要求来配筋。

2. 等截面代换

在施工过程中，经常会出现工地上有的钢筋和设计要求的钢筋品种符合，但是规格满足不了设计的需要，这就要进行钢筋相同品种、不同规格的代换了。这种代换是在相同设计强度的同品种钢筋中进行的，所以只需要代换钢筋的总截面积与原设计钢筋的总截面积相等，就可以代换。

（二）钢筋代换中一般注意的问题

在水利水电工程中，钢筋代换使用时，施工规范中有如下的规定：

（1）以另一种钢号或种类的钢筋代替设计文件已规定的钢号或种类的钢筋时，应按设计文件所用的钢筋计算强度与实际使用的钢筋的计算强度经换算后，对钢筋截面面积作相应的改变。

（2）某种直径的钢筋以钢号相同的另一直径的钢筋代替时，其直径变更范围最好不超过 4mm，变更后的钢筋总截面积较设计文件规定的截面面积不得小于 2％或超过 3％。

（3）如用冷处理的钢筋（冷压、冷拉、冷拔）代替设计中的热轧钢筋时，宜采用改变钢筋直径的方法而不宜采用改变钢筋根数的方法来减少钢筋截面积。

（4）以较粗的钢筋代替较细的钢筋时，部分构件（如预制混凝土构件、受挠构件等）应校核握裹力。

（5）要遵守钢筋代换的原则：①当构件受强度控制时，钢筋可按等强度进行代换；②当构件按最小配筋率配筋时，钢筋可按面积相等的原则进行代换；③当构件受裂缝宽度或挠度控制时，代换后应进行裂缝宽度或挠度验算。

（6）凡属重要结构中的钢筋代换，应征得设计单位同意方可实施代换。

（7）对一些重要构件，凡不宜用Ⅰ级光面钢筋代替螺纹钢筋者，不得轻易代用，以免受拉部位的裂缝展开过大。

（8）在钢筋代换中不允许改变构件的有效高度，否则就会降低构件的承载能力。

（9）对于在设计的施工图纸中明确指出不能以其它钢筋进行代换的构件和结构的某些部位，均不得擅自进行代换。

（10）钢筋代换后，应满足钢筋构造要求，如钢筋的根数、间距、直径、锚固长度等。

四、钢筋的加工

（一）钢筋加工工艺流程

钢筋的加工工艺流程如图 4-4 所示。

（二）钢筋调直

在构件中的钢筋必须直顺，否则会在受力时使构件开裂，且影响构件的受力性能。调直方法分人工和机械两种。

1. 人工调直

10mm 以下的钢筋采用绞磨的办法人工调

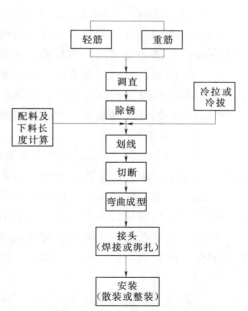

图 4-4 钢筋加工工艺流程

直。粗钢筋放在工作台上，用手动调直器校直，把弯曲处放在板柱之间，用卡口扳手搬平或者是放在铁砧上用大锤敲直。人工调直用于工程量小，又无机械的情况下。

2. 机械调直

钢筋调直机：国产调直机有 GJ4—4/14 型和 GJ6—4/8 型两种。其性能见表 4 - 7。

表 4 - 7　　　　　　　　　　　国产钢筋调直机主要性能

项　目	单　位	GJ6—4/8	GJ4—4/14
调直钢筋直径	mm	4～8	4～14
自动剪切长度最短	mm	300	300
自动剪切长度最长	mm	6000	7000
调直速度	m/min	40	30～45
切刀数目	对	3	3
调直筒电动机		5.5kW，1440 转	4.5kW，1400 转
剪断用电动机			4.5kW，1400 转
外形尺寸（长×宽×高）	mm×mm×mm	7250×550×1150	8860×1010×1365
重量	kg	700	1500

3. 粗钢筋调直机械

粗钢筋可以利用卷扬机结合冷拉工序进行调直，但在缺乏对焊设备及大吨位冷拉设备的情况下，如工作量很大，可自制平直锤锤压弯折部位至平直。平直锤构造如图 4 - 6 所示。

4. 调直的质量要求

钢筋的调直和清除污锈应符合下列要求：

（1）钢筋的表面应洁净，使用前应无表面油渍、漆污、锈皮、鳞锈等。

（2）钢筋应平直，无局部弯折，钢筋中心线同直线的偏差不应超过其全长的 1%。成盘的钢筋或弯曲的钢筋均应矫直后，才允许使用。

（3）钢筋在调直机上调直后，其表面伤痕不得使钢筋截面面积减少 5% 以上。

（4）如用冷拉方法调直钢筋，则其调直冷拉率不得太于 1%。对于Ⅰ级钢筋，为了能在冷拉调直的同时去除锈皮，冷拉率可加大，但不得大于 2%。

（三）钢筋除锈

DL/T5164—2002《水工混凝土钢筋施工规范》规定："钢筋的表面应洁净，使用前应将表面油渍、漆污、锈皮、鳞锈等清除干净。"钢筋由于堆存时间过长或受潮后，表面形成锈蚀和污染。铁锈由于锈蚀程度不同，可分为初期锈蚀，呈黄色或淡褐色，并且附着在钢筋上的薄层铁锈，不易去掉，一般称为色锈。锈蚀较重的成为一层氧铁表皮，呈红色或红褐色，用手触摸有微粒感，受碰撞或锤击有锈皮剥落，此种称之为陈锈。对钢筋的握裹力有较大的影响，必须予以清除。

1. 手工除锈

工作量不大或在工地设置的临时工棚中操作时，可用麻袋布擦或钢刷子刷。对于较粗的钢筋，可用砂盘除锈法，即制作钢槽或木槽，槽盘内放置干燥的粗砂和细石子，将有锈的钢筋穿入砂盘中来回抽拉。

2. 机械除锈

常用电动圆盘钢丝刷、固定式或移动电动除锈机。最简便的方法用喷砂枪除锈。可根据工地条件自行选用。

此外如需冷拉的钢筋，则可通过冷拉和调直的过程自动除锈。

（四）钢筋的切断

钢筋的切断有人工剪断、机械切断和氧气切割三种。对于直径大于 40mm 的钢筋，多数工地用氧气切断，氧气切割钢筋工效高、操作简便，但成本较高。下面介绍人工切断和机械切断两种方法。

1. 钢筋切断前的准备工作

（1）汇集当班所要切断的钢筋料牌，将同规格（同级别、同直径）的钢筋分别统计，按不同长度进行长短搭配，一般情况下应先断长料，后断短料，以尽量减少短头，减少损耗。

（2）检查测量长度所用工具或标志的准确性，在工作台上有量尺刻度线的，应事先检查定尺卡板的牢固和可靠性。在断料时应避免用短尺量长料，防止在量料中产生累积误差。

（3）对根数较多的批量切断任务，在正式操作前应试切两三根，以检验长度的准确性。

2. 手工切断

手工切断钢筋是一种劳动强度大、工效很低的方法，只是在切断量小或缺少动力设备的情况下采用。但如在长线台座上放松预应力钢丝时，仍采用手工切断的方法。

（1）手工切断的主要工具。

1）断线钳。切断 5mm 以下的钢丝可用断线钳，断线钳是定型产品，按其外形长度可分为 450mm、600mm、750mm、900mm、1050mm 五种，最常用的是 600mm。

2）GJ5Y—16 型手动液压切断机。切断直径为 16mm 以下的钢筋、直径 25mm 以下的钢绞线，均可用 GJ5Y—16 型手动液压切断机。

3）手压切断器。切断直径为 16mm 以下的 I 级钢筋（3 号钢）。当钢筋直径较大时可适当加长手柄。

4）"克子"切断器。在钢筋加工任务少或缺乏必要的切断器时，可以使用"克子"切断器。

（2）手工切断的操作要点。手工切断工具如没有固定基础，在操作过程中可能发生移动。因此在采用卡板作为控制切断尺寸的标志而大量切断钢筋时，就必须经常复核断料尺寸是否准确。特别是一种规格的钢筋切断量很大时，更应在操作过程中经常检查，避免刀口和卡板间距离发生移动，引起断料尺寸错误。

3. 机械切断

钢筋切断机是用来把钢筋原料和已调直的钢筋切断，其主要有电动和液压传动两种类型。工地上常见的是电动钢筋切断机。钢筋切断的质量要求如下：

（1）钢筋切断要在调直后进行。

（2）在切断配料过程中，如发现钢筋有劈裂、缩头或严重的弯头等必须切除。

（3）切断钢筋的长度应力求准确，其允许偏差应符合表4-8中有关规定。

（4）切断的钢筋应分类堆放，以便于下一道工序顺利进行，并应防止生锈和弯折。

表 4-8　　　　　　　　　　　　加工后钢筋的允许偏差

项　次	偏　差　名　称		允　许　偏　差
1	受力钢筋全长净尺寸的偏差		±10mm
2	箍筋各部分长度的偏差		±5mm
3	钢筋弯起点位置的偏差	厂房构件	±20mm
		大体积混凝土	±30mm
4	钢筋转角的偏差		3°

（五）钢筋弯曲成型

将已切断、配好的钢筋弯曲成所规定的形状尺寸，是钢筋加工中一道主要的工序。钢筋弯曲成型要求加工的钢筋形状正确，平面上没有翘曲不平的现象，便于绑扎安装。

1. 准备工作

（1）熟悉待加工钢筋的规格、形状和各部分的尺寸。这是最基本的操作依据，它由配料人员提供，包括配料单和料牌。配料单内容包括钢筋规格、式样、根数和下料长度等。料牌是从钢筋下料切断之后传过来的钢筋加工式样牌，上面注明工程名称、图号、钢筋编号、根数、规格、式样以及下料长度等，分别写于料牌的两面，加工过程中用于随时对照，直至成型结束，最后系在加工好的钢筋上作为标志。料牌的格式见图4-5。

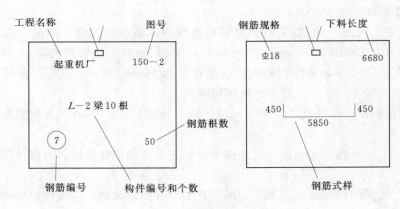

图 4-5　料牌格式

（2）划线。钢筋弯曲前，根据钢筋料牌上标明的尺寸用石笔将各弯曲点位置划出。划线时应注意：

1）根据不同的弯曲角度扣除弯曲调整值，其扣法是从相邻两段长度中各扣一半。

2）钢筋端部带半圆弯钩时，该段长度划线时增加 $0.5d$（d 为钢筋直径）。

3）划线工作宜从钢筋中线开始向两边进行；两边不对称的钢筋，也可从钢筋一端开始划线，如划到另一端有出入时，则应重新调整。

2. 手工弯曲成型

手工弯曲钢筋具有设备简单、成型正确的特点，但也有劳动强度大、效率低等缺点。

（1）工具和设备。

1）工作台。弯曲钢筋的工作台，台面尺寸约为 600cm×80cm（长×宽），可用 20cm× 20cm 方木拼成或用 10cm 厚的木板钉制；工作台高度约为 80～90cm。工作台要求稳固牢靠，避免在操作时发生晃动。工作台也可用 20 号以上槽钢拼制成钢制工作台。

2）手摇扳。手摇扳是弯曲细钢筋的主要工具。图 4-6 手摇扳甲是用来弯制 12mm 以下的单根钢筋；手摇扳乙可以弯制多根钢筋，每次可弯曲 4～8 根直径 8mm 以下的钢筋，主要适宜弯制箍筋。

手摇扳为自制，它由一块钢板底盘和扳柱、扳手组成。扳手长度为 300～500mm，可根据弯制钢筋直径适当调节，扳手用 14～18mm 钢筋制成；扳柱直径为 16～18mm；钢板底盘厚 4～6mm。操作时将底盘固定在工作台上，底盘面与台面相平。

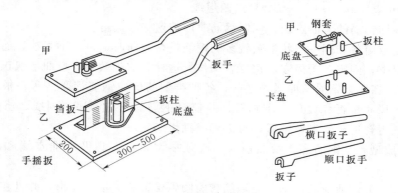

图 4-6　手工弯曲钢筋的工具

如果使用钢制工作台，挡扳、扳柱可直接固定在台面上，钢板底盘取消，扳手直接在工作台上进行操作。

3）卡盘。卡盘是弯粗钢筋的主要工具之一，它由一块钢板底盘和扳柱组成。底盘厚约 12mm，固定在工作台上；扳柱直径应根据所弯钢筋来选择，一般为 20～25mm 钢筋柱。

4）钢筋扳子。钢筋扳子有横口扳子和顺口扳子两种，它主要和卡盘配合使用（见图 4-6）。横口扳子又有平头和弯头两种，弯头横口扳子仅在绑扎钢筋时纠正某些钢筋形状或位置时使用，常用的是平头横口扳子。当弯制直径较粗的钢筋时，可在扳子柄上接上套管，加长力臂使弯制省力。

（2）操作方法和要领。

1）准备：①熟悉要进行弯曲加工钢筋的规格、形状和各部分尺寸，确定弯曲操作的步骤和工具；②确定弯曲顺序，避免在弯曲时将钢筋反复调转，影响工效。

2）划线。一般的划线方法是：在划弯曲钢筋分段尺寸时，将不同角度的长度调整值在弯曲操作方向相反的一侧长度内扣除，划上分段尺寸线，这条线称弯曲点线，根据这条线并按规定方法弯曲后，钢筋的形状和尺寸与图纸要求的基本相符。

下面以图 4-7 中的钢筋形状为例介绍弯曲钢筋的划线方法。

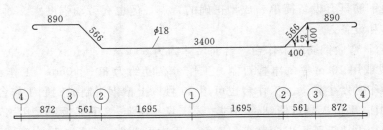

图 4-7　弯曲钢筋划线方法（单位：mm）

第一步，在钢筋的中心划第一道线；第二步，取中段（3400mm）的 1/2，减 0.30d，即 1700mm－5mm＝1695mm 处划第二道线；第三步，取斜段长（566mm）减 0.30d，即 566mm－5mm＝561mm 处划第三道线；第四步，取直段长（890mm），减 d（半圆弯钩减 d），即 890mm－18mm＝872mm 处划第四道线。

以上各线即钢筋的弯曲点线，弯制钢筋时即按这些线进行。

当形状比较简单和同一形状根数较多的钢筋进行弯曲时，可以不划线，而在工作台上按各段尺寸要求，固定若干标志，按标志操作。这种方法工效高，弯曲形状正确。

3）试弯。在成批钢筋弯曲操作之前，各种类型的弯曲钢筋都要试弯一根，然后检查其弯曲形状、尺寸是否和设计要求相符；并校对钢筋的弯曲顺序、划线、所定的弯曲标志、扳距等是否合适。经过调整后，再进行成批生产。

4）弯曲成型。在钢筋开始弯曲前，还必须搞清楚扳距以及弯曲点线和扳柱之间的关系。

为了保证钢筋弯曲形状正确，使钢筋弯曲圆弧保证有一定的曲率，并且在操作时扳子端部不碰到扳柱，扳子和扳柱间必须有一定的距离，这段距离称为扳距（见图 4-8）。扳距的大小是根据钢筋的弯制角度和直径来变化的，扳距可参考表 4-9 中的数值。

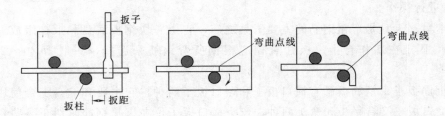

图 4-8　扳距、弯曲点线和扳柱的关系

进行弯曲钢筋操作时，钢筋弯曲点线在扳柱钢板上的位置要配合划线的操作方向，将弯曲点线与扳柱外边缘相平。

表 4-9　　　　　　　　　　扳　距　参　考　表

弯曲角度	45°	90°	135°	180°
扳距	(1.5～2) d	(2.5～3) d	(3～3.5) d	(3.5～4) d

注　d 为弯曲钢筋的直径。

3. 机械弯曲成型

钢筋弯曲机的操作要点：

（1）操作前要对机械各部件进行全面检查以及试运转，并检查齿轮、轴套等备件是否齐全。

（2）要熟悉倒顺开关的使用方法以及所控制的工作盘旋转方向，钢筋放置要和成型轴、工作盘旋转方向相配合，不要放反。变换工作盘旋转方向时，要遵循正转—停—倒转，不要直接正—倒。

（3）严禁在机械运转过程中更换中心轴、成型轴、挡铁，或进行清扫、加油。

（4）钢筋在弯曲机上进行弯曲时，其圆弧直径是由中心轴直径决定的，要根据钢筋粗细和所要求圆弧弯曲直径大小随时更换轴套或中心轴。

（5）弯曲机运转时，成型轴和中心轴同时转动，有可能带动钢筋向前滑移。所以钢筋弯曲点线的划线方法虽然和手工弯曲一样，但在操作时放在工作盘上的位置是不同的，因此在钢筋弯曲前，应试弯一下摸索规律。一般弯曲点线和心轴的关系如图4-9所示。

（6）为了适应不同直径钢筋的弯曲需要，成型轴宜加偏心套；钢筋在中心轴与成型轴间的空隙应大于2mm。弯曲机机身要接地，电源不允许直接连在倒顺开关上，应另设电气闸刀控制。

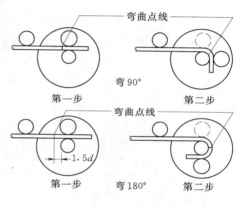

图4-9　弯曲点线和心轴关系

（六）钢筋的焊接

钢筋的焊接方法有闪光对焊、电阻点焊、电弧焊、电渣压力焊和埋弧压力焊等，适用范围列于表4-10。

对焊用于加工厂内接长钢筋，点焊用于焊接钢筋网，埋弧压力焊用于钢筋同预埋件的焊接，电渣压力焊用于现场竖向钢筋焊接。

焊接钢筋的连接强度是与钢筋的断面积成正比例的，而钢筋相互绑扎的连接强度则是依靠混凝土的握裹力，与钢筋的表面积成正比例，所以较粗的钢筋均应采用焊接接头。规范规定当受力钢筋直径 $d>20$mm，螺纹钢筋直径 $d>25$mm 时，不宜采用非焊接的搭接接头。

表4-10　　　　　　　　各种焊接方法的适用范围

项次	焊接方法	接头型式	适用范围	
			钢筋级别	直径（mm）
1	电阻点焊		Ⅰ、Ⅱ级	6～14
			冷拔低碳钢丝	3～5
2	闪光对焊		Ⅰ～Ⅲ级	10～14
			Ⅳ级	10～25

续表

项次	焊 接 方 法			接 头 型 式	适 用 范 围	
					钢筋级别	直径（mm）
3	电弧焊	帮条焊	双面焊	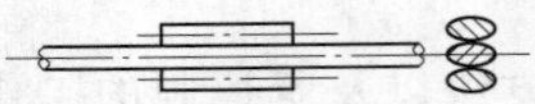	Ⅰ、Ⅱ级	10～40
			单面焊	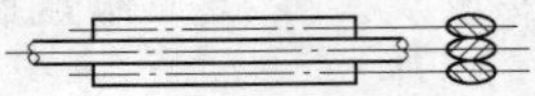	Ⅰ～Ⅲ级	10～40
		搭接焊	双面焊	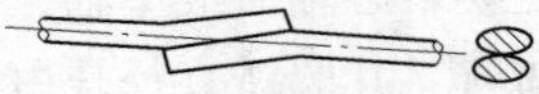	Ⅰ、Ⅱ级	10～40
			单面焊	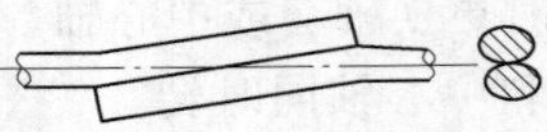	Ⅰ、Ⅱ级	10～40
		熔槽帮条焊		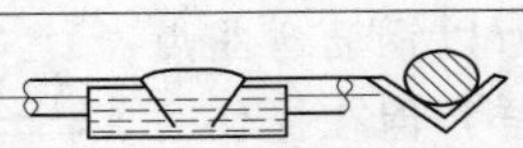	Ⅰ～Ⅲ级	25～30
		坡口焊	平焊	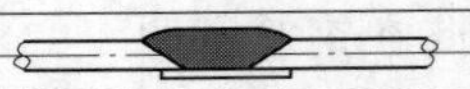	Ⅰ～Ⅲ级	18～40
			立焊	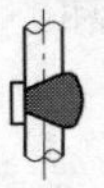	Ⅰ～Ⅲ级	18～40
		钢筋与钢板搭接焊		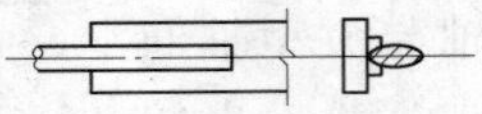	Ⅰ、Ⅱ级	8～40
4	预埋件 T 形接头	焊角贴		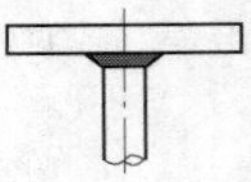	Ⅰ、Ⅱ级	6～16
		穿孔塞焊		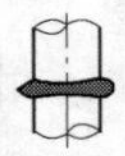	Ⅰ、Ⅱ级	≥18
	电渣压力焊			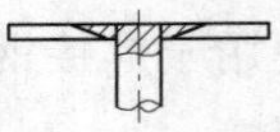	Ⅰ、Ⅱ级	14～40
5	预埋件 T 形接头埋弧压力焊			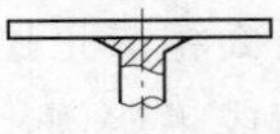	Ⅰ、Ⅱ级	6～20

1. 闪光对焊

钢筋的闪光对焊是将两根钢筋安放成对接形式，利用对焊机，通以低电压的强电流，使两钢筋的接触点产生电阻热，熔化金属，并产生强烈飞溅，形成闪光，当钢筋加热到接近熔点时，迅速施加顶锻压力，使两根钢筋焊接在一起，形成对焊接头，如图 4-10 所示。

（1）闪光对焊工艺。闪光对焊一般用于水平钢筋非施工现场连接；适用于直径 10～40mm 的Ⅰ～Ⅲ级热轧钢筋、直径 10～25mm 的Ⅳ级热轧钢筋，以及直径 10～25mm 经余热处理的Ⅲ级钢筋的焊接。

根据所用对焊机功率大小及钢筋品种、直径不同，闪光对焊又分连续闪光焊、预热闪光焊、闪光—预热—闪光焊等不同工艺。

1）连续闪光焊。先将钢筋夹入对焊机的两极中，闭合电源，然后使钢筋端面轻微接触，此时钢筋间隙中产生闪光，接着继续将钢筋端面逐渐移近，新的触点不断生成，即形成连续闪光过程。当钢筋烧化完规定留量后，以适当压力进行顶锻挤压即形成焊接接头，至此完成整个连续闪光焊接过程。连续闪光对焊一般适用于焊接直径较小的钢筋。

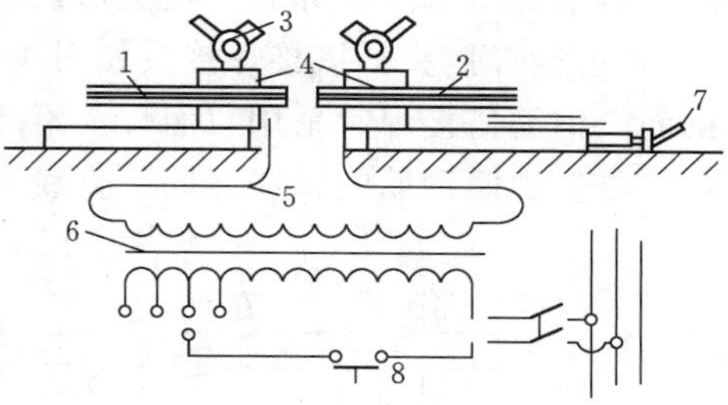

2）预热闪光焊。预热闪光焊是在连续闪光焊前，增加一个钢筋预热过程，即使两根钢筋端面交替地轻微接触和断开，发出断续闪光使钢筋预热，然后再进行闪光和顶锻。预热闪光焊适用于焊接直径较大并且端面比较平整的钢筋。

图 4-10 对焊机工作原理

1、2—钢筋；3—夹紧装置；4—夹具；5—线路；
6—变压器；7—加压杆；8—开关

3）闪光—预热—闪光焊。闪光—预热—闪光焊是在预热闪光焊之前再增加一次闪光过程，使不平整的钢筋端面先闪成较平整的端面，然后进行预热闪光焊完成焊接过程。这个过程可以概括为："一次闪光，闪去压伤；频率中低，预热适当；二次闪光，稳定强烈；快速顶锻，压力要强。"闪光—预热—闪光焊适宜焊接直径较大并且端面不够平整的钢筋。

采用不同直径的钢筋进行闪光对焊时，直径相差以一级为宜，且不得大于 4mm。采用闪光对焊时，钢筋端头如有弯曲，应予矫直或切除。

（2）闪光对焊的质量检验。对焊钢筋接头在构件中是完全和钢筋原材料同样受力并且经常用于结构的重要部位，所以对焊接头的质量将直接关系到结构的安全和使用。为此 DL/T5164—2002《水工混凝土钢筋施工规范》规定，闪光对焊的接头均应进行外观质量检查并应符合下列要求：

1）钢筋表面没有裂纹和明显的烧伤。

2）接头处的弯折不得大于 $4°$。

3）接头处的钢筋轴线偏移不得大于 $0.1d$（d 为钢筋直径），同时不得大于 2mm。

4）外观检查不合格的接头，剔出重焊。

当对焊接质量又怀疑时，或在焊接过程发现异常，应根据实际情况随机抽样，进行拉伸试验，试验结果应满足规范要求。

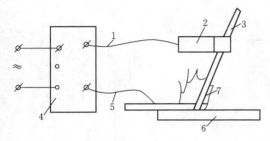

图 4-11 电弧焊的工作原理图

1—电缆；2—焊钳；3—焊条；4—焊机；
5—地线；6—钢筋；7—电弧

2. 电弧焊

（1）电弧焊的工艺。电弧焊是利用弧焊机使焊条与焊件之间产生高温电弧，使焊条和电弧燃烧范围内的焊件金属熔化，熔化的金属凝固后便形成焊缝或焊接接头。电弧焊的工作原理如图 4-11 所示。电弧焊应用范围广，如钢筋的接长、钢筋骨架的焊接、钢筋与钢板的焊接、装配式结构接头的焊接及其它各种钢结构的焊接等。

钢筋电弧焊可分为搭接焊、帮条焊、坡

口焊、熔槽焊、窄间隙焊五种接头形式。

1）搭接焊接头。搭接焊接头如图 4-12 所示，适用于焊接直径 10～40mm 的Ⅰ～Ⅲ级钢筋。钢筋搭接焊宜采用双面焊。不能进行双面焊时，可采用单面焊。焊接前，钢筋宜预弯，以保证两钢筋的轴线在同一直线上，使接头受力性能良好。

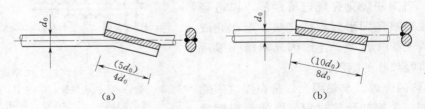

图 4-12 搭接焊接头
（a）双面焊缝；（b）单面焊缝

2）帮条焊接头。帮条焊接头如图 4-13 所示，适用于焊接直径 10～40mm 的Ⅰ～Ⅲ级钢筋。钢筋帮条焊宜采用双面焊，不能进行双面焊时，也可采用单面焊。帮条宜采用与主筋同级别、同直径的钢筋制作。当帮条牌号与主筋相同时，帮条直径可与主筋相同或小一个规格；当帮条直径与主筋相同时，帮条牌号可与主筋相同或低一个规格。

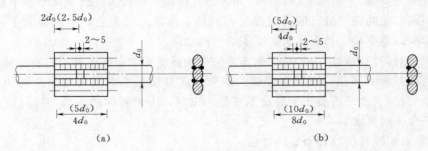

图 4-13 帮条焊接头
（a）双面焊缝；（b）单面焊缝
（图中括号内数值用于Ⅱ、Ⅲ级钢筋）

钢筋搭接焊接头或帮条焊接头的焊缝厚度 h 应不小于 0.3 倍主筋直径；焊缝宽度 b 不应小于 0.8 倍主筋直径，如图 4-14 所示。

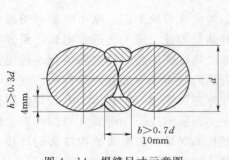

图 4-14 焊缝尺寸示意图
b—焊缝宽度；h—焊缝厚度

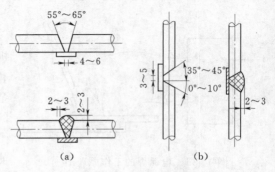

图 4-15 坡口焊接头
（a）平焊；（b）立焊

对于Ⅰ级钢筋的搭接焊或帮条焊的焊缝总长度应不小于 $8d$；对于Ⅱ、Ⅲ级钢筋，其搭接焊或帮条焊的焊缝总长度应不小于 $10d$，帮条焊时接头两边的焊缝长度应相等。

3）坡口焊接头。坡口焊接头比上两种接头节约钢材，多用于装配式框架结构安装中的柱间节点或梁与柱的节点焊接。适用于直径 18～40mm 的Ⅰ～Ⅲ级钢筋。按焊接位置不同可分为平焊与立焊两种方式，如图 4-15 所示。

4）熔槽帮条焊。熔槽帮条焊宜用于直径大于 25mm 的Ⅰ～Ⅲ级钢筋现场连接，焊接时应加角钢做垫板模，接头型式如图 4-16 所示。

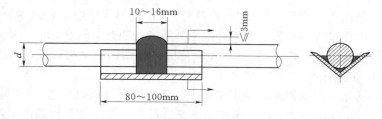

图 4-16 熔槽焊

（2）钢筋电弧焊接头的质量检验。所有电弧焊的钢筋接头均应进行外观检查。必要时，从成品中抽取试件做抗拉试验。

1）外观检查：

a. 焊缝表面平顺，没有明显的咬边、凹陷、气孔和裂缝。

b. 用小锤敲击接头时，应发出清脆声。

c. 焊接尺寸偏差及缺陷的允许值见表 4-11。

d. 采用熔槽焊焊接的钢筋接头，其质量应符合下列要求：①钢筋焊接的接头处应留间隙，其数值应按表 4-12 的规定选用；②焊缝高出钢筋部分不得小于钢筋直径的 0.1 倍。

2）强度检验。为保证电弧焊的焊接质量，在开始施焊前（不是每班前），或每次改变钢筋的类别、直径、焊条牌号以及调换焊工时，特别是在可能干扰焊接操作条件、参数时，制作两个抗拉试件。当试验结果大于或等于该类钢筋的抗拉强度时，才允许正式施焊。

表 4-11　　　　　　　　　钢筋电弧焊接头尺寸偏差及缺陷允许数值

项　次	偏　差　名　称	单　位	允许偏差及缺陷
1	帮条对焊接头中心的纵向偏移	mm	$0.50d$
2	接头处钢筋轴线的曲折	(°)	4
3	焊缝高度	mm	$-0.05d$
4	焊缝宽度	mm	$-0.10d$
5	焊缝长度	mm	$-0.50d$
6	咬边深度	mm	$0.05d$
7	焊缝表面上气孔和夹渣： 1）在两倍 d 的长度上 2）气孔、夹渣的直径	 mm	 2 个 3

注　1. d 为被焊钢筋的直径（mm）。

2. 表中的允许偏差值在同一项目内如有两个数值时，应按其中较严的数值控制。

3. 在焊缝表面，不应有缺陷及消弱的现象。

表 4-12　　　　　　　　　熔 槽 焊 接 头 处 间 隙

焊接钢筋直径 d (mm)	焊接端部间隙 a (mm)		焊 条 直 径 (mm)
	最小的和适宜的	最大的	
25～32	9	12	4
36	10	15	4～5
40、45	11	18	5
50、55	12	21	5～6

3. 电渣压力焊

电渣压力焊是将两根钢筋安放成竖向对接形式,利用焊接电流通过两钢筋端面间隙,在焊剂层下形成电弧过程和电渣过程,产生电弧热和电阻热,熔化钢筋,加压后完成连接的方法。操作前应将钢筋待焊端部约 100mm 范围内的铁锈、杂物以及油污清除干净。其焊接原理如图 4-17 所示。

电渣压力焊适用于现浇钢筋混凝土结构中竖向或斜向(倾斜度在 4：1 范围内),直径 14～40mm 的Ⅰ、Ⅱ级钢筋的连接,不得用于梁、板等构件中水平钢筋的连接。它比电弧焊操作方便、工效高,而且接头成本低,容易保证质量,并可节约大量钢筋。

4. 电阻点焊

电阻点焊,是将已除锈污的钢筋交叉放入点焊机的两电极间,利用电流通过焊件时产生的电阻热作为热源,并施加一定的压力,使钢筋交叉处形成一个牢固的焊点,将钢筋焊合起来的方法。电阻点焊的工艺过程包括预压、通电、锻压三个阶段。

点焊机主要由点焊变压器、时间调节器、电压和加压机构等部分组成,点焊机工作原理如图 4-18 所示。钢筋骨架和钢筋网中交叉钢筋的焊接宜采用电阻点焊,其所适用的钢筋直径和级别为:直径 6～14mm 的热轧Ⅰ、Ⅱ级钢筋,直径 3～5mm 的冷拔低碳钢丝和直径 4～12mm 的冷轧带肋钢筋。采用点焊代替绑扎,可提高工效,节约劳动力,成品刚性好,便于运输。

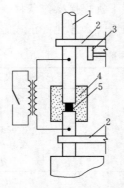

图 4-17　电渣压力焊焊接示意图
1—钢筋；2—夹钳；3—凸轮；4—焊剂；
5—铁丝团环球或导电焊剂

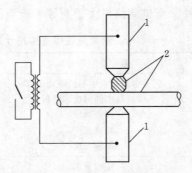

图 4-18　点焊机工作原理示意图
1—电极；2—钢丝

(七) 钢筋的现场绑扎

1. 准备工作

(1) 熟悉施工图纸。安设钢筋前应首先熟悉图纸,通过熟悉图纸的过程,一方面可以校核钢筋加工中是否有遗漏或误差；另一方面可以检查图纸中是否存在与实际情况不符的地方，以便及时研究解决。

（2）核对钢筋加工配料单和料牌。在自审、学习图纸的过程中，应该核对钢筋加工配料单和料牌，并检查已加工成型的成品钢筋的规格、形状、数量、间距是否符合图纸要求，有没有错配和不合理的地方。如有差错，必须及时提给设计部门加以纠正或修补，避免到安装后再修改，影响工程质量和进度。

（3）研究钢筋安装顺序。钢筋绑扎与安装的主要工作内容为：放样划线，排筋绑扎，垫撑铁和预留保护层，检查校正钢筋位置、尺寸以及固定预埋件等。

（4）做好机具、材料的准备。在钢筋安装、绑扎前准备好常用的绑扎工具，例如：钢筋钩、吊线垂球、木水平尺、麻线、长钢尺和钢卷尺、绑扎安装用的铁丝、垫保护层用的水泥砂浆垫块、撬杆、绑扎架等。

2. 钢筋绑扎

钢筋绑扎所用的工具一般比较简单，主要工具有：钢筋钩、带扳口的小撬杠和绑扎架等。

（1）钢筋绑扎接头。水工混凝土施工规范规定：直径在 25mm 以下的钢筋接头，可采用绑扎接头。但对轴心受拉、小偏心受拉构件和承受振动荷载的构件中，钢筋接头不得采用绑扎接头。绑扎钢筋的手工工具绑扎钩如图 4-19 所示。

钢筋采用绑扎接头时，应遵守下列规定：

1）搭接长度不得小于规范规定的数值。

2）受拉区域内的光圆钢筋绑扎接头的末端，应做弯钩。螺纹钢筋可不做弯钩。

3）梁、柱钢筋的接头，如采用绑扎接头，则在绑扎接头的搭接长度范围内应加密箍筋。当搭接钢筋为受拉钢筋时，箍筋间距不应大于 5d（d 为两搭接钢筋中较小的直径）；当搭接钢筋为受压钢筋时，其箍筋间距不应大于 10d。

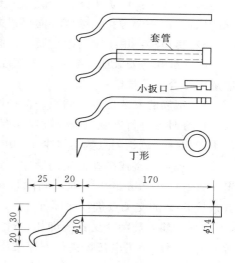

图 4-19 绑扎钩（单位：mm）

4）钢筋接头应分散布置。配置在"同一截面内"的下述受力钢筋，其接头的截面面积占受力钢筋总截面面积的百分率应符合下列规定：①闪光对焊、熔槽焊、接触电渣焊接头在受弯构件的受拉区不超过 50%，在受压区不受限制；②绑扎接头，在构件的受拉区中不宜超过 25%，在受压区中不宜超过 50%；③焊接与绑扎接头距钢筋弯起点不小于 10 倍钢筋直径，也不应位于最大弯矩处；④两相邻钢筋接头中距在 50cm 以内或两绑扎接头的中距在绑扎搭接长度以内，均作为同一截面；⑤直径不超过 12mm 的受压Ⅰ级钢筋的末端，以及轴心受压构件中任意直径的受力钢筋的末端，可不做弯钩；但搭接长度不应小于钢筋直径的 30 倍。按疲劳验算的构件不得采用绑扎接头。

（2）钢筋绑扎的操作方法。钢筋绑扎的基本操作方法如下：

1) 一面顺扣法：它的主要特点是操作简单方便，绑扎效率高，通用性强。可适用于钢筋网、架各个部位的绑扎，并且绑扎点也比较牢靠。其余绑扎法与一面顺扣法相比较，绑扎速度慢、效率低，但绑扎点更牢固，在一定间隔处可以使用。此方法施工中使用最多，如图 4 - 20 所示。

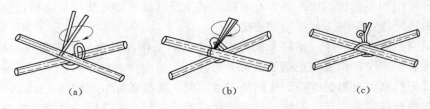

(a)　　　　　　　(b)　　　　　　　(c)

图 4 - 20　一面顺扣法

2) 十字花扣法：主要用于要求比较牢固处，如平面钢筋网和箍筋处的绑扎。

3) 反十字花扣法：用于梁骨架的箍筋和主筋的绑扎。

4) 兜扣法：适用于梁的箍筋转角处与纵向钢筋的连接及平板钢筋网的绑扎。

5) 缠扣法：可防止钢筋下滑，主要用于墙钢筋网和柱箍，一般绑扎墙钢筋网片每隔 1m 左右应加一个缠扣，缠绕方向可根据钢筋可能移动情况来确定。

6) 套扣法：用于梁的架立筋与箍筋的绑扎处，绑扎时往钢筋交叉点插套即可。

(3) 绑扎与安装质量要求。按现行施工规范，水工钢筋混凝土工程中的钢筋安装，其质量应符合以下规定：

1) 钢筋的安装位置、间距、保护层厚度及各部分钢筋的大小尺寸，均应符合设计要求。检查时先进行宏观检查，没发现有明显不合格处，即可进行抽样检查，对梁、板、柱等小型构件，总检测点数不得少于 30 个，其余总检测点数一般不少于 50 个。

2) 现场焊接或绑扎的钢筋网，其钢筋交叉的连接应按设计规定进行。如设计未作规定，且直径在 25mm 以下时，则除楼板和墙内靠近外围两行钢筋之交点应逐根扎牢外，其余按 50％的交叉点进行间隔绑扎。

3) 钢筋安装中交叉点的绑扎，对于Ⅰ、Ⅱ级钢筋，直径在 16mm 以上且不损伤钢筋截面时，可用手工电弧焊进行点焊来代替，但必须采用细焊条、小电流进行焊接，并严加外观检查，钢筋不应有明显的咬边和裂纹出现。

4) 板内双向受力钢筋网，应将钢筋全部交叉点全部扎牢。柱与梁的钢筋中，主筋与箍筋的交叉点在拐角处应全部扎牢，其中间部分可每隔一个交叉点扎一点。

5) 安装后的钢筋应有足够的刚度和稳定性。整装的钢筋网和钢筋骨架，在运输和安装过程中应采取措施，以免变形、开焊及松脱。安装后的钢筋应避免错动和变形。

6) 在混凝土浇筑施工中，严禁为方便浇筑擅自移动或割除钢筋。

(4) 钢筋施工安全技术。钢筋绑扎安装，尤其是在高空进行钢筋绑扎作业时，应特别注意安全，除遵守高空作业的安全规程外，还要注意以下几点：

1) 应佩戴好安全护具，注意力集中，站稳后再操作，上下、左右应随时关照，减少相互之间的干扰。

2) 在高空作业时，传递钢筋应防止钢筋掉下伤人。

3）在绑扎安装梁、柱等部位钢筋时，应待绑扎或焊接牢固后，方可上人操作。

4）在高空绑扎和安装钢筋时，不要把钢筋集中堆放在模板或脚手架的某一部位，以保安全，特别是在悬臂结构上，更应随时检查支撑是否稳固可靠，安全设施是否牢靠，并要防止工具、短钢筋坠落伤人。

5）不要在脚手架上随便放置工具、箍筋或短钢筋，避免放置不稳坠落伤人。

6）应尽量避免在高空修整、弯曲粗钢筋，在必须操作时，要系好安全带，选好位置，人要站稳，防止脱手伤人。

7）安装钢筋时不要碰撞电线，避免发生触电事故。

8）在雷雨时，必须停止露天作业，预防雷击钢筋伤人。

第二节　模板工程施工

一、模板的作用

模板作业，是混凝土工程施工中必不可少的辅助作业，需要消耗大量的木材、钢材、劳力和资金。其质量好坏直接影响工程质量和进度。

模板对混凝土的作用是：①支承作用，支承混凝土重量、流态、混凝土侧压力及其它施工荷载；②成型作用，使新浇混凝土凝固成型，保证结构物的设计形状和尺寸；③保护作用，使混凝土在较好的温湿条件下凝固硬化，减轻外界气温的有害影响。除上述作用外，某些模板还有改善混凝土表面质量的作用，如真空模板和混凝土预制模板等。

模板虽系一项临时结构，但其费用所占比例较大，约占混凝土工程总费用的 10％～20％，甚至更高。在施工中，模板装拆作业往往是控制性工序之一，直接影响工程进度。在某些特殊部位，如大坝溢流面、尾水管弯管段等部位的模板安装，是控制工程质量的关键。因此，正确选择模板型式和架设方法，提高模板重复使用次数，优先选用钢模板，尽可能采用模板施工新技术，对于保证工程质量、降低工程造价、加快工程进度、具有明显的技术经济效益。

二、模板的基本要求

对模板的要求，应根据其作用和施工方法确定，并尽量少用木材。

（1）根据模板作用。按支承作用，要求模板具有足够的稳定性、刚度和强度，能承受各种设计荷载；按成型作用，要求模板拼装严密、准确，表面平整，不漏浆，不超过允许偏差，保证浇筑块成型后的形状、尺寸符合设计规定；按保护作用，应利于混凝土凝固硬化，提高混凝土表面强度。

（2）施工要求。模板应结构简单，制作、安装和拆除方便，力求模板标准化、系列化，提高重复使用次数，有利于混凝土工程机械化施工。

（3）节约木材。应优先选用钢模板，少用木材。

三、模板的分类

水利工程的模板，因建筑物的形状和部位而异。

按模板形状分有平面模板和曲面模板。平面模板又称为侧面模板，主要用于结构物垂直面，数量较大。曲面模板用于廊道、隧洞、溢流面和某些形状特殊的部位，如进水口扭曲面、蜗壳、尾水管等。曲面模板数量相对较少。

按模板材料分有木模板、钢模板、混凝土板、竹胶板。承重模板主要承受混凝土重量和施工中的垂直荷载；侧面模板主要承受新浇混凝土的侧压力。侧面模板按其支承受力方式，又分为简支模板、悬臂模板和半悬臂模板。

按模板使用特点分有固定式、拆移式、移动式和滑动式。固定式用于基础部位或形状特殊的部位，使用一两次后难以重复使用。后三种模板都能重复使用，或连续使用在形状一致的部位。但其使用方式有所不同：拆移式模板需要拆散移动；移动式模板的车架装有行走轮，可沿专用轨道使模板整体移动（如隧洞施工中的钢模台车）；滑动式模板是以千斤顶或卷扬机为动力，可在混凝土连续浇筑的过程中，使模板面紧贴混凝土面滑动（如闸墩施工中的滑模）。

四、模板的设计荷载与校核

模板及其支架应具有足够的强度、刚度和稳定性，以保证其支承作用。在设计模板结构时，应考虑以下荷载及其组合。

（一）设计荷载

设计荷载分基本荷载和特殊荷载两类。

1. 基本荷载

（1）模板及其支架自重。根据设计图确定。木材的容重：针叶类按 600kg/m^3 计；阔叶类按 800kg/m^3 计。

（2）新浇混凝土重量。重度按 $24\sim25\text{kN/m}^3$ 计。

（3）钢筋重量。根据设计图确定。对一般钢筋混凝土，钢筋重量可按 100kg/m^3 计。

（4）工作人员及浇筑设备、工具的荷载。计算模板及直接支承模板的楞木（围图）时，可按均布荷载 2.5kPa 及集中荷载 2.5kN 计算；计算支承楞木的构件时，可按 1.5kPa 计算；计算支架立柱时按 1kPa 计算。

（5）振捣混凝土时产生的荷载可按照 1kPa 计。

（6）新浇混凝土的侧压力。是侧面模板承受的主要荷载。侧压力的大小与混凝土浇筑速度、浇筑温度、坍落度、入仓振捣方式及模板变形性能等因素有关。在无实测资料的情况下，当混凝土不加外加剂，且坍落度在 11cm 以内时，新浇大体积混凝土的侧压力最大值 P_m 可参考表 4-13 选用。

表 4-13　　　　　　　最大侧压力 P_m 值

温度 （℃）	平均浇筑速度（m/h）						侧压力分布图
	0.1	0.2	0.3	0.4	0.5	0.6	
5	22.54	25.48	27.44	29.40	31.36	32.34	
10	19.60	22.54	24.50	26.46	28.42	29.40	
15	17.64	20.58	22.54	24.50	26.46	27.44	
20	14.70	17.64	19.60	21.56	23.52	24.50	
25	12.74	15.68	17.64	19.60	21.56	22.54	

由表 4-13 的侧压力分布图可知，它近似于一个三角形。说明混凝土在浇筑上升过程中，自下而上将出现三种不同的状态，即固体状态（超过初凝）、塑性状态（接近初凝）和流动状态。其中，流态混凝土的深度又称为有效压头，可仿照静水压力公式计算，即

$$h_m = P_m / 9.8\rho_c \qquad (4-1)$$

式中　h_m——有效压头，m；

　　　P_m——侧压力最大值，kPa；

　　　ρ_c——混凝土密度，kg/m³。

2. 特殊荷载

（1）风荷载。根据现行《工业与民用建筑物荷载规范》确定。

（2）其它荷载。可按实际情况计算，如平仓机、非模板工程的脚手架、工作平台、超过规定堆放的材料重量等。

（二）设计荷载组合及稳定校核

1. 荷载组合

在计算模板及支架的强度和刚度时，根据承重模板和侧面模板（竖向模板）受力条件的不同，其荷载组合按表 4-14 进行。表列 6 项基本荷载，除侧压力为水平荷载之外，其余 5 项均为垂直荷载。表列之外的特殊荷载，按可能发生的情况计算，如在振捣混凝土的同时卸料入仓，则应计算卸料对模板的水平冲击力，可根据入仓工具的容量大小，按 2~6kPa 计。

2. 稳定校核

（1）在计算承重模板及支架的抗倾稳定性时，应分别计算下列三项荷载产生的倾覆力矩，并取其中最大值。三项荷载为：风荷载；实际可能发生的最大水平作用力；作用于承重模板边缘的 1.5kN/m 水平力。模板及支架（包括同时安装的钢筋在内）自重产生的稳定力矩，则应乘以 0.8 的折减系数。

承重模板及支架的抗倾稳定系数应大于 1.4。

（2）竖向模板及内侧模板，必须设置内部支撑或外部拉杆，当其最低处高于地面 10m 时，应考虑各方向风荷载作用的抗倾稳定。

表 4-14　　　　　　　　各种模板结构的基本荷载组合

项次	模 板 种 类	基本荷载组合	
		计算强度用	计算刚度用
1	承重模板： 1）板、薄壳的模板及支架； 2）梁、其它混凝土结构（厚于 0.4m）的底模板及支架	（1）＋（2）＋（3）＋（4） （1）＋（2）＋（3）＋（5）	（1）＋（2）＋（3） （1）＋（2）＋（3）
2	竖向模板	（6）或（5）＋（6）	（6）

五、模板的基本型式

大体积混凝土模板的基本型式有以下几种。

（一）平面木模板

平面模板由面板、加劲肋（板干墙筋）把面板联结起来，并由支架安装在混凝土浇筑

块上。为使模板适用于侧面为平面的浇筑块，可做成定型的平面标准木模板。

木模板具有制作方便、重量轻、保温性能好等优点，但重复使用次数少（5～10次），木材耗用量大，近年来已逐渐被钢模板所代替。

（二）定型组合钢模板

定型组合钢模板系列包括钢模板、连接件、支承件三部分，如图4-21所示。其中，钢模板包括平面钢模板和拐角钢模板；连接件有U形卡、L形插销、钩头螺栓、紧固螺栓、蝶形扣件等；支承件有圆钢管、薄壁铸矩形钢管、内卷边槽钢、单管伸缩支撑等。

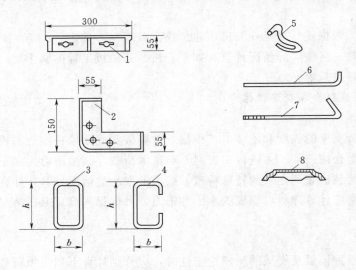

图4-21　定型组合钢模板系列（单位：cm）
1—平面钢模板；2—拐角钢模板；3—薄壁矩形钢管；4—内卷边槽钢；
5—U形卡；6—L形插销；7—钩头螺栓；8—蝶形扣件

1. 钢模板的规格和型号

单块钢模板由面板、边框和加劲肋焊接而成。面板厚2.3mm或2.5mm，边框和加劲肋上面按一定距离（如150mm）钻孔，可利用U形卡和L形插销等拼装成大块模板。

钢模板的宽度以50mm晋级，长度以150mm晋级，其规格和型号已做到标准化、系列化。

如型号为P3015的钢模板，P表示平面模板，3015表示宽×长为300mm×1500mm。又如型号为Y1015的钢模板，Y表示阳角模板，1015表示宽×长为100mm×1500mm。

2. 连接件与支撑件

（1）U形卡。用直径12mm的3号圆钢冷加工制作而成，并镀锌防锈。它用于钢模板之间的连接与锁定，使钢模板拼装密合。U形卡安装间距一般不大于300mm，即每隔一孔卡插一个，如图4-22所示。

（2）L形插销。用3号圆钢冷加工制作，镀锌。它插入模板两端边框的插销孔内，用于增强钢模板纵向拼接的刚度。

（3）钩头螺栓。用3号圆钢冷加工制作，镀锌。用于钢模板与内、外钢楞之间的连接固定。其安装间距一般不大于600mm，长度应与采用的钢楞尺寸相适应，如图4-23所示。

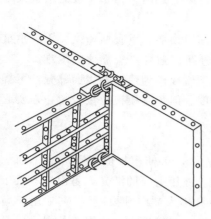

图 4-22 用 U 形卡垂直
连接钢模板

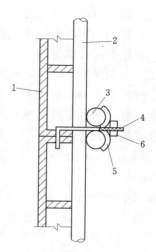

图 4-23 钢模板与内、外钢楞的连接
1—钢模板；2—内钢楞；3—外钢楞；4—钩头螺栓；
5—"3"形扣件；6—螺帽

（4）紧固螺栓。用 3 号圆钢冷加工制作，镀锌。用于紧固内、外钢楞。

（5）蝶形扣件和"3"形扣件。用 3 号钢钢板制作，均有大、小两种规格。它与相应的钢楞及钩头螺栓配套使用，用于钢模板与钢楞之间的紧固。

（6）钢楞。是组合钢模板的骨架系统，其作用是支承钢模板和加强钢模板的整体刚度。钢楞型式有圆钢管、薄壁矩形钢管和内卷边槽钢等，可根据设计要求和供应条件选用。

3. 钢模板的组合

钢模板组合时，内、外钢楞一般均采用 2 根圆钢管，分别为竖向布置和横向布置。内钢楞直接承受模板传来的荷载，其间距一般为 75cm。外钢楞承受内钢楞传来的荷载，并加强模板的整体刚度，其间距根据混凝土侧压力大小、钢模板及支承件的力学性能确定。一般间距为 90～150cm。

定型组合钢模板具有重量轻，不易漏浆，重复使用次数高（50 次以上），脱模后混凝土表面平整、光滑等优点，现已在大中型水利工程中广泛应用。但结构物孔洞、边角、预埋件周围等非标准结构或形状复杂的部位，仍适合采用木模板。

（三）悬臂钢模板

悬臂钢模板由面板、支承柱和预埋联结件组成。面板采用定型组合钢模板拼装或直接用钢板焊制。支承模板的立柱，有型钢梁和钢桁架两种，视浇筑块高度而定。预埋在下层混凝土内的联结件有螺栓式和插座式（U 形铁件）两种。

此外，还有一种半悬臂模板，常用高度有 3.2m 和 2.2m 两种。半悬臂模板结构简单，装拆方便，但支承柱下端固结程度不如悬臂模板，故仓内需要设置短拉条，对仓内作业有影响。

（四）混凝土预制模板

混凝土模板多在厂内预制，运到现场安装，浇筑后不再拆除。它既是模板，又是建筑物的组成部分。混凝土模板，分素混凝土模板和钢筋混凝土模板两种。

素混凝土模板靠自重维持稳定，模板后有 1～2 个外伸的护腿（肋墙），以维持其稳定性。这种模板可作成直壁式或倒悬式。模板安装时，必须将护腿上的预埋铁件与仓内预埋环用电焊固定，模板与新浇混凝土结合面则需要进行凿毛处理，相邻模板的铅直接缝采用半圆槽拼装，立模后用砂浆嵌缝。

钢筋混凝土预制模板，多作为承重模板，用于廊道顶部、空腹坝顶拱、厂房承重板梁等结构部位。这种承重模板可节省大量支撑材料，还可以避免高空立模的困难。

采用预制模板，可以节约大量木材和钢材。由于模板作为建筑物表面部分，可提高其强度和耐久性，且简化了施工程序，加快了工程进度。但预制模板重量较大，需要起重设备吊装。设计时，单块模板重量不宜超过 10t。

（五）滑动模板

滑动模板（滑模），是在混凝土连续浇筑的过程中，可使模板面紧贴混凝土面滑动的模板。滑模按动力可分为液压滑模和牵引滑模两种。液压滑模的滑升，是由空心式千斤顶带动模板沿爬杆向上滑升来完成的，所以这种模板又称为"滑升模板"。它常用于高度较大、截面变化不大的整体结构的施工，如闸墩、桥墩、井筒等。牵引滑模的滑升，是由卷扬机或千斤顶等设备带动模板沿导轨滑动来完成的，所以这种模板又称为"拉模"。它常用于溢流坝面、隧洞底板等结构的施工。

1. 滑升模板

滑升模板主要由模板系统和液压系统两部分组成。其中模板系统包括钢模板、提升架、操作平台及吊架等。液压系统包括油压千斤顶、油管、液压操作机等设备。

（1）模板系统。滑升用的模板应尽量采用组合钢模板，其高度一般为 1～1.2m。为方便滑动，模板应有一定的锥度，一般将模板上口减小 0.25%，下口放大 0.25%。靠近模板的操作平台，宽度一般为 0.8m，平台上铺以 4cm 厚的木板，供操作千斤顶使用。另有悬挂的吊架，供调节模板锥度及修补混凝土缺陷时使用。

提升架将整个滑升模板装置连接成整体，是承受全部模板、操作平台重量和施工荷载的重要部件。提升架将承受的荷载传给金属爬杆，应具有足够的强度和刚度，宜做成桁架式围圈，桁架间距一般为 1.5～2.5m。

（2）千斤顶。目前应用较普遍的是 HQ—30 型液压空心式千斤顶，其起重量为 3.5t，工作行程 30mm，最大油压 9800kPa，油容量 0.143L，爬升速度 0.09m/min，自重 13kg。爬杆插入千斤顶中心孔后，由于上、下卡头在循环工作中交替卜紧爬杆（一紧一松），故千斤顶只能沿爬杆提升，不能下降。

（3）滑升工艺。滑升工艺的关键，是正确掌握滑升时间和滑升速度。滑升早了，混凝土尚未凝固，脱模后将会坍塌；晚了，混凝土与模板凝结，会将混凝土拉裂。故滑升时，要求新浇混凝土达到初凝，并具有 $1.5 \times 10^5 Pa$ 的强度。实际施工是在模板固定的情况下，分层浇筑 60～70cm 的混凝土。浇筑完毕后 3～4h，即可将模板试升 5cm（不允许模板滑升与混凝土浇筑同时进行）。如试升脱模的混凝土用手按时有指纹，但砂浆不粘手，则说明模板可以正式滑升。

模板滑升速度受气温影响较大，一般气温为 20～25℃ 时，平均滑升速度为 20～30cm/h。若因事故中途停止浇筑，应每隔 1h 滑升 1 次，每次滑升 3cm。当混凝土掺有速凝剂或采用较小的坍落度时，均有利于提高滑升速度。

2. 牵引滑模

溢流面采用的牵引滑模（拉模）（见图 4−24），主要由钢面板及其支承的钢桁架、导轨和牵引设备等组成。钢桁架由型钢焊制，必要时可在桁架上加设配重，以承受新浇混凝土的浮托力。导轨采用工字钢制作，其形状应与溢流面表面轮廓完全一致。牵引设备可采用慢速卷扬机或千斤顶。施工时，应先将下层混凝土浇成 1～1.5m 高的台阶形，并预埋固定导轨用的螺栓。新浇混凝土厚度一般不小于 0.8m，以保证溢流表面的设计厚度和新、老混凝土结合。拉模沿导轨滑动的工艺要求与滑升模板相同。

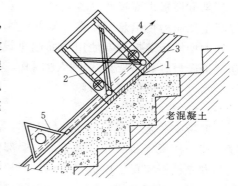

图 4−24　牵引滑动模板

1—钢面板；2—钢桁架及配重；3—导轨；
4—拉杆；5—抹面平台

滑动模板的优点是适应混凝土连续浇筑的要求，仅一次立模，可连续滑动，既避免了重复的模板装、拆工作，又大大减少了施工缝。因此，可以加快工程进度，节省大量材料，并使建筑物表面平整光洁，整体性增强。但对于大体积混凝土，由于散热要求，不宜连续浇筑，同时尺寸太厚，单面滑行有困难。

（六）大体积混凝土模板

大体积混凝土施工，模板以大型模板为主。大型模板的尺寸没有统一的规定，各项工程根据具体条件确定。模板高度一般比最大浇筑层厚度高出 0.2～0.3m，模板宽度受起吊能力、建筑物形状尺寸的限制，一般在 10m 以内。

大型模板的面板材料主要采用钢模板。钢面板有两种型式：一种是用钢板、型钢加工，另一种是用定型组合钢模板拼装。

大型模板按支撑方式和安装方法不同，分拉条固定式模板、半悬臂模板、悬臂模板、自升悬臂模板。

固定式模板布置有两层拉条，见图 4−25。由于混凝土吊罐不能碰拉条，卸料点距模板都在 3m 以外，不便于混凝土平仓，影响混凝土浇筑质量。

半悬臂模板只设一层拉条，见图 4−26。拉条以上的部分悬臂受力。

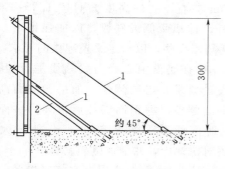

图 4−25　拉条固定式模板（单位：cm）

1—拉条；2—内支撑

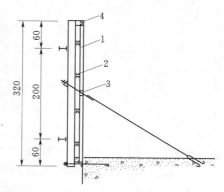

图 4−26　半悬臂式组合钢模板（单位：cm）

1—组合钢模板；2、4—槽钢；3—小木板

悬臂模板由面板和悬臂支撑两部分组成，不用拉条，有利于仓面机械化施工。面板将混凝土侧压力传给悬臂支撑。悬臂支撑分型钢梁和桁架两种。

大型模板装拆需要使用仓面起重设备，可以采用起重设备，也可采用简易吊架或5t葫芦提升模板，吊架型式，因地制宜，多种多样。

六、模板的安装与拆除

（一）模板安装

模板安装是一项繁重复杂的工作，必须在安装前按设计图纸测量放样。测量点线的精度应高于模板安装的允许偏差，重要部位应多设控制点，并进行复核，以保证结构尺寸准确和方便模板校正。模板安装包括面板拼装和支撑设置两项内容。模板支撑是保证模板稳定性、强度、刚度的关键。模板出问题，多数是由于支撑布置不合理造成的。

模板支撑设置要求：

（1）支架必须支承在坚实的地基或混凝土上，并应有足够的支承面积。设置斜撑，应注意防止滑动。在湿陷性黄土地区，必须有防水措施；对冻胀土地基，应有防冻融措施。

（2）支架的立柱或桁架必须用撑拉杆固定，以提高整体稳定性。

（3）模板及支架在安装过程中，注意设临时支撑固定，防止倾倒。

凡离地面3m以上的模板架设，必须搭设脚手架和安全网。脚手架一般离混凝土面70cm左右，纵、横间距在1.2m以内，便于施工人员操作。

模板安装方法有起重机吊装、人工架立等，因安装部位和模板类型而异。

1. 非承重模板安装

侧面模板主要承受混凝土侧压力，支撑方法是外撑内拉，安装过程如下：

找平→放线→涂刷隔离剂→从分段中部开始安装模板→安装背楞、斜撑→搭设支撑架→检验校正。

2. 承重模板安装

承重模板承受竖向荷载，支撑形式有立柱支撑、桁架支撑及承重排架支撑。

（1）梁、板模板安装。梁模板（见图4-27）安装，按下述步骤进行：

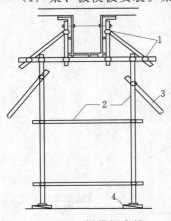

图4-27　梁模板支撑
1—扣件；2—钢管；
3—斜撑钢管；4—木楔

1）标出梁轴线及梁底高程。

2）用钢管搭设支撑排架。顺梁轴线方向设两排立柱，立柱下端垫一对木楔，便于调整梁底标高，泥土地面应铺垫板。立柱间距1.0m左右，立柱高度方向按1.2～1.5m的间距布置水平系杆。排架两侧设斜撑，以加强稳定。排架顶部横杆跨中比两端稍高些，以满足梁模起拱的要求。

3）先拼装底模，检查底模中心线与梁轴线是否相符，梁底高程是否符合设计要求，再装侧模。如果梁截面高度比较大，可以先装一面侧模，等钢筋绑扎后再装另一面侧模。模板也可以在地面组装，吊装就位。当梁高大于600mm，侧模应布置对拉螺栓，并增加侧模斜撑。

4）检查模板上口间距，模板内侧用方木临时撑紧，在混凝土浇筑结束之前取出方木。

梁模板也可用钢管支柱和钢桁架支撑。

板模板支撑与梁模板支撑类似，用排架或钢桁架支撑。

（2）大型承重排架。泄洪洞、导流洞进口顶板、电站混凝土蜗壳、尾水管扩散段顶板等部位混凝土厚达几米，承重模板的荷载大，支撑布置密，安拆时间长。支撑有木结构支撑、预制混凝土梁支撑和钢支撑。目前钢支撑用的较广。

钢支撑有的用型钢，有的利用闲置的灯笼柱，都比较笨重，装拆需要起重设备配合。钢支撑常采用的轻型支撑有以下几种型式：钢管支柱、组合支柱、框形支架等。用钢管搭设，立柱布置密一些。采用组合柱，可以减少装拆工作量及装拆时间。框形支架之间应设置水平联系杆、剪刀撑，以加强结构整体稳定性。

3. 专用模板

（1）牛腿模板。牛腿模板施工难度大的是反坡模板（外倾模板）。作用在反坡模板上的荷载，包括混凝土侧压力和混凝土重量。模板支撑方式有内拉式和外撑式。

内拉式支撑如图4-28所示，钢筋柱浇入混凝土中。

外撑式支撑如图4-29所示，三角桁架和三角支撑的间距根据荷载大小确定。为了保证模板稳定，各桁架之间设剪刀撑。外撑式支撑适用于悬挑部分较短的牛腿。

牛腿反坡模板可采用预制混凝土模板。

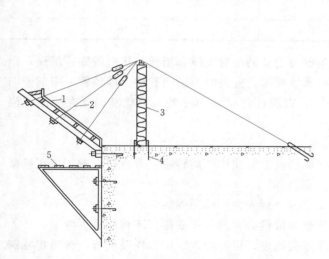

图4-28 内拉式模板支撑
1—模板；2—拉条；3—钢筋柱；
4—预埋插筋；5—简易平台

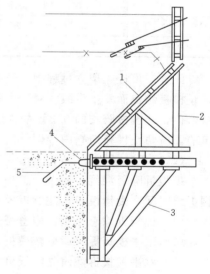

图4-29 外撑式模板支撑
1—模板；2—三角桁架；3—三角支撑；
4—锥形体；5—锚筋

（2）溢流面模板。溢流面面积较小不宜用滑模施工时，则采用顺坡模板（内倾模板）施工。混凝土浇筑之前，模板重量由钢支撑承担；混凝土浇筑时，作用在模板上的侧压力和浮托力由拉筋平衡。

先将钢支撑焊在预埋插筋上，然后，按溢流面轮廓线装好模板纵横围令及面板。纵围令采用 $\phi48mm$ 钢管或粗钢筋弯成弧形。面板上开一些窗口，便于混凝土入仓。

曲面模板也可用曲面可变桁架立模。钢支撑与桁架用对拉螺栓连接，组合钢模板用钩头螺栓固定在桁架下方。

溢流面混凝土浇筑之后，掌握合适的时间拆模，对混凝土表面进行抹面、压实。

（二）安装质量控制

模板及支架的安装必须牢固，位置准确。因此，支架必须支承在坚实的地基或老混凝土上，并有足够的支承面积，斜撑要防止滑动。支架的立柱（围图、钢楞、桁架梁等）必须在两个互相垂直的方向上，且用斜拉条固定，以确保稳定。模板和支架还要求简单易拆，应恰当利用楔子、千斤顶、砂箱、螺栓等便于松动的装置。木模板安装的允许偏差，一般不得超过表 4-15 的规定。特殊部位（如进水口、门槽、溢流面、尾水管等）模板安装的允许偏差，应由设计、施工单位共同研究确定。

表 4-15　　　　　　　大体积混凝土木模板安装的允许偏差　　　　　　　（单位：mm）

项次	偏差项目	混凝土结构部位	
		外露表面	隐蔽内面
1	相邻两面板高差	3	5
2	局部不平（用 2m 直尺检查）	5	10
3	结构物边线与设计边线	10	15
4	结构物水平截面内部尺寸	±20	
5	承重模板标高	±5	
6	预留孔、洞尺寸及位置	±10	

此外，模板在架立过程中，还必须保持足够的临时支撑和铅丝、扒钉等固定措施，以防止模板倾覆而发生事故。对于大跨度承重模板，安装时应适当起拱（即预留一定的竖向变形值，一般按跨长的 0.3% 左右计算），以保证浇筑后的混凝土形状准确。在混凝土浇筑前，应防止模板向仓内倾倒。

（三）模板拆除

模板拆除对混凝土质量、工程进度和模板重复使用的周转率都有直接影响，应正确掌握拆模时间，爱惜模板，注意拆模时的安全。

（1）模板拆除总原则：应遵循先安后拆、后安先拆的原则。

（2）水平模板拆除时应按模板设计要求留设必要的养护支撑，不得随意拆除。

（3）水平模板拆除时先降低可调支撑头高度，再拆除主、次木楞及模板，最后拆除脚手架，严禁颠倒工序、损坏面板材料。

（4）拆除后的各类模板，应及时清除面板混凝土残留物，涂刷隔离剂。

（5）拆除后的模板及支承材料应按照一定位置和顺序堆放，尽量保证上下对应使用。

（6）大钢模板的堆放必须面对面、背对背，并按设计计算的自稳角要求调整堆放期间模板的倾斜角度。

（7）严格按规范规定的要求拆模，严禁为抢工期、节约材料而提前拆模。

（8）底模板在混凝土强度符合 GB50204—2002《混凝土结构工程施工质量验收规范》（见表 4-16）规定后，方可拆除。

拆模时间根据设计要求、气温和混凝土强度增长的情况确定。对于非承重的侧面模板，当混凝土强度达到 $25 \times 105Pa$ 以上、且表面和棱角不因拆模而损坏时，才能拆模。对于水工大体积混凝土，为了防止拆模后因混凝土表面温度骤然下降而发生表面裂缝，拆模时间必须考虑外界气温的变化。在遇冷风、寒潮袭击时，应避免拆模；在低气温下，应力求避免早晚和夜间拆模。现浇结构的模板拆除时的混凝土强度应符合设计要求；当设计无具体要求时，应符合下列规定：①侧模：混凝土强度能保证其表面和棱角不因拆除模板而受损坏；②底模：混凝土强度应符合表 4-16 的规定。

表 4-16　　　　　　　　底模板拆除时的混凝土强度要求

次序	构件类型	构件跨度（m）	达到设计的混凝土立方体抗压强度标准值的百分率（%）
1	板	≤2	≥50
		>2，≤8	≥75
		>8	≥100
2	梁、拱、壳	≤8	≥75
		>8	≥100
3	悬臂构件	—	≥100

（9）侧模板在混凝土强度能保证其表面及棱角不因拆除模板而受损时，方可拆除。一般要求墙柱混凝土强度达到 1.2MPa 时方可拆除。

（10）经计算及试验复核，混凝土结构的实际强度已能承受自重及其它实际荷载时，可提前拆模。

拆模时，要使用专门的工具，如撬棍、钉拔等。按照模板锚固情况，分批拆除锚固连接件，以防止大片模板坠落，发生事故和模板损坏。拆下的模板、支架及连接件应及时清理、维修，并分类堆存和妥善保管，避免日晒雨淋。对于整体拼装的大型模板，最好能将一个仓位的拆模与另一仓位的立模衔接起来，以利于提高模板的周转率。

第三节　混凝土工程施工

一、骨料加工与储存

水工混凝土工程，对骨料数量及质量的要求都比较高，施工单位往往自行制备砂石骨料。而对于中、小型水利工程当条件允许时，可就近购买砂石骨料。根据骨料的来源不同，可将骨料生产分为天然骨料、人工骨料、组合骨料三种；按粒径不同，可将骨料分为细骨料、粗骨料。对于细骨料，应使用质地坚硬、清洁、级配良好、含水率稳定的中砂；对于粗骨料，应满足质地坚硬、清洁、级配良好，最大粒径不应超过钢筋净间距的 2/3、构件断面最小边长的 1/4、素混凝土板厚的 1/2；对少筋或无筋混凝土结构，应选用较大的粗骨料粒径等要求。总之使用骨料应根据优质、经济、就地取材的原则进行选择。

（一）骨料加工

从料场开采的砂石料不能直接用于制备混凝土，需要通过破碎、筛分、冲洗等加工过程，制成符合级配要求、质量合格的各级粗、细骨料。

1. 破碎

为了将开采的石料破碎到规定的粒径，往往需要经过几次破碎才能完成。因此，通常将骨料破碎过程分为粗碎（将原石料破碎到 300～70mm）、中碎（破碎到 70～20mm）和细碎（破碎到 20～1mm）三种。骨料破碎用碎石机进行，常用的有旋回破碎机、反击式破碎机、颚式破碎机、圆锥式破碎机，此外还有辊式破碎机和锤式破碎机、棒磨制砂机、旋盘破碎机、立轴式破碎机等制砂设备。各种碎石原理如图 4-30 所示。

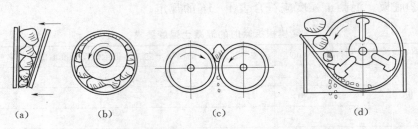

(a)　　　　　　(b)　　　　　　(c)　　　　　　(d)

图 4-30　各种碎石原理
(a) 鄂式；(b) 锥式；(c) 滚式；(d) 锤式

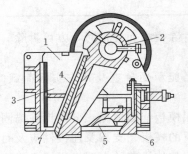

图 4-31　颚式破碎机
1—破碎槽进口；2—偏心轮；3—固定颚板；
4—活动颚板；5—撑杆；6—楔形滑块；
7—出料口

（1）颚式破碎机。颚式破碎机构造如图 4-31 所示。它的主要工作部分由两块颚板构成，颚板上装有可以更换的齿状钢板。工作时，由传动装置带动偏心轮作用，使活动颚板相对于固定颚板作左右摆动作用。将进入的石料轧碎，从下端出料口漏出。

按照活动颚板的摆动方式，颚式破碎机可分为简单摆动式和复杂摆动式两种。其中复杂摆动式破碎效果较好，产品粒径较均匀，生产率较高，但衬板的磨损快。

颚式破碎机结构简单可靠，外形尺寸较小，安装、操作、维修方便，适用于对石料进行粗碎或中碎。但产品料中扁长粒径较多，一般需配置给料设备，另外活动颚板需经常更换。

（2）旋回破碎机。它利用破碎锥在壳体内锥腔中的旋回运动，对石料产生挤压、劈裂和弯曲作用。装有破碎锥的主轴的上端支承在横梁中部的衬套内，其下端则置于轴套的偏心孔中。轴套转动时，破碎锥绕机器中心线作偏心旋回运动。它的破碎动作是连续进行的，故工作效率高于颚式破碎机。

旋回破碎机可分为重型和轻型两类，按动锥的支承方式又可分为普通型和液压型两种。

旋回破碎机适用于对各种硬度的岩石进行粗碎，破碎料粒径分布均匀、粒形好、无需配置给料设备、设备运行可靠，但是旋回破碎机土建工程量大、机体高大、重量大、设备结构复杂、检修复杂、总体投资大。

（3）反击式破碎机。它利用板锤的高速冲击和反击板的回弹作用，使石料受到反复冲击而破碎的机械。板锤固定在高速旋转的转子上，并沿着破碎腔按不同角度布置若干块反击板。石料进入板锤的作用区时先受到板锤的第一次冲击而初次破碎，并同时获得动能，高速冲向反击板。石料与反击板碰撞再次破碎后，被弹回到板锤的作用区，重新受到板锤的冲击。如此反复进行，直到被破碎成所需的粒度而排出机外。

反击式破碎机结构简单，重量轻，设备投资较少，破碎比大，产品粒形好，但锤头、衬板易磨损。适用于对中硬石料进行中、细碎。

（4）圆锥式破碎机。其工作原理同旋回破碎机，圆锥式破碎机的破碎腔由内、外锥体之间的空隙构成。活动的内锥体装在偏心主轴上，外锥体固定在机架上，如图4-32所示。工作时，由传动装置带动主轴旋转，使内锥体作偏心转动，将石料碾压破碎，并从破碎腔下端出料槽滑出。圆锥破碎机按腔型分标准、中型、短头三种，有弹簧和液压两种支承方式。

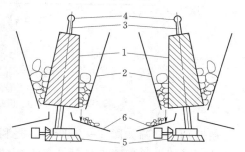

图4-32　圆锥式破碎机
1—内锥体；2—破碎机机壳；3—偏心主轴；
4—球形铰；5—伞齿及传动；6—出料滑板

圆锥式破碎机是一种大型碎石机械，碎石效果好，产品料较方正，生产率高，功耗少，适用于对石料进行中碎或细碎。但其结构复杂，体形和重量都较大，安装维修不方便，设备价格高。

（5）制砂设备。辊式和锤式破碎机、棒磨制砂机、旋盘破碎机、立轴冲击式破碎机、超细碎圆锥破碎机是国内常用的制砂设备。辊式和锤式破碎机制砂，构造简单，但设备易磨损，产品的级配不够稳定，适用于小型人工砂生产系统。棒磨制砂机是目前最常用的制砂设备，其结构简单、施工方便、性能可靠，产品粒形好，粒度分布均匀，但体形和重量较大。旋盘破碎机能耗低，产品粒形比棒磨机稍差。立轴冲击式破碎机有双料流和单料流冲击式两种，其中双料流冲击式设备高度大，产品粒径较粗；单料流冲击式结构轻巧，安装简便，产品粒形稳定，针片状含量低，运行成本低，处理量大，但设备易磨损。超细碎圆锥破碎机能耗低，产量高，但产品粗粒较多。

2．筛分

筛分是将天然或人工的混合砂石料按粒径大小进行分级。筛分作业分人工筛分和机械筛分两种。

（1）人工筛分。一般采用倾斜设置的平筛，也可采用重叠放置的几层筛网，利用摇杆机构使筛网摆动。筛孔尺寸不同的三层筛网用悬杆和悬链挂在筛架上，筛网的倾角可用悬链调整。混合骨料由架顶带有筛条的装料斗倒入，超径石即剔出，其余骨料跌落在筛网上。用脚踏摇杆机构，可使筛网往返摆动，将骨料筛分。

（2）机械筛分。偏心轴振动筛如图4-33所示。筛架装在偏心主轴上，当偏心轴旋转时，偏心轴带动筛架作环形运动而产生振动，对筛网上的石料进行筛分。偏心轴振动筛又称为偏心筛。偏心筛的特点是刚性振动，振幅固定（3～6mm），不因来料多少而变化，也不易因来料过多而堵塞筛孔。但当平衡块不能完全平衡偏心轴的惯性力时，可能引起固定机架的强烈振动。偏心筛适于筛分粗、中颗粒，常担任第一道筛分任务。

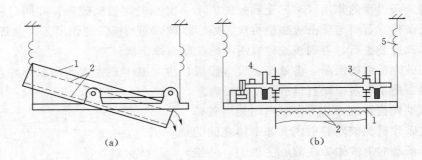

图 4-33　偏心轴振动筛示意图

(a) 侧视图；(b) 横剖面图

1—筛架；2—筛网；3—偏心部位；4—消振平衡重；5—消振弹簧

惯性轴振动筛如图 4-34 所示，是利用旋转主轴上的偏心重产生惯性离心力而引起筛网振动的。惯性筛属弹性振动，其振幅随来料的多少而变化。进料过多容易堵塞筛孔，使用中应喂料均匀。惯性筛适于筛分中、细颗粒。惯性筛的皮带轮中心和偏心轴轴承中心一致，皮带轮随偏心轴一起振动，皮带时紧时松，容易打滑和损坏。

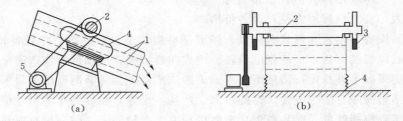

图 4-34　惯性轴振动筛示意图

(a) 侧视图；(b) 横剖面图

1—筛网；2—单轴起振器；3—配重盘；4—消振板簧；5—马达

超径、逊径含量是筛分作业质量的控制标准。超径是指骨料筛分中，筛下某一级骨料中夹带的大于该级骨料规定粒径范围上限的粒径。逊径是指骨料筛分中，筛下某一级骨料中夹带的小于该级骨料规定粒径范围下限的粒径。产生超径的原因有筛网孔径偏大，筛网磨损、破裂。产生逊径的原因有喂料过多，筛孔堵塞，筛网孔径偏小，筛网倾角过大等。一般规定，以原孔筛检验，超径小于 5%，逊径小于 10%；以超、逊径筛检验时，超径为零，逊径小于 2%。

3. 冲洗

冲洗是为了清除骨料中的泥质杂质。机械筛分的同时，常在筛网上安装几排带喷水孔的压力水管，不断对骨料进行冲洗，冲洗水压应大于 0.2MPa。若经筛分冲洗仍达不到质量要求时，应增设专用的洗石设备。骨料加工厂常用的洗石设备有槽式洗石机和圆筒洗石机。

常用的洗砂设备有螺旋洗砂机和沉砂箱。其中螺旋洗砂机兼有洗砂、分级、脱水的作用，其构造简单，工作可靠，应用较广，结构如图 4-35 所示。螺旋洗砂机在半圆形的洗砂槽内装一个或一对相对旋转的螺旋。洗砂槽以 18°～20° 的倾斜角安放，低端进砂，高端进水。由于螺旋叶片的旋转，使被洗的砂受到搅拌，并移向高端出料口卸到皮带机上。污水则从低端的溢水口排出。沉砂箱的工作原理是由于不同粒径的砂粒在水中的沉降速度不同，控制沉砂箱中水的上溢速度，使 0.15mm 以下的废砂和泥土等随水悬浮溢出，而 0.15mm 以上的合格的砂在箱中沉降下来。

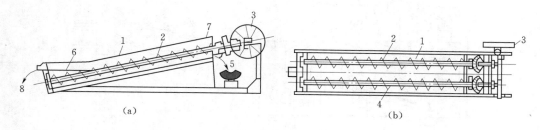

图 4-35　螺旋式洗砂机
1—洗砂槽；2—螺旋轴；3—电动机；4—叶片；
5—皮带机；6—进料；7—清水；8—混水

（二）骨料加工厂

把骨料破碎、筛分、冲洗、运输和堆放等一系列生产过程与作业内容组成流水线，并形成一定规模的骨料生产企业，称为骨料加工厂。当采用天然骨料时，加工的主要作业是筛分和冲洗；当采用人工骨料时，加工的主要作业是破碎、筛分、冲洗和棒磨制砂。骨料加工厂要根据地形情况，施工条件，来料和出料方向，做好主要加工设备、运输线路、净料和弃料堆的布置。骨料加工应做到开采和使用相平衡，尽量减少弃料；骨料的开采和加工过程中，还应注意做好环境保护工作，应采取措施避免水土流失，减少废水及废渣排放。

大中型工程常设置筛分楼，某筛分楼的布置见图 4-36。进入筛分楼的砂石混合料，应先经过预筛分，剔出粒径大于 150mm 的超径石。经过预筛分的砂石混合料，由皮带机运送上筛分楼，经过两台筛分机筛分和冲洗，筛分出 5 种粒径不同的骨料：特大石（80～150mm）、大石（40～80mm）、中石（20～40mm）、小石（5～20mm）、砂子（<5mm）。其中特大石在最上一层筛网上不能过筛，首先被筛分。砂料经沉砂箱和洗砂机清洗得到洁净的砂。经过筛分的各级骨料，分别由皮带机运送到净料堆贮存，以供混凝土制备的需要。

（三）骨料储存

成品骨料在堆存和运输应注意以下要求：

（1）堆存场地应有良好的排水设施，必要时应设遮阳防雨棚。

（2）各级骨料仓应设置隔墙等有效措施，严禁混料，并应避免泥土和其他杂物混入骨料中。

（3）应尽量减少转运次数。卸料时，粒径大于 40mm 骨料的自由落差大于 3m 时，应设置缓降设施。

（4）储料仓除有足够的容积外，还应维持不小于 6m 的堆料厚度。细骨料仓的数量和

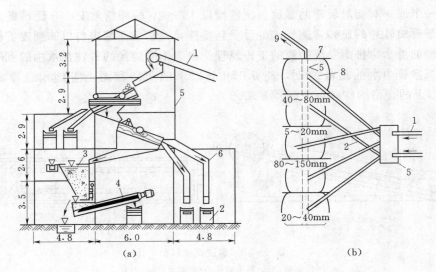

图 4-36 骨料加工厂示意图
(a) 筛分楼分层布置；(b) 进出料平面布置
1—进料皮带机；2—出料皮带机；3—沉砂箱；4—洗砂机；5—筛分楼；6—溜槽；
7—隔墙；8—成品料堆；9—成品运出

容积应满足细骨料脱水的要求。

（5）在粗骨料成品堆场取料时，同一级料在料堆不同部位同时取料。

二、混凝土制备

混凝土制备是按照混凝土配合比设计要求，将其各组成材料拌和成均匀的混凝土料，以满足浇筑的需要。混凝土的制备主要包括配料和拌和两个生产环节。混凝土的制备除了满足混凝土浇筑强度要求外，还应确保混凝土标号无误、配料准确、拌和充分、出机温度适当。

（一）配料

配料是按设计要求，称量每次拌和混凝土的材料用量。配料有体积配料法和重量配料法两种。因体积配料法难以满足配料精度的要求，所以水利工程广泛采用重量配料法。重量配料法，混凝土组成材料的配料量均以重量计。称量的允许偏差为（按重量百分比）：水泥、掺合料、水、外加剂溶液为±1%；骨料为±2%。

1. 混凝土的施工配合比换算

设计配合比中的加水量根据水灰比计算确定，并以饱和面干状态的砂子为标准。在配料时采用的加水量，应扣除砂子表面含水量及外加剂溶液中的水量。所以施工时应及时测定现场砂、石骨料的含水量，并将混凝土的实验室配合比换算成在实际含水量情况下的施工配合比。对于施工配合比的换算方法，见例 4-1。

【例 4-1】 某工地所用混凝土的实验室配合比（骨料以饱和面干状态为基准）为：水泥 280kg，水 150kg，砂 704kg，碎石 1512kg。已知工地砂的表面含水率为 4%，碎石表面含水率为 1.5%。试求该混凝土的施工配合比。若施工现场采用的搅拌机型号为 JZ250，其出料体积为 0.25m³，试求每搅拌一次的拌和用量。

解：（1）计算施工配合比。每立方米混凝土中，各材料的用量为：

水泥：280kg

砂子：704×（1+4%）=732.2kg

石子：1512×（1+1.5%）=1534.7kg

水：150−704×4%−1512×1.5%=99.2kg

（2）计算每搅拌一次的拌和用量为：

水泥：280×0.25=70kg（取用一袋半水泥，即75kg）

砂子：732.2×（75/280）=196.1kg

石子：1534.7×（75/280）=411.1kg

水：99.2×（75/280）=26.6kg

2. 常用称量设备

混凝土配料称量的设备，有台秤、地磅、专门的配料器。

（1）台秤和地磅。当混凝土制备量不大，多采用台秤或地磅进行称量。其中地磅称量法，方法最简便，但称量速度较慢。台秤称量，需配置称料斗、储料斗等辅助设备。称料斗安装在台秤上，骨料能由储料斗迅速落入，故称量时间较快，但储料斗承受骨料的重量大，结构较复杂。储料斗的进料可采用皮带机、卷扬机等提升设备。

（2）配料器。配料器是用于称量混凝土原材料的专门设备，其基本原理是悬挂式的重量秤。按所称物料的不同，可分为骨料配料器、水泥配料器和量水器等。按配料称量的操作方式不同，可分为手动的、半自动化的和自动化的配料器。

在自动化配料器中，装料、称量和卸料的全部过程都是自动控制的。配料时仅需定出所需材料的重量和分量，然后启动自动控制系统，配料器便开始自动配料，并将每次配好的材料分批卸入拌和机中。自动化配料器动作迅速，称量精度高，在混凝土拌和楼中应用很广泛。

（二）拌和

1. 人工拌和

缺乏搅拌机械的小型工程或数量较少的混凝土制备，才采用人工拌和混凝土。人工拌和是在一块钢板上进行，先倒入砂子，后倒入水泥，用铁铲干拌三遍。然后倒入石子，加水拌和至少三遍，直至拌和均匀为止。人工拌和劳动强度大、混凝土质量不易保证，拌和时不得任意加水。

2. 机械拌和

采用机械拌和混凝土可提高拌和质量和生产率。按照拌和机械的工作原理，可分为强制式和自落式两种。

（1）强制式混凝土拌和机。强制式拌和机（见图4-37）拌和时，一般筒身固定，叶片旋转，从而带动混凝土材料进行强制拌和。强制式拌和机的搅拌作用比自落式强烈，拌和时间短，拌和效果好，但能耗大，衬板及叶片易磨损。适用于拌和干硬性混凝土和轻骨料混凝土。强制式拌和机按构造不同可分立轴和卧轴式。立轴式可为涡浆式和行星式，卧轴式可分为单卧轴式和双卧轴式。

（2）自落式混凝土拌和机。自落式拌和机的叶片固定在拌和筒内壁上，叶片和筒一起

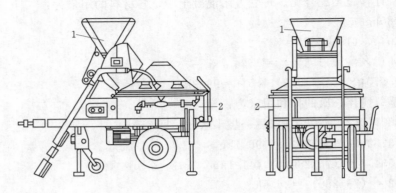

图 4-37 强制式拌和机
1—进料斗；2—搅拌筒

旋转，从而将物料带至筒顶，再靠自重跌落而与筒底的物料掺混，如此反复直至拌和均匀。自落式拌和机按其外形分为鼓形和双锥形两种，构造如图 4-38 所示。双锥形拌和机又有反转出料和倾翻出料两种型式。鼓形拌和机构造简单，装拆方便，使用灵活，但容量较小，生产率不高，多用于中、小型工程或大型工程施工初期。双锥形拌和机容量较大，拌和效果好，生产率高，多用于大、中型工程。

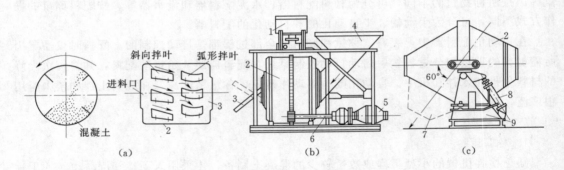

图 4-38 自落式拌和机
(a) 自落式搅拌示意图；(b) 鼓筒式搅拌机；(c) 双锥式搅机
1—配水器；2—搅拌筒；3—卸料槽；4—装料斗；5—电动机；6—传动轴；7—倾斜卸料；8—气顶；9—机座

混凝土拌和机的选用直接影响工程造价、进度和质量，因此需根据施工强度要求，施工方式，施工布置及所拌制混凝土的品种、流动性、骨料的最大粒径等因素合理选用。

混凝土的拌和时间与混凝土的品种类别、拌和温度、拌和机的机型、骨料的品种及粒径及拌和料的流动性有关。轻骨料混凝土的拌和时间比普通混凝土要长；低温季节时混凝土的拌和时间比常温季节要长；流动性小的混凝土比流动性大的混凝土拌和时间要长。

拌和机每一个工作循环拌制出的新鲜混凝土的实方体积（L 或 m³），称混凝土的出料体积（又称拌和机的工作容量）。每拌和一次，装入拌和筒内各种松散体积之和，称装料体积。出料体积与装料体积之比称拌和机的出料系数，约为 0.65～0.7。拌和过程中，应根据拌和机容量大小，确定允许拌和的最大骨料粒径。单台拌和机的生产率主要取决于拌和机的工作容量和循环工作一次所需的时间。

（三）混凝土拌和站和拌和楼

大中型水利工程中，常把骨料堆场、水泥仓库、配料装置、拌和机及运输设备等比较集中地布置，组成混凝土拌和站，或采用成套的混凝土工厂（拌和楼）来制备混凝土。这样既有利于生产管理，又能充分利用设备的生产能力。混凝土拌和楼布置方式见图 4-39。

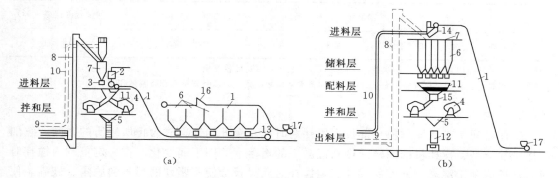

图 4-39 混凝土拌和楼布置方式

（a）双阶式；（b）单阶式

1—皮带机；2—水箱及量水器；3—水泥料斗及磅秤；4—搅拌机；5—出料斗；6—骨料仓；
7—水泥仓；8—斗式提升机输送水泥；9—螺旋输送机输送水泥；10—风送水泥管道；11—集料斗；
12—混凝土吊罐；13—配料器；14—回转漏斗；15—回转喂料器；16—卸料小车；17—进料斗

进行混凝土拌和站或拌和楼的布置时，应与砂石来料、混凝土的运输和浇筑地点相互协调。拌和站和拌和楼的布置应尽量减少运输距离，尽量减少占地，尽量减少土建工程量，尽量减少施工干扰，尽量减轻、避免对周围环境产生污染。

混凝土拌和站或拌和楼的容量应满足混凝土浇筑强度的需要。按照物料提升次数和制备机械垂直布置的方式，拌和楼可分为双阶式和单阶式两种，见图 4-39。双阶式拌和楼建筑高度小，运输设备简单，易于装拆，投产快，投资少，但效率和自动化程度较低，占地面积大，多用于中、小型工程。单阶式拌和楼生产效率高，布置紧凑，占地少，自动化程度高。但单阶式结构复杂，投产慢，投资大，因此不宜用于零星的混凝土工程。

我国自 20 世纪 50 年代开始研制混凝土拌和楼，70 年代中期开始生产小型混凝土拌和站，80 年代后我国混凝土拌和站（楼）技术发展很快。三峡工程中使用的 HL240—4F3000LB 预冷（热）型微机控制大型混凝土拌和楼是我国自行设计制造的新型温控混凝土拌和楼，适用于大、中型混凝土工程。HL240—4F3000LB 拌和楼装有 4 台 3m³ 双锥形自落式搅拌机，生产率为 240m³/h。HL240—4F3000LB 拌和楼是采用计算机全自动控制，可在骨料仓安装冷、热风和片冰等温控设施，采用双线出料，可以同时生产两种不同标号的混凝土。

（四）混凝土搅拌制度

为了获得质量优良的混凝土拌和物，除正确选择搅拌机外，还必须正确确定搅拌制度，即一次投料数量、搅拌时间和投料顺序等。

1. 一次投料数量

不同类型的搅拌机都有一定的进料容量，一般情况下，一次投料数量 V_J 与搅拌机搅拌筒的几何容量 V_g 的比值 $V_J/V_g=0.22\sim0.40$，鼓筒搅拌机可用较小值。

混凝土组成材料的配量均以重量计，水及外加剂溶液可按重量折算成体积。称量的允许误差应符合表 4-17 的规定。

表 4-17　　　　　　　　　　　　混凝土材料称量的允许误差

材 料 名 称	称量允许误差（％）	材 料 名 称	称量允许误差（％）
水泥、掺合料、水、冰、外加剂溶液	±1	骨料	±2

注　1. 各种衡器应定期校验，每次使用前应进行零点校核，保持计量准确。

　　2. 当遇雨天或含水率有显著变化时，应增加含水率检侧次数，并及时调整水和骨料的用量。

2. 搅拌时间

搅拌时间是指从原材料全部投入搅拌筒时起，至开始卸料时为止所经历的时间。它随搅拌机的类型、搅拌机的回转速度和混凝土的坍落度等因素而变化。在一定范围内搅拌时间的延长有利于混凝土强度的提高。但搅拌时间过长会使不坚硬的粗骨料脱角、破碎，使加气混凝土含气量下降。混凝土最少拌和时间可按表 4-18 采用。

表 4-18　　　　　　　　　　　　混凝土的最短搅拌时间

拌和机容量 Q（m³）	最大骨料粒径（mm）	最少拌和时间（s）	
		自落式拌和机	强制式拌和机
0.8≤Q≤1	80	90	60
1<Q≤3	150	120	75
Q>3	150	150	90

注　1. 入机拌和量应在拌和机额定容量的 110％ 以内。

　　2. 加冰混凝土的拌和时间应延长 30s（强制式 15s），出机的混凝土拌和物中不应有冰块。

　　3. 当掺有外加剂时，搅拌时间应适当延长。

3. 投料顺序

常用投料顺序可分为一次投料法和二次投料法。

（1）一次投料法。一次投料法是在上料斗中先装石子，再加水泥和砂子，然后一次加入搅拌筒内进行搅拌的方法。

对于自落式搅拌机要在搅拌筒内先加部分水，投料时砂子压住倒水泥，水泥不致飞扬，且水泥和砂先进入搅拌筒形成砂浆，缩短了包裹石子的时间，减少水泥粘罐现象。对立轴强制式搅拌机，因出料口在下部，不能先加水，应在投入原料的同时，缓慢均匀分散地加水。

（2）二次投料法。二次投料法分为预拌水泥砂浆法和预拌水泥净浆法两种。

1）预拌水泥砂浆法，是先将水泥、砂和水加入搅拌筒内进行充分搅拌，成为均匀的水泥砂浆后，再加入石子搅拌成均匀的混凝土。国内一般采用强制式搅拌机先拌制水泥砂浆1～1.5min，然后加入石子搅拌约1～1.5min。

2）预拌水泥净浆法，是先将水泥和水充分搅拌成均匀的水泥净浆后，再加入砂子和石子搅拌成混凝土。

二次投料法搅拌的混凝土比一次投料法搅拌的混凝土强度可提高约15%。当混凝土强度相同时，二次投料法比一次投料法搅拌的混凝土可节约水泥约15%～20%。

3）裹砂石法，是先将全部石子、砂和70%的拌合水倒入搅拌机，拌合15s，再倒入全部水泥进行搅拌30s左右，然后加入30%的拌合水，再进行搅拌60s左右即完成。

采用水泥裹砂法制成的混凝土比一次投料法制成的混凝土强度可提高约20%～30%，且混凝土不易产生离析现象、泌水少、工作性好。

三、混凝土运输

（一）混凝土运输的基本要求

混凝土运输是整个混凝土施工中的一个重要环节，它运输量大，涉及面广，对于工程质量和施工进度影响大。混凝土运输包括两个运输过程：一是水平运输，二是垂直运输。基本要求如下：

（1）混凝土运输设备及运输能力的选择，应与拌和、浇筑能力、仓面具体情况相适应，以便充分发挥整个系统施工机械的设备效率。

（2）所用的运输设备，应使混凝土在运输过程中不致发生分离、漏浆、严重泌水、过多温度回升和坍落度损失，在运输混凝土期间运输工具必须专用，运输道路必须平整，装载的混凝土的厚度不应小于40cm，如发生离析，在浇筑之前应进行二次搅拌。

（3）同时运输两种以上混凝土时，应设置明显的区分标志。

（4）混凝土在运输过程中，应尽量缩短运输时间及减少转运次数。掺普通减水剂的混凝土运输时间不宜超过表4－19的规定。严禁在运输途中和卸料时加水。

（5）在高温或低温条件下，混凝土运输工具应设置遮盖或保温设施，以避免天气、气温等因素影响混凝土质量。

表4－19　混凝土运输时间

运输时段的平均气温（℃）	混凝土运输时间（min）
20～30	45
10～20	60
5～10	90

（6）不能使混凝土料从1.5m以上的高度自由跌落。超过时，应采取缓降或其他措施，以防止骨料分离。

（二）混凝土输送机械

混凝土输送机械用来把拌制好的新鲜混凝土及时、保质地输送到浇灌现场。对于集中搅拌的或商品混凝土，由于输送距离较长且输送量较大，为了保证被输送的混凝土不产生初凝和离析等降质情况，常应用混凝土搅拌输送车、混凝土泵或混凝土泵车等专用输送机械；而对于采用分散搅拌或自设混凝土搅拌点的工地，一般可采用手推车、机动翻斗车、皮带运输机或起重机等机械输送。

1. 水平运输设备

（1）手推车：一般常用的双轮手推车的容积为0.07～0.1m³，载重约200kg，主要用于工地内的水平运输。

（2）机动翻斗车：主要用于工地内的短距离下的水平运输。容量约 0.45m³，载重量约 1000kg。

（3）混凝土搅拌运输车。混凝土的搅拌运输车是一种用于长距离输送混凝土的高效能机械。在运输途中，混凝土搅拌筒始终在不停地作慢速转动，从而使筒内混凝土拌合物可连续得到搅动，以保证混凝土在长途运输后，不致产生离析现象。在运输距离很长时，也可将混凝土干料装入筒内，在运输途中加水搅拌以减少由于长途运输而引起的混凝土坍落度损失。

（4）皮带机。皮带机（包括塔带机、胎带机等）运输混凝土可将混凝土直接运送入仓，也可作为转料设备。直接入仓浇筑混凝土主要有固定式和移动式两种。固定式即用钢排架支撑多条胶带通过仓面，每条胶带控制浇筑宽度 5～6m，每隔几米设置刮板，混凝土经过溜筒垂直下卸。移动式为仓面上的移动梭式胶带布料机与供应混凝土的固定胶带正交布置，混凝土经过梭式胶带布料机分料入仓。皮带机运输混凝土有关参数见表 4－20。

表 4－20　　　　　　　　　　　　　皮带机运输混凝土有关参数

皮带机类型	骨料最大粒径 （mm）	皮带机速度 （m/s）	最大向上倾角 （°）	最大向下倾角 （°）
塔带机（或顶带机）	150	3.15～4	26	12
胎带机	150	2.8～4	22	10
常规皮带输送机	80	1.2 以内	15	7
深槽皮带	150	3.4		

皮带机设备简单，操作方便，成本低，生产率高。但运输流态混凝土时容易分层离析，砂浆损失较为严重，骨料分离严重；薄层运输与大气接触面大，容易改变料的温度和含水量，影响混凝土质量。使用皮带机运输混凝土，应遵守下列规定：

1）混凝土运输中应避免砂浆损失，必要时适当增加配合比的砂率。

2）当输送混凝土的最大骨料粒径大于 80mm 时，应进行适应性试验，满足混凝土质量要求。

3）皮带机卸料处应设置挡板、卸料导管和刮板。

4）皮带机布料应均匀，堆料高度应小于 1m。

5）应有冲洗设施及时清洗皮带上粘附的水泥砂浆，并应防止冲洗水流入仓内。

6）露天皮带机上宜搭设盖棚，以免混凝土受日照、风、雨等影响；低温季节施工时，应有适当的保温措施。

皮带运输机运输混凝土连续工作，生产效率高，适用于地形高差大的工程部位，动力消耗小，操作管理人员少。但是，平仓振捣一定要跟上，且一旦发生故障，全线停运，停留在胶带上的大量混凝土难以处理，运送预冷混凝土温度回升大，混凝土很难满足设计要求。

2. 垂直运输设备

混凝土的垂直运输又称为入仓运输，主要由起重机械来完成。常用的有：

(1) 履带式起重机和轮胎式起重机。履带式起重机可由挖掘机改装而成，也有专用系列，起重量10～50t，工作半径为10～30m。轮胎式起重机型号品种齐全，起重量8～300t，工作半径一般为10～15m。履带式起重机和轮胎式起重机提升高度不大，控制范围小，但转移灵活，适应狭窄地形，在开工初期能及早使用，适用于浇筑高程较低的部位和零星分散小型建筑物的混凝土。

(2) 门式起重机。门式起重机是一种大型移动式起重设备。它的下部为钢结构门架，门架下有足够的净空（7～10m），能并列通行2列运输混凝土的平台列车。门架底部装有车轮，可沿轨道移动。门架上面是机身，包括起重臂、回转工作台、钢索滑轮组（或臂架连杆）、支架及平衡重等。整个机身通过转盘的齿轮作用，可水平回转360°。我国水利工程施工常用的门机有：10t丰满门机（见图4-40）、10/20t四连杆臂架门机、10/30t高架门机（见图4-41）和20/60t高架门机，其中高架门机起重高度可达70m，常配合栈桥用于浇筑高坝和大型厂房。

门机运行灵活、起重量大、控制范围大，在大、中型水利工程中应用广泛。

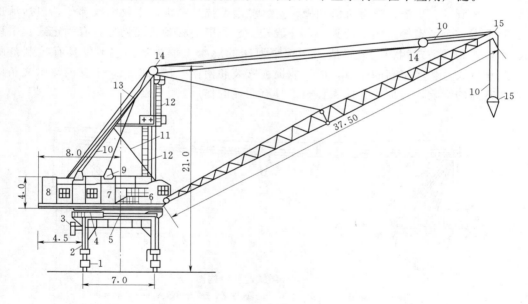

图4-40 10t丰满门机（单位：m）

1—车轮；2—门架；3—电缆卷筒；4—回转机构；5—转盘；6—操纵室；7—机器间；
8—平衡重；9、14、15—滑轮；10—起重索；11—支架；12—梯；13—臂架升降索

(3) 塔式起重机。塔式起重机是在门架上装置高达数十米的钢塔，用于增加起重高度。起重臂一般水平，起重小车（带有吊钩）可沿起重臂水平移动，用以改变起重幅度，如图4-42所示。塔机可靠近建筑物布置，沿着轨道移动，利用起重小车变幅，其控制范围是一个长方形的空间。但塔机的起重臂较长，相邻塔机运行时的安全距离要求大，相邻中心距不小于34～85m。塔机适用于浇筑高坝，并可将多台塔机安装在不

同的高程上。

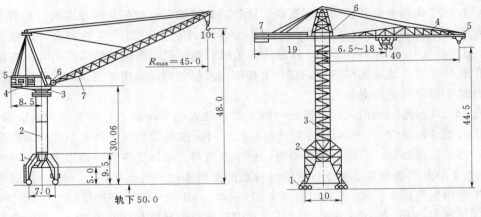

图 4-41 10/30t 高架门机　　　　图 4-42 10/25t 塔起重机

（4）缆式起重机。缆式起重机主要由缆索系统、起重小车、主塔架、副塔架等组成，如图 4-43 所示。主塔内设有机房和操纵室。缆索系统是缆机的主要组成部分，包括承重索、起重索、牵引索等。缆机的类型，一般按主、副塔的移动情况划分，有固定式、平移式、辐射式和摆塔式四种。缆机适用于狭窄河床的混凝土坝浇筑。它不仅具有控制范围大、起重量大、生产率高的特点，而且能提前安装和使用，使用期长，不受河流水文条件和坝体升高的影响，对加快主体工程施工具有明显的作用。

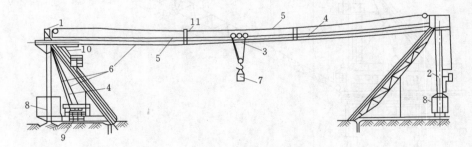

图 4-43 缆式起机结构图

1—主塔；2—副塔；3—起重小车；4—承重索；5—牵引索；6—起重索；

7—重物；8—平衡重；9—机房；10—操纵室；11—索夹

混凝土的垂直运输，除上述几种大型机械设备外，还有升高塔（金属井架）、桅杆式起重机及起重量较小的塔机等。小型垂直运输机械在大中型水利工程施工中，通常仅作为辅助运输手段。

（5）泵送混凝土运输。混凝土泵是一种连续运输机械，可同时完成混凝土的水平运输和垂直运输任务。混凝土泵有多种形式，常用的是活塞式混凝土泵。活塞式混凝土泵按照驱动方式的不同，可分为机械驱动和液压驱动两种，按缸体数目分为单缸、双缸两种，多用双缸液压式活塞泵。按移动方式，常用活塞泵有拖移式混凝土泵机和自行式混凝土泵车两种。

混凝土泵适用于断面小、配筋密的混凝土结构以及施工场地狭窄、浇筑仓面小，其它设备不易达到的部位的混凝土浇筑。水利工程施工中，常用于隧洞或地下厂房混凝土衬砌施工。

使用混凝土泵运输混凝土时对于泵送混凝土的原材料及配合比的要求有：细骨料宜用中砂且应尽可能采用河沙；粗骨料的最大粒径一般不得超过管径的1/3；泵送混凝土宜掺适量粉煤灰；所用的外加剂应有利于提高混凝土的可泵性，而不至影响混凝土的强度；泵送混凝土的配合比除了应满足设计要求的强度、耐久性要求外，还应具有可泵性；对于泵送混凝土坍落度以10～20cm为宜；砂率宜为38%～45%；水灰比宜为0.40～0.6；最小水泥用量宜为300kg/m³。

泵送混凝土系统主要由混凝土泵、输送管道和布料装置组成。泵送混凝土施工过程中，要注意防止导管堵塞，泵送应连续进行。泵送完毕，应将混凝土泵和输送管清洗干净。泵送混凝土施工因水泥用量较多，故成本相对较高；泵送混凝土坍落度大，混凝土硬化时干缩量大；在输送距离、浇筑面积上，也受到一定限制。

（三）运输混凝土的辅助设备

运输混凝土的辅助设备有吊罐、集料斗、溜槽、溜管、溜筒等。用于混凝土装料、卸料和转运入仓，对于保证混凝土质量和运输工作顺利进行起着相当大的作用。

1. 溜槽与振动溜槽

溜槽（泻槽）为一铁皮槽子，用于高度不大的情况下滑送混凝土，可以将皮带机、自卸汽车、吊罐等运输来料转运入仓。其坡度由试验确定，一般为45°左右。

振动溜槽是在溜槽上附有振动器，每节长4～6m，拼装总长达30m，坡度15°～20°。

采用溜槽时，应在溜槽末端加设1～2节溜管，以防止混凝土料在下滑过程中分离。

2. 溜管与振动溜管

溜管由多节铁皮管串挂而成。每节长0.8～1m，上大下小，相邻管节铰挂在一起，可以拖动。采用溜管卸料可起到缓冲消能作用，以防止混凝土料分离和破碎；还可以避免吊罐直接入仓，碰坏钢筋和模板。

溜管卸料时，其出口离浇筑面的高差应不大于1.5m。并利用拉索拖动均匀卸料，但应使溜管出口段（约2m长）与浇筑面保持垂直，以避免混凝土料分离。随着混凝土浇筑面的上升，可逐节拆卸溜管下端的管节。溜管卸料多用于断面小、钢筋密的浇筑部位；其卸料半径为1～1.5m，卸料高度不大于10m。振动溜管与普通溜管相似，但每隔4～8m的距离装有一个振动器，以防止混凝土料中途堵塞；其卸料高度可达10～20m。

使用溜管、溜槽运输混凝土时，还应遵守下列规定：

（1）溜管、溜槽内壁应光滑，开始浇筑前应用砂浆润滑溜管、溜槽内壁；当用水润滑时应将水引出仓外，仓面必须有排水措施。

（2）使用溜管、溜槽，应经过试验论证，确定出口高度与合适的混凝土坍落度。

（3）溜管、溜槽宜平顺，每节之间应连接牢固，应有防脱落保护措施。

（4）运输和卸料过程中，应避免混凝土分离，严禁向溜管、溜槽内加水。

（5）当运输结束或溜管、溜槽堵塞经处理后，应及时清洗，且应防止清洗水进入新浇混凝土仓内。

四、混凝土的浇筑

混凝土的浇筑工作包括准备作业、入仓铺料、平仓振捣三个工序。浇筑工作完成的好坏，对于混凝土的密实性与耐久性、结构的整体性以及构件的外形正确性都有决定性的影响，是混凝土工程施工中保证工程质量的关键性工作。

（一）混凝土浇筑前的准备工作

由于混凝土工程属于隐蔽工程，在浇筑混凝土前应进行隐蔽工程验收，检查浇筑项目的轴线和标高，施工缝处理及出面处理，模板、支架、钢筋、预埋件和预留孔道的正确性和安全性，并进行技术交底，浇筑混凝土过程中随时填写施工记录。

1. 基础面处理

对于岩基，一般要求清除到质地坚硬的新鲜岩面，然后进行整修。用人工清除表面的松软岩石、棱角和反坡，并用高压水冲洗，压缩空气吹扫。若岩面上有油污、灰浆及其粘结的杂物，还应采用钢丝刷反复刷洗，直至岩面清洁为止。最后，再用风吹至岩面无积水，经检验合格，才能开仓浇筑。

对于土基，应先将开挖基础时预留下来的保护层挖除，并清除杂物。然后用碎石垫底，盖上湿砂，进行压实，再浇混凝土。

对于砂砾地基，应清除杂物，平整基础面，并浇筑 10～20cm 厚的低强度混凝土垫层，以防止漏浆。

清洗后的岩基，在混凝土浇筑前应保持洁净和湿润。

2. 施工缝处理

施工缝是指浇筑块之间临时的水平和垂直结合缝，也就是新老混凝土之间的结合面。为了保证建筑物的整体性，在新混凝土浇筑前，必须将老混凝土表面的水泥膜（乳皮）清除干净，并使其表面新鲜清洁，形成有石子半露的麻面，以利于新老混凝土的紧密结合。但对于要进行接缝灌浆处理的纵缝面，可不凿毛，只需冲洗干净即可。

施工缝的处理方法有以下几种：

（1）刷毛和冲毛。在混凝土凝结后但尚未完全硬化以前，用钢丝刷或高压水对混凝土表面进行冲刷，形成麻面，称为刷毛和冲毛。高压水冲毛效率高，水压力一般为 400～600kPa。根据水泥品种、混凝土标号和当地气温来确定冲毛的时间，一般春秋季节在浇筑完毕后 10～16h 开始，夏季掌握在 6～10h，冬季则在 18～24h 后进行。

（2）凿毛。当混凝土已经硬化，用人工或风镐等机械将混凝土表面凿成麻面称为凿毛。凿深一般为 1～2cm，然后用高压水清洗干净。凿毛以浇筑后 32～40h 进行为宜，多用于垂直缝面的处理。

（3）喷毛。将经过筛选的粗砂和水装入密封的砂箱，再通入压缩空气（风压为 400～600kPa），压缩空气与水、砂混合后，经喷枪喷出，将混凝土表面冲成麻面。冲毛时间一般在浇筑后 24～48h 内进行。

施工缝面凿毛或冲毛后，应用压力水冲洗干净，排除积水，使其表面无渣，无尘，才能浇筑混凝土。

3. 模板、钢筋及预埋件检查

开仓浇筑前，必须按照设计图纸和施工规范的要求，对仓面安设的模板、钢筋及预埋件进行全面检查验收，分项签发合格证，应做到规格、数量无误，定位准确，连接可靠。

4. 浇筑仓面布置

浇筑仓面检查准备就绪，水、电及照明布置妥当后，经监理全面检查，同意后，方可开仓浇筑。

（二）混凝土浇筑

1. 入仓铺料

基础面的浇筑仓和老混凝土上的迎水面浇筑仓，在浇筑第一层混凝土之前必须先铺一层 2～3cm 的水泥砂浆，砂浆的水灰比应较混凝土的水灰比减小 0.03～0.05。常用的几种混凝土浇筑方法如下：

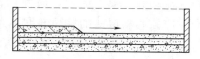

（1）平层浇筑法。它是沿仓面长边逐层水平铺填，第一层铺填完毕并振捣密实后，再铺填振捣第二层，依次类推，直至达到规定的浇筑高程为止，如图 4-44 所示。铺料层厚与振捣性能、气温高低、混凝土稠度、混凝土初凝时间和来料强度等因素有关。在一般情况下，层厚多为 30～50cm，浇筑坯层的允许最大厚度可参照

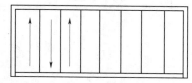

图 4-44 平层浇筑法

表 4-21 规定；如采用低塑性混凝土及大型强力振捣设备时，其浇筑坯层厚度应根据试验确定。

表 4-21　　　　　　　　　混凝土浇筑坯层的允许最大厚度

振捣设备类别		浇筑坯层允许最大厚度	振捣设备类别
插入式	振捣机		振捣棒（头）长度的 1.0 倍
	电动或风动振捣器		振捣棒（头）长度的 0.8 倍
	软轴式振捣器		振捣棒（头）长度的 1.25 倍
平板式	无筋活单层钢筋结构中		250mm
	双层钢筋结构中		200mm

如果平层浇筑法层间间歇超过混凝土初凝时间会出现冷缝，会造成层间的抗渗、抗剪和抗拉能力明显降低。为了避免出现冷缝，应满足以下条件：

$$Q(t_2 - t_1)k \geqslant Ah \quad \text{或} \quad A \leqslant \frac{Q(t_2 - t_1)}{h}k \qquad (4-2)$$

式中　A——混凝土仓面面积，m^2；

　　k——时间延误系数，可取 0.8～0.85；

　　Q——所浇仓位混凝土的实际生产能力，m^3/h；

　　t_2——混凝土初凝时间，h；

　　t_1——混凝土运输、浇筑所占的时间，h；

　　h——混凝土铺料层厚度，m。

（2）阶梯浇筑法。阶梯浇筑法的铺料顺序是从仓位的一端开始，向另一端推进，并以台阶形式，边向前推进，边向上铺筑，直至浇到规定的厚度，把全仓浇完，如图 4-45（a）所示。阶梯浇筑法的最大优点是缩短了混凝土上、下层的间歇时间；在铺料层数一定的情况下，浇筑块的长度可不受限制。既适用大面积仓位的浇筑，也适用于通仓浇筑。阶梯浇筑法的层数以 3～5 层为宜，阶梯长度不小于 3m。

（3）斜层浇筑法。当浇筑仓面大，混凝土初凝时间短，混凝土拌和、运输、浇筑能力不足时，可采用斜层浇筑法，如图 4-45（b）所示。斜层浇筑法由于平仓和振捣使砂浆容易流动和分离。为此，应使用低流态混凝土，浇筑块高度一般限制在 1～1.5m 以内。同时应控制斜层法的层面斜度不大于 10°。

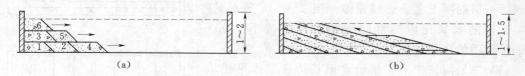

图 4-45　阶梯浇筑法和斜层浇筑法（单位：m）
（a）阶梯浇筑法；（b）斜层浇筑法

无论采用哪一种浇筑方法，都应保持混凝土浇筑的连续性。如相邻两层浇筑的间歇时间超过混凝土的初凝时间，将出现冷缝，造成质量事故。此时应停止浇筑，并按施工缝处理。

混凝土浇筑允许间歇时间应通过试验确定。如因故超过允许间歇时间，但混凝土能重塑者，可继续浇筑。混凝土能重塑的标准是：将混凝土用振捣器振捣 30s，周围 10cm 内能泛浆且不留孔洞。如局部初凝，但未超过允许面积，则在初凝部位铺水泥砂浆或小级配混凝土后可继续浇筑。表 4-22 给出了掺普通减水剂混凝土的允许间歇时间，可供参照使用。

表 4-22　　　　　　　　　　　　混凝土的允许间歇时间

混凝土浇筑时的气温（℃）	允许间歇时间（min）	
	中热硅酸盐水泥、硅酸盐水泥、普通水泥	低热矿渣硅酸盐水泥、矿渣硅酸盐水泥、火山灰质硅酸盐水泥
20～30	90	120
10～20	135	180
5～10	195	—

2. 平仓

平仓就是把卸入仓内成堆的混凝土铺平到要求的均匀厚度。

可采用振捣器平仓。振捣器应首先斜插入料堆下部，然后再一次一次地插向上部，使流态混凝土在振捣器作用下自行摊平。但须注意，在平仓振捣时不能造成砂浆与骨料分离。使用振捣器平仓，不能代替下一个工序的振捣密实。近年来，在大型水利水电工程的混凝土施工中，已逐渐推广使用推土机（或平仓机）进行混凝土平仓作业，大大提高了工作效率，减轻了劳动强度；但其要求仓面大，仓内无拉条，履带压力小。

3. 振捣

振捣的目的是使混凝土密实，并使混凝土与模板、钢筋及预埋件紧密结合，从而保证混凝土的最大密实性。振捣是混凝土施工中最关键的工序，应在混凝土平仓后立即进行。

混凝土振捣主要采用振捣器进行。其原理是利用振捣器产生的高频小振幅的振动作用，减小混凝土拌和物的内摩擦力和黏结力，从而使塑态混凝土液化、骨料相互滑动而紧密排列、砂浆充满空隙、空气被排出，以保证混凝土密实，并使液化后的混凝土填满模板内部的空间，且与钢筋紧密结合。

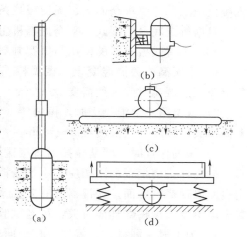

图 4-46　混凝土振捣器
(a) 插入式振捣器；(b) 外部式振捣器；
(c) 表面式振捣器；(d) 振动台

(1) 振捣器的类型和应用。混凝土振捣器的类型，按振捣方式的不同，分为插入式、外部式、表面式和振动台等（见图 4-46）。其中外部式只适用于柱、墙等结构尺寸小且钢筋密的构件；表面式只适用于薄层混凝土的捣实（如渠道衬砌、道路、薄板等）；振动台多用于实验室。

插入式振捣器在水利水电工程混凝土施工中使用虽多。它的主要形式有电动软轴式、电动硬轴式和风动式三种，其中以电动硬轴式应用最普遍。电动软轴式则用于钢筋密、断面比较小的部位；风动式的适用范围与电动硬轴式的基本相同，但耗风量大，振动频率不稳定，已逐渐被淘汰。

硬轴式振捣器构造比较简单，使用方便，其振动影响半径大（35～60cm），振捣效果好，故在大体积混凝土浇筑中应用最普遍。常见型号有国产 HZ6P-800 型、HZ6X-30 型，电动机电压为 30～42V。

混凝土平仓振捣机是一种能同时进行混凝土平仓和振捣两项作业的新型混凝土施工机械（见图 4-47）。

采用平仓振捣机，能代替繁重的劳动、提高振实效果和生产率，适用于大体积混凝土

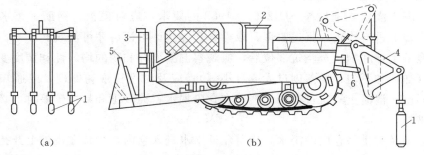

图 4-47　振捣器组和平仓振捣机
(a) 振捣器组；(b) 平仓振捣机
1—振捣器；2—推土机；3—液压缸；4—吊架；5—推土刀片；6—悬吊机构

机械化施工。但要求仓面大、无模板拉条、履带压力小，还需要起重机吊运入仓。

根据行走底盘的型式，平仓振捣机主要有履带推土机式和液压臂式两种基本类型。

（2）手持式振捣器的使用与振实判断。

1）用振捣棒振捣混凝土，振捣棒（组）应垂直插入混凝土中，振捣完应慢慢拔出。每个插入点振捣时间一般需要 20～30s。

2）振捣第一层混凝土时，振捣棒（组）应距硬化混凝土面 5cm。振捣上层混凝土时，振捣棒头应插入下层混凝土 5～10cm。

3）振捣作业时，严禁振捣器直接碰撞模板、钢筋及预埋件，必要时辅以人工捣固密实。振捣棒头离模板的距离应不小于振捣棒的有效作用半径的 1/2，以免因漏振而使混凝土表面出现蜂窝麻面。振捣器的有效振动范围用振动作用半径 R 表示。R 值的大小与混凝土坍落度和振捣器性能有关，可经试验确定，一般为 30～50cm。

4）为了避免漏振，振捣器应在仓面上按一定顺序和间距逐点插入进行振捣，插入点之间的距离不能过大。要求相邻插入点间距不应大于其影响半径的 1.5～1.75 倍。振捣器插入点排列（见图 4－48）。

5）浇筑块第一层、卸料接触带和台阶边坡的混凝土应加强振捣。

振实标准可按以下现象来判断：混凝土表面不再显著下沉，不出现气泡，并在表面出现一层薄而均匀的水泥浆。如振捣时间不够，则达不到振实要求；过振则骨料下沉、砂浆上翻，产生离析。

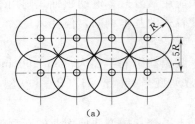 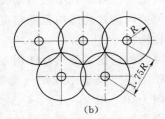

图 4－48 振捣器插入点排列示意图
（a）正方形排列；（b）三角形排列

4．混凝土浇筑需要注意的问题

（1）混凝土浇筑之前应按 SDJ2491—1988 的要求，应对模板、钢筋、止水、伸缩缝和排水管安装等进行检查，报送监理，取得开仓浇筑许可证后才可浇筑。

（2）混凝土拌和物运至浇筑部位后，应观察混凝土拌和物的均匀性和稠度变化等，如发现异常（如拌和不匀、坍落度过大或过小等），应及时进行现场处理，或通知混凝土拌和站进行调整。混凝土浇筑过程中，严禁在仓内加水；混凝土和易性较差时，必须采取加强振捣等措施。

（3）必须及时排除仓内的泌水，应避免外来水进入仓内，严禁在模板上开孔赶水，带走灰浆。

（4）浇筑仓面出现下列情况之一时，应停止浇筑：①混凝土初凝并超过允许面积；②混凝土平均浇筑温度超过允许偏差值，并在 1h 内无法调整至允许温度范围内。

（5）浇筑仓面混凝土料出现下列情况之一时，应予挖除：①混凝土拌合物出现不合格料；②下到高等级混凝土浇筑部位的低等级混凝土料；③不能保证混凝土振捣密实或对建筑物带来不利影响的级配错误的混凝土料；④长时间不凝固超过规定时间的混凝土料。

（6）为了能及时发现并处理混凝土施工中的质量问题，对混凝土浇筑现场应认真做好检查记录，主要包括：①每一工程部位的高程、桩号和混凝土数量，混凝土所用原材料的种类、品质，混凝土强度等级和混凝土配合比；②建筑物各构件、块体的浇筑顺序、浇筑起止时间，施工期间发生的质量问题及处理结果，养护及表面保护时间、方式，模板和钢筋及各种预埋件的情况；③浇筑地点的气象情况（晴、阴、雨、风、气温等），原材料温度，混凝土浇筑温度，各部位模板拆除日期；④拌和物坍落度的检查、混凝土试件的制作等情况；⑤混凝土裂缝的部位、长度、宽度、深度、发现日期及发展情况。

五、混凝土的养护与缺陷修补

（一）混凝土的养护

混凝土浇筑完毕后，应及时洒水养护，在一个相当长的时间内，应保持其适当的温度和足够的湿度，以造成混凝土良好的硬化条件。这样既可以防止混凝土成型后因暴晒、风吹、干燥、寒冷等自然因素影响，出现不正常的收缩、裂缝等现象，又可促使其强度不断增长。

塑性混凝土一般在浇筑完毕后 6～18h 开始洒水养护。低塑性混凝土宜在浇筑完毕后立即喷雾养护，并及早开始洒水养护。养护时间的长短取决于当地气温、水泥品种和结构物的重要性。如用普通水泥、硅酸盐水泥拌制的混凝土，养护时间不少于 14 天；用火山灰质水泥、矿渣水泥拌制的混凝土，养护时间不少于 21 天；水工大体积混凝土无论采用何种水泥，养护时间不宜少于 28 天。对于重要部位，宜延长养护时间。冬季和夏季施工的混凝土，养护时间按设计要求进行。冬季应采取保温措施，减少洒水次数，气温低于5℃时，应停止洒水养护。

混凝土的养护通常以养护工艺分类，有自然养护和热养护两类。

1. 自然养护

（1）覆盖浇水养护。就使用麻袋片、草席、竹帘、锯末、砂、炉渣覆盖在初凝混凝土的表面，待混凝土终凝后再进行洒水养护的一种方法。

（2）喷膜养护。喷膜养护是在混凝土表面喷洒 1～2 层养护剂，成膜后使混凝土的蒸发水成为养护用水，适用于平面面积较大的工程项目。常用的养护剂有过氯乙烯树脂和LP—37 聚醋酸乙烯。

（3）铺膜养护。铺膜养护是综合自然养护、喷膜养护、太阳能养护而成的一种简易有效的养护方法，所用的薄膜分内外两层，内层为黑色，外层为带气泡的双层透明薄膜，适用于各种现浇或预制混凝土工程。

2. 热养护

（1）太阳能养护。太阳能养护通常用于混凝土构件预制厂，其养护时间与同条件的自然养护相比，只需 30％～50％ 的时间。

（2）常压蒸汽养护。常压蒸汽养护通常用于预制混凝土构件生产线或冬期施工。

（二）混凝土的缺陷修补

混凝土施工中，往往由于对质量重视不够和违反操作规程以及漏振或配料错误或操作长时间中断等原因，致使拆模以后出现一些缺陷，如麻面、蜂窝、露筋、空洞、裂缝等。这些缺陷如不加以修补，将影响结构的美观和安全。所以一经发现，须认真加以处理。现将几种常见的混凝土缺陷产生原因及补救方法分述如下。

1. 麻面

产生麻面的主要原因是模板干燥，吸收了混凝土中的水分，或者由于振捣时没有配合人工插边，使水泥浆未流到模板处。有时，还因使用已经用过的旧模板，模板表面粘结的灰浆没有消除而造成麻面。麻面的修补比较简单。修补前用钢丝刷和水将麻面洗干净，并加工成粗糙面，然后在洁净和湿润的条件下，用与混凝土同等级的水泥砂浆将麻面抹平，并适当进行养护。

2. 蜂窝

在混凝土中只有石子聚集而无砂浆的局部地方称为蜂窝。断面小、钢筋密、振捣器操作比较困难的部位，往往因为漏振或振动不够以及混凝土坍落度过小，或因模板接缝浆等，都容易出现蜂窝。其补救方法是凿去蜂窝中薄弱的混凝土和个别突出的骨料，再用钢丝刷和压力水清洗干净，刷去粘附在钢筋表面的水泥浆，然后再用标号较高的细骨料混凝土填塞，并仔细捣实，认真养护。

3. 空洞

空洞尺寸常比较大，内中没有混凝土。产生的原因是混凝土坍落度过小，被稠密的钢筋卡住，或者是浇筑时漏振，接着又继续浇筑其上面的混凝土，填补前的准备工作与蜂窝同，但在补填新混凝土时，可根据空洞不同部位或形状，加设模板，将混凝土压入空穴并捣实。

4. 裂缝

（1）裂缝的种类及影响混凝土开裂的原因。就裂缝深度而言，有表面裂缝、浅裂缝、深裂缝和贯穿裂缝。就裂缝表面走向而言，有网状裂缝，即由许多各种方向短裂缝构成的近似六角形的网状裂缝，它表示表面混凝土受到内部混凝土的约束。另外一种是许多一条一条的裂缝，它具有一定的方向性，常常是彼此平行，相距一定间隔，它表示在垂直裂缝的方向上受到约束。由于化学反应出现体积不安定，或者由于冻融，或者由于钢筋锈蚀均会使混凝土出现裂缝。新浇筑的混凝土会发生裂缝，硬化后的混凝土也会产生裂缝。当新浇筑的混凝土发生微裂后，如果受到不利的影响，超过它的承受能力，便会使裂缝继续扩展。

影响混凝土开裂的因素主要有：水灰比或每立方米混凝土的用水量；水泥用量；集料的矿物成分、形状、表面构造和级配；外加剂；混凝土浇筑条件和浇筑速度；混凝土养护以及混凝土周围的约束等。

（2）裂缝的修补。

1）裂缝的调查分析。在修补裂缝前需要对裂缝进行检测与研究以确定裂缝部位、开裂程度、裂缝产生原因以及需要如何修复。同时要检查设计图纸、施工记录和维修记录。确定裂缝的位置和裂缝宽度可以用目测、刻度放大镜或无损探伤方法，例如超声波测量，也可以钻孔取样检查。

2）裂缝修复应达到的目的。根据上述对裂缝的测量与研究，可以选择适当的修补方法以达到下述一个或几个目的：①修复或增加强度（或刚度）；②提供防水性能；③改善混凝土表面外观；④增加耐久性。

3）裂缝修复注意事项。在修补以前要研究裂缝产生的原因，例如由于干缩引起的裂缝，经过一段时间后裂缝趋于稳定，可以进行修补。另一方面，如果裂缝是由于基础沉陷，则沉陷问题没有得到正确处理以前修复裂缝是没有用的。

根据损伤的性质可以选择一种或几种修补方法，例如为恢复裂缝部位的抗拉强度，可以用环氧灌浆、加设钢筋或用后张法（即外部施加预应力）增加强度。环氧灌浆也可用来恢复抗挠刚度。

裂缝引起挡水结构渗漏必须加以修补，结构正在使用或储满液体将使修补工作复杂化。

当裂缝影响外观时也需要修复，但修补仍可以看见裂缝部位和修补痕迹，在这种情况下，很可能需要对整个表面进行覆盖。

为了减少钢筋锈蚀造成进一步破坏，暴露在潮湿环境中的裂缝必须封闭。

六、特殊季节混凝土施工

（一）混凝土冬季施工

混凝土凝固过程与周围的温度和湿度有密切关系，温度愈低，水化和凝固的速度就愈慢，当温度接近 0℃时，水化作用几乎停止；当温度在 0℃以下时，混凝土内的水分结冰，水化作用完全停止。当温度升高、冰冻融化后，水化作用恢复。但混凝土受冻越早，其强度发展越慢，后期强度损失也越大。如果混凝土在浇筑后 3～6h 遭受冻结，则强度至少降低 50%以上，且难以挽回。如果在 2～3 天内遭受冻结，强度降低约 15%～20%。当混凝土强度达到设计强度 50%以上（在常温下养护 3～5 天）再受冻时，就对它的强度没有太大的影响，只是强度增长比较慢，待开冻以后仍能继续上升，达到不受冻时的强度。当日平均气温在 5℃以下或最低温度在 -3℃以下时，混凝土施工必须采取冬季施工措施，要求混凝土在强度达到设计强度 50%以前不遭受冻结。

冬季施工的措施就是用人工保温、加热或加速凝固等方法，使浇筑的混凝土尚未达到一定强度以前不受冻结。具体措施为：

1. 调整配合比和掺外加剂

通过采用发热量较高的快凝水泥（大体积混凝土除外），较低的水灰比，提高混凝土标号，掺氯化钙或氯化钠等措施，可以降低水分的冻结温度，提高混凝土的早期强度。通常当气温在 -5～5℃之间，加相当水泥重量 2%的氯化钙，即可解决冬季混凝土的施工问题。

2. 原材料加热法

就是对拌制混凝土的骨料和水进行预热，然后再加入拌和机内进行拌和。一般情况下，以对水加热最为简单，也容易控制，而且水的比热约为骨料的 5 倍，加热效率也较高。在日平均气温为 3～5℃以下时，可以只加热水拌和；当气温再低时，加热水还不能满足要求时，再加热干砂和石子。水泥只是在使用前一两天置于暖房内预热，且升温不宜过高，水泥绝对不可加热。

水的加热方法，小型工程可用大锅或烧水锅炉直接加热，大型工程宜用蒸汽加热。水的加热温度不能超过 60℃，而且要先将水和骨料拌和后再加入水泥，以免水泥产生"假凝"（水温超过 80℃时，水泥颗粒表面形成一层薄的硬壳，使混凝土和易性变差，而且后期强度低，这种现象叫做"假凝"）。

砂子加热的最高温度不能超过 60℃，石子不能高于 40℃。最简单的加热方法是把骨料堆放在钢板上用火烘炒，但效率低，热量损失大，加热不均匀，一般多用于小型工程。对大中型工程，常用蒸汽直接加热骨料，即直接将蒸汽通到需要加热的砂、石堆中，砂石堆表面要用帆布等盖好，防止热量损失。这种方法的优点是加热快，而且可以充分利用蒸汽中的热量；缺点是增加了砂石的含水量，而且含水不均匀，不易控制拌和时的加入量。

3. 蓄热法

蓄热法是将浇筑好的混凝土在养护期间用保温材料加以覆盖，尽可能把混凝土在浇筑时所包含的热量和凝固过程中产生的水化热蓄积起来，以延缓混凝土的冷却速度，使混凝土在达到抗冻强度以前，始终保持正温。保温效果好，且价格便宜的保温材料有：草帘、锯末、稻草、炉渣、珍珠岩、麦秸等。蓄热法是一种最简单、经济的冬季施工法，尤其是对大体积混凝土更为有效。实践证明，在日最低平均温度不低于 −10℃、浇筑块表面率（表面积与体积比）小于 5 时，采用蓄热法最为适宜。因此，该法在水利工程中得到了广泛的采用。

4. 加热养护法

当使用蓄热法不能满足要求时，可以采用加热养护法。

（1）暖棚法：暖棚法就是利用保温材料搭成暖棚，把整个结构围护起来，并在暖棚内点燃炉火或装设暖气管，保证栅内有较高的温度。此法费工、费料，仅适用于天气寒冷、建筑物体积不大的场合。

（2）蒸汽加热法：利用蒸汽加热不仅能使新浇筑的混凝土得到较高的温度，而且还可以得到适当的湿度，促进水化作用，使混凝土构件硬化更快。这种方法也常用来养护混凝土预制构件。

以上所述几种方法，在严寒地区往往是同时使用，如在用热水拌制混凝土的同时，掺入早强剂，并采用蒸汽养护，效果非常显著。

（二）混凝土夏季施工

在混凝土中，水泥水化作用的速度与环境的温度成正比，当温度超过 30℃时，水泥的水化作用加剧，混凝土产生的水化热集中，内部温度急剧上升，等到以后混凝土冷却收缩时，混凝土将产生裂缝。前后的温差愈大，裂缝产生的可能性也愈大。对于大体积混凝土施工，夏季降温措施尤为重要。所以规范规定，当气温超过 30℃时，混凝土生产、运输、浇筑等各个环节应按高温季节作业施工。

另外，由于水分蒸发太快，混凝土很快丧失流动性，为了保证混凝土的稠度，应适当增加用水量。

为了降低夏季混凝土施工时的温度，可以采取以下一些措施：

（1）采用发热量低的水泥，并加入掺合料和减水剂，以减低水泥用量。

（2）采用地下水或人造冰水拌制混凝土，或者直接在拌和水中加入冰块代替一部分水，但要保证冰块能在拌和过程中全部融化。

（3）降低骨料温度，成品料仓骨料的堆高不宜低于6m；用冷水或冷风预冷骨料。

（4）在拌和站、运输道路和浇筑仓面止搭设凉棚，遮阳防晒，对运输工具可用湿麻袋覆盖，也可在仓面不断喷雾降温。

（5）加强洒水养护，延长养护时间。

（6）气温过高时，浇筑工作可安排在夜间进行。

（7）当浇筑块尺寸较大时，可采用台阶式浇筑法，浇筑块分层厚度小于1.5m。采用表面流水养护混凝土。

（三）混凝土的雨季施工

1. 降雨等级表

降雨等级见表4-23。

表4-23 降雨等级表

降雨等级	现象描述	降雨量（mm）		
		一天总雨量	半天总雨量	小时雨量
小雨	雨能使地面潮湿，但不泥泞	1～10	1～5	1～3
中雨	雨降到屋顶有淅淅声，凹地积水	10.1～25	5.1～15	3～10
大雨	降雨如倾盆，落地四溅，平地积水	25.1～100	15.1～30	10～20
暴雨	降雨比大雨还猛，能造成山洪暴发	50.1～100	30.1～70	>20
大暴雨	降雨比暴雨还大，或时间长，造成洪涝灾害	100.1～200	70.1～140	
特大暴雨	降雨比大暴雨还大，能造成洪涝灾害	>200	>140	

2. 雨季施工措施

（1）砂石料仓的排水设施应畅通无阻。

（2）运输工具应有防雨及防滑措施。

（3）浇筑仓面应有防雨措施并备有不透水覆盖材料。

（4）增加骨料含水率测定次数，及时调整拌和用水量，施工单位可以根据实际情况，含水率测定一般每隔两小时不少于一次。

（5）中雨以上的雨天不得新开混凝土浇筑仓面，有抗冲耐磨和有抹面要求的混凝土不得在雨天施工。已入仓混凝土应振捣密实后遮盖。雨后必须先排除仓内积水，对受雨水冲刷的部位应立即处理，如混凝土还能重塑，应加铺接缝混凝土后继续浇筑，否则应按施工缝处理。

（6）在小雨天气进行浇筑时，应适当减少混凝土拌和用水量和出机口混凝土的坍落度，必要时应适当缩小混凝土的水灰比；加强仓内排水和防止周围雨水流入仓内；做好新浇筑混凝面尤其是接头部位的保护工作。

第四节　碾压混凝土施工

碾压混凝土是一种用土石坝碾压机具进行压实施工的干硬性混凝土，碾压混凝土具有水泥用量少、粉煤灰掺量高、可大仓面连续浇筑上升、上升速度快、施工工序简单、造价低等特点，但对其施工工艺要求较严格。自从 20 世纪 70 年代出现碾压混凝土筑坝技术以来，不少国家相继应用这种新技术修筑混凝土坝和大体积混凝土建筑物，取得丰富经验。我国于 1980 年开始进行这种技术的试验，经历了试验、探索、推广应用和创新等过程，在筑坝实践和基础理论研究方面已取得显著成效。

一、碾压混凝土原材料

1. 胶凝材料

碾压混凝土一般采用硅酸盐水泥或矿渣硅酸盐水泥，水泥强度等级不低于 42.5。近年来，低热具有微膨胀性能的硅酸盐水泥及大掺量粉煤灰是碾压混凝土施工的新趋势。粉煤灰掺用量一般在 50%～70%，具体掺用量应按照其质量等级、设计要求及通过试验论证确定。粉煤灰要求达Ⅰ、Ⅱ级灰的标准。无粉煤灰资源时，可以采用符合要求的凝灰岩、磷矿渣、高炉矿渣、尾矿渣、石粉等。

2. 集料

与常态混凝土一样，可采用天然集料或人工集料。碾压混凝土的粗集料最大的粒径要求：三级配不大于 80mm；二级配不大于 40mm。迎水面用碾压混凝土自身作为防渗体时，一般在一定宽度范围内采用二级配碾压混凝土。细骨料的细度模数一般要求控制在 2.2～2.9（人工砂）或 2.0～3.0（天然砂），砂中的石粉（$d<0.16$mm 的颗粒）含量（占细集料的重量比）以 10%～22% 为宜，人工砂的含泥量应不大于 5%。骨料应满足 SDJ204—82《水工混凝土规范》的相关要求。碾压混凝土对砂子含水率的控制要求比常态混凝土严格，砂子含水量不稳定时，碾压混凝土施工层面易出现局部集中泌水现象。

3. 外加剂

碾压混凝土的外加剂具有十分重要的作用，外加剂的性能主要以缓凝作用为主，减水作用为次。碾压混凝土的初凝时间一般要求大于 12h，减水效果一般要求在 12%～20% 范围内。碾压混凝土一般应掺用缓凝减水剂，并掺用引气剂，以增强碾压混凝土的抗冻性。

二、碾压混凝土配合比

1. 对碾压混凝土要求

（1）混凝土质量均匀，施工过程中粗集料不易发生分离。

（2）工作度适当，拌和物较易碾压密实，混凝土容重较大。

（3）拌和物初凝时间较长，易于保证碾压混凝土施工层面良好黏结，层面物理力学性能好。

（4）混凝土的力学强度、抗渗性能等满足设计要求，具有较高的拉伸应变能力。

（5）对于外部碾压混凝土，要求具有适应建筑物环境条件的耐久性。

（6）碾压混凝土配合比经现场试验后调整确定。

2. 碾压混凝土配合比设计参数常用取值

（1）掺合料及胶凝材料用量：粉煤灰的掺量 50%～70%；胶凝材料总用量一般 120～160kg/m³。D5114—2000《水工碾压混凝土施工规范》规定大体积建筑物内部碾压混凝土的胶凝材料用量不宜低于 130kg/m³。小型工程和临时工程可不受此限制。

（2）水胶比：根据各工程材料和技术要求的不同应该有所差别，必须通过试验确定。

国内各工程所使用的水胶比一般在 0.50～0.70 之间。

（3）砂率：碾压混凝土砂率一般比常态混凝土高，使用天然砂石料时，三级配碾压混凝土的砂率为 28%～32%，二级配为 32%～37%；使用人工砂时，砂率应增加 3%～6%。

（4）单位用水量：不仅与混凝土的可碾性直接联系，而且与经济性相关。故在满足可碾性要求的情况下，通常取用较小的单位用水量，以节约水泥和掺合料。三级配碾压混凝土，用水量可为 70～110kg/m³。

（5）V_C 值：根据国内工程施工经验，为了保证碾压混凝土的可碾性，以及层面结合质量，拌和物现场 V_C 值在 5～15s 比较合适。考虑到运输过程和不同气温条件，以及骨料的吸水率等因素对拌和物 V_C 值的影响，推荐的搅拌机口 V_C 值 5～12s。实际施工时，考虑各种因素的影响，搅拌机口 V_C 值可低于 5s。

三、碾压混凝土的施工工艺

碾压混凝土的施工方法和常态混凝土的区别较大，其施工工艺如图 4-49 所示，施工作业流程如图 4-50 所示。

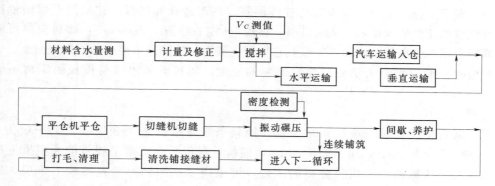

图 4-49　碾压混凝土施工工艺流程

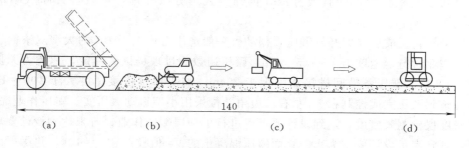

图 4-50　碾压混凝土施工作业流程
（a）自卸汽车供料；（b）平仓机平仓；（c）切缝机切缝；（d）振动碾压实

1. 模板施工

碾压混凝土施工模板可采用翻升模板、预制混凝土模板、自升模板或其它形式模板，所采用的模板应能承受碾压产生的侧压力，且不影响碾压混凝土施工质量和干扰其它施工作业。模板在使用时必须进行清洗上油，以使混凝土的外表清洁光滑。

2. 混凝土拌制

碾压混凝土可采用强制式或自落式搅拌设备拌和，也可采用连续式搅拌机拌和。其拌和时间一般比常态混凝土延长 30s 左右，故而生产碾压混凝土时拌和楼生产率比常态混凝土低 10% 左右。拌制时各种材料的投料顺序和搅拌时间必须通过拌和物的均匀性实验来确定。拌和物在卸入运输工具时，卸料出口与运输工具之间的自由落差应小于 2m。

3. 混凝土运输

碾压运输可采用自卸汽车、皮带输送机、真空溜槽、混凝土吊罐、缆机、门机、塔机等机具。自卸汽车运料直接入仓面时，在入仓前应对轮胎进行情理冲洗并防止污水带入仓面。真空溜槽垂直输送混凝土应保证溜槽的真空度，定期更换橡胶软皮，严格控制溜槽的下料速度。仓面上的运输汽车应保持清洁，加强保养维修，保持车况良好，无漏油、漏水现象。汽车在仓面上行驶时，应严格控制行驶速度，避免急刹车、急转弯等有损混凝土质量的操作。

4. 卸料

碾压混凝土施工采用大仓面薄层连续铺筑，汽车进仓卸料时，宜采用退铺法依次卸料，且宜按梅花型依次堆放，先卸 1/3，移动 1m 左右位置，再卸 2/3，卸料应尽可能均匀，堆旁出现的分离骨料应由人工或其它机械将其均匀摊铺到未碾压的混凝土面上。仓面的卸料位置一般应由专人负责，控制卸料的密度，卸料堆的边缘与模板的距离不应小于 1.2m。

5. 平仓与碾压

碾压混凝土浇筑时一般按条带摊铺，铺料条带宽根据施工强度确定，一般为 4～12m，铺料厚度为 35cm，压实厚度 30cm，铺料后常用平仓机或平履带的大型推土机平仓。为解决一次摊铺产生集料分离的问题，可采用二次摊铺，即先摊铺下半层，然后在其上卸料，最后摊铺成 35cm 的层厚。采用二次摊铺后，对料堆之间及周边集中的集料经平仓机反复推刮后，能有效分散，再辅以人工分散处理，可改善自卸汽车铺料引起的集料分离问题。

一条带平仓完成后立即开始碾压，振动碾一般选用自重大于 10t 的大型双滚筒自行式振动碾，作业时行走速度为 1～1.5km/h，碾压遍数通过现场试碾确定，一般为无振 2 遍加有振 6～8 遍。碾压条带间搭接宽度大于 20cm，端头部位搭接宽度大于 100～150cm，条带从铺筑到碾压完成控制在 2h 左右。边角部位采用小型振动碾压实。碾压作业完成后，用核子密度仪检测其密度，达到设计要求后进行下一层碾压作业；若未达到设计要求，立即重碾，直到满足设计要求为止。仓面碾压混凝土的 V_c 值控制在 5～10s，并尽可能地加快混凝土的运输速度，缩短仓面作业时间，做到在下一层混凝土初凝前铺筑完上一层碾压混凝土。碾压机在碾压过程中，如碾压层面由于水分蒸发而导致混凝土 V_c 值偏大，发生久压不会泛浆时，应利用碾压机上自带水箱在碾压混凝土表面进行喷水补偿碾压，以达到碾压表面充分泛浆。

当采用"金包银法"施工时，周边常态混凝土与内部碾压混凝土结合面尤其要注意保证接头质量。

6. 造缝

碾压混凝土一般采取几个坝段形成的大仓面通仓连续浇筑上升，坝段之间的横缝，一般可采取切缝机切缝（缝内填设金属片或其它材料）、埋设隔板或钻孔填砂形成，或采用其它方式设置诱导缝。切缝机切缝时，可采取"先切后碾"或"先碾后切"，成缝面积不少于设计缝面的60%。埋设隔板造缝时，相邻隔板间隔不大于10cm，隔板高度宜比压突层面低2～3cm。钻孔填砂造缝则是待碾压混凝土浇筑完一个升程后沿分缝线用手风钻造诱导孔。填缝材料一般采用塑料膜、铁片或干砂。

7. 变态混凝土及常态混凝土施工

基础找平屋的常态混凝土在浇筑完毕后3～7天方可在其上填筑碾压混凝土，但应避免长期间歇，最长的间歇时间以不超过15天为宜。岸坡部位的常态混凝土应与碾压混凝土同步施工。变态混凝土是在碾压混凝土拌和物铺料前后和中间喷洒同水灰比的水泥粉煤灰净浆，采用插入式振捣器将其振捣密实。目前，大部土碾压混凝土坝的岸坡常态混凝土均改用变态混凝土。模板周边、坝体孔洞周边或其它曾采用常态混凝土的部位也均有采用变态混凝土的。

8. 碾压混凝土的养护

碾压混凝土的龄期一般较长，最长达到180天，因此，加强混凝土的养护工作是保证混凝土施工质量的重要因素，晴天对混凝土应加强喷水养护，可采用自动喷水设施进行养护；冬天应对混凝土的外露面进行保温养护，特别在温度骤降的时候更应加强混凝土的保温措施。

四、碾压混凝土的温度控制

1. 分缝分块

碾压混凝土施工一般采取通仓薄层连续浇筑，对于仓面很大而施工机械生产率不能满足层面间歇期要求时，可对整个仓面分设几个浇筑区进行施工。为适应碾压混凝土施工的特点，碾压混凝土坝或围堰不设纵缝，横缝间距一般也比常态混凝土间距大，采用立模、锯缝或在表面设置诱导缝。例如三峡工程纵向围堰坝身段下部高程84.5m以下采用了碾压混凝土施工，该坝段顺流向长度为115m，横缝间距36m和32m。三峡厂坝导墙采用碾压混凝土，导墙分块长度30～34m，采用2～3块为一碾压仓，人工造缝形成设计分块缝。对于碾压混凝土围堰或小型碾压混凝土坝，也有不设横缝的通仓施工，例如隔河岩上游横向围堰及岩滩上下游横向围堰均未设横缝。对于大中型碾压混凝土坝如不设横缝，难免会出现裂缝，美国早期修建的几座未设横缝的大中型碾压混凝土坝均出现较大裂缝而不得不进行修补。

2. 碾压混凝土温度控制标准

由于碾压混凝土胶凝材料用量少，极限拉伸值一般比常态混凝土小，其自身抗裂能力比常态混凝土差，因此其温差标准比常态混凝土严。DL5104—1999《混凝土重力坝设计规范》规定，当碾压混凝土28天极限拉伸值不低于0.70×1014时，碾压混凝土坝基础容许温差见表4-24。对于外部无常态混凝土或侧面施工期暴露的碾压混凝土浇筑块，其内外温差控制标准一般在常态混凝土基础上加2～3℃。

表 4－24　　　　　　　　　碾压混凝土基础容许温差　　　　　　　　（单位：℃）

距基础面高度 h	浇筑块长边长度 L		
	30m 以下	30～70m	70m 以上
$(0～0.2) L$	18～15.5	14.5～12	12～10
$(0.2～0.4) L$	19～17	16.5～14.5	14.5～12

3. 碾压混凝土温度计算

由于碾压混凝土采用通仓薄层连续浇筑上升，混凝土内部最高温度一般采用差分法或有限元法进行仿真计算。计算时每一碾压层内竖直方向设置 3 层计算点，水平方向则根据计算机容量设置不同数量计算点。碾压混凝土因胶凝材料用量少，且掺加大量粉煤灰，其水化热温升一般较低，冬季及春秋季施工时期内部最高温度比常态混凝土低。

4. 冷却水管埋设

碾压混凝土一般采取通仓浇筑，且为保证层间胶结质量，一般安排在低温季节浇筑，不需要进行初、中、后期通水冷却，从而不需要埋设冷却水管。但对于设有横缝且需进行按缝灌浆，或气温较高，混凝土最高温度不能满足要求时，也可埋设水管进行初、中、后期通水冷却。三峡工程在碾压混凝土纵向围堰及纵堰坝身段下部碾压混凝土中均埋设了冷却水管。施工时冷却水管一般布设在混凝土面上，水管间距为 2m，开始采用挖槽埋设，此法费工、费时，效果亦不佳。之后改在施工缝面上直接铺设，用钢筋或铁丝固定间距，开仓时用砂浆包裹，推土机入仓时先用混凝土作垫层，避免履带压坏水管。一般在收仓后 24h 开始进行初期通水冷却，通水流量 18～20L/min，通水时间不少于 7 天，一般可降低混凝土最高温度 3～5℃。

5. 温控措施

碾压混凝土主要温控措施与常态混凝土基本相同，仅混凝土铺筑季节受到较大限制，由于碾压混凝土属干硬性混凝土，用水量少，高温季节施工时表面水分散发后易干燥而影响层间胶结质量，故而一般要求在低温季节浇筑。

五、施工缝面处理

常用的层面处理设备是高压冲毛机、刷毛机。

正常施工缝一般在混凝土收仓后 10h 左右用压力水冲毛，清除混凝土表面的浮浆，高压冲毛机的水压力一般可达 0.3～0.5MPa。局部层面冲毛机难处理到的部位可以采用电动刷毛机进行层面补充刷毛处理，以露出粗砂粒和小石为准。

施工过程中因故中止或其它原因造成层面间歇时间超过设计允许间歇时间时，视间歇时间的长短采用不同的处理方法。对于间歇时间较短，碾压混凝土未终凝的施工缝面，可将层面松散物和积水清除干净，铺一层 2～3cm 厚的砂浆后，继续进行下一层碾压混凝土摊铺、碾压作业；对于已经终凝的碾压混凝土施工缝，一般按正常工作缝处理。

第一层碾压混凝土摊铺前，砂浆铺设随碾压混凝土铺料进行，不得超前，保证在砂浆初凝前完成碾压混凝土的铺筑。碾压混凝土层面铺设的砂浆应有一定坍落度。

六、施工质量控制

影响碾压混凝土坝施工质量的因素主要有碾压时拌合料的干湿度，卸料、平仓、碾压的质量控制以及碾压混凝土的养护和防护等。

1. 碾压时拌合料干湿度的控制

碾压混凝土的干湿度一般用 V_C 值来表示。V_C 值太小表示拌合太湿，振动碾易沉陷，难以正常工作。V_C 值太大表示拌合料太干，灰浆太少，骨料架空，不易压实。但混凝土入仓料的干湿又与气温、日照、辐射、湿度、蒸发量、雨量、风力等自然因素相关，碾压时难以控制。现场 V_C 值的测定可以采用 V_C 仪或凭经验手感测定。

在碾压过程中，若振动碾压 3～4 遍后仍无灰浆泌出，混凝土表面有若干条状裂纹出现，甚至有粗骨料被压碎现象，则表明混凝土料太干；若振动碾压 1～2 遍后，表面就有灰浆泌出，有较多灰浆粘在振动碾上，低挡行驶有陷车情况，则表明拌合料太湿。在振动碾压 3～4 遍后，混凝土表面有明显灰浆泌出，表面平整、润湿、光滑，碾滚前后有弹性起伏现象，则表明混凝土料干湿适度。

2. 卸料、平仓、碾压中的质量控制

卸料、平仓、碾压，主要应保证层间结合良好。卸料、铺料厚度要均匀，减少骨料分离，使层内混凝土料均匀，以利充分压实。卸料、平仓、碾压的质量要求与控制措施是：

（1）要避免层间间歇时间太长，防止冷缝发生。

（2）防止骨料分离和拌合料过干。

（3）为了减少混凝土分离，卸料落差不应大于 2m，堆料高不大于 1.5m。

（4）入仓混凝土及时摊铺和碾压。

（5）常态混凝土和碾压混凝土结合部的压实控制，无论采用"先碾压后常态"还是"先常态后碾压"或两种混凝土同步入仓，都必须对两种混凝土结合部重新碾压。由于两种料的初凝时间相差可达 4h，除应注意接缝面外，还应防止常态混凝土水平层面出现冷缝。应对常态混凝土掺高效缓凝剂，使两种材料初凝时间接近，同处于塑性状态，保持层面同步上升，以保证结合部的质量。

（6）每一碾压层至少在 6 个不同地点，每 2h 至少检测一次。压实密度可采用核子水分密度仪、谐波密实度计和加速度计等方法检测，目前较多采用挖坑填砂法和核子水分密度仪法进行检测。

3. 碾压混凝土的养护和防护

（1）碾压混凝土浇筑后必须养护，并采用恰当的防护措施，保证混凝土强度迅速增长，达到设计强度。

（2）从施工组织安排上应尽量避免夏季和高温时刻施工。

学 习 检 测

一、名词解释

超径、逊径、冷缝、滑模、施工缝

二、填空题

1. 模板的作用主要是对新浇塑性混凝土起（　　　　）和（　　　　），同时对混凝土表面质量起着（　　　　）和（　　　　）作用。

2. 骨料筛分是把混合原料按设计和施工对（　　）进行分级。

3. 振捣是混凝土浇筑过程中的（　　）工序。

4. 通仓浇筑混凝土可省去接缝灌浆，节省模板，加快进度，缩短工期，但必须有（　　）措施。

5. 钢筋加工前应作（　　）试验。

6. 水利工程中常用的焊接方法是（　　）、（　　）、点焊。

7. 混凝土的自由下落高度不宜大于（　　），超过该高度者应采取缓降措施，以免混凝土分离。

8. 养护不良的混凝土，因水泥中（　　）未以能充分产生，使混凝土组织松散，透水性增加并影响混凝土（　　）的发展。

三、选择题

1. 某钢筋混凝土结构的钢筋是按构造配置的，出现供料型号不同时，应按（　　）代换钢筋。

    A. 等强度　　　　　　B. 等弯矩　　　　　　C. 等面积

2. 电阻点焊用于（　　）。

    A. 对头焊接　　　　　B. 搭接焊接　　　　　C. 交叉焊接

3. 对于水利工程中的闸墩和溢流面混凝土，一般使用（　　）模板。

    A. 固定式　　　　　　B. 拆移式　　　　　　C. 滑动式

4. 大体积混凝土施工，模板一般采用（　　）。

    A. 木模板　　　　　　B. 钢模板　　　　　　C. 混凝土模板

5. 颚式破碎机用于对石料进行（　　）。

    A. 粗碎或中碎　　　　B. 中碎或细碎　　　　C. 细碎

6. 超径是骨料筛分中，筛下某一级骨料中夹带的（　　）该级骨料规定粒径范围上限的粒径。

    A. 小于　　　　　　　B. 大于　　　　　　　C. 等于

7. 强制式混凝土拌和机适用于拌和（　　）。

    A. 干硬性混凝土　　　B. 普通混凝土　　　　C. 高流态混凝土

8. 混凝土浇筑中，如果层间间歇时间不超过混凝土初凝时间，应采用（　　）。

    A. 阶梯浇筑法　　　　B. 平层浇筑法　　　　C. 斜层浇筑法

9. 塑性混凝土一般在浇筑完毕后（　　）h开始洒水养护。

    A. 3～5　　　　　　　B. 6～18　　　　　　C. 19～24

10. 当日平均气温在（　　）以下时，混凝土施工必须采取冬季施工措施。

    A. −5℃　　　　　　　B. 0℃　　　　　　　C. 5℃

11. 碾压混凝土施工一般采取（　　）浇筑。

    A. 竖向分块法　　　　B. 错缝分块法　　　　C. 通仓薄层连续

四、问答题

1. 绘出钢筋加工工艺流程图。

2. 钢筋的代换方法有哪几种？

3. 钢筋的调直方法有哪些？钢筋调直应符合哪些质量要求？

4. 钢筋安装质量控制的基本内容有哪些？

5. 对模板的基本要求是什么？

6. 模板的作用有哪些？对模板有什么要求？

7. 模板有哪些基本类型？试论述各自特点。

8. 模板安装、拆除的程序是怎样的？包括哪些内容？

9. 在浇筑混凝土前，为什么要对施工缝进行处理？

10. 骨料筛分中主要质量问题的控制标准是什么？

11. 混凝土施工准备工作有哪些？

12. 混凝土冬季施工的一般要求有哪些？冬季施工措施有哪些？

五、论述题

1. 如何进行混凝土骨料的加工与储存？

2. 混凝土运输的基本要求是什么？

3. 简述碾压混凝土优缺点和施工工艺。

第五章 地基工程施工

内容摘要：本章主要介绍地基的种类、基坑开挖的施工方法和要求、地基处理的施工方法和工艺程序。

学习重点：软基与岩石地基坑的开挖方法；软基、岩基处理方法和要求；岩基和砂砾石地基灌浆施工程序、工艺、方法和质量要求。

水工建筑的地基一般分为软土地基、岩石地基和砂砾石地基。由于天然地基往往存在一些不同程度、不同形式的缺陷，需要经过人工处理，使地基具有足够的强度、整体性、抗渗性和耐久性。

由于天然地基复杂多样，不同的建筑物对地基要求各不相同，因此，不同的地质条件、不同的建筑物形式，要求采用不同的处理措施和方法。

第一节 土基开挖与处理

软土地基开挖的施工方法与一般土方开挖方法相同，由于地基的施工条件比较特殊，常会遇到下述难工，应采取相应的措施，确保开挖工作顺利进行。

一、软基开挖

1. 淤泥

淤泥的特点是颗粒细、水分多、人无法立足，应视情况不同分别采取措施。

（1）稀淤泥。稀淤泥的特点是含水量高、流动性大、此挖彼来、装筐易漏。当稀淤泥较薄、面积较小时，可将干砂倒入，进占挤淤，形成土埝，可在土埝上进行挖运作业；如面积大，要同时填筑多条土埝，分区治理，以防乱流；若淤泥深度大、面积广，可将稀泥分区围埝，分别排入附近挖好的深坑内。

（2）烂淤泥。烂淤泥的特点是淤泥层较厚、含水量较小、黏稠、锹插难拔、粘锹不易脱离。为避免粘锹，挖前先将锹蘸水，也可用三股钗或五股钗代替铁锹。为解决立足问题，采取一点突破，此法自坑边沿起，集中力量突破一点，一直挖到硬土上，再向四周扩展；或者采用苇排铺路法，即将芦席扎成捆枕，每三枕用桩连成苇排，铺在烂泥上，人在苇排上挖运。

（3）夹砂淤泥。夹砂淤泥的特点是淤泥中有一层或几层夹砂层。如果淤泥厚度较大，可采用前面之法挖除；如果淤泥层很薄，先将砂面晾干，能站人时，方可进行，开挖时连同下层淤泥一同挖除，露出新砂面。切勿将夹砂层挖混，造成开挖困难。

2. 流砂

采用明式排水开挖基坑时，由于形成了较大的水力坡降，造成渗流挟带细砂从坑底上冒，或在边坡上形成管涌、流土等现象，即为流砂。流砂现象一般发生在非黏性土中，主要与砂土的含水量、孔隙率、黏粒含量和动水压力的水力坡度有关，在细砂、中砂中常发生，也可能在粗砂中发生。治理流砂主要是解决好"排"与"封"的问题："排"即及时将流砂层中的水排出，降低含水量和水力坡度；"封"即将开挖区的流砂封闭起来。如坑底翻砂冒水，可在较低的位置挖沉砂坑，将竹筐或柳条筐沉入坑底，水进筐内而砂被阻于其外，然后将筐内水排走。对于坡面流砂，当土质允许，流砂层又较薄（一般为 4～5m）时，可采用开挖方法，一般放坡为 1：4～1：8，但这要扩大开挖面积，增加工程量。因此，基坑开挖中，常采取以下措施进行治理。

当挖深不大、面积较小时，可以采取护面措施。做法如下：

（1）砂石护面。在坡面上先铺一层粗砂，再铺一层小石子，各层厚 5～8cm，形成反滤层。坡脚挖排水沟，做同样的反滤层，既防止渗水流出时挟带泥沙，又防止坡面径流冲刷，如图 5-1 所示。

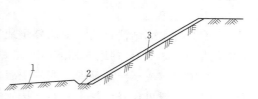

图 5-1 砂石护面
1—水闸基坑；2—排水沟；3—砂石护面

（2）柴枕护面。在坡面上铺设爬坡式柴枕，坡脚设排水沟，沟底及两侧均铺柴枕，以起到滤水拦砂的作用。如图 5-2 所示，一定距离打桩加固，防止柴枕下坍移动。

当基坑坡面较长、基坑挖深较大时，可采用柴枕拦砂法处理，如图 5-3 所示。其做法是：在坡面渗水范围的下侧打入木桩，桩内叠铺柴枕。

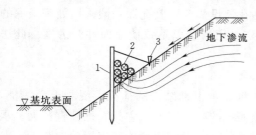

图 5-2 柴枕护面
1—木桩；2—柴枕；3—小木桩

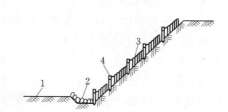

图 5-3 柴枕拦砂
1—基坑；2—排水沟；3—柴枕；4—钎枕桩

3. 泉眼治理

泉眼产生的原因是基坑排水不畅，致使地下水从局部穿透薄弱土层，流出地面，或地基深层的承压水被击穿。发生的地点一般在地质钻孔处。如泉眼流出的水为清水，只需将流水引向集水井，排出基坑外；如泉眼流出的是浑水，则抛铺粗砂和石子各一层，经过滤变为清水流出，再引向集水井，排出基坑外；如泉眼位于建筑物底部，先在泉眼上铺设砂石反滤层，用插入的铁管将泉水引出混凝土之外，浇筑混凝土，最后用较干的水泥砂浆将排水管堵塞。

二、软土地基处理

软土地基承载力低，沉陷量大。处理方法按其原理不同，可分为置换、夯实、排水、固结等几种类型。

1. 挖除置换法

当地基软弱层厚度不大时，可全部挖除，并换以砂土、黏土、壤土或砂壤土等回填夯实，回填时应分层夯实，严格掌握压实质量。这种方法用于软土层在 2～3m 以内，较为经济。

2. 强夯法

当地基软土层厚度不大时，可以不开挖，采用强夯法处理。强夯法是采用履带式起重机，配缓冲装置、自动脱勾器、夯锤等配件，锤重 10t，落距 10m。可以省去大挖大填，有效深度可达 4～5m。

3. 砂井预压法

又称为排水固结法，为了提高软土地基的承载能力，可采用砂井预压法。砂井直径一般多采用 20～30cm，井距采用 6～10 倍井径，常用范围为 2～4m。

井深主要取决于土层情况。当软土层较薄时，砂井宜贯穿软土层；当软土层较厚且夹有砂层时，一般可设在砂层上，软土层较厚又无砂层时，或软土层下有承压水时，则不应打穿。一般砂井深度以 10～20m 为宜。

砂井顶部应设排水砂垫层，以连通各砂井并引出井中渗水。当砂井工程结束后，即开始堆积荷载预压。预压荷载一般为设计荷载的 1.2～1.5 倍，但不得超过当时的基土承载能力。

4. 深孔爆破加密法

深孔爆破加密法就是利用人工进行深层爆破，使饱和松砂液化，颗粒重新排列组合成为结构紧密、强度较高的砂。施工时在砂层中钻孔埋设炸药，其孔深一般采用处理层深的 2/3，炮孔间距与爆破顺序，宜通过现场试验确定，用药量以不致使地面冲开为度。此法适用于处理松散饱和的砂土地基。

5. 混凝土灌注桩

软土地基承载能力小时，可采用混凝土灌注桩支承上部结构的荷载。混凝土灌注桩，是在现场造孔达到设计深度后在孔内浇注混凝土而成的桩。因此，它具有桩柱直径大、承载力强，且可根据桩身内力大小配筋以节约钢材等优点。但该法可能产生缩颈、断桩、夹土和混凝土离析等事故，应设法防止。

6. 振动水冲法

振动水冲法是用一种类似插入式混凝土振捣器的振冲器（见图 5-4），在土层中振冲造孔，并以碎石或砂砾填成碎石或砂砾桩，达到加固地基的一种方法。这种方法不仅适用于松砂地基，也可用于黏性土地基，因碎石桩承担了大部分传递荷载，同时又改善了地基排水条件，加速了地基的固结，提高了地基的承载能力。一般碎石桩的直径为 0.6～1.1m，桩距视地质条件在 1.2～2.5m 范围内选择。采用此法时必须有充足的水源。

7. 旋喷法

旋喷法是利用旋喷机具造成旋喷桩以提高地基的承载能力。也可以作联锁桩施工或定向喷射成连续墙，用于地基防渗。旋喷法适用于砂土、黏性土、淤泥等地基的加固，对砂卵石（最大粒径不大于20cm）的防渗也有较好的效果。

旋喷法的一般施工程序为：孔位定点并埋设孔口管→钻机就位→钻孔至设计深度→旋喷高压浆液或高压水气流与浆体，同时提升旋喷管，直至桩顶高程→向桩中空穴进行低压注浆，起拔孔口管→转入下一孔位施工。

钻孔可以采用旋转、射水、振动或锤击等多种方法进行。旋喷管可以随钻头一次钻到设计孔深，接着自下而上进行旋喷，也可先行钻孔，终孔后下入旋喷管。

喷射方法有单管法、二重管法和三重管法。

（1）单管法。喷射水泥浆液或化学浆液，主要施工机具有高压泥浆泵、钻机、单旋喷管，成桩直径0.3～0.8m。

（2）二重管法。高压水泥浆液（或化学浆液）与压缩空气同轴喷射。主要施工机具有高压泥浆泵、钻机、空压机、二重旋喷管，成桩直径介于单管法和三重管法之间。

（3）三重管法。高压水、压缩空气和水泥浆液（或化学浆液）同轴喷射。主要施工机具有高压水泵、钻机、空压机、泥浆泵、三重旋喷管，成桩直径1.0～2.0m。

目前我国旋喷法使用的浆液一般以单液水泥浆为主，水灰比（重量比）为1∶1或1.5∶1.0。根据需要也可适量加入外加剂，以达到减缓浆液沉淀、速凝、缓凝、抗冻等目的。

旋喷法为高压施工，施工时应注意以下事项：

（1）管路。旋转活接头和喷嘴等必须拧紧，做到安全密封；高压水泥浆液、高压水和压缩空气各管路系统均应不堵、不漏、不串。设备系统安装后，必须经过运行试验，试验压力要达到工作压力的1.5～2.0倍。

（2）旋喷管进入预定深度后，应先进行试喷，待达到预定压力、流量后，再提升旋喷。如中途发生故障，应立即停止提升和旋喷，以防止桩体中断。

（3）旋喷结束后要进行压力注浆，以补填桩柱凝结收缩后产生的顶部空穴。

（4）旋喷水泥浆液必须严格过滤，防止水泥结块和杂物堵塞喷嘴及管路。

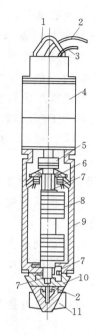

图5-4 振冲器构造示意图
1—吊具；2—水管；3—电缆；4—电动机；5—联轴器；6—轴；7—轴承；8—偏心块；9—壳体；10—头部；11—叶片

第二节 岩基开挖与处理

一、岩基开挖

岩基开挖就是按照设计要求，将风化、破碎和有缺陷的岩层挖除，使水工建筑物建在完整坚实的岩石面上。开挖的工程量往往很大，从几万立方米到几十万立方米，甚至上千万立方米，需要投入大量的人力、资金和设备，占用很长的工期。因此，选择合理的开挖方法和措施，保证开挖的质量，加快开挖的速度，确保施工的安全，对于加快整个工程的建设具有重要的意义。

1. 开挖前的准备工作

（1）熟悉基本资料：详细分析坝址区的工程地质和水文地质资料，了解岩性，掌握各种地质缺陷的分布及发育情况。

（2）明确水工建筑物设计对地基的具体要求。

（3）熟悉工程的施工条件和施工技术水平及装备力量。

（4）业主、地质、设计、监理等人员共同研究，确定适宜的地基开挖范围、深度和形态。

2. 坝基开挖注意事项

坝基开挖是一个重要的施工环节，为保证开挖的质量、进度和安全，应解决好以下几个方面的问题：

（1）做好基坑排水工作。在围堰闭气后，立即排除基坑积水及围堰渗水，布置好排水系统，配备足够的排水设备，边开挖基坑，边排水，降低和控制水位，确保开挖工作不受水的干扰。

（2）合理安排开挖程序。由于受地形、时间和空间的限制，水工建筑物基坑开挖一般比较集中，工种多，安全问题比较突出。因此，基坑开挖的程序，应本着自上而下，先岸坡，后河槽的原则。如果河床很宽，也可考虑部分河床和岸坡平行作业，但应采取有效的安全措施。无论是河床还是岸坡，都要由上而下，分层开挖，逐步下降，如图5-5所示。

（3）选定合理的开挖范围和形态。基坑开挖范围，主要取决于水工建筑物的平面轮廓，还要满足机械的运行、道路的布置、施工排水、立模与支撑的要求。放宽的范围一般从几米到十几米不等，由实际情况而定。开挖以后的基岩面，要求尽量平整，并尽可能略向上游倾斜，高差不宜太大，以利于水工建筑物的稳定。要避免基岩有尖突部分和应力集中，开挖形态如图5-6所示。

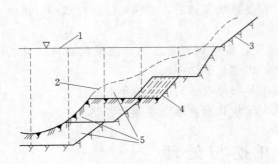

图5-5 坝基开挖程序

1—坝顶线；2—原地面线；3—安全削坡；

4—开挖线；5—开挖层

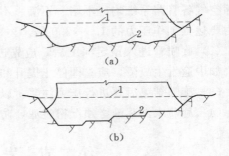

图5-6 坝基开挖形态

(a) 锯齿形；(b) 台阶形

1—原基岩面；2—基岩开挖面

（4）正确地选择开挖方法，保证开挖质量。岩基开挖的主要方法是钻孔爆破法，应采用分层梯段松动爆破；边坡轮廓面开挖，应采用预裂爆破或光面爆破；紧邻水平建基面，应预留岩体保护层，并对保护层进行分层爆破。

开挖偏差的要求为：对节理裂隙不发育、较发育、发育和坚硬、中硬的岩体，水平建基面高程的开挖偏差，不应大于±20cm；设计边坡轮廓面的开挖偏差，在一次钻孔深度条件下开挖时，不应大于其开挖高度的±2%；在分台阶开挖时，其最下部一个台阶坡脚位置的偏差，以及整体边坡的平均坡度，均应符合设计要求。

保护层的开挖是控制基岩质量的关键，其要点是：分层开挖，梯段爆破，控制一次起爆药量，控制爆破震动影响。对于建基面1.5m以上的一层岩石，应采用梯段爆破，炮孔装药直径不应大于40mm，手风钻钻孔，一次起爆药量控制在300kg以内；保护层上层开挖，采用梯段爆破，控制药量和装药直径；中层开挖控制装药直径小于32mm，采用单孔起爆，距建基面0.2m厚度的岩石，应进行撬挖。

边坡预裂爆破或光面爆破的效果应符合以下要求：在开挖轮廓面上，残留炮孔痕迹应均匀分布，对于节理裂隙不发育的岩体，炮孔痕迹保存率应达到80%以上，对节理裂隙较发育和发育的岩体，应达到50%～80%，对节理裂隙极发育的岩体，应达到10%～50%；相邻炮孔间岩面的不平整度，不应大于15cm；预裂炮孔和梯段炮孔在同一个爆破网络中时，预裂孔先于梯段孔起爆的时间不得小于75～100ms。

二、岩基处理

对于表层岩石存在的缺陷，采用爆破开挖处理。当基岩在较深的范围内存在风化、节理裂隙、破碎带及软弱夹层等地质问题时，开挖处理不仅困难，而且费用太高，须采取专门的处理措施。

1. 断层破碎带处理

断层是岩石或岩层受力发生断裂并向两侧产生显著位移，常常出现破碎发育岩体，形成断层破碎带，长度和深度较大，强度、承载能力和抗渗性不能满足设计要求，必须处理。

对于宽度较小的表层断层破碎带，采用明挖换基方法，将破碎带一定深度两侧的破碎风化的岩石清除，回填混凝土，形成混凝土塞。

对于埋深较大且为陡倾角断层破碎带，在断层出露处回填混凝土，形成混凝土塞（取断层宽度的1.5倍），必要时可沿破碎带开挖斜井和平洞，回填混凝土，与断层相交一定长度，组成抗滑塞群，并有防渗帷幕穿过，组成混合结构，如图5-7所示。

2. 软弱夹层处理

软弱夹层是指基岩出现层面之间强度较低、已泥化或遇水容易泥化的夹层，尤其是缓倾角软弱夹层，处理不当会对坝体稳定带来严重影响。

对于陡倾角软弱夹层，如果没有与上下游

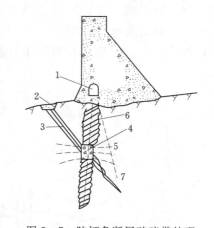

图5-7 陡倾角断层破碎带处理
1—灌浆廊道；2—混凝土塞；3—断层破碎带；
4—水平混凝土塞；5—固结灌浆；
6—帷幕灌浆；7—排水孔

河水相通，可在断层入口进行开挖，回填混凝土，提高地基的承载力；如果夹层与库水相通，除对坝基范围内的夹层进行开挖回填混凝土外，还要对夹层入渗部位进行封闭处理；对于坝肩部位的陡倾角软弱夹层，主要是防止不稳定岩石塌滑，进行必要的锚固处理。

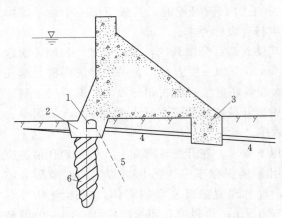

图 5-8 缓倾角夹层处理

1—灌浆廊道；2—上游齿槽；3—下游齿槽；
4—软弱夹层；5—排水孔；6—灌浆帷幕

对于缓倾角软弱夹层，如果埋藏不深，开挖量不是很大，最好的办法是彻底挖除；如夹层埋藏较深，当夹层上部有足够的支撑岩体能维持基岩稳定时，可只对上游夹层进行挖除，回填混凝土，进行封闭处理。如图 5-8 所示。

3. 岩溶处理

岩溶是可溶性岩层（石灰岩、白云岩）长期受地表水或地下水溶蚀作用产生的溶洞、溶槽、暗沟、暗河、溶泉等现象。这些地质缺陷削弱了地基承载力，形成了漏水通道，危及水工建筑物的正常运行。由于岩溶情况比较复杂，应查清情况，分别处理。对于坝基表层或埋藏较浅的溶槽等，进行开挖、清除冲洗后，用混凝土塞填；对于大裂隙破碎岩溶地段，采取群孔水气冲洗，高压灌浆；对于有松散物质的大型溶洞，可对洞内进行高压旋喷灌浆，使充填物与浆液混合胶固，形成若干个旋喷桩，连成整体后，可有效提高承载力和抗渗性。

4. 岩基锚固

对于缓倾角软弱夹层，当分布较浅、层数较多时，可设置钢筋混凝土桩和预应力锚索进行加固。在坝基范围，沿夹层自上而下钻孔或开挖竖井，穿过几层夹层，浇筑钢筋混凝土，形成抗剪桩，如图 5-9 所示。在一些工程中采用预应力锚固技术，加固软弱夹层，效果明显。其型式有锚筋和锚索，可对局部及大面积地基进行加固，如图 5-10 所示。

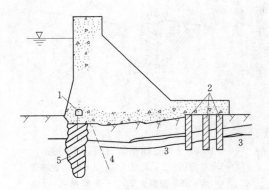

图 5-9 抗剪桩锚固地基

1—帷幕灌浆廊道；2—抗剪桩；3—软弱夹层
4—排水孔；5—灌浆帷幕

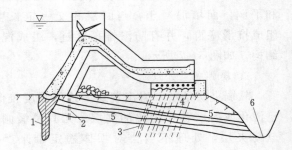

图 5-10 预应力锚索锚固

1—灌浆帷幕；2—排水孔；3—下游排水孔
4—预应力锚索；5—软弱夹层；6—冲刷坑

第三节 岩 基 灌 浆

岩基灌浆，就是把一定比例具有流动性和胶凝性的某种液体，通过钻孔压入岩层的裂隙中去，经过胶结硬化，提高岩基的强度，改善岩基整体性和抗渗性。

岩基灌浆的类型，按材料可分为水泥灌浆、黏土灌浆、沥青灌浆和化学灌浆等；按用途可分为帷幕灌浆、固结灌浆、接缝灌浆、回填灌浆和接触灌浆等。

根据不同的地层情况和灌浆材料，有各种不同的灌浆工艺。目前，常用的是常规低压灌浆方法，在微细裂隙地层一般采用超细粒的湿磨水泥灌浆或化学灌浆方法。本节主要介绍固结灌浆和帷幕灌浆两种类型。

一、固结灌浆

固结灌浆是对水工建筑物基础浅层破碎、多裂隙的岩石进行灌浆处理，改善其力学性能，提高岩石弹性模量和抗压强度。它是一种比较常用的基础处理方法，在水利水电工程施工中得到广泛应用。

固结灌浆的范围主要根据大坝基础的地质条件、岩石破碎情况、坝型和基础岩石应力条件而定。对于重力坝，基础岩石比较良好时，一般仅在坝基内的上游和下游应力大的地区进行固结灌浆；坝基岩石普遍较差，而坝又较高的情况下，则多进行坝基全面的固结灌浆。有的工程甚至在坝基以外的一定范围内，也进行固结灌浆。

（一）主要技术要求

（1）固结灌浆孔可采用风钻或其它型钻机造孔，孔位、孔向和孔深均应满足设计要求。

（2）固结灌浆应按分序、加密的原则进行。一般分为两个次序，地质条件不良地段可分为三个次序。

（3）固结灌浆宜采用单孔灌浆的方法，但在注入量较小的地段，可并联灌浆，孔数宜为两个，孔位宜保持对称。

（4）固结灌浆孔基岩段长小于 6m 时，可全孔一次灌浆。当地质条件不良或有特殊要求时，可分段灌浆。

（5）钻孔相互串浆时，可采用群孔并联灌注，孔数不宜多于 3 个。应控制压力，防止混凝土面或岩石面抬动。

（6）压水试验检查宜在该部位灌浆结束 3~7 天后进行。检查孔的数量不宜少于灌浆总孔数的 5%，孔段合格率应在 80% 以上。

（7）岩体弹性波速和静弹性模量测试，应分别在该部位灌浆结束 14 天和 28 天后进行。其孔位的布置、测试仪器的确定、测试方法、合格批标以及工程合格标准，均应按照设计规定执行。

（8）灌浆孔灌浆和检查孔检结束后，应排除孔内积水和污物，采用压力灌浆法或机械压浆法进行封孔，并将孔口抹平。

（二）灌浆施工工艺

1. 钻孔的布置

（1）无混凝土盖重固结灌浆，钻孔的布置有规则布孔和随机布孔两组。规则布孔形式有梅花形和方格形布孔两种，如图 5-11、图 5-12 所示。

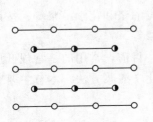

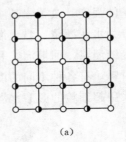

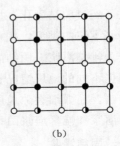

图 5-11　梅花形布孔

图 5-12　方格形布孔

（2）有混凝土盖重固结灌浆，钻孔布置按方格形和六角形布置，如图 5-12、图 5-13 所示。

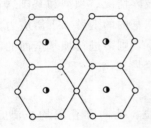

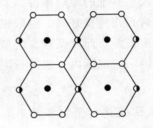

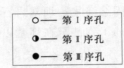

○—— 第 I 序孔
◐—— 第 Ⅱ 序孔
●—— 第 Ⅲ 序孔

图 5-13　六角形布孔

（3）固结灌浆孔的特点为"面、群、浅"。

2. 固结灌浆钻孔

钻孔方法要考虑孔深情况。固结灌浆孔的深度一般是根据地质条件、大坝的情况以及基础应力的分布等多种条件综合考虑而定的。固结灌浆孔依据深度的不同可分为以下三类：

（1）浅孔固结灌浆。是为了普遍加固表层岩石，固结灌浆面积大、范围广。孔深多为 5m 左右。可采用风钻钻孔，全孔一次灌浆法灌浆。

（2）中深孔固结灌浆。是为了加固基础较深处的软弱破碎带以及基础岩石承受荷载较大的部位。孔深 5～15m，可采用大型风钻或其它钻孔方法，孔径多为 50～65mm。灌浆方法可视具体地质条件采用全孔一次灌浆或分段灌浆。

（3）深孔固结灌浆。在基础岩石深处有破碎带或软弱夹层，裂隙密集且深，而坝又比较高，基础应力也较大的情况下，常需要进行深孔固结灌浆。孔深 15m 以上。常用钻机进行钻孔，孔径多为 75～91mm，采用分段灌浆法灌浆。

3. 钻孔冲洗及压水试验

（1）钻孔冲洗。固结灌浆施工，钻孔冲洗十分重要，特别是在地质条件较差、岩石破碎、含有泥质充填物的地带，更应重视这一工作。冲洗的方法有单孔冲洗和群孔冲洗两种。固结灌浆孔应采用压力水进行裂隙冲洗，直至回水清净时止，冲洗压力可为灌浆压力的 80%。地质条件复杂，多孔串通以及设计对裂隙冲洗有特殊要求时，冲洗方法宜通过现场灌浆试验或由设计确定。

（2）压水试验。固结灌浆孔灌浆前的压水试验应在裂隙冲洗后进行，试验孔数不宜少于总孔数的 5%，选用一个压力阶段，压力值可采用该灌浆段灌浆压力的 80%（或 100%）。压水的同时，要注意观测岩石的抬动和岩面集中漏水情况，以便在灌浆时调整灌浆压力和浆液浓度。

4. 灌浆施工

（1）固结灌浆施工时间及次序。固结灌浆，工程量也常较大，是筑坝施工中一个必要的工序。固结灌浆施工最好是在基础岩石表面浇筑有混凝土盖板或有一定厚度的混凝土，且在已达到其设计强度的 50% 后进行。

固结灌浆施工的特点是"围、挤、压"，就是先将灌浆区圈围住，再在中间插孔灌浆挤密，最后逐序压实。这样易于保证灌浆质量。固结灌浆的施工次序必须遵循逐渐加密的原则。先钻灌第Ⅰ次序孔，再钻灌第Ⅱ次序孔，依次类推。这样可以随着各次序孔的施工，及时地检查灌浆效果。

（2）固结灌浆施工方法。固结灌浆施工以一台灌浆机灌一个孔为宜。必要时可以考虑将几个吸浆量小的灌浆孔并联灌浆，严禁串联灌浆，并联灌浆的孔数不宜多于 4 个。

固结灌浆宜采用循环灌浆法。可根据孔深及岩石完整情况采用一次灌浆法或分段灌浆法。

（3）灌浆压力。灌浆压力直接影响着灌浆的效果，在可能的情况下，以采用较大的压力为好。但浅孔固结灌浆受地层条件及混凝土盖板强度的限制，往往灌浆压力较低。

一般情况下，浅孔固结灌浆压力，在坝体混凝土浇筑前灌浆时，可采用 0.2～0.5MPa，浇筑 1.5～3m 厚混凝土后再灌浆时，可采用 0.3～0.7MPa。在地质条件差或软弱岩石地区，根据具体情况还可适当降低灌浆压力。深孔固结灌浆时，各孔段的灌浆压力值可参考帷幕灌浆孔选定压力的方法来确定。

固结灌浆过程中，要严格控制灌浆压力。循环式灌浆法是通过调节回浆流量来控制灌浆压力的，纯压式灌浆法则是直接调节压入流量。固结灌浆当吸浆量较小时，可采用"一次升压法"，尽快达到规定的灌浆压力；而在吸浆量较大时，可采用"分级升压法"，缓慢地升到规定的灌浆压力。

在调节压力时，要注意岩石的抬动，特别是基础岩石的上面已浇筑有混凝土时，更要严格控制抬动，以防止混凝土产生裂缝，破坏大坝的整体性。

（4）浆液浓度变换。灌浆开始时，一般采用稀浆开始灌注，根据单位吸浆量的变化，逐渐加浓。固结灌浆液浓度的变换比帷幕灌浆简单一些。灌浆开始后，尽快地将压力升高到规定值，灌注 500～600L，单位吸浆量减少不明显时，即可将浓度加大一级。在单位吸浆量很大、压力升不上去的情况下，也应采用限制进浆量的办法。

（5）固结灌浆结束标准与封孔。在规定的压力下，当注入率不大于 0.4L/min 时，继续灌注 30min，灌浆可以结束。

固结灌浆孔封孔应采用"机械压浆封孔法"或"压力灌浆封孔法"。

(6) 固结灌浆效果检查。固结灌浆完成后，应当进行灌浆质量和固结效果的检查，检查的方法和标准应视工程的具体情况和灌浆的目的而定。经检查，不符合要求的地段，根据实地情况，认为有必要时，需加密钻孔，补行灌浆。

1) 压水试验检查。灌浆结束 3～7 天后，钻进检查孔，进行压水试验检查。采用单点法进行简易压水。当灌浆压力为 1～3MPa 时，压水试验压力采用 1MPa；当灌浆压力小于或等于 1MPa 时，压水试验压力为灌浆压力的 80%。压水检查后，应按规定进行封孔。

2) 测试孔检查。弹性波速检查、静弹性模量检查应分别在灌浆结束后 14 天、28 天后进行。

3) 抽样检查。对灌浆孔与检查孔的封孔质量宜进行抽样检查。

4) 钻孔取岩心，观察水泥结石充填及胶结情况。根据需要，对岩心也可进行必要的物理力学性能试验。

二、帷幕灌浆

对于透水性强的基岩，采用灌浆帷幕防渗效果显著。根据多年实践经验，在透水性较大地段，防渗帷幕常能使坝基幕后扬压力降低到 $0.5H$（H 为水头）左右；防渗帷幕再结合排水则可降低到 $(0.2～0.3)H$；若再采取抽排措施，扬压力将会更小。

（一）钻孔

帷幕灌浆孔呈"线、单、深"的特点。帷幕灌浆孔宜采用回转式钻机和金刚石钻头或硬质合金钻头钻进，钻孔位置与设计位置的偏差不得大于 1%。因故变更孔位时，应征得设计部门同意。孔深应符合设计规定，帷幕灌浆孔宜选用较小的孔径，钻孔孔径上下均一、孔壁平直完整；必须保证孔向准确；帷幕灌浆孔应进行孔斜测量，发现偏斜超过要求应及时纠正或采取补救措施。

垂直的或顶角小于 5°的帷幕灌浆孔，其孔底的偏差值不得大于表 5-1 中的规定。

表 5-1		钻孔孔底最大偏差值			（单位：m）
孔深	20	30	40	50	60
最大允许偏差	0.25	0.50	0.80	1.15	1.50

孔深大于 60m 时，孔底最大允许偏差值应根据工程实际情况并考虑帷幕的排数具体确定，一般不宜大于孔距。顶角大于 5°的斜孔，孔底最大允许偏差值可根据实际情况按表 5-1 中规定适当放宽，方位角偏差值不宜大于 5°。

钻孔遇有洞穴、塌孔或掉钻而难以钻进时，可先进行灌浆处理，而后继续钻进。如发现集中漏水，应查明漏水部位、漏水量和漏水原因，经处理后，再行钻进。钻进结束等待灌浆或灌浆结束等待钻进时，孔口均应堵盖，妥善保护。

钻进施工应注意的事项如下：

（1）按照设计要求定好孔位，孔位的偏差一般不宜大于 10cm，当遇到难于依照设计要求布置孔位的情况时，应及时与有关部门联系，如允许变更孔位，则应依照新的通知重新布置孔位。在钻孔原始记录中一定要注明新钻孔的孔号和位置，以便分析查用。

（2）钻进时，要严格按照规定的方向钻进，并采取一切措施保证钻孔方向正确。

（3）孔径力求均匀，不要忽大忽小，以免灌浆或压水时栓塞塞不严，漏水返浆，造成施工困难。

（4）在各钻孔中，均要计算岩心采取率。检查孔中，更要注意岩心采取率，并观察岩心裂隙中有无水泥结石及其填充和胶结的情况如何，以便逐序反映灌浆质量和效果。

（5）检查孔的岩心一般应予保留。保留时间长短，由设计单位确定，一般时间不宜过长。灌浆孔的岩心，一般在描述后再行处理，是否要有选择性地保留，应在灌浆技术要求文件中加以说明。

（6）凡未灌完的孔，在不工作时，一定要把孔顶盖住并保护，以免掉入物件。

（7）应准确、详细、清楚地填好钻孔记录。

（二）钻孔冲洗

1. 洗孔

灌浆孔（段）在灌浆前应进行钻孔冲洗，孔内沉积厚度不得超过 20cm。帷幕灌浆孔（段）在灌浆前宜采用压力水进行裂隙冲洗，直至回水清净时止。冲洗压力可为灌浆压力的 80%，该值若大于 1MPa，则采用 1MPa。

洗孔的目的是将残存在孔底岩粉和黏附在孔壁上的岩粉、铁砂碎屑等杂质冲出孔外，以免堵塞裂隙的通道口而影响灌浆质量。钻孔钻到预定的段深并取出岩心后，将钻具下到孔底，用大流量水进行冲洗，直至回水变清，孔内残存杂质沉淀厚度不超过 10～20cm 时，结束洗孔。

2. 冲洗

冲洗的目的是用压力水将岩石裂隙或空洞中所充填的松软、风化的泥质充填物冲出孔外，或是将充填物推移到需要灌浆处理的范围外，这样裂隙被冲洗干净后，利于浆液流进裂隙并与裂隙接触面胶结，起到防渗和固结作用。使用压力水冲洗时，在钻孔内一定深度需要放置灌浆塞。

冲洗有单孔冲洗和群孔冲洗两种方式。

（1）单孔冲洗。单孔冲洗仅能冲净钻孔本身和钻孔周围较小范围内裂隙中的填充物，因此此法适用于较完整的、裂隙发育程度较轻、充填物情况不严重的岩层。

单孔冲洗有以下几种方法：

1）高压水冲洗。整个过程在大的压力下进行，以便将裂隙中的充填物向远处推移或压实，但要防止岩层抬动变形。如果渗漏量大，升不起压力，就尽量增大流量，加大流速，增强水流冲刷能力，使之能挟带充填物走得远些。

2）高压脉动冲洗。首先用高压冲洗，压力为灌浆压力的 80%～100%，连续冲洗 5～10min 后，孔口压力迅速降到零，形成反向脉冲流，将裂隙中的碎屑带出。回水呈浑浊色。当回水变清后，升压用高压冲洗，如此一升一降，反复冲洗，直至回水洁净后，延续10～20min 为止。

3）扬水冲洗。将管子下到孔底，上接风管，通入压缩空气，使孔内的水和空气混合，由于混合水体的密度轻，孔内的水向上喷出孔外，孔内的碎屑随之喷出孔外。

（2）群孔冲洗。群孔冲洗是把两个以上的孔组成一组进行冲洗，可以把组内各钻孔之间岩石裂隙中的充填物清除出孔外，如图 5-14 所示。

群孔冲洗主要是使用压缩空气和压力水。冲洗时，轮换地向某一个或几个孔内压入

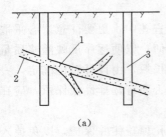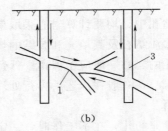

图 5-14 群孔冲洗示意图

（a）冲洗前；（b）冲洗后

1—裂隙；2—冲填物；3—钻孔

气、压力水或气水混合体，使之由另一个孔或另几个孔出水，直到各孔喷出的水是清水后停止。

（三）压水试验

压水试验应在裂隙冲洗后进行。简易压水试验可在裂隙冲洗后或结合裂隙冲洗进行。压力可为灌浆压力的 80%，该值若大于 1MPa，采用 1MPa。压水 20min，每 5min 测读一次压入流量，取最后的流量值作为计算流量，其成果以透水率表示。帷幕灌浆采用自下而上分段灌浆法时，先导孔仍应自上而下分段进行压水试验。各次序灌浆孔在灌浆前全孔应进行一次钻孔冲洗和裂隙冲洗。除孔底段外，各灌浆段在灌浆前可不进行裂隙冲洗和简易压水试验。

（四）灌浆施工

1. 灌浆方法

（1）灌浆方法按浆液的灌注流动方式分为纯压式和循环式，如图 5-15 所示。纯压式浆液全扩散到岩石的裂隙中去，不再返回灌浆桶，适用于裂隙发育而渗透性大的孔段；循

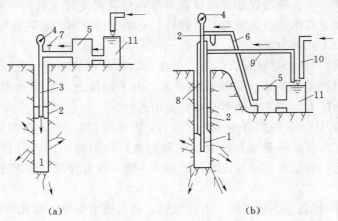

图 5-15 浆液灌注方法

（a）纯压式灌浆；（b）循环式灌浆

1—灌浆段；2—灌浆塞；3—灌浆管；4—压力表；5—灌浆泵；6—进浆管；
7—阀门；8—孔内回浆管；9—回浆管；10—供水管；11—搅拌筒

环式浆液在压力作用下进入孔段，一部分进入裂隙扩散，余下的浆液经回浆管路流回到浆液搅拌筒中去。循环式灌浆使浆液在孔段中始终保持流动状态，减少浆液中颗粒沉淀，灌浆质量高，国内外大坝岩石地基的灌浆工程大都采用此法。

（2）按灌浆孔中灌浆程序可分为一次灌浆和分段灌浆两种方法。一次灌浆用在灌浆深度不大，孔内岩性基本不变，裂隙不大而岩层又比较坚固的情况下，可将孔一次钻完，全孔段一次灌浆。

分段灌浆用在灌浆孔深度较大、孔内岩性有一定变化而裂隙又大时，因为裂隙性质不同的岩层需用不同浓度的浆液进行灌浆，而且所用的压力也不同。此外，裂隙大则吸浆量大，灌浆泵不易达到冲洗和灌浆所需的压力，从而不能保证灌浆质量。在这种情况下，可将灌浆划分为几段，分别采用自下而上或自上而下的方法进行灌浆。灌浆段长度一般保持在5m左右。

自下而上分段灌浆的灌浆孔，可一次钻到设计深度。用灌浆塞按规定段长由下而上依次塞孔、灌浆，直到孔口，如图5-16所示。此法允许上段灌浆紧接在下段结束时进行，这样可不用搬动灌浆设备，比较方便。

自上而下分段灌浆法的施工步骤见图5-17。这种方法的灌浆孔只钻到第一孔段深度后，即进行该段的冲洗、压水试验和灌浆工作。经过待凝规定时间后，再钻开孔内水泥结石，继续向下钻第二孔段，进行第二孔段的冲洗、压水试验和灌浆工作。依次反复，直到设计深度。此法的缺点是钻机需多次移动，每次钻孔要多钻一段水泥结石，同时必须等上一段水泥浆凝固后方能进行下一段的工作。其优点是：从第二孔段以下各段灌浆时可避免沿裂隙冒浆；不会出现堵塞事故；上部岩石经灌浆提高了强度，下段灌浆压力可逐步加大，从而扩大灌浆有效半径，进一步保证了质量。此外，也可避免孔壁坍塌事故。

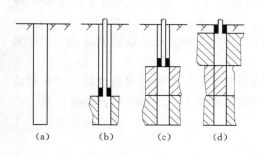 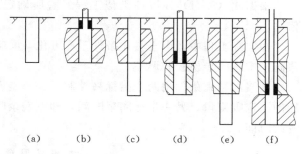

图5-16 自下而上分段灌浆
(a)钻孔；(b)第三段灌浆；(c)第二
段灌浆；(d)第一段灌浆

图5-17 自上而下分段灌浆
(a)第一段钻孔；(b)第一段灌浆；(c)第二段钻孔；
(d)第二段灌浆；(e)第三段钻孔；(f)第三段灌浆

上述分段灌浆的两种方法，如果地表岩层比较破碎，下部岩层比较完整，在一个孔位可将两种方法混合使用，即上部采用自上而下、下部采用自下而上的方法来进行灌浆。

2. 灌浆材料的选择和浆液浓度的控制

岩石地基的灌浆一般都采用水泥灌浆。水泥品种的选择及其质量要求：对无侵蚀性地下水的岩层，多选用普通硅酸盐水泥；如遇有侵蚀性地下水的岩层，以采用抗硫酸盐水泥或矾土水泥为宜。水泥的标号应大于 32.5 等级。为提高岩基灌浆的早期强度,我国坝基帷幕灌浆一般多用 42.5 等级水泥。对水泥细度的要求为水泥颗粒的粒径要小于 1/3 岩石裂隙宽度,灌浆才易生效。一般规定,灌浆用的水泥细度应能保证通过 0.08mm 孔径标准筛孔的颗粒质量不小于 85%~90%。

灌浆过程中,必须根据吸浆量的变化情况适时调整浆液的浓度,使岩层的大小裂隙既能灌满又不浪费。开始时用最稀一级浆液,在灌入一定的浆量没有明显减少时,即改为用浓一级的浆液进行灌注,如此下去,逐级变浓直到结束。

3. 灌浆压力及其控制

灌浆压力通常是指作用在灌浆段中部的压力。确定灌浆压力的原则是:在不致破坏基岩和坝体的前提下,尽可能采用比较高的压力。使用较高的压力有利于提高灌浆质量和效果,但是灌浆压力也不能过高,否则会使裂隙扩大,引起岩层或坝体的抬动变形。灌浆压力的大小与孔深、岩层性质和灌浆段上有无压重等因素有关,国内工程目前常用下式进行计算:

$$P = P_0 + MD + 9.807K\gamma h \tag{5-1}$$

式中　P——灌浆压力,Pa;

　　　P_0——基岩表层的允许压力,Pa,可由表 5-2 中查得;

　　　D——灌浆段以上岩层的厚度,m;

　　　M——灌浆段以上岩层每增加 1m 所能增加的压力,Pa/m,可由表 5-2 查得;

　　　h——灌浆孔以上压重的厚度,m;

　　　γ——压重的密度,kg/m³;

　　　K——系数,可选用 1~3。

根据式 (5-1) 或以往类似工程经验所确定的灌浆压力,只能作为事先估算的一种依据。

在实际工程中,由于具体条件千变万化,灌浆压力往往需要通过试验来确定,并在灌浆施工中进一步检验和调整。

灌浆的结束条件用两个指标来控制:一个是残余吸浆量,又称最终吸浆量,即灌到最后的限定吸浆量;另一个是闭浆时间,即在残余吸浆量的情况下,保持、设计规定压力的延续时间。

表 5-2　　　　　　　　　　　　　　　　P_0 和 M 值选用表

岩石分类	岩　　　性	$M(\times 10^5 Pa/m)$	$P_0(\times 10^5 Pa)$	常用压力($\times 10^5 Pa$)
I	具有陡倾斜裂隙、透水性低的坚固大块结晶岩、岩浆岩	2~5	3~5	40~100
II	风化的中等坚固的块状结晶岩、变质岩或大块体弱裂缝的沉积岩	1~2	2~3	15~40
III	坚固的半岩性岩石、砂岩、黏土页岩、凝灰岩、强或中等裂隙的成层的岩浆岩	0.5~1	1.5~2	5~15

岩石分类	岩　性	$M(\times 10^5 Pa/m)$	$P_0(\times 10^5 Pa)$	常用压力($\times 10^5 Pa$)
IV	坚固性差的半岩性岩石、软质石灰岩、胶结弱的砂岩及泥灰岩、裂隙发育的较坚固的岩石	0.25～0.5	0.5～1.5	2.5～5
V	松软的未胶结的泥砂土壤、砾石、砂、砂质黏土	0.15～0.25	0	0.5～2.5

注 1. 采用自下而上分段灌浆时，M 应选范围内的较小值。

2. V类岩石在外加压重情况下，才能有效地灌浆。

国内帷幕灌浆工程中，大多规定：在设计规定的压力之下，灌浆孔段的单位吸浆量小于 0.2～0.4L/min，延续 30～60min 以后，就可结束灌浆。

有的工程，由于岩层的细小裂隙过多，在高压作用下。后期吸浆量虽不大，但延续时间很长，仍达不到结束标准，且回浆有逐渐变浓的现象。这说明受灌的细小裂隙只进水不进浆，或只有细水泥颗粒灌入而粗颗粒灌不进。在这种情况下，或者改变水泥细度，或者经过两次稀释浓浆而仍达不到结束标准，确认只进水不进浆时，再延续 10～30min，就结束灌浆。

（五）回填封孔技术措施

在各孔灌浆完毕后，均应很好地将钻孔严密填实。回填材料多用水泥浆或水泥砂浆。砂的粒径不大于 1～2mm，砂的掺量一般为水泥的 0.75～2 倍。水灰比为 0.5：1 或 0.6：1。机械回填法是将胶管（或铁管）下到钻孔底部，用泵将砂浆或水泥浆压入，浆液由孔底逐渐上升，将孔内积水顶出，直到孔口冒浆为止。要注意的是软管下端必须经常保持在浆面以下。人工回填法与机械压浆回填法相同，但因浆液压力较小，封孔质量难以保证。

（六）特殊情况的处理方法

1. 灌浆中断的处理方法

（1）因机械、管路、仪表等出现故障而造成灌浆中断时，应尽快排除故障，立即恢复灌浆，否则应冲洗钻孔，重新灌浆。

（2）恢复灌浆时，如注入量较中断前减少较多，应使用开灌比级的浆液进行灌注。

（3）恢复灌浆后，若停止吸浆，可用高于灌浆压力 0.14MPa 的高压水进行冲洗而后恢复灌浆。

2. 串浆处理方法

（1）相邻两孔段均具备灌浆条件时，可同时灌浆。

（2）相邻两孔段有一孔段不具备灌浆条件，首先给被串孔段充满清水，以防水泥浆堵塞凝固，影响未灌浆孔段的灌浆质量，并用大于孔口管的实心胶塞放在孔口管上，用钻机立轴钻杆压紧。

3. 冒浆处理方法

（1）混凝土地板面裂缝处冒浆，可暂停灌浆，用清水冲洗干净冒浆处，再用棉纱堵塞。

（2）冲洗后用速凝水泥或水泥砂浆捣压封堵，再进行低压、限流、限量灌注。

4. 漏浆处理方法

（1）浆液沿延伸较远的大裂隙通道渗漏在山体周围，可采取长时间间歇（一般在 24h 以上）待凝灌浆方法灌注。如一次不行，再进行二次间歇灌注。

（2）浆液沿大裂隙通道渗漏，但不渗漏到山体周围，可采用限压、限流与短时间间歇（约 10min）灌浆。如达不到要求，可采取长时间间歇待凝，然后限流逐渐升压灌注。一般反复 1～2 次即可达到结束标准。

（七）质量检查

1. 质量评定

灌浆质量的评定，以检查孔压水试验成果为主，结合对竣工资料测试成果的分析，进行综合评定。每段压水试验吕荣值（透水率）满足规定要求即为合格。

2. 检查孔位置的布设

（1）一般在岩石破碎、断层、裂隙、溶洞等地质条件复杂的部位，注入量较大的孔段附近，灌浆情况不正常以及经分析资料认为对灌浆质量有影响的部位。

（2）检查孔在该部位灌浆结束 3～7 天后就可进行。采用自上而下分段进行压水试验，压水压力为相应段灌浆压力的 80％。检查孔数量为灌浆孔总数的 10％，每一个单元至少应布设一个检查孔。

3. 压水试验检查

坝体混凝土和基岩接触段及其下一段的合格率应为 100％，以下各段的合格率应在 90％以上；不合格段透水率值不得超过设计规定值的 10％，且不集中，灌浆质量可认为合格。

4. 抽样检查

对封孔质量定期进行抽样检查。

第四节 砂砾石地基处理

砂砾石地基空隙率大、透水性强，要进行防渗处理方可作为水工建筑物的地基。由于砂砾石是由颗粒材料组成的，对灌浆效果影响大，孔壁容易坍塌，在灌浆中需要了解和掌握地基可灌性、灌浆材料及灌浆方法。

一、砂砾石地基灌浆

1. 砂砾石地基可灌性

可灌性是指砂砾石地基能接受灌浆材料灌入程度的一种特性。影响可灌性的主要因素有地基的颗粒级配、灌浆材料的细度、灌浆压力和施工工艺等。常用以下几种指标进行评价。

（1）可灌比 M。

$$M = D_{15}/D_{85} \tag{5-2}$$

式中　D_{15}——地基砂砾颗粒级配曲线上相应于含量为 15％的粒径，mm；

　　　D_{85}——灌浆材料颗粒级配曲线上相应于含量为 85％的粒径，mm。

M 值愈大，地基的可灌性愈好。当 $M=5\sim10$ 时，可灌含水玻璃的细粒度水泥黏土浆；当 $M=10\sim15$ 时，可灌水泥黏土浆；当 $M\geqslant15$ 时，可灌水泥浆。

（2）渗透系数 K。

$$K = aD_{10}^2 \qquad\qquad (5-3)$$

式中　K——砂砾石层的渗透系数，m/s；

　　　D_{10}——砂砾石颗粒级配曲线上相应于含量为 10% 的粒径，cm；

　　　a——系数。

K 值愈大，可灌性愈好。当 $K<3.5\times10^{-4}$ m/s 时，采用化学灌浆；当 $K=(3.5\sim6.9)\times10^{-4}$ m/s 时，采用水泥黏土灌浆；当 $K\geqslant(6.9\sim9.3)\times10^{-4}$ m/s 时，采用水泥灌浆。

（3）不均匀系数 C_u。

$$C_u = D_{60}/D_{10} \qquad\qquad (5-4)$$

式中　D_{60}——砂砾石颗粒级配曲线上相应于含量为 60% 的粒径，mm；

　　　D_{10}——砂砾石颗粒级配曲线上相应于含量为 10% 的粒径，mm。

C_u 的大小反映了砂砾石颗粒不均匀的程度。当 C_u 较小时，砂砾石的密度较小，透水性较大，可灌性较好；当 C_u 较大时，透水性小，可灌性差。

实际工程中，除对上述有关指标综合分析确定外，还要考虑小于 0.1mm 颗粒含量的不利影响。

2. 灌浆材料

砂砾石地基灌浆多用于修筑防渗帷幕，防渗是主要目的。一般采用水泥黏土混合灌浆，要求帷幕幕体的渗透系数降到 $10^{-4}\sim10^{-5}$ cm/s 以下，28 天结石强度达到 0.4～0.5MPa。

浆液配比视帷幕设计要求而定，常用配比为水泥：黏土=1：2～1：4（重量比）。浆液稠度为水：干料=6：1～1：1。

水泥黏土浆的稳定性和可灌性优于水泥浆，固结速度和强度优于黏土。但由于固结较慢，强度低，抗渗抗冲能力差，多用于低水头临时建筑的地基防渗。为了提高固结强度，加快黏结速度，可采用化学灌浆。

3. 灌浆方法

砂砾石地基灌浆孔除打管外，都是铅直向钻孔，造孔方式主要有冲击钻进和回转钻进两类。地基防渗帷幕灌浆的方法可分为以下几种：

（1）打管灌浆。灌浆管由钢管、花管、锥形管头组成，用吊锤或振动沉管的方法打入砂砾石地基受灌层。每段在灌浆前，用压力水冲洗，将土、砂等杂质冲出地表或压入地层灌浆区外部。采用纯压式或自流式压浆，自下而上、分段拔管、分段灌浆，直到结束。此法设备简单，操作方便，适于覆盖层较浅、砂石松散及无大孤石的临时工程。施工程序如图 5-18 所示。

（2）套管灌浆。此法是边钻孔边下套管进行护壁，直到套管下到设计深度。然后将钻孔洗干净，下灌浆管，再拔起套管至第一灌浆段顶部，安灌浆塞，压浆灌注。自下而上、逐段拔管、逐段灌浆、直到结束，施工工艺如图 5-19 所示。

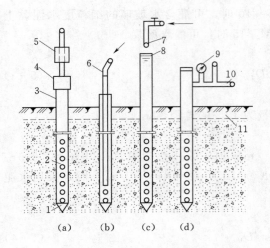
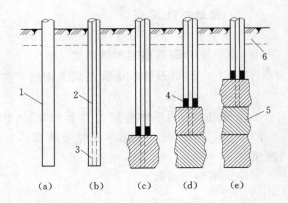

图 5-18　打管灌浆程序

(a) 打管；(b) 冲洗；(c) 自流灌浆；(d) 压力灌浆；
1—管锥；2—花管；3—钢管；4—管帽；5—打管锤；
6—冲洗用水管；7—注浆管；8—浆液面；9—压力
表；10—进浆管；11—盖重层

图 5-19　套管灌浆程序

(a) 钻孔下套管；(b) 下灌浆管；(c) 拔套管灌第一段浆；
(d) 拔套管灌第二段浆；(e) 拔套管灌第三段浆
1—护壁套管；2—灌浆管；3—花管；4—止浆塞；
5—灌浆段；6—盖重层

（3）循环灌浆。此法是一种自上而下，钻一段灌一段，无需待凝，钻孔与灌浆循环进行的灌浆方法。钻孔时需用黏土浆固壁，每个孔段长度视孔壁稳定和渗漏大小而定，一般取 1～2m。此方法不设灌浆塞，而是在孔口管顶端封闭。孔口管设在起始段上，具有防止孔口坍塌、地表冒浆，钻孔导向的作用，以提高灌浆质量，工艺过程如图 5-20 所示。

（4）预埋花管灌浆。在钻孔内预先下入带有射浆孔的灌浆花管，花管与孔壁之间的空间注入填料，在灌浆管内用双层阻浆器分段灌浆。其工艺过程为：钻孔及护壁→清孔更换泥浆→下花管和下填料→开环→灌浆，如图 5-21 所示。

一般用回转式钻机钻孔，下套管护壁或泥浆护壁；钻孔结束后，清除孔内残渣，更换新鲜泥浆；用泵灌注花管与套管空隙内的填料，边下料、边拔管、边浇筑，直到全部填满将套管拔出为止；孔壁填料待凝 5～15 天，具有一定强度后，压开花管上的橡皮圈，压裂填料形成通路，称为开环；然后用清水或稀浆灌注 5～10min，开始灌浆，完成每一排射浆孔（即一个灌浆段）的灌浆后，进行下一段开环灌浆。

二、防渗墙施工

混凝土防渗墙是修建在挡水建筑物地基透水地层中的防渗结构，是地下连续墙的一种特殊构造型式。其作用是控制地下渗流，减少渗透流量，保证建筑物地基渗透稳定，是解决深层覆盖中渗流的有效措施。我国防渗墙施工技术的发展始于 1958 年。40 余年中，防渗墙施工技术不断发展，在水利水电工程中，深度超过 40m 的防渗墙已经完成，其中小浪底防渗墙最大深度为 81.9m，表明我国的施工技术水平已经能够在复杂地基上建造防渗墙工程。防渗墙之所以能得到广泛的应用，主要是因为它结构可靠、防渗效果好、适应不同的地层条件、施工方便快速、不受地下水位影响、造价较低。

防渗墙的基本型式是槽孔型，其施工程序如图 5-22、图 5-23 所示。

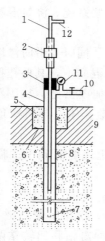

图 5-20　循环灌浆程序

1—灌浆管（钻杆）；2—钻机竖轴；3—封闭器；4—孔
口管；5—混凝土封口；6—防浆环（麻绳缠箍）；
7—射浆花管；8—孔口管下花管；9—盖重层；
10—回浆管；11—压力表；12—进浆管

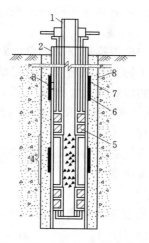

图 5-21　预埋花管灌浆程序

1—灌浆管；2—花管；3—射浆孔；4—灌
浆段；5—双栓灌浆塞；6—铅丝（防
滑环）；7—橡皮圈；8—填料

图 5-22　槽孔型防渗墙

1#、3#—一期槽孔；2#、4#—二期槽孔

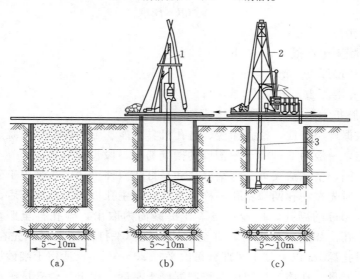

图 5-23　槽孔防渗墙施工程序

(a) 浇好段；(b) 在浇段；(c) 钻槽段

1—浇筑设备；2—钻机；3—钻杆；4—导管

179

混凝土防渗墙施工顺序主要分为准备、造孔、泥浆及泥浆系统、浇筑混凝土等。

1. 施工准备

造孔前应根据防渗墙的设计要求，做好定位、定向工作。同时要沿防渗墙轴线安设导向槽，用于防止孔口坍塌，并起钻孔导向作用。槽板一般为混凝土，其槽孔径宽一般略大于防渗墙的设计厚度，深度一般为 2.0m；松软地层应采取加固措施，加固深度一般为 5~6m，导向槽的深度宜大些。为防止地表水倒流及便于自流排浆，导向槽顶部高程应高于地面高程。

钻机轨道应平行于防渗墙的中心线；倒浆平台基础采用现浇混凝土；临时道路应畅通，并确保雨季施工。

2. 造孔

在造孔过程中，需要注入泥浆。因泥浆比重大，有黏性，防止塌壁，要求泥浆面保持在导墙顶面以下 30~50cm。造孔多用钻机进行。常用的有冲击钻和回转钻两种，工程中多用前者。槽孔孔壁应平整垂直，不应有梅花孔、小墙等；孔位偏差不大于 3cm，孔斜率不得大于 0.4%，如地层含有孤石、漂石等特殊情况，孔斜率可控制在 0.6% 以内；一、二期槽孔接头套接孔的两期孔位中心在任一深度的偏差值，不得大于设计墙厚的 1/3。造孔类型有圆孔和槽孔两种。

槽孔防渗墙由一段段厚度均匀的墙壁搭接而成。施工时先建单号墙，再建双号墙，搭接成一道连续墙。这种墙的接缝减少，有效厚度加大，孔斜的控制只在套接部位要求较高，施工进度较快，成本较低。

为了保证防渗墙的整体性，应尽量减少槽孔间的接头，尽可能采用较长的槽孔。但槽孔过长，可能影响混凝土墙的上升速度（一般要求不小于 2m/h），导致产生质量事故；需要提高拌和与运输能力，增加设备容量，不经济。所以槽孔长度必须满足以下条件，即

$$L \leqslant Q(KBv) \tag{5-5}$$

式中　L——槽孔长度，m；

　　　Q——混凝土生产能力，m³/h；

　　　B——防渗墙厚度，m；

　　　v——槽孔混凝土上升速度，m/h；

　　　K——墙厚扩大系数，可取 1.2~1.3。

槽孔长度根据地层特性、槽孔深浅、造孔机具性能、工期要求和混凝土生产能力等因素综合分析确定，一般为 5~9m。深槽墙的槽壁易塌，段长宜取小值。

根据土质不同，槽孔法又可分为钻劈法和平打法两种。钻劈法适用于砂卵石或土粒松散的土层。施工时先在槽孔两端钻孔，称为主孔。当主孔打到一定深度后，由主孔放入提砂桶，然后劈打邻近的副孔，把砂石挤落在提砂筒内取出；副孔打至距主孔底 1m 处停止，再继续钻主孔。如此交替进行，直至设计深度。平打法施工时，先在槽孔两端打主孔，主孔较一般孔深 1m 以上，中间部分每次平打 20~30cm，适用于细砂层。

为保证造孔质量，在施工过程中要控制混凝土黏度、比重、含砂量等指标，使其在允许范围内，严格按操作规程施工；保持槽壁平直，孔斜、孔位、孔宽、搭接长度、嵌入基岩深度等满足设计要求，防止钻漏、漏挖和欠钻、欠挖。造孔结束后，要做好终孔验收

工作。

造孔完毕后，对造孔质量进行全面检查，合格后，方可进行清孔换浆。清孔换浆可采用泵吸法或气举法，清孔结束 1h 后，应达到以下标准：

（1）孔底淤积厚度不大于 10cm。

（2）使用黏土浆时，孔内泥浆密度不大于 $1.30g/cm^3$，黏度不大于 30s，含砂量不大于 10％；当使用膨润土泥浆时，应根据实际情况另行确定。清孔换浆合格后，应于 4h 内开始浇筑混凝土。二期孔槽清孔换浆结束前，应清除接头混凝土端壁上的泥皮，一般采用钢丝刷子钻头进行分段刷洗，达到刷子上基本不带泥屑，孔底淤积不再增加，即为合格。

3. 泥浆及泥浆系统

建造槽孔时，孔内的泥浆具有支撑孔壁及悬浮、挟带钻渣和冷却钻具的作用。因此，要求泥浆具有良好的物理性能、流变性能、稳定性能以及抗水泥污染的能力。

根据施工条件、造孔工艺、经济技术指标等因素选择拌制泥浆的土料。优先选用膨润土。拌制泥浆的黏土，应进行物理试验、化学分析和矿物鉴定。选用黏粒含量大于 50％，塑性指数大于 20，含砂量小于 5％，二氧化硅与三氧化二铝含量的比值为 3～4 的黏土为宜。泥浆的性能指标和配合比，必须根据地层特性、造孔方法、泥浆用途，通过试验加以选定。新制的黏土浆液性能应满足表 5-3。拌制泥浆应选用新鲜洁净的淡水，必要时可进行水质分析，进行判别。按规定配合比拌制泥浆，误差值不得大于 5％。储浆池中内的泥浆应经常搅动，保持泥浆性能指标的均一。

表 5-3　　　　　　　　　　　新制黏土泥浆的性能指标

项　目	单　位	性能指标	试验仪器
密度	g/cm³	1.1～1.2	泥浆比重秤
漏斗黏度	s	18～25	500/700mL 漏斗
含砂量	％	≤5	含砂量测量筒
胶体率	％	≥96	量筒
稳定性		≤0.03	量筒、泥浆比重秤
失水量	mL/30min	<30	失水量仪
泥饼厚		2～4	失水量仪
1min 静切力	N/m²	2.0～5.0	静切力计
pH 值		7～9	pH 试纸或电子 pH 计

确定泥浆的技术指标，必须根据具体工程的地质和水文地质条件、成槽方法及使用部位等因素确定。如在松散地层中，浆液漏失严重，应选用黏度大、静切力高的泥浆；土坝加固时，为防止泥浆压力作用产生新的裂缝，宜选用密度较小的泥浆；黏土在碱性溶液中容易进行离子交换，有利于泥浆的稳定性，故选用 pH 值大于 7 的泥浆，但 pH 值过大，反而降低泥浆固壁的性能，故一般取 7～9。施工中应从以下几方面控制泥浆的质量：

（1）施工现场定时测定泥浆的密度、黏度和含砂量，在实验室内进行胶体率、失水量、静切力等项试验，以全面评价泥浆质量和控制泥浆质量指标。

（2）严格按操作规程作业。如防止砂卵石和其它杂质与制浆料相混；不允许随意掺水；未经试验的两种泥浆不允许混合使用。

（3）应做好泥浆的再生净化和回收利用，以降低成本、保护环境。根据已有工程的实践，在黏土或淤泥中成槽，泥浆可回收利用 2～3 次；在砂砾石中成槽，可回收利用 6～8 次。

泥浆系统完备与否，直接影响防渗墙造孔的质量。泥浆系统主要包括料仓、供水管路、量水设备、泥浆搅拌机、储浆池、泥浆泵以及废浆池、振动筛、旋流器、沉淀池、排渣槽等泥浆再生净化设施。泥浆系统的组成、功能及主要设施见表 5-4。

表 5-4 泥浆系统组成、功能及设施简表

项目名称			功 能	主 要 设 施	主要机械	备 注
制浆站			配制浆液	黏土料场、加工平台、供风管、排渣沟、供水管、实验室、空压机室、工具间等	泥浆搅拌机、筛分机、空压机	试验仪器
泥浆池	原浆池		浸泡黏土，储存初级泥浆	容积应满足 1～2 天造孔、总进尺用浆量需要，一般分为两室，清理淤积时，照常供浆		
	标准浆池	造孔用浆	储备造孔用泥浆	总容积可按每台冲击钻机配各 20～30m³ 估算	容积满足 1～2 天用浆	若有泵浆池时，可以考虑减少标准浆池容量
		清孔用浆	储备清孔用泥浆		容积大于一个最大槽孔体积的容量	
	回收浆池		储存回收泥浆，沉淀钻屑，使泥浆净化	容积为一个槽孔体积的 1.5～2.0 倍，也可以按每台冲击钻机配备 10～15m³ 估算		
供浆泵输浆管			供给造孔和清孔用浆	泵站及输浆管路、泥浆泵可按每台冲击钻机配备 6～12m³/h 估算	泥浆泵、输浆管	自流供浆少，要用泥浆泵
回收设施净化设施			回收泥浆，分离泥浆中的岩屑，必要时再用化学剂处理	沉淀池、集水沟网、回浆管路、泵站、机械及化学分离设备	泥浆泵、振动筛、旋流器、浆管	

4. 浇筑混凝土

防渗墙混凝土浇筑与一般的混凝土浇筑最大的不同在于它是在泥浆下进行的，所以，除满足混凝土的一般要求外，还需注意以下特殊要求：

（1）不允许泥浆和混凝土掺混，形成泥浆夹层。输送混凝土导管下口始终埋在混凝土内部，防止脱空；混凝土只能从先倒入的混凝土内部扩散，混凝土与泥浆只能始终保持一个接触面。

（2）混凝土浇筑要连续、上升要均衡。由于无法处理混凝土施工缝，因此要连续注入混凝土，均匀上升，直到全槽成墙。

（3）确保混凝土与基岩面及一、二期混凝土间结合面的质量。

防渗墙混凝土浇筑，最常用的方法是混凝土导管提升法。即沿槽孔轴线方向布置若干组导管，每组导管由若干节内径为 200～250mm 的钢管组成。除顶部和底部设数节 0.3～1.0m 的短管外，其余每节长均为 1～2m。导管顶部设受料斗，整个导管悬挂在导向槽

上，并通过提升设备升降。导管安设时，要求管底与孔底距离为 $10\sim25cm$，以便浇筑混凝土时将管内泥浆排出管外。当槽底不平、高差大于 $25cm$ 时，导管布置在控制范围的最低处。导管的间距取决于混凝土的扩散半径。间距太大，易在相邻导管间混凝土中形成泥浆夹层；间距太小，会给现场布置和施工操作带来困难。由于防渗墙混凝土坍落度一般为 $18\sim20cm$，其扩散半径为 $1.5\sim2.0m$，导管间距一般不超过 $3.5m$ 左右；一期槽孔端部混凝土，由于钻孔要套打切除，所以端部导管与孔端间距采用 0.8 $\sim1.0m$，最大不超过 $1.5m$。导管布置如图 $5-24$ 所示。

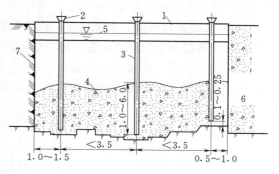

图 5-24　导管布置图（单位：m）
1—导墙；2—受料斗；3—导管；4—混凝土；
5—泥浆；6—已浇槽孔；7—未挖槽孔

混凝土浇筑中，要注意开始、中间和收尾三个阶段的施工措施。首先，应仔细检查导管形状、接头、焊缝是否符合要求，然后进行安装。开始浇筑前要在导管内放入一个直径较导管内径小的木球，再将受料斗充满水泥砂浆，借水泥砂浆的重量将管内木球压至导管底部，将管内泥浆挤出管外，连续加供混凝土，然后将导管稍微上提，使木球被挤出后浮出泥浆面，导管底端被混凝土埋住。要求管口埋入混凝土的深度不得小于 $1.0m$，也不宜大于 $6m$。在管内混凝土自重的作用下，槽孔混凝土面不断上升扩散，上升速度控制在 $2m/d$ 以内，当达到距槽口 $4\sim5m$ 时，由于导管内混凝土压力减小，混凝土扩散能力减弱，易发生堵管或夹泥浆层。此时应加强排浆与稀释，同时采取抬高漏斗等措施。混凝土浇筑结束后，槽顶应高于设计标高 $50cm$，以确保防渗墙的质量。防渗墙是隐蔽工程，施工中要及时记录，加强检查，出现问题及时处理，不留隐患。

第五节　施　工　案　例

一、安砂水电站坝基防渗与断层处理

1. 工程地质问题

安砂混凝土宽缝重力坝，最大坝高 $92m$。坝基岩石为石英砂岩，石英砾岩夹薄层千枚岩，岩性坚硬。坝址位于强烈褶皱处，受构造切割风化破碎，完整性差。断层和夹层引起滑动、沉陷，渗漏是工程的主要问题之一。断层主要有：

（1）右岸 F_{12} 顺层逆冲断层，贯穿整个右坝头，断裂张开 $0.2\sim0.4m$。

（2）左岸 10 坝段 F_{26} 断层通向水库，宽 $1.2m$。

（3）F_8 断层宽 $1\sim1.5m$。软弱夹层主要是糜棱岩化的千枚岩以及石墨、无烟煤层等，厚 $1\sim50cm$；大部分已风化，沿层间分布广，埋藏深，无法逐一挖除，一般灌浆也难以处理。夹层与水库相通，夹层两侧（接触带）是良好渗水通道。右岸存在承压水。

2. 处理措施

坝基防渗采取混凝土防渗墙下接水泥灌浆帷幕的形式。对断层作了明挖断层塞及洞挖深井、平洞回填混凝土处理。

防渗墙宽2.0m，插入两岸深度；右岸20～30m，最大35m；左岸及河床约15m。河床5、6坝段因岩石新鲜，夹层较少，改为齿槽处理。防渗墙采用分层立体开挖。每层高度约10m，各层间留有2.0m厚的分隔层，待混凝土浇筑到接近时再挖除。各层开挖用上导洞下扩或下导洞上扩法。混凝土采用90天150号，抗渗S8。与坝体系分开式连接。设有止水片。墙和岩基布置援触灌浆。防渗墙共计4254m²，石方开挖10167m³，回填漏凝土9207m³，见图5-25。

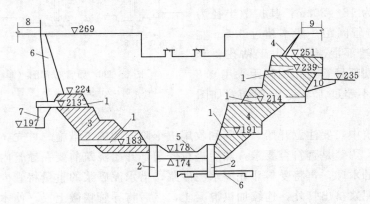

图5-25 安砂水电站坝基防渗墙、井、齿槽布置示意图
1—灌浆廊道；2—深井；3、4—左、右岸防渗墙；5—齿槽；6—煤岩处理洞；
7—F₂₆处理井；8—变通洞；9—灌浆平洞；10—断层处理洞

水泥灌浆帷幕一般为二排，河床段为三排。排距0.75m，孔距1.5m。孔深39m（墙加幕的总深约为水头的一半）。右岸切入山坡70m；左岸34m。幕前中压固结灌浆，孔深18m。灌浆压力最大取4～5倍水头值，实测25kgf/cm²。工作量共计16000m。幕后设排水孔，孔距3m，孔径ϕ110mm。孔内下花管，内径ϕ41mm，管外包扎二层棕皮，孔内壤河沙作为反滤料。

左岸10坝段F₂₆混凝土塞深2m。帷幕处防渗井，深40m。其中右侧与混凝土防渗墙衔接，右岸F₁₂沿断层面，在208m和206m高程均开挖平洞，深16m，断面2m×3m，回填混凝土，增强岩层面的抗剪能力。右坝肩单薄，在坝下高程197m和236m各设一排水洞，深57m和32m。各洞之间用排水孔连接成排水幕，确保岸坡稳定。

二、碧口水电站土石坝右岸断层灌浆处理

1. 工程地质问题

碧口水电站拦河坝为壤土心墙土石混合坝，最大坝高100m。大坝地基在河床段为厚层砂砾石覆盖层，两岸与基岩衔接。地基防渗处理主要采取墙幕结合，即混凝土防渗墙齿墙下接水泥灌浆帷幕，见图5-26。

坝基岩石为绢英千枚岩与变质凝灰岩互层。右岸陡坡有F₁、F₂断层交汇于深处，组成一贯穿性断层挤压破碎带，宽达8m。

2. 处理措施

右坝坡齿墙改为廊道，宽3.0m，高3.5m。为了加强封闭断层，在孔排距各为2.0m

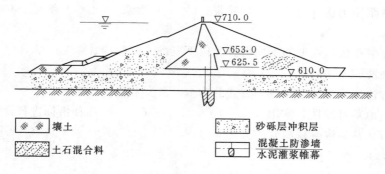

图 5-26　碧口心墙土石混合坝剖面图

的原二排水泥灌浆帷幕基础上，在断层挤压破碎带处另加一排丙凝化灌帷幕，孔距 1.0m，深度大于 26m，向岸坡延伸 20m，见图 5-27。

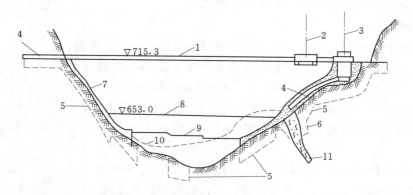

图 5-27　碧口坝基防渗处理示意图

1—防浪墙；2—过木道；3—溢洪道；4—灌浆廊道；5—水泥帷幕；6—丙凝帷幕；7—齿墙；
8、9—0.8m、1.3m 厚混凝土防渗墙顶；10—覆盖层；11—断层破碎带

丙凝化灌是在蓄水后水头为 70～90m 进行的，历时 75 天。钻 20 个孔，总进尺553.6m，其中检查孔 22.8m。总耗浆量 4800L。分二序进行。各孔段采用自上而下分段钻灌。检查孔单位吸水量均小于 0.0005L/（min·m·m），防渗能力显著提高。

学 习 检 测

一、名词

软土地基、流沙、振动水冲法、旋喷法、压水试验、岩基灌浆、固结灌浆、帷幕灌浆、砂砾石地基灌浆

二、填空题

1. 软土地基处理方法按原理不同分为（　　）、（　　）、（　　）和（　　）。

2. 基坑开挖应采取（　　）、（　　）的原则。

3. 防渗墙的基本形式是（　　）、（　　）。

4. 岩基灌浆按用途分为（　　）灌浆、（　　）灌浆、（　　）灌浆、（　　）灌浆和（　　）灌浆。

5. 固结灌浆孔依据深度的不同可分为以下三类：（　　）、（　　）、（　　）。

6. 单孔冲洗的方法有（　　）、（　　）、（　　）。

7. 灌浆方法按浆液的灌注流动方式分为（　　）和（　　）。

8. 砂砾石地基可灌性，常用（　　）、（　　）、（　　）几种指标进行评价。

9. 砂砾石地基防渗帷幕灌浆的方法有（　　）、（　　）、（　　）、（　　）。

三、判断题

1. 流沙现象一般发生在黏性土中。

2. 帷幕孔布孔特点为"线、单、深"，固结孔布孔特点为"面、群、浅"。

3. 岩基灌浆中，自下而上分段灌浆法适用于岩层较完整、裂隙较少的地区。

4. 帷幕灌浆浆液应遵循由稀到浓的原则。

四、选择题

1. 当地基软弱层厚度在 2～3m 以内，可 ES 采用（　　）处理。

　　A. 砂井预压法　　　　B. 挖除置换法　　　　C. 深孔爆破加密法

2. 旋喷法适用于（　　）、黏性土、淤泥等地基的加固。

　　A. 砂土　　　B. 岩石　　　C. 砂卵石（最大粒径大于 20cm）

3. 开挖以后的基岩面，要求尽量平整，并尽可能（　　），高差不宜太大，以利于建筑物的稳定。

　　A. 略向下游倾斜　　　B. 略向上游倾斜　　　C. 尽量平整

4. 岩基开挖的主要方法是钻孔爆破法，边坡轮廓面开挖应采用预裂爆破或（　　）。

　　A. 光面爆破　　　B. 微差爆破　　　C. 深孔爆破

5. 边坡预裂爆破时，在开挖轮廓面上，对于节理裂隙不发育的岩体，炮孔痕迹保存率应达到（　　）。

　　A. 80%以上　　　　B. 80%～50%　　　　C. 50%～10%

6. 对于缓倾角软弱夹层，如果埋藏不深，开挖量不是很大，最好的办法是（　　）。

　　A. 灌浆处理　　　B. 彻底挖除　　　C. 做锚固桩

7. 浅孔固结灌浆是为了普遍加固表层岩石，固结灌浆面积大、范围广，孔深多为（　　）。

　　A. 5m 左右　　　　B. 5～15m　　　　C. 15m 以上

8. 固结灌浆最好是在基础岩石表面浇筑有混凝土盖板，且在已达到其设计强度的（　　）后进行。

　　A. 30%　　　　B. 50%　　　　C. 80%

9. 帷幕灌浆孔宜采用回转式钻机，钻孔位置与设计位置的偏差不得大于（　　）。

　　A. 1%　　　　B. 2%　　　　C. 3%

10. 水泥灌浆应采用（　　）灌浆方式。

　　A. 纯压式　　　B. 循环式　　　C. 自流式

五、问答题

1. 天然岩基一般有哪些地质缺陷？如何处理这些缺陷？

2. 砂砾石地基灌浆方法有哪些？

3. 简述防渗墙施工的主要过程。

4. 防渗墙的混凝土浇筑有哪些特殊要求？

六、论述题

1. 固结灌浆和帷幕灌浆有什么不同？

2. 岩基灌浆的目的和种类有哪些？

第六章 拦 河 坝 工 程 施 工

内容摘要： 本章主要介绍各种拦河坝的施工程序、施工方法、工艺要求、施工设备与方案选择。

本章重点： 土石坝、面板堆石坝、混凝土坝工程施工过程；基础的处理；坝体施工的施工工艺、施工方法、施工机械、施工方案与质量要求。

水利工程建设从 20 世纪以来，发展很快，特别是在二次世界大战后，大型高效施工机械的发展和采用、坝体防渗结构和材料的改进、土力学的发展及地下工程施工技术的发展，大型振动碾及混凝土新技术和新方法的发展等促进了土石坝、钢筋混凝土面板堆石坝、混凝土坝和碾压混凝土坝的发展。

第一节 碾 压 式 土 石 坝 施 工

土石坝泛指由当地土料、石料或混合料经过抛填、碾压等方法堆筑而成的挡水坝。土石坝包括各种碾压式土坝、堆石坝和土石混合坝。当坝体材料以土和砂砾为主时，称土坝；以石渣、卵石、爆破石料为主时，称堆石坝；当两类当地材料均占相当比例时，称土石混合坝。土石坝是历史最为悠久的一种坝型。

这种坝型能根据近坝材料的特性设计坝体断面，充分利用当地土石料填筑而成，就地取材，节省钢材、水泥、木材等重要建筑材料，从而减少了建坝过程中的远途运输；坝身是土石散粒体结构，有适应变形的良好性能，因此对坝基地质条件要求不高；结构简单，便于维修和加高、扩建，施工技术简单，工序少，便于组合机械快速施工等。缺点是坝身一般不能溢流，施工导流不如混凝土坝方便，黏性土料的填筑受气候条件影响较大等。

土石坝按其施工方法可分为碾压式土石坝、水力冲填式土石坝、水中填筑土坝和定向爆破修筑拦河大坝等类型。目前，应用最为广泛的是以机械压实土石料的碾压式土石坝。结合工程应用，本节主要介绍以土料为防渗体的碾压式土石坝施工。

一、料场的选择规划和开采

土石坝施工中，料场的合理规划和使用是土石坝施工中的关键技术之一，它不仅关系到坝体的施工质量、施工工期和工程造价，甚至还会影响到当地的农林业等生产。

料场应结合坝体设计、施工对土石料物理力学性质的要求进行科学规划和选择。

一般在坝型选择阶段就应对料场进行全面调查，并配合施工组织设计，对各类料场进行积极的勘探选择，如对其地质成因、埋深、储量以及各种物理力学指标进行勘探和试验，制定料场的总体规划，分期分区开采计划，使得各种坝料有计划、有次序的开采出来，以满足坝体施工的要求。

料场可根据枢纽布置特点选择多个进行比选，土石坝至少有两个具备良好开采条件的料场。应该根据质量优良、经济、就地取材、少占用耕地的原则选择料场，料场选择规划的时候，应该注意下面几条：

(1) 适宜选择比较容易开采、储存量相对比较集中、料层比较厚、无用层以及覆盖层相对比较薄的料场，其开采量要能满足工程需用量。

(2) 在对混凝土骨料的料场进行选择时，要进行技术经济比较确定；在选用人工骨料时，比较适宜选用破碎后粒型良好而且硬度适中的料场作为料源。

(3) 应该选择储量足、覆盖层较浅、运距短的料场。料场可分布在坝址的上下游、左右岸，以便按坝不同部位、不同高程和不同施工阶段分别选用供料，减少施工干扰。

(4) 料场位置有利于布置开采设备、交通和排水等，尽量避免或减少洪水对料场的影响。

(5) 结合施工总体布置，考虑施工强度和坝体填筑部位的变化，用料规划力求近料和上游易淹没先进以及水上用料部分的料场先用，远料和下游以及水下用料部分的料场后用；低料低用，高料高用；上坝强度高时用近料场，上坝强度低时用远料场，平衡运输强度，避免上下游里用料交叉使用。含水量高的料场夏季使用，含水量低的料场冬季使用。

(6) 尽量利用挖方弃渣来填筑坝体或用人工筛分控制填料的级配，做到料尽其用。

(7) 料场规划时应考虑主料场和备用料场，以确保坝体填筑工作正常进行。施工前对料场的实际可开采总量规划时，应考虑料场调查精度，料场天然密度与坝面压实密度的差值，以及开挖与运输、雨后坝面清理、坝面返工及削坡等损失。其与坝体填筑量之比，如砂砾料为 1.5～2.0；水下砂砾料为 2.0～2.5；石料 1.2～1.5；土料 2.0～2.5；天然反滤料按筛分的有效方量考虑，一般不宜小于 3.0。在用料规划时，应使料场的总储量满足坝体总方量和施工各阶段最大上坝强度的要求。

(8) 石料场规划时应考虑与重要（构）建筑物等防爆、防震安全距离的要求。

在施工过程当中，不同的储备料场、不同的开采时间和方式，对施工工期和施工成本费用影响颇为重要，因此，在施工组织设计中，为了缩短施工工期，降低施工费用，料场的开采应注意：

(1) 开采尽量不要占用或者尽可能少占用耕地、林地以及房屋，减少补偿费用，节约施工费用；对于有环境保护和水土保持要求的，应该积极满足并做好相关保护和恢复工作；有复耕要求的，要积极地予以复耕。

(2) 施工开始之前，应该根据所在地区的水文、气象、地形以及现有交通的情况，研究开采料场的施工道路的布置，使得料场开采顺序合理并选择合适的开采开挖、运输设备，以便满足高峰时期的施工强度要求。

(3) 根据料场的储料物理力学特性、天然含水量等条件，确定主次料场，制定合理的分期、分区开采计划，力求原料能连续均衡开采使用；如果料场比较分散，上游料场应该在前期使用，近距离料场则适宜作为调剂高峰施工时采用。

（4）容易受到洪水或者冰冻的料场应该有备用储料，以便在洪水季节或冬季使用，并有相应的开采措施。

（5）在施工过程中，力求开采应使用料以及弃料的总量最小，做到开采使用相对平衡，并且弃料无隐患，满足环境保护和水土保持的要求。

在坝料的开采过程当中，还要注意排水以及辅助系统的布置等问题。如果坝料在含水率方面需要调整，一般情况下，也在料场进行干燥或者加水。总之，在料场的规划和开采中，考虑的因素很多而且又很灵活。对拟定的规划、供料方案，在施工过程中遇到不合适的要及时进行调整，以便取得最佳的技术经济效果。

二、坝基与岸坡处理

坝基与岸坡的处理，目的是为了加固坝体与基础、岸坡之间的连接，保证土填与基础、岸坡有良好的结合。对于防渗体结合部位的基础处理要求最为严格；与大坝棱体或坝壳相结合的基础的处理要求相对可以适当降低，这是因为只要满足稳定与沉降变形以及渗透稳定的要求即可。

坝基处理的施工特点：

（1）坝基和岸坡处理是坝体施工的关键工作，对工期影响比较大。

（2）施工程序收导流以及地形影响较大，河床部分施工应该在围堰保护下进行。

（3）防渗体部位的坝基和岸坡处理技术要求比较高。

（4）施工场地一般比较狭小，各工序相互干扰比较大。

对于不同坝型的土石坝，其地基有不同要求。工程中坝基很少有不做任何处理就可以满足建坝要求的天然地基。其主要内容有清基及地基处理。地基处理时主要针对工程要求及岩石、砂砾石、软黏土等不同地基情况，选用灌浆、混凝土防渗墙、振冲加密及振冲置换、预压固结、置换、反滤排水等措施，提高坝基稳定性和防止有害变形。

（一）清基和填筑前准备

清基是指坝体填筑之前，基础与岸坡表面的清理。清基就是把坝基范围内的所有草皮、树木、乱石、淤泥、腐殖土、细沙、泥炭等按设计要求全部清除。对坝区范围内的水井、泉眼、地道、洞穴以及勘测探孔、竖井、平洞、试验坑做彻底地处理，并应该通过验收。

一般技术要求如下：

（1）当土体中有机质含量较高时，土体具有抗剪强度较低和压缩性大的特性，这对土坝的稳定非常不利。一般情况下，当土体中的有机质含量大于3％、易溶盐大于3％时，都应该清除掉，做好记录备查。

（2）对于不利于坝体的动力稳定、静力稳定和渗透变形的一定范围的细沙、极细沙、淤泥应该全部清除并采取相应措施。

（3）防渗体与岸坡结合应采用斜面连接，不得清理成台阶形，不允许急剧变坡。

（4）对于坝壳范围内的岩石岸坡风化层清理深度，要依据其抗剪强度来决定，要保证坝体的稳定。

另外，由于基础与岸坡均系隐蔽工程，除了将清理后的有关资料详细记录外，还应该在隐蔽之前，经过有关各方的验收后才能开始后续施工。

在地基开挖时，应自上而下先开挖两岸岸坡，再开挖和清理河床坝基。在强度、刚度方面不符合要求的材料均需清除。作为堆石坝壳的地基一般开挖到全风化岩石，无软弱夹层的河床砂砾石一般不开挖。对于岩石岸坡，可挖成不陡于1:0.75的坡度，且岸边应削成平整斜面，不可削成台阶形，更不能削成反坡。为减少削坡方量，岩石岸坡的局部反坡可用混凝土填补成平顺的坡面。当岸坡为黏性土时，清理坡度不应陡于1:1.5。当山坡与非黏性土料壳结合时，清理坡度不得低于岸坡土在饱和状态下的稳定坡度，不得有反坡。

特别注意防渗体部位的坝基、岸坡岩面开挖，可采用预裂、光面等控制爆破法，严禁采用洞室、药壶爆破法施工。

工程开挖过深和施工困难时，可采用工程处理，如坝基河床砂层振冲加密、淤泥层砂井加速固结、心墙地基淤泥夹层的振冲置换处理等。

清基施工过程中，根据施工情况，一般有以下几种方法：

(1) 人工清理，手推车运输。这种处理方法适用小范围或者狭窄施工现场的清理，有时候，当缺乏必要的机械设备时，也可用于大面积的清理。

(2) 推土机清理。适用于大面积的清理，最适宜的运输距离约为50m左右。对于清理工程量相当大的区域，可以用推土机集料，挖土机和汽车配合施工。

(3) 铲运机械清理。当基础表层大面积清理时，铲运机是比较适宜的机械，铲运机路线可以布置成环形"∞"字形状，运输距离一般为100~200m，一般情况下，铲斗充盈系数可达到0.80左右，细砂只能达到0.50左右，运输距离以500m适宜。

(4) 机械联合作业，当清理厚度大于2m，且范围、方量都比较大时，可以用推土机集料，或者挖土机开挖汽车装运联合作业，以便加速清理的速度。

当清基后，应该进行全面的取样试验，以便确定清基是否符合有关要求。对于非岩石地基，取样布置采用正方形检查网，每个网格角点挖试坑取样、试验。

填筑前坝壳部位需将表面修整成可供碾压机械作业的平顺坡，砂砾石地基要预先用振动碾压实。在混凝土或者岩石面上填土时，应该先洒水湿润，并边涂刷浓的泥浆，边铺土变压实。

对于心墙岩石地基，一般采用混凝土基础板作为灌浆盖板，并防止心墙土料由地基的裂隙流失。有的在清洗好的岩面上涂抹一层厚度不小于2cm的稠水泥砂浆，在其未凝固前铺上并压实第一层心墙料，砂浆可封闭岩面和充填细小裂隙并形成一层黏结在岩面上的薄而抗冲蚀的土与水泥的混合层，如碧口工程应用此法，效果良好。

(二) 坝基、岸坡结合处理

坝基结合处理可按施工顺序，分段分期进行。应该根据坝基土料性质、坝体填筑材料、基础与坝体联合的部位、低坝与高坝等条件来决定。由于水利工程设计专业和领域比较广泛，基础的结合处理很难统一，因此，在不同的工程中和施工过程中，需要设计、施工以及质检人员深入现场，实地实时解决有关问题，保证施工的顺利进行。

1. 非岩石地基

砂砾石、黏性土、砾质土等松散基础，在清基后、填土之前，应根据基础土料性质选用相应的压实机械，对基础表层予以压实。其压实方法参见土方工程章节。黏性土与砂砾石等无黏性土接触区，应严格要求符合反滤原则。

2. 岩石地基

岩石地基处理，应区分坝基与防渗体部位。一般来讲，对于坝壳部分的岩石地基，只需要按以上一般基础清理原则进行，不需要进行其它专门处理。对于防渗体部位的岩石地基，应该按照控制爆破要求进行开挖，且不适宜开挖成过窄的深槽，以免沟槽内填土发生拱效应，而导致裂缝。当低坝防渗体与岩石基础直接填土结合时，应注意对岩石面的裂隙水、裂隙、断层等严格处理；对于高坝的防渗体，甚至包括其反滤料，不得与裂隙基岩直接接触，以免在高压水头作用下，使其沿裂隙冲蚀。

3. 岸坡结合

岸坡结合则是在对岸坡进行清理之后，进行处理：首先要满足结合边坡，其次是要对坡面进行处理以满足填土的质量要求，尤其高坝与岸坡接头的处理更需要谨慎。

（三）地基防渗处理

1. 岩石地基的防渗处理

在岩石地基节理裂隙发育或有断层、破碎带等特殊地质构造时，可采用灌浆、混凝土塞、铺盖、扩大截水槽底宽等防渗措施，如图6-1所示。

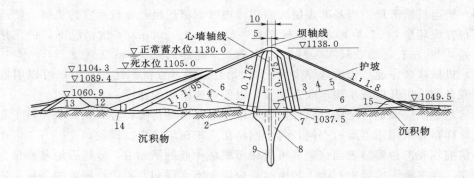

图6-1 鲁布革水电站大坝剖面

1—心墙；2—黏土；3—细反滤料；4—粗反滤料；5—细堆石料；6—粗堆石料；
7—混凝土垫层；8—铺盖灌浆；9—帷幕灌浆；10—反滤层；11—黏土斜墙；
12—黏土斜墙保护层；13—上游围堰；14—混凝土垫层；15—下游围堰

如果坝址在岩溶地区，应根据岩溶发育情况、充填物性质、水文地质条件、水头大小、覆盖层厚度和防渗要求研究处理方案。处于地表浅层的溶洞，可挖除其内的破碎岩石和充填物，并用黏性土或混凝土堵塞。深层溶洞可用灌浆方法或大口径钻机钻孔回填混凝土做成截水墙处理，或打竖井下去开挖回填混凝土处理。

对于岩面的裂隙不大、小面积的无压渗水，且在岩面上直接填土的工程，可以用黏土快速夯实堵塞。也有先铺适量水泥干料，再用黏土快速夯实堵塞的成功案例。

若局部堵塞困难，可以采用水玻璃（硅酸钠）掺水泥拌成胶体状（配合比为水：水玻璃：水泥＝1：2：3），用围堵办法在渗水集中处从外向内逐渐缩小至最后封堵。

对于浅层风化较重或节理裂缝发育的岩石地基，可开挖截水槽回填黏土夯实或建造混凝土截水墙处理。对于深层岩基,一般采用灌浆方法处理。灌浆帷幕深度应达到相对不透水层。当有可能发生绕坝渗流时,必须设置深入岸内的灌浆防渗帷幕,作为河床帷幕的延续。

需注意,灌浆处理地基时,对于节理裂隙充填物断层泥、灰岩溶洞泥土冲填物等可灌性很差的物质,应尽量予以挖除,对那些分散的、细小的充填物可在下游基岩面作反滤料保护处理。

当基岩有较大的裂隙或者泉水,且水头较高时,采用在渗水处设置一直径不小于 500mm 的混凝土管,在管内填卵砾石预埋回填灌浆管和排水管。填土时用自吸泵不间断抽水,随着土料填筑上升,逐渐加高混凝土管。当填土高于地下水位后,用混凝土封闭混凝土管口,最后进行集水井回填灌浆封闭处理。这也就是常说的筑井堵塞法,如图 6-2 所示。

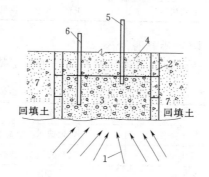

图 6-2 筑井堵塞法

1—集中渗水区;2—预制混凝土井管;3—卵石;4—混凝土;5—排水管;6—灌浆管;7—填土

2. 砾石地基的渗流控制

砂砾石地基的抗剪指标较大,故抗滑稳定一般可满足工程要求,随着土石坝填筑上升,砂砾石逐渐被压实,故沉陷量不致于过大。砂砾石地基的处理问题主要是渗流控制,保证不发生管涌、流土和防止下游沼泽化。这种地基的处理方法有竖直和水平防渗两类。如截水槽防渗墙、混凝土防渗墙、灌浆帷幕、防渗铺盖等。其中混凝土防渗墙成为砂砾石地基防渗处理的主要手段,如图 6-3 所示。

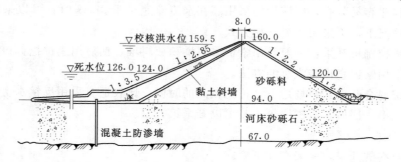

图 6-3 密云水库白河主坝剖面

三、坝料开采与运输

(一)坝料开采

土石料的开采可参阅土方工程章节相关知识。

施工中不合格的材料不得上坝。开采前应划定料场的边界线,清除妨碍施工的一切障碍物。在选用开采机具与方法时,应考虑坝料性质、料层厚度、料场地形、坝体填筑工程数量和强度,以及挖、装、运机具的配套。

1. 土料开采

土料开采主要分为立面开采和平面开采。其施工特点以及适用条件见表 6-1。

表 6 - 1 土料开采方式比较

开采方式	立面开采	平面开采
料场条件	土层较厚，料层分布不均	地形平坦，适应薄层开挖
含水率	损失小	损失大，适用于有降低含水率要求的土料
冬季施工	土温散热小	土温易散失，不宜在负温下施工
雨季施工	不利因素影响小	不利因素影响大
适用机械	正铲、反铲、装载机	推土机、铲运机或推土机配合装载机

2. 砂砾石料开采

砂砾石料（含反滤料）开采施工特点以及适用条件见表6-2。

表 6 - 2 砂砾石料开采方式比较

开采方式	水上开采	水下开采（含混合开采）
料场条件	阶地或水上砂砾料	水下砂砾料无坚硬胶结或大漂石
适用机械	正铲、反铲、装载机	采砂船、索铲、反铲
冬季施工	不影响	如果结冰厚，不宜施工
雨季施工	一般不影响	要有安全措施，汛期一般停产

对于水上砂砾石料的开采，最常用的方法是用挖掘机立面开采，同时，应该尽可能的创造条件以形成水上开采施工场面。

对于水下以及混合的砂砾石料的开采，一般有三种开采方法：

（1）用采砂船开采：有静水开挖、逆流开挖、顺流开挖等三种方法。静水来挖时，细砂流失少，料斗容易装满，应该优先采用。在水流流速小于3m/s时，可以采用逆流开挖方式。一般情况下，不采用顺流开挖方式。

（2）索铲挖掘机开采：一般采用索铲采料堆积成料堆，然后用正铲挖掘机或者装载机装车。很少采用索铲直接装汽车的方法。

（3）反铲混合开采：料场地下水位比较高的时候，比较适宜采用反铲水上水下混合开挖。当开挖完第一层后，筑围堰导流，可以开采第二层。

3. 石料开采

对于堆石料的开采，一般有如下要求：

（1）石料开采宜采用深孔梯段微差爆破法或挤压爆破法。台阶高度按上坝强度、工作面布置、钻机型式而定。通常采用100型钻机，梯段高度12～15m。条件许可时也可采用洞室爆破法。

（2）开采时应保持石料场开挖边坡的稳定。

（3）石料开采工作面数量配合储存料的调剂应满足上坝强度的要求。

（4）优先采用非电导爆管网络，若采用电爆网络时，应注意雷电、量测地电对安全的影响。

在开采的石料当中，对石料的允许最大块度作出规定，一般情况下，按填筑要求，石料允许的最大块度一般为填筑层厚的0.8～0.9，在特殊情况下，也不允许超过层厚，主堆石区应该严格控制。表 6-3 为梯段微差爆破法开挖时大块石料的发生率。

当采用洞室爆破法时，大块石料的发生率比梯段微差爆破法开挖法大，一般为表 6-3 所列数字的 1.5～2.0 倍。近几年来，由于洞室爆破施工技术的提高，大块发生率相对明显减少。超径石料一般应该在料场采用钻孔爆破法或者机械破碎法解小，不宜在坝面进行。

表 6-3　　　　　　　　　　　　　　大 块 发 生 率　　　　　　　　　　　　　%

岩石硬度 f		6～8	9～11	12～14	15～17	18～20
大块尺寸 （m）	＞0.75	8	10	12	14	16
	＞1.00	5	7	10	12	14
	＞1.2	3	5	7	9	10

（二）坝料运输

筑坝材料运输有很多种方式，在选择运输方案与运输机具时，应考虑坝体工程量、坝料性质和上坝强度、坝区地形、料场分布等因素，运输设备与开采、填筑设备、施工条件相配套。在 20 世纪 60～70 年代前后，国内外有的大坝填筑材料的运输还采用带式输送机或者挖掘机和带式输送机进行。当今，随着时代的进步以及机械制造业的发展，汽车运输的优越性愈加明显，目前，国内外土石坝施工的运输方式大部分是自卸汽车直接上坝方式。工程中根据坝料的性质和上坝强度采用不同吨位的自卸汽车。如小浪底土石坝采用 60t 自卸汽车上坝，天生桥一级混凝土面板堆石坝采用 32t 自卸汽车上坝。以下我们主要讲述汽车运输道路的布置以及技术标准。有关其它运输机具的特点见土方工程章节相关内容。

1. 坝区运输道路布置原则及要求

运输道路的规划和使用，一般结合运输机械类型、车辆吨级及行车密度等进行，主要考虑以下几点：

（1）根据各施工阶段工程进展情况及时调整运输路线，使其与坝面填筑及料场开采情况相适应。施工期场内道路规划宜自成体系，并尽量与永久道路相结合（永久道路应该在坝体填筑施工起前完成）。另外运输道路不宜通过居民点与工作区，尽量与公路分离。

（2）根据施工工程量大小、筑坝强度计划，结合地形条件、枢纽布置、施工机械等，合理安排线路运输任务。必要时，应该采用科学的方法对运输网络优化。

（3）宜充分利用坝内堆石体的斜坡道作为上坝道路，以减少岸坡公路的修建。连接坝体上、下游交通的主要干线，应该布置在坝体轮廓线以外。干线与不同高程的上坝公路相连接，应避免穿越坝肩岸坡，避免干扰坝体填筑施工。

（4）运输道路应尽量采用环形线路，减少平面交叉，交叉路口、急弯等处应设置安全装置。坝体内的道路应该结合坝体分期填筑，在平面与立面上协调好不同高程的进坝道路的连接。

（5）道路的运输标准应该符合施工机械的行进要求，用以降低机械的维修费用以及提高生产率；为了施工机械和人员的安全，应该有较好的排水设施，同时还可以避免雨天运输机械将路面的泥土等带入坝面，影响施工质量；此外道路还应该有比较完善的照明设施，保证夜间施工时机械行车安全，一般路面照明容量不少于 3kW/km。

（6）运输道路应该经常维护和保养，及时清除路面散落的石块等杂物，并经常洒水，以减少施工机械的磨损。

2. 上坝道路布置

坝区坝料运输道路布置方式有岸坡式、坝坡式以及混合式三种，其线路进入坝体轮廓线内，与坝体临时道路相连接，组成直达报料填筑区的运输体系。

上坝道路单车环形线路比往复双车线路行车效率高、更安全，坝区以及料场应该尽可能采用单车环形线路。一般情况下，干线多采用双车道，尽量做到会车不减速。

岸坡上坝道路宜布置在地形比较平缓的坡面，以减少开挖工程量，路的"级差"一般为 20～30m。

在岸坡陡峭的狭窄施工区域，根据地形条件，可以采用平洞作为施工交通之用。必要时，可采用竖井卸料来连接不同高程的道路。

3. 坝内临时道路布置

（1）堆石内道路。根据分期填筑要求，在不影响平起填筑区域外，可以在堆石体内设置临时交通道路，一般布置成"之"字形，连接不同高程的两级上坝道路。临时道路的纵坡一般较陡，为 10% 左右，局部可以到达 12%～15%，从而减少上坝道路的长度。

（2）穿越防渗体道路。心墙、斜墙等防渗体应该避免重型机械频繁穿越，避免破坏填土层面。如果上坝道路布置困难，施工机械必须穿越防渗体，调整防渗体填土工艺。

【例 6-1】 黑河黏土心墙砂卵石堆石坝，砂卵石料全部取自下游河床，采用 45t 自卸汽车运输，汽车经由坝下游坡面的永久道路上坝，坝体上游区填料运输，汽车必须穿越心墙。心墙坝面采用分两区平起填筑，在分段处铺设 0.8m 厚的砂卵石料，形成 12m 宽的过心墙道路，两区高差 5～10m。填土前临时道路应全部挖除，并将路基填土层后处理合格，方可继续填土施工，如图 6-4 所示。

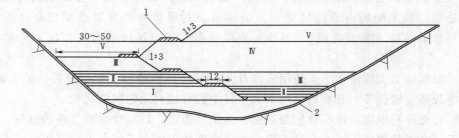

图 6-4 黑河坝穿越心墙道路布置示意图（单位：m）
1—道路；2—混凝土盖板；Ⅰ、Ⅱ、Ⅲ、Ⅳ、Ⅴ—心墙填筑次序

（三）挖运强度和挖运机械数量

1. 挖运强度

挖运强度取决于土石坝的上坝强度。一般可由施工进度计划各个阶段要求完成的坝体方量来确定上坝和挖运强度，进而确定挖运机械的数量。

（1）上坝强度 Q_D。

$$Q_D = \frac{V'K_a}{TK_1}K \qquad (6-1)$$

式中　V'——分期完成的坝体设计方量，m^3，以压实方计；

　　　K_a——坝体沉陷影响系数，可取 $1.03\sim1.05$；

　　　K——施工不均衡系数，可取 $1.2\sim1.3$；

　　　K_1——坝面作业土料损失系数，可取 $0.9\sim0.95$；

　　　T——分期施工时段的有效工作日数，天，等于该时段的总日数扣除法定节假日和因雨停工日数。对于黏土料可参考表 6-4。

表 6-4　　　　　　　　　　　黏土料因雨停工的天数

日降雨量（mm）	<2	2～10	10～20	20～30	>30
停工天数（含雨日）	0	1	2	3	4

（2）运输强度 Q_T。

$$Q_T = \frac{Q_D}{K_2}K_C \qquad (6-2)$$

$$K_C = \frac{\gamma_0}{\gamma_T}$$

式中　K_C——压实影响系数；

　　　γ_0——坝体设计干密度，t/m^3；

　　　γ_T——土料运输的松散密度，t/m^3；

　　　K_2——运输损失系数，可取 $0.95\sim0.99$。

（3）开挖强度 Q_C。

$$Q_C = \frac{Q_D}{K_2K_3}K'_C \qquad (6-3)$$

式中　K'_C——压实系数，为坝体设计干密度 γ_0 与料场土料天然密度 γ_c 的比值；

　　　K_3——土料开挖损失系数，一般取 $0.92\sim0.97$。

2. 挖运机械数量

施工中采用正向铲与自卸汽车配合是最常见的挖运方案。挖掘机斗容量与自卸汽车的载重量为满足工艺要求有合理的匹配关系，可通过计算复核所选挖掘机的装车斗数 m：

$$m = \frac{Q}{\upsilon_C q K_H K'_p} \qquad (6-4)$$

式中　Q——自卸汽车的载重量，t；

　　　q——选定挖掘的斗容量，m^3；

　　　υ_C——料场土的天然密度，t/m^3；

　　　K_H——挖掘机的土斗充盈系数；

　　　K'_p——土料的松散影响系数。

一般挖掘机装车斗数 $m=3\sim5$。若 m 值过大，说明所选挖掘机的斗容量偏小，装车时间长，降低汽车的利用率；若 m 值过小，说明汽车载重量偏小，需求汽车数量多且等候装车时间长，降低挖掘机的生产能力。为充分发挥挖掘机的生产潜力，应使一台挖掘机所需的汽车数 n 所对应的生产能力略大于此挖掘机的生产率，故应

$$P_a \geqslant \frac{P_c}{n} \tag{6-5}$$

式中　P_a——一辆汽车的生产率，m^3/h；

　　　　P_c——一台挖掘机的生产率，m^3/h。

满足高峰施工期上坝强度的挖掘机的数量 N_c：

$$N_c = \frac{Q_{cmax}}{P_c} \tag{6-6}$$

式中　Q_{cmax}——高峰施工期开挖土料的最大施工强度，m^3/h。

满足高峰施工期上坝强度的汽车总数 N_a：

$$N_a = \frac{Q_{Tmax}}{P_a} \tag{6-7}$$

式中　Q_{Tmax}——高峰施工期运输土料的最大施工强度，m^3/h。

四、坝体填筑

（一）填筑料施工

防渗体按照结构形式分为心墙（斜心墙）、斜墙两类，其填筑材料主要有黏性土、砾质土、风化料以及掺和料。

1. 防渗体坝面填筑

防渗体坝面施工程序包括铺土、平土、洒水、压实、接缝处理、刨毛（用平碾压实时）、质检等工序。为减少坝面施工干扰，宜采用流水作业施工。

流水作业施工是按施工工序数目对坝面分段，然后组织相应专业施工队依次进入各工段施工。对同一工段而言，各专业队按工序依次连续施工，对各专业施工队而言，依次不停地在各工段完成固定的专业工作。此种流水作业可提高工人技术熟练程度和工作效率。

以图6-5为例，将某坝面划分成三个相互平行的工段，分成铺土、平土洒水、压实三道工序进行施工，在同一时间内，每一工段完成一道工序，依次进行流水作业。

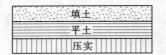 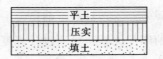 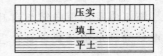

图6-5　坝面流水作业示意图

应尽量安排在人、地、机三不闲的情况下正常施工，必要时可合并某些工序，如将图6-5中的三道工序，合并为铺土平土洒水、压实、质检刨毛三道工序。注意坝面施工统一管理，使填筑面层次分明，作业面平整和均衡上升。

在填筑时应该注意：

（1）填筑一般力求各种坝料填筑全断面平起施工，跨缝碾压，均衡上升。心墙应同上下游反滤料及部分坝壳料平起填筑，宜采用先填反滤料后填土料的平起填筑法施工，结合部的压实如图6-6所示。

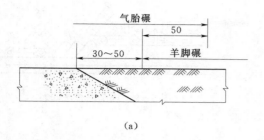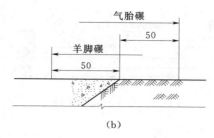

图 6-6　土砂线结合带压实示意图

(a) 土砂法；(b) 砂土法

（2）当斜墙滞后于坝壳料填筑时，需要预留斜墙、反滤料和部分坝壳料的施工场地。

（3）由于防渗体填筑施工场地比较狭小，工序比较复杂，应统一管理，宜采用分段流水作业施工。

（4）由于对防渗体填料的含水量有严格的要求，在冬季和夏季施工时，应该防止热量和水分的散失，应尽量缩短作业循环时间。

（5）工作面的尺寸应该满足施工机械的正常作业要求，宽度一般应该大于碾压机械能错车压实的最小宽度，或者卸料汽车最小弯转半径的 2 倍，长度主要考虑压实机械的要求，一般为 40～80m。

2. 土料铺填

铺料分为卸料和平料两道工序，选择铺料方法主要考虑以下两点：一是坝面平整、铺料层厚度均匀，不得超厚；二是对已经压实过的土料不得过压，防止产生剪力破坏。

防渗土料的铺筑应沿坝轴线方向进行，采用自卸汽车卸料，采用推土机平料，必要时可以用平地机整平，便于控制铺土厚度和坝面平整。在土料与岸坡、反滤料等交界处应辅以人工平整，保证连接处达到要求。铺料方法有以下几种：

（1）进占法铺料。防渗体土料应采用这种方法，汽车在已经平好的松土层上行驶、卸料，不应在已压实土料面上行使，应严格控制铺土厚度。这种方法不会对防渗土料形成过压，还不影响洒水、刨毛作业，如图 6-7 所示。

坝壳料填筑时宜采用进占法卸料，推土机及时平料，铺料厚度符合设计要求，其误差不宜超过层厚的 10%。填筑面上不应有超径块石

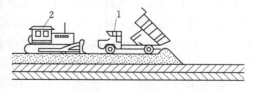

图 6-7　汽车进占铺料法

1—自卸汽车；2—推土机

和块石集中、架空等。坝壳料与岸坡及刚性建筑物结合部位，宜回填一条过渡料。

（2）后退法铺料：汽车在已经压实土料面上行驶、卸料，这种方法卸料方便，但容易对已经压实的土料形成过压，用于砂砾石、软岩和风化料以及掺合土，层厚小于 1m，如图 6-8 所示。

（3）综合法铺料：综合了前两种方法优点，用于铺料层大（1～2m）的堆石料，可减少分离，减少推土机平整工作量，如图 6-9 所示。

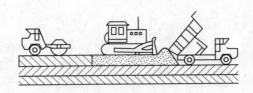

图 6-8 汽车后退法铺料

图 6-9 汽车综合法卸料

3. 土料压实

防渗体土料施工中宜采用振动凸块碾压实，碾压应沿坝轴线方向进行。若防渗体分段碾压时，相邻两段交接带碾迹应彼此搭接，垂直碾压方向搭接带宽度不小于 0.3～0.5m，顺碾压方向搭接带宽度为 1～1.5m。一般防渗体的铺筑应连续作业，若需短时间停工，其表面土层应洒水湿润，保持含水率在控制范围之内；若因故需长时间停工，须铺设保护层且复工时予以清除。对于中高坝防渗体或窄心墙，压实表面形成光面时，铺土前应洒水湿润并将光面刨毛。

坝壳料应用振动平碾压实，与岸坡结合处 2m 宽范围内平行岸坡方向碾压，不易压实的边角部位应减薄铺料厚度，用轻型振动碾压实或用平板振动器等压实。对于碾压堆石坝不应留削坡余量，宜边填筑、边整坡和护坡。砂砾料、堆石及其它坝壳料纵横向接合部位可采用台阶收坡法，每层台阶宽度不小于 1m。防渗体及均质坝的横向接坡不宜陡于 1.0：3.0。关于压实机械的选择可参阅土方工程章节相关内容。

（二）结合部位处理

施工中防渗体与坝基（包括齿槽）、两岸岸坡、溢洪道边墙、坝下埋管及混凝土齿墙等结合部位须认真处理，若处理不当，将可能形成渗流通道，引发防渗体渗透破坏和造成工程失事。

防渗体与坝基结合部位填筑时，对于黏性土、砾质土坝基，表面含水率应调至施工含水率上限，用凸块振动碾压实；对于无黏性土坝基铺土前，坝基应洒水压实，按设计要求回填反滤料和第一层土料，第一层土料的铺土厚度可适当减薄，土料含水率应调至施工含水率上限，宜采用轻型压实机具压实；坚硬岩基或者混凝土盖板上，开始几层填料可以采用轻型碾压机直接压实，待填筑在 0.5m 以上时，才能适用重型机械压实。

防渗体与岸坡结合带的填土可选用黏性土，其含水率应调至施工含水率上限，选用轻型碾压机具薄层压实，局部碾压不到的边角部位可用小型机具压实，严禁漏压或欠压。防渗体与岸坡结合带碾压搭接宽度不小于 1m。

防渗体与混凝土面（或岩石面）填筑时，须先清理混凝土表面乳皮、粉尘及其附着杂物。填土时面上应洒水湿润，并边涂刷浓泥浆、边铺土、边夯实，泥浆刷涂高度应与铺土厚度一致，并应与下部涂层衔接，严禁泥浆干涸后再铺土和压实。泥浆土与水质量比宜为 1：2.5～1：3.0，涂层厚度 3～5mm。填土含水率控制在大于最优含水率 1%～3%，用轻型碾压机械碾压，适当降低干密度，待厚度在 0.5～1.0m 以上时方可用选定的压实机具和碾压参数正常压实。防渗体与混凝土齿墙、坝下埋管、混凝土防渗墙两侧及顶部一定宽度和高度内土料回填宜选用黏性土，采用轻型碾压机械压实，两侧填土保持均衡上升。

截水槽槽基填土时，首先排除渗水，应从低洼处开始，填土面保持水平，不得有积水。槽内填土厚度在 0.5m 以内时，可采用轻型机具（如蛙式夯）薄层碾压；槽内填土厚度在 0.5m 以上时方可用选定的压实机具和碾压参数压实。

（三）反滤层施工

土工建筑物的渗透破坏，常始于渗流出口，在渗流出口设置反滤层，是提高土的抗渗比降、防止渗透破坏、促进防渗体裂缝自愈、消除工程隐患的重要措施。

反滤层的施工方法大体可以分为三种：削坡法、挡板法以及土砂松坡接触平起法。由于施工机械和施工工艺的不断改进，目前施工中主要采用土砂松坡接触平起法。该方法一般分为先砂后土法、先土后砂法、土砂平起法等几种，它允许反滤料与相邻土料"犬牙交错"，跨缝碾压。

（1）先砂后土法。即先铺反滤料，后铺土料，当反滤层宽度较小（<3m）时，铺一层反滤料，填两层土料，碾压反滤料并骑缝压实与土料的结合带。对于高坝，反滤层宽度较大，机械铺设方便，反滤料铺层厚度与土料相同，平起铺料和压实。由于该方法土料填筑有侧限，施工方便，工程多采用，如图 6-10（b）所示。

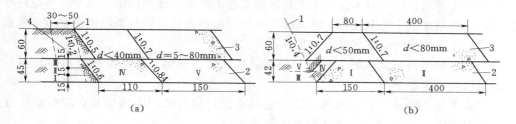

图 6-10 土砂平起法施工示意图
(a) 先土后砂法；(b) 先砂后土法
1—土砂设计边线；2—压实层；3—未压实层；4—松土层；Ⅰ、Ⅱ、Ⅲ、Ⅳ、Ⅴ—填料次序

（2）先土后砂法。填压 2～3 层土料与反滤料平齐，然后骑缝压实土砂线路结合带。此法的土料压实时，无侧限条件，没有松土边，如图 6-10（a）所示。

（3）土砂交替法。土砂交替法是先填一层土再填一层砂料，然后两层土一层砂交替上升，填筑次序如图 6-11 所示。

在对不均匀天然反滤料施工时，填筑质量控制的主要措施有：

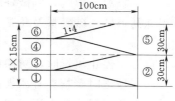

图 6-11 土砂交替法
①、②、③、④、⑤、⑥—铺料顺序

（1）加工生产的反滤料应满足设计级配要求，严格控制含泥量不得超出设计范围。

（2）生产、挖装、运输、填筑各施工环节，应避免反滤料分离和污染。

（3）控制反滤料铺筑厚度、有效宽度和压实干密度。

反滤料压实时，应与其相邻的防渗土料、过渡料一起压实，宜采用自行式振动碾压实。铺筑宽度主要取决于施工机械性能，以自卸汽车卸料、推土机摊铺时，通常宽度不小于 2～3m。用反铲或装载机配合人工铺料时，宽度可减小。严禁在反滤层内设置纵缝，以保证反滤料的整体性。

近年来，土工织物以其重量轻、整体性好、施工简便和节省投资等优点，普遍应用于排水、反滤。采用土工织物作反滤层时，应注意以下几点：

（1）土工织物铺设前须妥善保护，防止暴晒、冷冻、损坏、穿孔和撕裂。

（2）土工织物的拼接宜采用搭接方法，搭接宽度可为 30cm。

（3）土工织物铺设应平顺、松紧适度、避免织物张拉受力及不规则折皱，坝料回填时不得损伤织物。

（4）土工织物的铺设与防渗体的填筑平起施工，织物两侧防渗体和过渡料的填筑应人工配合小型机械施工。

（四）冬季和雨季填筑施工

1. 冬季施工

负温下填筑是土石坝冬季施工遇到的问题，须采取有效的填筑方法和措施，以确保填筑工程质量和顺利施工。一般应加强质量控制和施工前保温、防冻措施的准备工作，在冻结前完成坝基处理，坝料含水率应控制在施工含水率下限等。

负温下土料填筑可以分为露天施工和暖棚法施工两种。暖棚法施工由于需要设备材料比较多，一般只是在小范围进行。露天施工可以大面积进行，但是要严格控制填筑质量。

为此，施工填筑时应掌握好以下几点：

（1）施工前应编制具体施工计划，做好料场选择、保温、防冻措施及机械设备、材料、燃料供应等准备工作。

（2）施工前必须对填土表面风干冻土进行清理；填筑范围内的坝基在冻结前应处理好，并预先填筑 1～2m 松土层或采取其它防冻措施。

（3）对于露天土料的施工，应缩小填筑区，并采取铺土、碾压、取样等快速连续作业，压实时土料温度须在 −1℃ 以上。当日最低气温在 −10℃ 以下，或在 0℃ 以下且风速大于 10m/s 时，应停止施工。

（4）黏性土的含水率不应大于塑限的 90%；砂砾料含水率（指粒径小于 5mm 的细料含水率）应小于 4%。

（5）负温下填筑，应做好压实土层的防冻保温工作。均质坝体及心墙、斜墙等防渗体不得冻结，砂、砂砾料及堆石的压实层，如冻结后的干密度仍达到设计要求，可继续填筑。

负温下停止填筑时，防渗料表面应加以保护，在恢复填筑时清除。

（6）填土时严禁夹有冰雪，不得含有冰块。土、砂、砂砾料与堆石不得加水。必要时可采取减薄层厚、加大压实功能（如重型碾压机械）等措施。如因下雪停工，复工前应清理坝面积雪，检查合格后方可复工。

2. 雨季施工

防渗体雨季填筑是土石坝施工难点，切实可行的雨季施工措施和经验是保证土石坝防渗体雨季顺利施工的关键。施工时应分析当地水文气象资料，确定雨季各种坝料施工天数，合理选择施工机械设备的数量，满足坝体填筑进度的要求。一般可按如下控制：

（1）心墙坝雨季施工时，宜将心墙和两侧反滤料与部分坝壳料筑高，以便在雨天继续填筑坝壳料，保持坝面稳定上升。

（2）心墙和斜墙的填筑面应稍向上游倾斜，宽心墙和均质坝填筑面可中央凸起向上下游倾斜，以利排泄雨水。

（3）防渗体雨季填筑，应适当缩短流水作业段长度，土料应及时平整和压实。在防渗体填筑面上的机械设备，雨前应撤离填筑面。

（4）做好坝面保护，下雨至复工前严禁施工机械穿越和人员践踏防渗体和反滤料。

（5）防渗体与两岸接坡及上下游反滤料须平起施工。

（6）雨后复工处理要彻底，严禁在有积水、泥泞和运输车辆走过的坝面上填土。

特别指出，近年来一些工程采用非土质材料如土工膜等作为防渗体，取得良好的效果。工程中如沥青混凝土防渗心墙、斜墙和混凝土面板堆石坝的施工可参考有关规范。

五、质量检查与控制

土石坝施工时，主要有坝基、料场、坝体填筑、护坡及排水反滤等质量检查和控制。现主要介绍坝体填筑质量控制，其它内容可参阅规范。坝体压实项目与检查次数如表6-5所示。

表6-5　　　　　　　　　　　　　坝体压实项目与检查次数

坝料类别及部位			检 查 项 目	取样（检测）次数
防渗体	黏性土	边角夯实部位	干密度、含水率	2～3次/每层
		碾压面		1次/（100～200）m³
		均质坝		1次/（200～500）m³
	砾质土	边角夯实部位	干密度、含水率、大于5mm砾石含量	2～3次/每层
		碾压面		1次/（200～500）m³
反滤料			干密度、颗粒级配、含泥量	1次/（200～500）m³ 每层至少一次
过渡料			干密度、颗粒级配	1次/（500～1000）m³ 每层至少一次
坝壳砂砾（卵）料			干密度、颗粒级配	1次/（5000～10000）m³
坝壳砾质土			干密度、含水率、小于5mm含量	1次/（3000～6000）m³
堆石料			干密度、颗粒级配	1次/（10000～100000）m³

注　1. 堆石料颗粒级配试验组数可比干密度试验适当减少。

　　2. 对于防渗体应该选定若干个固体取样断面，沿坝高每5～10m取代表性试样进行物理、力学性质试验，作为复核设计和工程管理依据。

坝体填筑过程中，主要检查项目有：

（1）各填筑部位的边界控制及坝料质量，防渗体与反滤料、部分坝壳料的平起关系。

（2）碾压机具规格、质量，振动碾振动频率、激振力、气胎碾气胎压力等。

（3）铺料厚度和碾压参数。

（4）防渗体碾压层面有无光面、剪切破坏、弹簧土、漏压或欠压土层、裂缝等。

（5）过渡料、堆石料有无超径石、大块石集中和夹泥等现象。

（6）坝体与坝基、岸坡、刚性建筑物等的结合，纵横向接缝的处理与结合，土砂结合处的压实方法及施工质量。

（7）与防渗体接触的岩石表面上的石粉、泥土以及混凝土表面的乳皮等杂物的清除情况。

（8）与防渗体接触的岩石或混凝土面上是否涂浓泥浆等。

（9）防渗体每层铺土前，压实土体的表面是否按要求进行了处理。

（10）坝坡控制情况。

结合工程实际，防渗体的压实控制指标可采用干密度、含水率或压实度。反滤料、过渡料及砂砾料的压实控制指标采用干密度或相对密度。堆石料的压实控制指标采用孔隙率。

施工中，黏性土现场密度检测宜用环刀法、表面型核子水分密度计法。环刀容积不小于 $500cm^3$，环刀直径不小于 100mm，高度不小于 64mm。测密度时，应取压实层的下部。对于砾质土现场密度检测，宜用挖坑灌砂（灌水）法，反滤料、过渡料及砂砾料现场密度检测宜用挖坑灌水法或辅以表面波压实密度仪法，堆石料的现场密度检测宜用挖坑灌水法或表面波法、测沉降法等。

对于防渗土料，干密度或压实度的合格率不小于 90％，不合格干密度或压实度不得低于设计干密度或压实度的 98％。施工时可根据坝址地形、地质及坝体填筑土料性质、施工条件，对防渗体选定若干个固定取样断面，沿坝高每 5～10m 取代表性试样进行室内物理力学性质试验。

第二节　面板堆石坝施工

混凝土面板堆石坝是以堆石料（含砂砾石）分层碾压成坝体，并以混凝土面板作为防渗体的堆石坝，简称面板坝。这种坝型由于工期短、安全性好、施工方便、适应性强、造价低廉等特点，在国内外发展较快，国内如关门山（坝高 58.5m）、西北口（坝高 95m）、天生桥一级（坝高 178m）、舍网、万安溪、泽雅、小干沟等。特别是面板无轨滑模浇筑、趾板混凝土连续浇筑、垫层料的碾压砂浆固坡以及近几年采用的混凝土挤压边墙等先进技术的应用和推广，对提高工程质量、降低造价、缩短工期起到积极的作用。特别近年来，重视引进、开发大型施工机械，以碾压堆石为主，混凝土面板堆石坝得到迅速发展与推广，混凝土面板堆石（砾）坝成为高土石坝的主导坝型。

面板坝和土石坝相比，施工特点主要在以下几方面：

（1）导流与度汛：在面板坝施工中，允许堆石体在适当防护的条件下挡水或者过水度汛，从而简化导流度汛的程序和导流建筑物的规模，比土坝更安全。

（2）坝料平衡：面板坝的主体是堆石体，在施工过程中，可以充分考虑坝料的空间和时间平衡，积极利用枢纽的开挖料，做到就近取料和充分利用的原则。无须使用防渗土料，工程量节省 25％～30％。

（3）坝体填筑：根据不同的分区，对坝体填料在平面和立面上进行合理的分期，从而减少气候对施工的影响。根据经验，混凝土面板坝可以比一般土石坝工期缩短 1～2 年。

（4）坝体结构简单，工序间干扰少，便于机械化施工。混凝土面板堆石坝由混凝土面板和堆石体组成。从工序上看，大坝施工前一阶段主要是土石方工程，施工速度比较快；后一阶段主要是面板施工，主要包括面板大面积滑模施工、坝体斜坡碾压、上游坝坡的固坡与防渗处理等。

（5）运行安全，维修方便。即使是面板发生裂缝、漏水，但由于分层碾压的堆石坝具有良好的抗冲能力，因此不致危及大坝的安全。起防渗作用的混凝土面板，位于大坝表面，其裂缝与渗漏也比较容易维修和加固。工程实践证明，向位于水下面板渗漏点铺撒粉砂、煤渣等，可以有效减少渗漏量，也可以防控水库进行全面维修。

（6）混凝土面板浇筑和裂缝控制是施工的关键工作，必须采取相应措施进行预防。

面板堆石坝的缺点是防渗面板对沉陷变形比较敏感，因此在设计施工中应该重视。

面板堆石坝按照组成材料的不同特性分为：硬岩堆石坝、软岩堆石坝、砂砾石堆石坝以及堆石、砂砾石组合坝等。一般以岩石饱和和无侧限抗压强度等于 30MPa 作为硬岩和软岩的分界。

面板堆石坝施工有三道主要工序：①趾板与堆石地基处理及趾板浇筑和基础灌浆。一般通过趾板的预留灌浆管先进行固结灌浆，后作帷幕灌浆，分区进行，独立施工；②堆石填筑；③面板浇筑。三道工序可交叉进行。

一、筑坝材料

面板堆石坝坝身主要为堆石结构，上游面为薄层面板，面板可以为刚性钢筋混凝土或柔性沥青混凝土，如图 6-12 所示。

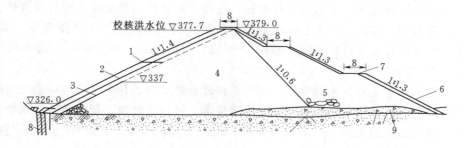

图 6-12　面板堆石坝标准剖面图（高程、尺寸单位：m）

1—混凝土面板；2—垫层区；3—过渡区；4—主堆石区；5—下游堆石区；
6—干砌石护坡；7—上坝公路；8—帷幕灌浆；9—砂砾石

（一）料场规划

料场规划一般应根据工程规模，坝区和料场的地形、地质条件及导流方式、施工分期和填筑强度，按照坝料综合平衡的原则，规划料场掌子面、开采顺序、运输道路的布置、转运堆存场地、弃料场地和加工系统的布置。

一般应该遵循以下的原则：

（1）工程中料场可开采量及可利用开挖料数量与坝体填筑量的比值堆石料宜为 1.2～1.5；砂砾石料水上宜为 1.5～2.0；水下宜为 2.0～2.5。

（2）不占或者少占耕地，保护环境，维护生态平衡。

（3）主料场（主堆石坝料）开采，宜选择在运距较短、储量较大和便于高强度开采的料场。

（4）对于过渡料、垫层料等有特殊级配要求的坝料，必须设置专门料场。

（5）要做好备用料场和弃料场，以满足施工过程中的需要。

（6）充分利用开挖料，力求挖填平衡，做到"计划开挖，分类存放"。土石方的挖填平衡是面板堆石坝设计施工必须遵循的重要原则，既要保证坝体填筑的进度需要，又要满足坝体对不同部位材料的质量要求，确保坝体的填筑质量，同时尽可能减少坝料中转，暂存，提高直接上坝率，节约施工成本。

（二）堆石坝料生产

1. 坝体分区

现在的面板堆石坝的施工中，堆石材料的分区已定型化。坝体部位不同，受力状况不同，对填筑材料的要求也不同。

（1）垫层区。垫层区的填筑材料一般采用加工料，利用初期的混凝土骨料生产系统生产。填筑一开始就需供应要求压实后具有低压缩性、高抗剪强度、内部渗透稳定及具有良好施工特性的材料。主要作用是为面板提供平整、密实的基础，直接位于面板下部，将面板承受的水压力均匀传递给主堆石体。同时要求垫层区要具有一定程度防渗性的半透水体，避免因面板裂缝而产生大的渗漏，同时不致发生渗透变形。一般级配要求为最大粒径 80～100mm，粒径小于 5mm 的含量宜为 30%～55%，小于 0.1mm 的含量不大于 5%，垫层宽度为 1～3m。

（2）过渡区。过渡区位于垫层区和堆石区之间。过渡料一般采用洞渣料或经挑选的料场料、专门爆破的开挖料。其主要作用是保护垫层在高水头作用下不产生破坏。其料径、级配要求符合垫层与主堆石料间的反滤要求，其最大粒径 200～300mm，且过渡料级配应连续，宽度 3～5m。

（3）主堆石区。主堆石区的料源一般为工程开挖料及料场开采料。料场采石一般采用梯段爆破，梯段爆破采用多排孔微差挤压爆破技术，可以较好地控制爆破料的粒径。主堆石区是坝体维持稳定的主体，要求石质坚硬、级配良好，最大粒径 800mm，压实后的平均孔隙率小于 25%。

（4）下游堆石区（次堆石区）。一般采用主堆石的超径料或质量稍差的硬岩料。该区起保护主堆石体及下游边坡稳定作用。要求采用较大石料填筑，平均孔隙率小于 28%。下游坝坡面用干砌石护面。

2. 各部分堆石坝料生产

（1）垫层料生产。垫层料必须选用质地新鲜、坚硬且具有良好耐久性的石料。当天然砂砾石符合垫层料的要求时，可以直接作为垫层料使用。其加工方式有：一是采用石料开采—破碎—掺配过程的层铺立渗法；二是筛分掺配法；三是直接机械破碎生产法；最后是利用天然砂砾石料。

（2）过渡料的生产一般在开挖料中选取，利用洞挖渣料等方法获得。

（3）主堆石料应选用质地新鲜、坚硬且具有良好耐久性的石料。一般利用建筑物开挖、开采砂砾石料方法获得。

（4）次堆石料可以充分利用开挖、开采的砂砾石料以及合格的软岩料。

3. 堆石坝料质量要求

堆石料可以采用砂砾石料，也可以采用爆破开采填筑料。爆破时宜采用深孔梯段微差爆破法或挤压爆破方法开采。在地形、地质及施工安全允许的情况下，也可采用洞室爆破法（分层台阶开采）。

一般填筑料的质量要求为：

（1）为保证堆石体的坚固、稳定，主要部位石料的抗压强度不应低于 7800 万 Pa。石料硬度不应低于莫氏硬度表中的第三级，其韧性不应低于 $2kg \cdot m/cm^2$。石料的天然容重不应低于 $2.2t/m^3$，石料的容重越大，堆石体的稳定性越好。

（2）石料应具有抗风化能力，其软化系数水上不低于 0.8，水下不应低于 0.85。

（3）堆石体碾压后应有较大的密实度和内摩擦角，且具有一定渗透能力。

（4）当采用爆破料时，主堆石料最大粒径不应超过压实层厚度，小于 5mm 的颗粒含量不宜超过 20%，小于 0.075mm 的颗粒含量不宜超过 5%；当主堆石料采用砂砾石料时，最大粒径应为 300～600mm，小于 0.075mm 的颗粒含量一般不超过 5%，并且要有良好的抗变形能力和排水性。

（5）堆石体的边坡取决于填筑石料的特性与荷载大小，对于优质石料，坝坡一般在 1∶1.3 左右。

二、坝体填筑

（一）碾压试验

在堆石填筑前，应进行坝料碾压试验，主要是结合工程的具体条件，测定各种填筑材料的物理、力学性能、级配等。从而对不同填料提出不同的施工工艺与参数、碾压机械与参数。

1. 碾压试验的内容

碾压试验的内容包括：

（1）测试岩石的密度、容重、抗压强度、软化系数、级配料的视比重。

（2）测试压实机械的性能。

（3）确定适宜、经济的施工压实参数，如铺料厚度、碾压边数、加水量等。

（4）研究和完善填筑的施工工艺和措施，并制定填筑施工的实施细则。

2. 碾压试验的原则

按不同料源对不同填筑区分别进行碾压试验，根据设计提供的碾压参数及坝料级配要求，或暂按类似工程施工参数进行试验初定。常用的碾压参数见表 6-6。

表 6-6　　　　　　　　　　常用碾压参数表

序号	项目名称	单位	小区料	垫层料	过渡料	上游堆石区	下游堆石区	砂砾石区
1	铺料厚	cm	20～25	40～50	40～50	80～100	80～120	60～80
2	碾压遍数	遍	6～8	6～8	6～8	6～8	6～8	6～8
3	行车速度	km/h	2～3	2～3	2～3	2～3	2～3	2～3
4	加水量	%	10	10	20	10～20	10～20	10
5	碾压机型号		振动板	（1）10t 斜坡碾；（2）振动板	工作重量 10t 以上，振动平碾			

（二）填筑规划

垫层料、过渡料和相邻的部分堆石料应平起填筑，可在堆石区内的任意高程、部位设置运输坝料用的临时坡道。不合格坝料严禁上坝。

施工控制时应注意以下几点：

（1）主堆石区与岸坡、混凝土建筑物接触带，要回填1～2m宽的过渡料。

（2）坝料铺筑可采用进占法卸料。施工中虽料物稍有分离，但对坝料质量无明显影响，可减轻推土机的摊平工作量，使堆石填筑速度加快。

（3）负温施工时，各种坝料内不应有冻块存在。填筑不能加水时，应减薄铺料厚度，增加碾压遍数。

（4）碾压按坝料分区、分段进行，各碾压段之间的搭接不小于1m。坝料碾压可采用振动平碾，其工作重量不小于10t，高坝应采用重型振动碾。

（5）坝料原型观测仪器、设施，要按设计要求埋设和安装。

（三）填筑施工工艺

坝体填筑一般在坝基、两岸岸坡处理验收及相应部位的趾板混凝土浇筑完成后进行。填筑的工艺流程有测量放样、卸料、摊铺、洒水、压实、质检等六个环节。

1. 各区及结合部（含两岸岸坡）的填筑及碾压

（1）填筑顺序。填筑顺序有"先粗后细"和"先细后粗"。

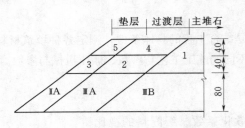

图6-13　"先粗后细"法铺料顺序（单位：cm）
1、2、…—各层填筑顺序

1）"先粗后细"。上游区填筑顺序为：堆石区—过渡层区—垫层区，如图6-13所示。铺料时应及时清理界面的粗粒径料，这种方法有利于保证质量，且不增加细料用量，应该优先采用。

2）"先细后粗"。上游区填筑顺序为：垫层区—过渡层区—堆石区。按这种顺序安排施工，由于细料使用量比设计量增加很多，而且界面粗粒径料不易处理，一般不常用此法。

（2）主、次堆石区填筑采用进占法填筑，使得粗径粒石料落入底层，细石料留在层面，便于平整碾压。卸料的各堆之间留0.6m左右的间隙。主堆石区沉降变形对面板变形影响较大，在填筑时铺筑厚度约为0.8～0.9m，用10t振动碾碾压4遍，中低速行驶，采用错距法顺坝轴线方向进行碾压，或者沿坝轴线碾压两遍，再垂直坝轴线碾压两遍。铺筑碾压层次分明，平起平升，防止漏振、欠振。

次堆石区沉陷变形大小对面板影响较小，因此变形不是主要的，所以填筑厚度可较大，填铺厚度可为1.5～2.0m。

（3）过渡区材料以自卸汽车直接卸入工作面，各堆之间留0.6m左右的间隙，接缝处超径块石需清除，主堆石区了不得占用过渡区料的位置，过渡区料不得占用垫层区料的位置。平整后洒水、碾压，碾压时顺坝轴线来回行驶。

（4）垫层区的铺筑方法基本同过渡区相同，并同过渡区一起碾压，其压实标准最高。

碾压时振动碾距上游边缘的距离不宜小于 40cm，再使用振动平板压实至上游边缘。尤其是基础周边部位，要压实地更密实些，以减小其在水库水位作用下的变形。

垫层施工的每层铺筑厚度一般为 0.4～0.5m，用 10t 或者 10t 以上的振动碾进行薄层碾压，根据密实度与现场碾压试验成果，每层碾压 4～6 遍。为保证垫层区与过渡区以及下游堆石区各区间相邻连接处的紧密结合，垫层须与其它各区平区施工。如遇特殊情况，对先后填筑的堆石体连接处，须采用夯实板夯实或者轻型振动碾细致碾压，以保证两部分堆石体能密切结合。在靠近岸坡或因场地狭窄，重型振动碾碾压不到处也应采用夯实板或轻型振动碾压实到要求的密实度。一般要求垫层区的渗透系数为 1×10^{-2}～1×10^{-4} cm/s。

此外，所有各区堆石在碾压时都必须充分洒水，水量约为 50%左右，对级配起到润滑、软化作用，以利于堆石的压实并减少浸水时的沉陷变形。由于上游层的级配均高于下游层的级配，一般施工顺序上从上游到下游，并只能上游占压下游层。

2. 垫层料坡面碾压

为了给面板提供坚实可靠的支承面，保证面板厚薄均匀，符合设计及规范规定，同时减少混凝土超浇量，保证垫层坡面不受雨水侵蚀，挡水度汛时不被水浪淘刷，常用的施工技术是：垫层料每填筑升高 10～15m 左右，进行一次垫层坡面削坡修整、碾压及防护。斜坡碾压可用振动碾或振动平板。根据国内常用削坡机械工作性能与坝体上游坝坡情况，削坡控制范围以每次填筑 3.0～4.5m 为宜；用振动碾作斜坡碾压时，宜先静压 2～4 遍，再振压 6～8 遍，振压时向上方向振动，向下方向不振，一上一下为一遍。有的工程经试验，采用上下全振的施工方法，也取得良好的效果。

对于垫层区，要进行平整、压实处理等工序，完成后才能开始浇筑防渗面板混凝土。一般有下面两道工序处理：

(1) 整平坝坡面。可以避免混凝土面板厚薄不均匀，受力不利。要求堆石坡面不得超过设计值±（3～5）cm，施工时随堆石分层施工，用人工和机械配合及时完成。

(2) 压实坡面。由于水平分层碾压只能保证距边缘 1m 左右压实合格，故坡面必须另行碾压，以免产生大量沉陷。在用振动碾碾压垫层区坡面时，首先先用静力碾在坡面碾压 4 遍，同时整平高出点；然后用振动碾在坡面上自下而上碾压 4 遍，同时整平凹凸处。

完成垫层坡面压实后，应尽快进行坡面保护。常用保护形式有：

(1) 碾压水泥砂浆固坡。在垫层面进行斜坡碾压后，摊铺 5～8cm 厚的低标号水泥砂浆，用振动碾压实，形成坚固的防护层。水泥砂浆由人工或机械摊铺，砂浆初凝前应碾压完毕，终凝后洒水养护。有的工程在垫层上游削坡后，先用振动碾压 2～4 遍，铺砂浆后再压 4 遍，使砂浆与垫层坡面结合良好。我国珊溪坝就采用这种防护方式。

斜坡碾压与水泥砂浆固坡的优点是施工工艺和施工机械设备简单，垫层上游面坚固稳定的表面可满足临时挡水防渗要求，对克服面板混凝土的塑性收缩和裂缝发生有积极的作用。

(2) 喷乳化沥青固坡。在压实厚的垫层表面，喷 2～3 层乳化沥青，用量约为 1.75kg/m²，各层间撒以 3mm 筛筛选的干吸河沙，形成比较坚实的层面，在保护层施工后的第三天，在坡面上再用振动碾自上而下进行碾压。应该注意的是：喷涂前先清除坡面浮尘。阴雨、浓雾天气不应喷涂，喷涂间隔时间不小于 24h。沥青乳剂喷涂后随即均匀撒砂。此法同时还可以减少进入坝体的渗流量。我国的天生桥一级、洪家渡等工程采用这种方法。

（3）喷混凝土。在压实的垫层表面喷 5～8cm 厚的混凝土，以起到防渗、固坡的作用。我国的西北口坝采用此法，汛期挡水水深达 30m，效果良好。喷射混凝土表面要平整、厚度均匀、密实，在终凝后洒水养护，能得到坚实、防渗性能很好的保护层面，但与喷洒沥青相比，该方法需要专门设备，对施工技术要求比较高，而且喷深厚度不易均匀，对面板厚度有较强的约束，现在已经很少采用。有的工程也采用喷水泥砂浆保护。

3. 挤压式边墙技术

挤压式边墙是混凝土面板堆石坝施工中的一项新技术。该技术简化了上游坝面的施工工序，减少了施工干扰，以水平碾压代替了斜坡碾压，提高了施工安全性，并保证了垫层碾压质量，加快了施工进度，汛期可以较好地抵抗水流的淘刷，有利于安全度汛，且整个上游坝面平整美观。

该方法是在每填筑一层垫层料之前，采用挤压式边墙机制作出一个半透水混凝土边墙，然后在其下游面按设计铺填坝料，碾压合格后重复以上工序。

挤压式边墙的施工要点是：

（1）混凝土和外加气的选定很重要，混凝土坍落度约为 0，水泥含量一般为 70～100kg/m³，低强度，低弹模。

（2）边墙挤压机行进路线要明确标识，挤压机行进速度一般为 40～60m/h。

（3）要积极补齐临岸坡部位的边墙缺口。

（4）墙施工后 1～2h 铺设碾压垫层料，垫层料与边墙基本同步上升。

（5）在面板施工前，应采用同标号的砂浆对挤压墙层间的错台进行处理。

应特别注意的是，挤压墙混凝土虽然强度、弹性模量均较低，但仍然是整体性比较好的刚性体，若在其上直接浇筑面板混凝土，有可能对混凝土面板产生一定的基础约束，应采取措施尽可能减少基础约束，因此在浇筑面板之前，要按要求喷涂乳化沥青。公伯峡工程在混凝土面板浇筑前，对挤压墙坡面喷涂 1mm 厚度的乳化沥青，以减少对面板的约束。

挤压式边墙技术施工的优点：

（1）由于挤压式边墙在上游坡面的限制作用，垫层料不需要超填，既提高了施工的安全性，又保证了垫层料的施工质量。

（2）在坡面形成一个规则、坚实的支撑体。垫层区用水平碾压取代传统工艺的斜坡面碾压，此法可以提高压实质量，保证压实密度。

（3）挤压边墙在上游坝面形成了一个规则、平整、压实的坡面，而且坡面整洁美观。

（4）提供了一个可抵御冲刷的坡面，提高了度汛安全性，避免施工洪水对垫层料的冲刷，省掉了上游坝面的恢复工作，这对大型工程特别是导流标准较高的工程及南方多雨地区修建混凝土面板堆石高坝十分有利。

（5）挤压墙所采用的混凝土渗透系数与垫层料相当，可以起到很好的反滤作用，加强了垫层料的保护作用。

（6）边墙挤压技术简化了工序、设备和机具，挤压机操作简单，施工方便、快捷。目前，国内在面板堆石坝修建过程中采用挤压式边墙技术越来越多。

4.反渗处理

面板施工中，由于坝体下游水位高于上游水位而导致反向渗透水流破坏垫层、保护层甚至混凝土面板的事故，通常被称为"反渗"问题。反渗的原因一般有两个方面：一是工程没有修建下游围堰，而上游因为下游趾板开挖而使建基面低于下游地面，在上游没有水的情况下，下游水位高出上游，有一定水压力作用于垫层面，将垫层及保护层顶裂，局部垫层料流失。另一方面与坝基地形有关，其垂直坝轴线剖面表明，基岩面呈中间高、两边低或倾向上游，渗水将流向上游而对垫层和护坡有一定的水压作用。解决反渗问题的方法主要是预防产生渗透压力，同时，做好相关排水设施来减小水压力的破坏。国内比较典型的是珊溪坝的反渗处理，该工程采取在坝体内设反向排水钢管自由排水至趾板上游集水坑后，用水泵排除上游围堰等一系列措施，解决了施工期坝体反渗问题，为大坝顺利施工提供条件，如图 6-14 所示。

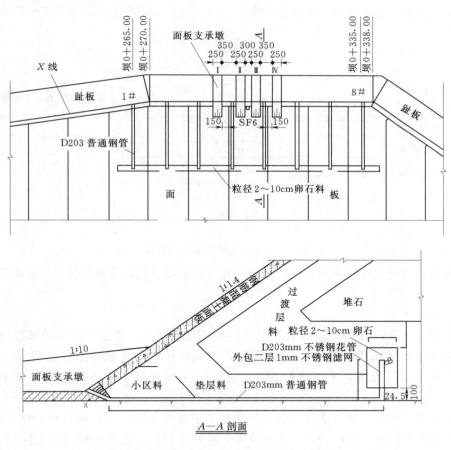

图 6-14 珊溪坝排水管、支承墩布置图（单位：cm）

5.严寒条件下的坝体填筑

部分混凝土面板堆石坝处于寒冷地区，由于计划工期的需要，必须在冬季进行填筑施工。为了预防和减少石料的冻结以及坝体冻结深度，确保填筑层达到设计要求的压实密度，在填筑中应该注意以下问题：

（1）开采的石料应为干燥石料，并且直接上坝，避免中间周转。

（2）对砂砾石料，应在非冰冻期预开采，并进行中间堆存干燥，为冬季上坝填筑做好准备。

（3）冰冻季节填筑施工中，各种坝料内不应有冻块存在，并应采用不加水碾压。在碾压试验时，要专门做不加水碾压试验，以便确定适合冬季填筑的各碾压参数。

（4）为了避免因冬季填筑在坝体内形成永冻区，需要控制冬季填筑坝高。

根据国内部分施工经验，冬季填筑的碾压厚度须减薄：$h < 600\text{mm}$，碾压 $8 \sim 10$ 遍，冬季填筑坝高不宜超过 15m。

三、趾板施工

趾板是面板堆石坝工程防渗体系的重要组成部分，为在堆石体的上游坝脚呈带状分布的混凝土结构体。

趾板在体型上分平趾板及斜趾板两类。已建工程多采用平趾板，如图 6-15 所示。

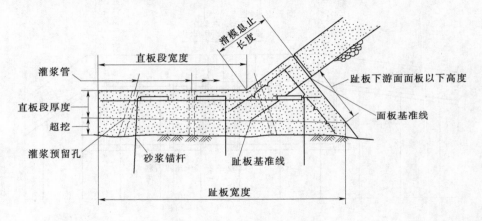

图 6-15　趾板体型及分部名称

趾板基础开挖一般在两岸清基时开始，趾板的混凝土浇筑在垫层料、过渡料开始填筑前完成。

1. 基础开挖

趾板多坐落于较新鲜完整的岩层上，一般要求为弱风化岩石。但当地基经处理、消除冲蚀的可能性后，也可以放在软弱岩层、风化岩层甚至堆积土上。部分面板坝因基础砂砾石覆盖层厚度大，不宜进行深挖，此时，趾板直接坐落于经过压实处理的砂砾石层上。

基础开挖一般在两岸清基时开始，开挖深度一般为可以达到可灌岩石为准。原则上，一般采用光面爆破或预裂爆破，以防止爆破对基础的损伤。光面爆破技术只应用于坑壁。预裂爆破技术则能避免基础的爆破漏斗，减小超挖及爆破对基础的损伤。

2. 地质缺陷处理

断层、蚀变带及软弱夹层一般采用混凝土置换处理。节理密集带的细小夹层可用反滤料作覆盖处理，以防止夹泥的管涌。

出露于趾板基础的勘探孔，作扫孔、洗孔、灌浆及封孔处理。

因地质原因超挖过大的地基，预先可用混凝土回填到建基面再浇筑趾板，一般的超挖可不作回填混凝土处理，与趾板混凝土整体浇筑。

3. 趾板混凝土浇筑

趾板地基处理并验收合格后，开始混凝土施工，并且应该在垫层料、过渡料开始填筑前完成。

趾板绑扎钢筋前，按设计要求设置锚筋（杆）。安装砂浆锚杆时，钻孔及清孔后，先灌砂浆，再插钢筋，锚杆以 90°弯钩与趾板钢筋相连。之后，在绑扎钢筋时同时按要求预埋灌浆管、止水片等。混凝土浇筑在基础面清洗干净、排干积水后进行，混凝土配合比同面板混凝土，顶面用人工抹平，要及时振捣密实，注意和避免止水片（带）的变形和变位。工程中混凝土可用罐车运输，溜槽输送入仓。趾板施工完毕后，要及时做好止水的保护，止水材料通常为塑料止水带或者铜止水带。

在不设结构缝的趾板中，混凝土施工可以选择分块浇筑和分区段浇筑。各类浇筑方法应该设置施工缝。常规分块浇筑分段长度为 10~20m，滑模施工分段选择在趾板转折处，地形突变部位或其它满足施工需要的部位。

施工缝面的纵向钢筋应穿透。施工缝在端头模板拆除后对混凝土面凿毛和清洗，保证新老混凝土界面良好胶结。施工缝一般不设止水，有些工程在该位置增设一道橡胶止水带，其一端锚入基岩 30~50m，一边与周边橡胶或铜止水连接，以形成封闭止水系统，如图 6-16 所示。

趾板的灌浆是通过趾板的预留灌浆管先进行固结灌浆，后作帷幕灌浆。灌浆采用分序加密的原则。

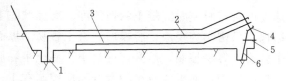

图 6-16　施工缝结构图

1—嵌固坑；2—H2861 橡胶止水带；3—预埋灌浆管；4—"F"止水铜片；5—预埋排气管；6—平板止浆铜片

四、面板施工

钢筋混凝土面板是堆石坝的主要防渗结构，厚度薄、面积大，在满足抗渗性和耐久性条件下，要求具有一定柔性，以适应堆石体的变形。其施工一般采用滑模施工，由下而上连续浇筑。为了便于施工的流水作业，提高施工强度，面板混凝土均采用分序浇筑，即跳仓浇筑施工。有关工程的质量控制及沥青混凝土面板施工可阅相关规范。

（一）混凝土面板浇筑

1. 面板分块

面板纵缝的间距决定了面板的宽度。由于面板通常采用滑模连续浇筑，面板的宽度决定了混凝土浇筑能力，也决定了钢模的尺寸及其提升设备的能力。面板通常有宽、窄块之分。据国内外统计，通常宽块纵缝间距 12~14m，窄块 6~7m。

2. 面板浇筑

混凝土面板浇筑滑模分有轨和无轨两大类。目前，面板的混凝土浇筑采用无轨滑模施工，如图 6-17 所示。主要施工设备有无轨滑模、侧模、溜槽、料斗、洒水管、运输台车、卷扬机、混凝土搅拌车、汽车吊、养护台车等。

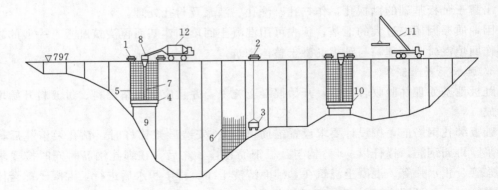

图 6-17 混凝土面板施工布置示意图

1—JM卷扬机；2—5t快速双筒卷扬机；3—运料台车；4—滑模；5—侧模；6—钢筋网；7—溜槽；
8—集料斗；9—混凝土面板；10—碾压好的坝坡；11—汽车吊；12—混凝土搅拌车

（1）模板的滑升与混凝土的浇筑。

1）入仓、振捣。混凝土入仓应均匀布料，薄层浇筑，每层布料厚度为 25～30cm，并应及时振捣。止水片周围混凝土应辅以人工布料。布料后及时振捣密实，振捣器不得触及滑动模板、钢筋、止水片。仓面采用直径不大于 50mm 的插入式振捣器。振动间距不得大于 40cm。

2）模板滑升。模板滑升前，必须清除其前沿超填混凝土，以减少滑升阻力。每浇筑一层约 25～30cm 混凝土，模板滑升一次，不得超过一层混凝土的浇筑高度。模板滑升的速度取决于脱模时混凝土的坍落度、凝固状态和气温。滑升速度过大，易出现滑模抬动、振捣不易密实等现象，脱模后混凝土容易下塌而产生波浪状，给抹面带来困难，面板表面平整度不容易控制；滑升速度过小，易产生黏膜而使混凝土拉裂。模板滑升要坚持勤提、少提的原则，面板浇筑平均滑升速度控制在 1～2m/h，最大滑升速度不宜超过 4m/h。

3）压面。混凝土出模后立即进行一次压面，待混凝土初凝结束前完成二次压面。

4）混凝土面板是坝体防渗的关键部位，应连续浇筑，其施工过程中间不得有间歇或停顿。若无法避免停止面板浇筑施工，则一定要在滑模提升移位后停止施工。

5）对于面板和周边部位衔接的三角部位，采用滑模浇筑时，根据周边倾角的大小，选择使用旋转法、平移法以及平移转动法。具体参见相关施工规范。

在坝高不大于 70m 时，面板混凝土宜一次浇筑完成；坝高大于 70m 时，因坝坡较长，给施工带来困难，可根据施工安排或提前蓄水需要，面板宜分二期或三期浇筑。分期浇筑接缝要按施工缝处理。

（2）面板混凝土浇筑时，应注意如下几个问题：

1）面板混凝土宜跳仓浇筑。其目的在于保持滑动模板平衡滑升，并使相邻的已浇块有一定龄期。

2）垂直缝下的水泥砂浆垫坡面应符合设计线，其允许偏差±5mm。垂直缝砂浆条一般宽 50cm，是控制面板体型的关键。

3）面板钢筋宜采用现场绑扎或焊接，也可采用预制钢筋网片现场整体拼装的方法。

国内工程常采用现场绑扎、焊接的方法。

（二）面板养护

混凝土面板由于其超薄结构且暴露面大，所以面板混凝土的水化热温升阶段短，最高温度值出现较早，随后很快出现降温趋势，这种情况下，比较容易产生裂缝。养护是避免面板发生裂缝的重要措施，包括保温、保湿两项内容。面板表面及时连续保温、保湿，有利于降低混凝土的热交换系数，减缓沉降和干缩变形，从而减少形成裂缝的破坏力。混凝土养护期一般采用草袋保温，喷水养护不少于 90 天，并要求连续养护到水库蓄水。

【例 6 - 2】　西北口面板堆石坝的面板浇筑时，采用两台 ZX—50 型、两台 ZPZ—30 型软轴插入式振动器振捣。每浇筑一次，滑模滑升 20～30cm。滑模由坝顶卷扬机牵引，在滑升过程中，对出模的混凝土表面随时进行抹光处理。在滑模尾部约 10m 位置拖带一根水管，随时进行洒水养护。浇后及时用塑料薄膜覆盖混凝土表面，以防雨水冲刷。滑模的设计重量主要克服混凝土的浮托力，滑模采用空腹板梁钢结构。

（三）面板混凝土常见缺陷与处理方法

面板施工中因温度及干缩产生的浅表裂缝较难避免，但对面板耐久性有影响的裂缝须认真处理。尤其是处于受拉区的裂缝。

（1）对于裂缝宽度小于 0.2mm 的裂缝，一般在基面清理干净并完全干燥后，沿裂缝两侧各 16cm 涂抹底胶，底胶涂抹必须均匀，不能漏刷也不能过厚，等待底胶表干后，粘贴复合柔性防渗盖片进行封堵。

（2）如果裂缝宽度大于 0.2mm，但小于 0.5mm，可以先采用化学灌浆处理，然后进行嵌缝和表面处理。对于化学灌浆无法施工的，可以采用类似与裂缝宽度小于 0.2mm 的裂缝处理方式，但是必须在粘贴复合柔性防渗盖片之前在裂缝中嵌填柔性材料封堵。

（3）当裂缝宽度大于 0.5mm 时，先进行化学灌浆，然后进行嵌缝和表面处理。同上述方法基本相同。

在工程当中，有时候对于裂缝宽度大于 0.2mm 的裂缝，也采用凿 U 形槽，然后回填预缩砂浆。其预缩砂浆配合比如表 6 - 7 所示。

表 6 - 7　　　　　　　　　预缩砂浆配合比（重量比）

水灰比	52.5 号水泥	砂（$F_m=1.8\sim2.0$）	水	木　钙
0.28～0.32	100	200～20	28～32	1‰

（四）面板混凝土的防裂技术

面板混凝土是以斜坡垫层为基础的混凝土带状防渗薄板，其长宽厚三向尺寸相差悬殊，结构暴露面大，对空气温度和湿度变化十分敏感。裂缝的存在将降低面板混凝土的抗冻融、抗溶蚀、抗渗以及钢筋抗锈蚀等耐久性能。

1. 裂缝的分布规律及产生原因

（1）分布规律。裂缝基本上呈水平向分布，表面横穿整条面板宽度；多集中在较长的中下部；宽度一般小于 0.3mm；大部分裂缝在浇筑后产生，水库蓄水后有自愈和闭合的趋势。

（2）产生原因。由于面板是厚度薄、长度大的结构体，而且混凝土的干缩、温度冷缩使得抗拉强度以及极限拉伸等有限，加上在施工过程中的环境因素、施工条件、施工工艺以及填筑体的沉降等因素，都可能使混凝土面板产生裂缝。

2. 裂缝的预防措施

采用薄层碾压级配料填筑以及新型的施工机械，同时实施坝体全断面均衡填筑以及坝体预沉降技术，让坝体填筑和面板浇筑在时间上有一定的间隔，从而减少由于坝体填筑沉降变形形成的面板裂缝；在垫层施工中，垫层的保护层应该尽量光滑平整，嵌入垫层的架立筋宜小直径、大间距、浅埋深，使得面板的基础约束相对较小，减少对面板裂缝的影响；最后，在面板的混凝土配合比以及浇筑时间上做一定的改善和合理安排，都对面板的裂缝产生积极的有利影响。

面板坝接缝包括趾板缝、周边缝、垂直缝、防浪墙体缝、防浪墙底缝以及施工缝等，接缝止水材料包括金属止水、塑胶止水、缝面嵌缝材料以及保护膜等。

止水片在安装的时候，应该按照设计要求，把止水片固定安装于模板止水预留口处，要求安装位置准确，固定牢固。对于滑模施工，应在滑模就位、调试完毕后，按照施工面板的长度将焊接好的止水固定于趾板钢筋上。

待砂浆垫铺筑完成并且强度达到 70％ 以上，即进行止水片的安装，加工好的铜止水片摆放到工作面并进行焊接连接，在鼻腔中先填塞橡胶棒等，并用胶带封闭，然后铺橡胶垫片，再将连接好的止水片安装就位，紧贴于橡胶垫片上，最后在止水片上安装、固定面板侧模。

对于橡胶止水带的安装：须将止水带牢固地夹在模板中，止水带中间腔体应安装在接缝处，不允许在空腔附近有钉子或者凿孔。安装后，应每隔 1～1.5m 设法固定在钢筋上。

对周边缝垂直方向上的止水带，应该在止水带两侧均匀地浇筑混凝土；对水平或者倾斜的止水带，在浇筑下部混凝土时宜先将止水带稍稍翻起，待混凝土浇筑完成并排气后放下止水带，然后在浇筑上部混凝土，以免气泡和泌水聚集在止水带背部。在混凝土浇筑时，止水带附近应该采用小型的振捣器振捣，并且要使止水带结构下的气体排除干净。

五、施工的质量检查

堆石体的压实效果可以根据其压实后的干密度大小在现场进行控制。堆石体干密度的检测一般采用挖坑注水试验法，垫层料的干密度检测采用挖坑灌砂实验法。

1. 检查数量要求

对于趾板浇筑，每浇筑一块或者每 50～100m³ 至少有一组抗压强度试件；每 200m³ 成型一组抗冻、抗渗检验试件。

对于面板，每班取一组抗压强度试件；抗渗检验试件每 500～1000m³ 成型一组；抗冻检验试件每 1000～3000m³ 成型一组。不足以上数量者，也应取一组试件。

2. 堆石体施工质量控制

通常，堆石体岩石的质量指标用压实容重换算的孔隙率 n 来表示，现场堆石密实度的检测主要采取试坑法。

（1）垫层料施工质量控制。垫层料（包括周边反滤料）需作颗分、密度、渗透性及内部渗透稳定性检查，检查稳定性的颗分取样部位为界面处。过渡料作颗分、密度、渗透性及过渡性检查，检查过渡性的取样部位为界面处。主、副堆石作颗分、密度、渗透性检查等。垫层料、反滤料级配控制的重点是控制加工产品的级配。

（2）过渡料施工质量控制。过渡料主要是通过施工时清除界面上的超径石来保证对垫层料的过渡性，在垫层料填筑前，对过渡料区的界面作肉眼检查。过渡料的密度也比较高，其渗透系数较大，一般只作简易的测定。

（3）主堆石施工质量控制。主堆石的渗透性很大，也只作简易检查。密度要达到设计规定值，否则要做相应的解决方案。

（4）主堆石施工质量控制。面板混凝土浇筑质量检测项目和技术要求见表6-8。

表6-8　　　　　　　　　　面板混凝土浇筑质量检测项目和质量要求

项　　目	质　量　要　求	检　测　方　法
混凝土表面	表面基本平整，局部不超过设计线30mm，无麻面、蜂窝孔露筋	观察测量
表面裂缝	无或有小裂缝已处理	观察测量
深层及贯穿裂缝	无或有但已按要求处理	观察检查
抗压强度	保证率不小于80%	试验
均匀性	离差系数 C_v 小于0.18	统计分析
抗冻性	符合设计要求	试验
抗渗性	符合设计要求	试验

第三节　混凝土坝工程施工

在众多的大坝工程中，混凝土坝所占的比重较大，混凝土坝包括重力坝、拱坝、支墩坝等主要坝型。混凝土坝工程与土石坝工程相比，施工环节很多，工艺要求高，水泥、钢材以及木材耗用量很大，工程投资比较高。

一、混凝土坝的施工特点

（1）大中型混凝土坝一般具有工程量大，浇筑强度高的特点。大中型混凝土坝和工程量通常都有几十万立方米甚至几百万立方米，月平均浇筑强度大都在几万立方米，而且还受到施工季节等的影响，使得强度更大。

（2）与施工导流关系密切。混凝土坝，特别是重力坝，由于抗冲能力强，故常在坝体内预留底孔来导流，汛期利用未完建的坝体挡水。

（3）温度控制严格。由于混凝土坝属于大体积混凝土，施工中容易产生各种温度裂缝，严重破坏坝体的整体性和耐久性。因此，混凝土坝对温度控制特别严格，必须采取一系列温控防裂措施，确保施工质量。

（4）施工条件复杂。坝体混凝土施工涉及的施工环节多，工艺复杂，还常与地基开挖、基础处理、金属结构安装等工程交叉进行，相互影响和干扰很大。同时，还受到水文、气象、地形地质等自然条件以及设备、材料等供应条件的约束和影响。

综上叙述，在混凝土坝施工过程中，应保证做到：

水泥、钢材的来料质量应合格，保管妥善。砂石骨料制备工艺良好，质量合格。

混凝土材料按配合比称量准确，拌和均匀，在运输、浇筑中无分离现象；浇筑中充分振捣密实，养护良好。

模板制作安装准确有序，架立坚固；钢筋加工形状和安放部位准确。混凝土建筑物分部、分块浇筑时，所有接缝要慎重处理，以满足整体性要求。大体积混凝土必须采用适当的温度控制措施，以防止产生温度裂缝。气候、季节变化对混凝土施工和质量有较大影响，应采取相应的措施。

二、混凝土坝的施工工艺

在混凝土坝施工中，大量砂石骨料的采集、加工，以及水泥和各种掺和料、外加剂的供应是基础，混凝土的制备、运输和浇筑是施工的主体，模板、钢筋作业是必要的辅助。其施工的全过程包括：准备工作；施工导流；基础开挖与处理；坝体混凝土工程；金属结构安装工程。

混凝土坝基本施工过程如图6-18所示。其中，骨料生产、混凝土拌和与混凝土运输占用机械、人工最多，作业最繁重，分别称为骨料生产、混凝土生产和混凝土运输系统。模板和钢筋作业虽然属于辅助性工作，但对于混凝土施工速度和造价有重要影响。每一道生产环节和作业工序既独立又相互联系。

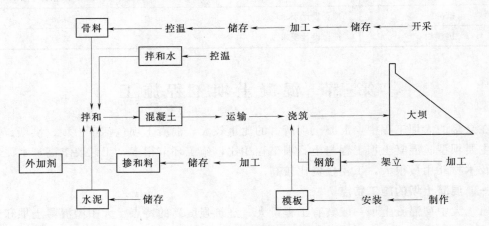

图6-18　混凝土坝施工过程

三、混凝土坝的筑坝材料

1. 料场开采

（1）料场开采的原则。混凝土坝的筑坝材料料场开采和土石坝材料基本一致外，还具有以下特点：

1）满足水工混凝土对骨料的各项质量要求（包括骨料的强度、抗冻性、化学稳定性、颗粒形状、级配、杂质含量等）。

2）储量大、质量好，并且开采季节长；主、辅应兼顾，洪、枯季节互为备用料场；场地开阔，高程适宜。

3）选择可开采率高、天然级配和实际用料级配比较接近、用人工骨料调整级配数量比较少的料场。

4）优先考虑使用天然料场。

（2）开采量的确定。当采用天然骨料时，应确定砂石料的开采量。由于砂石料的天然级配与施工中混凝土骨料的级配（由设计确定）往往不一致，因此，不仅砂石料开采总量要满足要求，而且，每一级骨料的开采量也要满足要求。

1）砂石料开采总量的控制：

$$V = \frac{V_0(1 + \sum k_{损})}{A_0 k_{松}}$$ （6-8）

式中　　V——根据某级骨料需要量确定的砂砾石料开采总量，按自然方计，m^3；

V_0——某级骨料的需要量，按松方计，m^3；

A_0——该级骨料的天然级配量；

$k_{损}$——砂石料在开采、运输、加工、储存等过程中的总损失系数，可参考概算指标或者类似工程资料确定。

根据式（6-8）计算出每一级相应的开采总量，并取其中最大值作为计划的开采总量。

实际开采中，大石含量通常过多，而中、小石含量不足，如按中、小石需要量开采，大石将过剩，造成浪费，为此，常增加破碎设备，进行人工破碎平衡；或者调整混凝土的配合比，以减少短缺骨料的需要量。

2）采用人工骨料时，计算块石的开采量；按块石开采的成品获得率及混凝土骨料需要量计算。

$$V_r = (1 + \sum k_{损})V_h \alpha / (\beta \gamma)$$ （6-9）

式中　　V_r——石料开采总量，m^3；

V_h——混凝土的总需用量，m^3；

α——混凝土的骨料需用量，t/m^3；

β——块石开采成品获得率，取 $80\% \sim 95\%$；

γ——块石密度，t/m^3；

$\sum k_{损}$——开采、运输、加工等过程中的总损失系数。

（3）骨料加工。骨料加工过程有：破碎、筛分、冲洗等。骨料加工厂一般设在采料场附近，厂址附近应该有足够的堆料场地，高程适当，地基稳固，进、出料运输方便，不受洪水威胁，少占用农田，距离居民区较远，同时还要注意防止噪音和粉尘的危害等。

骨料的生产量一般有两种计算方法：一种是按照混凝土最高月浇筑强度计算，但是这种计算方法由于没有考虑骨料堆场的调节作用，因此计算结果往往偏大；另一种是按照骨料需要量累计曲线确定，该方法是根据混凝土浇筑计划绘出骨料需要量累计曲线，然后再绘出骨料生产量累计曲线，如图 6-19 所示，在编织

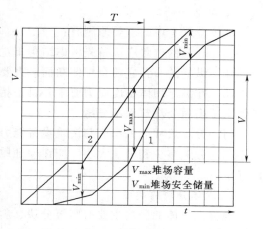

图 6-19　骨料生产量和需用量累计曲线
1—需用量累计曲线；2—生产量和累计曲线

生产量累计曲线时，应注意骨料生产量、料堆储存量和需要量三者之间的关系。

（4）骨料的储存。骨料存放分毛料堆存和成品堆存两种。毛料堆存的作用是调节毛料开采、运输与加工之间的不均衡性；成品堆存的作用是调节成品生产、运输和混凝土拌和之间的均衡性，保证混凝土生产对骨料的需要。

骨料存储量的多少主要取决于生产强度和管理水平。一般可以按照高峰月平均值的50％～80％考虑，汛期、冰冻期停采时须按停采期骨料需要量外加 20％裕度校核。

2. 混凝土的生产系统

在混凝土坝的施工中，混凝土的生产系统直接影响坝体施工的质量和进度，对整个工程在安全、技术、经济等方面有重要的意义。在混凝土坝的施工中，设置合理的混凝土生产系统是非常有必要的。

混凝土生产系统包括：拌和系统、骨料堆放、水泥储存、降温制冷设施、混凝土运输设施、粉煤灰存储以及外加剂车间等。该系统生产的混凝土应满足浇筑强度、质量、标号级配、混凝土温度等要求。

四、混凝土坝施工

（一）混凝土坝体施工的分缝分块

混凝土坝体在施工时，由于立模等各种条件的限制，且为防止产生影响坝体整体性的难于处理的不规则裂缝，需要将坝体分成许多浇筑块分别浇筑。这种坝体浇筑块的划分称为坝体施工的分缝分块。

混凝土坝一般多采用柱状法施工。垂直于坝轴线方向，按结构布置设置的伸缩缝称为横缝；顺坝轴线方向，根据施工技术和条件的设置施工缝称为纵缝。横缝间距一般为 15～20m，纵缝间距一般为 15～30m。

混凝土坝的分缝分块，应首先根据建筑物的布置沿坝轴线方向将坝分为若干坝段，每横缝应尽量与建筑物的永久缝（伸缩缝、沉陷缝等）相结合，否则必须进行接缝灌浆。然后每个坝段再用若干平行于坝轴线的缝即纵缝分为若干个坝块，分别进行施工。也可不设纵缝而通仓浇筑。在实际施工中多采用竖缝分块和通仓浇筑两种形式。

1. 坝体分缝的主要原则

坝体分缝考虑的主要原则有：

（1）分缝的位置应该首先考虑结构布置要求和地质条件。

（2）纵缝的布置应符合坝体断面应力要求，并尽量做到分块匀称和便于并仓浇筑。

（3）在满足坝体温度应力要求并具备相应的降温措施条件下，尽量少分纵缝或在可能条件下采用通仓浇筑而不分缝。

（4）分块尺寸的大小应与浇筑设备能力相适应。

（5）分缝多少和分块大小，应在保证质量和满足工期要求的前提下，通过技术经济比较确定。

2. 坝体分块的类型

混凝土坝体的分块主要有竖缝分块、斜缝分块、错缝分块三种类型。

（1）竖缝分块。竖缝分块就是用平行于坝轴线的铅直缝或宽槽把坝段分为若干个柱状体的坝块，如图 6-20 （a）所示。宽槽的宽度一般为 1m 左右，两侧的柱状体可分别进行施工，互不影响。但宽槽需进行回填，由于宽度较小，施工缝的处理及混凝土的浇筑都比较困难。现多不使用宽槽而采用竖缝接缝灌浆的方法。但灌浆形成的接缝面的抗剪强度较低，往往设置键槽以增加其抗剪能力。键槽的形式有两种：不等边直角三角形和不等边梯形。

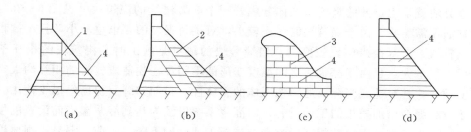

图 6-20　大坝浇筑分缝分块的基本形式
(a) 竖缝分块；(b) 斜缝分块；(c) 错缝分块；(d) 通仓浇筑
1—竖缝；2—斜缝；3—错缝；4—水平施工缝

　　三角形的键槽模板需安装在先浇块铅直模板的内侧，既便于安装，又不致形成易受损的尖角。为使键槽受力较好，若上游块先浇，则键槽面的短边在上，否则下游块先浇，长边在上，如图 6-21 所示。不同于宽槽，若键槽面两侧浇筑块的高差过大，就会由于两浇筑块的变形不同步造成键槽面的挤压，而造成接缝灌浆的浆路不通甚至键槽被挤坏。所以需适当控制相邻浇筑块的高差。若上游块先浇，高差一般控制在 10~12m；若下游块先浇，由于键槽的长边在上坡度较缓，不利于挤压，一般控制在 6m 以内。由于立模的限制，浇筑块一次浇筑的高度一般不超过 3m。为保证灌浆效果，一般每一浇筑层均设水平止浆片，布置灌浆盒，形成独立的灌浆回路。

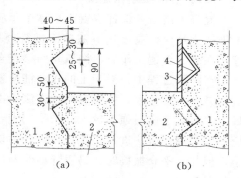

图 6-21　键槽模板（单位：cm）
(a) 上游块先浇　(b) 下游块先浇
1—先浇块；2—后浇块；3—模板；4—键槽模板

　　(2) 斜缝分块。斜缝分块是大致沿两组主应力之一的轨迹面设置斜缝，斜缝的布置往往倾向上游或倾向下游［见图 6-20 (b)］。斜缝分块的主要优点是缝面上的剪应力很小，使坝体能保持较好的整体性；主要缺点是坝体浇筑的先后顺序受到限制，不如竖缝灵活，若斜缝倾向上游，必须先浇上游再浇下游，若倾向下游，则必须先浇下游再浇上游。

　　斜缝分块的缝面上出现的剪应力很小，为使坝体能保持较好的整体性，斜缝可以不进行灌浆。通常倾向上游时不能通到坝的上游面，以免造成渗漏通道。同时为避免由于应力集中造成斜缝沿缝端向上的进一步发展，在斜缝终止处应采取并缝措施，如上游斜缝的终止处布置骑缝钢筋或设置廊道。

　　施工中，斜缝分块同样要注意均匀上升和控制相邻块高差，高差过大则两块温差过大，容易在后浇块上出现温度裂缝；遇特殊情况，如作临时断面挡水，下游块进度赶不上而出现过大高差时，则应在下游块采取较严的温控措施，减少两块温差，避免裂缝，保持坝体整体性。

（3）错缝分块。错峰分块是在早期建坝时，根据砌砖方法沿高度错开的竖缝进行分块，又叫砌砖法，目前很少采用。

错缝分块就是用错开的竖缝将坝体分成若干个叠置错缝的浇筑块［见图 6-20（c）］。竖缝不贯通无需灌浆。由于浇筑块的体积较小，对供料强度的要求也较小，且小体积的浇筑块散热较快，故温控措施比较简单。错缝分块的缺点是施工时各浇筑块的相互干扰较大，模板工程量大，且由于浇筑块之间温度变形的不同步往往造成较大的相互约束，从而造成温度裂缝，甚至造成竖缝贯通影响坝体的整体性。目前错缝分块已经很少使用。

由于设纵缝会增加模板的工程量、纵向灌浆系统以及为达到灌浆温度而设置的坝体冷却系统，并且由于相邻坝块的相互影响会造成施工速度的下降，目前，混凝土坝体施工倾向于不设纵缝而通仓浇筑。但通仓浇筑，由于浇筑块体积较大，为避免冷缝对供料强度的要求较高，且为加强坝体散热，温控措施较复杂。

施工中应根据各种实际情况，综合考虑施工质量、施工速度、施工成本等各种因素，选择合理的分缝分块方法。

（二）混凝土坝体浇筑

混凝土浇筑是保证混凝土坝体工程质量的最重要的环节。为了保证坝体的质量，混凝土坝体浇筑前，应该先对基础面进行处理，在施工当中，还要对施工缝以及冷缝进行处理，在完成上述工作后，浇筑仓面检查合格后，才能进行浇筑。

在浇筑过程中，混凝土的入仓铺料要保证不发生离析现象，因此混凝土自高处倾落的自由高度不宜过大。一般有两种方法：平层浇筑和台阶浇筑。平层浇筑法施工方便，应用最广，但要求供料强度较大。当采用大仓面薄块浇筑时，若供料强度不足以防止冷缝，就应考虑采用台阶法进行浇筑。台阶法的优点是混凝土铺料暴露面积较小，受外界环境影响小，但其在平仓振捣时，易引起砂浆顺坡向下流动。为减少其不利影响，应采用流动性较低的混凝土。

在完成平仓与振捣工序后，为了使混凝土有良好的硬化条件，在一定时间内，对外露面保持适当的温度和足够的湿度所采取的相应措施就是养护。混凝土坝体浇筑的具体施工过程和方法参见本书相关章节。

五、坝体混凝土的温度控制

1. 混凝土的温度裂缝

由于混凝土坝体积相对较大，因此，在混凝土浇筑后，因为水泥的水化热作用而形成的内部和外部的温度变化，在不同的约束条件下产生的温度应力会使混凝土产生裂缝。因此，必须做好坝体的温度控制，防止产生温度裂缝。

（1）混凝土块温度变化过程。混凝土凝固过程中因水泥释放水化热而升温，由于混凝土导热性能不良，热量积蓄在浇筑块内。短时间内其温度可达 $30\sim50℃$，与周围介质存在温差。在以后向外散热并逐渐降温过程中，块体达到稳定温度，但这一过程相当缓慢（大型的混凝土重力坝在天然条件下要经过几年到几十年后坝体的水泥水化热才能消失）。因此，混凝土浇筑后温度变化是经过温升期、冷却期、稳定期三个过程，如图 6-22 所示。混凝土块体内部温度达到稳定温度后，不再变化，仅混凝土外部7～10m范围内随外界温度变化有周期性波动。

（2）温度应力和温度裂缝。混凝土温度变化，使体积随之变化，即温度变形。这种变形如果受到约束时会产生温度应力。当温度应力为拉应力，又超过混凝土抗拉强度时，则产生温度裂缝。按照约束特点，温度应力可分为基础（包括混凝土）约束产生的温度应力和混凝土块本身约束产生的温度应力。前者产生贯穿裂缝，后者产生表面裂缝，如图6-23所示。表示混凝土坝的温度裂缝。

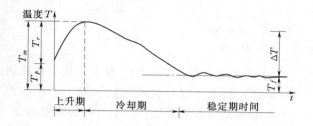

图6-22　大体积混凝土温度变化过程

T_p—混凝土入仓温度（℃）；T_r—混凝土最大温升（℃）；
T_m—混凝土最高温度（℃）；T_f—混凝土稳定温度（℃）；
ΔT—混凝土最大温差（℃）

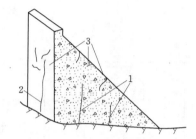

图6-23　混凝土坝的温度裂缝

1—贯穿裂缝；2—深层裂缝；3—表面裂缝

2. 防止产生温度裂缝的主要温控措施

（1）降低混凝土的温升。水泥混凝土在凝结硬化过程中产生的水化热是促使混凝土温度升高的根本原因，因此必须降低混凝土发热量。常采用低热水泥或减少单位体积混凝土中的水泥用量，以减少水化热。

具体措施是：在不同部位采用不同强度等级混凝土；利用混凝土后期强度，埋大块石；改善骨料级配；掺入外加剂；采用干硬性混凝土及改进施工方法等。

（2）降低混凝土的入仓温度。混凝土开裂的根本原因是温差过大，降低混凝土的入仓温度也就能降低温差，因此许多工程都采取措施降低混凝土入仓温度。

工程中多采用的冷水或冰水拌和预冷骨料的方法，采用深井冷水或人工冰水是首选措施。冰水拌和是将部分水由冰代替，由于其比热较大效果更好。在混凝土工程章节已经有过讲述。这里主要介绍加快混凝土的散热。

加快混凝土的散热主要有三种方法：

1）分层分块。一般按照结构尺寸、浇筑能力大小分块，采用薄块浇筑及适当延长间歇时间，让各浇筑块间混凝土充分散热。近年来国外已经开始采用干贫混凝土进行薄层通仓浇筑，由于干贫混凝土发热量小，而且浇筑层薄，散热面大，可以简化温控措施。浇筑后几个小时之内用切割机切出横缝，内填塑料板作为坝的分段。

2）混凝土强制散热。预埋冷却水管；结构上开槽，增加散热面；喷洒冷水来降低散热面温度，从而加快散热速度。

预埋冷却水管是将直径为20～25mm的钢管弯制成盘蛇形状，按照水平、垂直间距1.5～3m预埋在混凝土中，待混凝土发热时用水冷却降温，如图6-24所示。该法耗费钢材多，可用塑料拔管代替，即用塑料管充气埋入混凝土中，待混凝土凝结、塑料管放气后拔出塑料管形成过水通道，再通地下水或者人工冷却水降温，如图 6-25 所示。

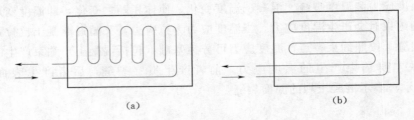

(a)   (b)

图 6-24 冷却水管的布置图

(a) 纵向布置；(b) 横向布置

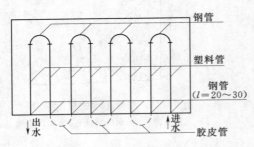

图 6-25 塑料拔管的布置图（单位：cm）

3) 防止气温不利影响。夏季干热会造成热量倒灌，表面水容易被蒸发，不利于养护，产生干缩应力而引起裂缝；冬季严寒及寒潮袭击，表面温度骤降以及冻结而产生冻裂剥落。因此，洒水养护、保持湿润、表面覆盖保护材料等措施，应按规范严格执行。

六、混凝土坝接缝灌浆

混凝土凝固过程中，因水泥水化释放大量水化热，内部温度逐步上升，并在环境温度影响下，坝体温度也在不断变化。随着时间推移，坝内温度逐渐下降而趋于稳定。混凝土坝断面尺寸一般较大，考虑温控和施工要求，通常将坝体划分成许多浇筑块进行浇筑，需在坝段间设置横缝，在坝段中设置平行于坝轴线的纵缝。

纵缝是一种临时性的浇筑缝。对坝体的应力分布及稳定性不利，必须进行灌浆封填。

重力坝的横缝一般与伸缩沉陷缝结合而不需要接缝灌浆，拱坝和其它坝型有整体要求的横缝、纵缝需进行接缝灌浆。

实际工程中，接缝灌浆不是等所有的坝块浇筑结束后才进行，而是由于施工导流和提前发电等要求，坝块混凝土一边浇筑上升，一边对下部的接缝进行灌浆。如坝体提前挡水等。

（一）接缝灌浆的基本条件

为确保灌浆工程质量，接缝灌浆要求满足和符合下列条件：

(1) 灌区两侧坝块混凝土的温度必须达到设计规定值（接缝灌浆温度）。

(2) 灌区两侧坝块混凝土的龄期宜大于 6 个月，在采取了有效冷却措施情况下，也不宜少于 4 个月。

(3) 除顶层外，灌区上部混凝土（压重）厚度不宜少于 6m，其温度应达到接缝灌浆温度。

(4) 接缝的张开度不宜小于 0.5mm。一般小于 0.5mm 作细缝处理，可采用湿磨细水泥灌浆或化学灌浆。

(5) 灌区止浆封闭良好，管路和缝面畅通。

此外，接缝灌浆时间一般应安排在低温季节进行。纵缝在水库蓄水前灌注，未完灌区的接缝灌浆在库水位低于灌区底部高程时进行。

（二）灌浆系统布置

灌浆系统一般由进浆管、回浆管、升浆和出浆设施、排气设施及止浆片组成。受灌浆特点和灌浆设备的限制，接缝灌浆系统应分灌区进行布置。每个灌区的高度以 9～12m 为宜，面积以 200～300m² 为宜。

灌浆系统的布置应遵守以下原则：

1）浆液能自下而上均匀地灌注到整个灌区缝面。

2）灌浆管路和出浆设施与缝面连通顺畅。

3）灌浆管路顺直、弯头少。

4）同一灌区的进浆管、回浆管和排气管管口集中。

升浆和出浆设施的形成，可采用塑料拔管方式、预埋管和出浆盒方式，也可采用出浆槽方式。排气设施可采用埋设排气槽、排气管或塑料拔管方式。结合工程应用，主要介绍以下几种。

1. 预埋灌浆系统

预埋灌浆系统由进、回浆干管和支管、出浆盒、排气槽及排污槽组成，周围用止浆片封闭而形成独立的灌区。为了排除空气和灌注浆液自下上升，干管的进出口应布置在每一灌区的下部，各灌区的进出口干管集中布置在廊道或孔洞内。一般支管平行于键槽，干管垂直于支管。

管路系统有双回路布置、单回路布置。工程中多用双回路布置，其在灌区两侧均布置进、回浆干管，优点为进、回浆管不易堵塞，若遇事故易处理，灌浆质量有保证。也有的工程将两侧进、回浆干管布置在坝块外部。

止浆片的作用是阻止接缝通水和灌浆时水、浆液漏逸，横缝上下游止浆片同时起止水作用。为使止浆片外侧的混凝土振捣密实，止浆片应距离坝块表面或分块浇筑高程 30cm 为宜。止浆片可用镀锌铁皮或塑料止浆片。

出浆盒和支管相通，呈梅花形布置在先浇块键槽面易于张开的一面。每盒负担的灌浆面积 5m² 左右。

排气槽设在灌区顶部，排污槽设在灌区底部，通过排污管与外面连通。施工中有时需在高于接缝灌浆温度下进行灌浆或其它原因造成接缝灌浆质量达不到设计要求，须事先考虑重复灌浆系统。该系统与一次灌浆系统比较管路系统基本一样，其主要区别在于出浆盒（如外套橡皮的出浆盒）的构造。灌浆后用压力水冲洗，以不将橡皮套顶开为度。若已灌的接缝重新张开时，可再次灌浆。

一次灌浆系统无法进行重复灌浆。若灌浆失败，须沿缝面钻孔，另在外部安设管路系统进行灌浆。

2. 拔管灌浆系统

该系统进浆支管和排气管均由充气塑料拔管形成。灌浆系统的预埋件随坝块浇筑先后分两次埋设。先浇块的预埋件有止浆片、垂直与水平的半圆木条等。先浇块拆模后，拆除半圆木条就形成了垂直与水平的半圆槽。后浇块的预埋件有连通管、接头、塑料软管及短管等。浇筑时给塑料软管充气，浇筑一定时间，如后浇块混凝土终凝后放气，拔出塑料软管，形成骑缝孔道。进、回浆干管装置在外部，通过插管与骑缝孔道相连。

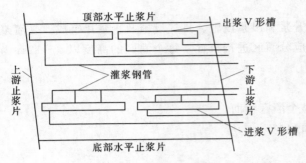

图6-26 二滩大坝接缝灌浆系统典型布置示意图

拔管灌浆系统，简化了施工，省工、省料。整个灌区接缝可同时自下而上进浆，管路不易堵塞。二滩水电站拱坝横缝灌浆，如图6-26所示。

（三）灌浆前准备工作

1. 灌浆系统加工与安装

灌浆管路和部件的加工要按设计图纸进行。止浆片、出浆盒及其盖板、排气槽及其盖板的材质、规格、加工、安装要符合设计要求。

（1）预埋灌浆系统。采用预埋管和出浆盒方式时，应注意以下要求：灌浆管路、出浆盒、排气槽、止浆片等安装，应在先浇块模板立好后进行、混凝土浇筑前完成；出浆盒和排气槽的周边要与模板紧贴，安装牢固；出浆盒盖板、排气槽盖板应在后浇块浇筑前安设；盒盖与盒、槽盖与槽要吻合。

（2）拔管灌浆系统。升浆管路采用塑料拔管方式施工时，应使用软质塑料管，经充气24h无漏气时才可使用，并应注意以下要求：灌浆管路应全部埋设在后浇块中；在同一个灌区内，浇筑块的先后次序不得改变；先浇块缝面模板上预设的竖向半圆模具，要在上下浇筑层间保持连续；在同一直线上后浇块浇筑前安设的塑料软管应顺直地稳固在先浇块的半圆槽内，充气后与进浆管三通或升浆孔洞连接紧密；灌浆管路连接完毕后应进行固定，防止浇筑过程中管路移位、变形或损坏；在混凝土坝体内应根据接缝灌浆的需要埋设一定数量的测温计和测缝计。

2. 接缝张开度与灌浆压力

接缝张开度即纵缝或横缝接触面间缝隙的大小。

接缝张开度是衡量接缝可灌性的主要指标，受相邻块高差、新老混凝土温差、键槽坡度等因素的影响。要求接缝张开度大于0.5mm，以1～3mm为宜。灌区内部的缝面张开度可使用测缝计量测，表层的缝面张开度可使用孔探仪等量测。

灌浆压力是影响灌浆质量的重要因素之一，合适灌浆压力可使浆液流动顺畅，充分充填接缝间隙，获得良好水泥结石。多数工程采用类比法结合具体情况确定设计灌浆压力，接缝灌浆压力主要以控制灌区层顶缝面压力为主。一般取0.2～0.3MPa。在灌浆压力作用下，缝面的增开度允许值，纵缝不大于0.5mm，横缝不大于0.3mm。

施工中应注意若灌浆压力尚未达到设计要求，而缝面增开度已达到设计规定值时，应以缝面增开度为准限制灌浆压力。

3. 灌浆系统检查与维护

（1）灌浆系统维护。在每层混凝土浇筑前后要对灌浆系统进行检查。整个灌区形成后，应对灌浆系统通水进行整体检查并做好记录，外露管口和拔管孔口盖封严密，妥善保护。

在混凝土浇筑过程中，应对灌浆系统做好如下维护工作：

1）维护仓面内灌浆系统不受损害，严禁任何人员攀爬、摇晃或改动管路，严防吊罐等重物碰撞管路。

2）确保止浆片四周混凝土振捣密实，严防大骨料集中于止浆片附近，禁止入仓混凝土直接倒向止浆片。

3）防止混凝土振捣时，出浆盒产生错位，或水泥砂浆流入，将出浆盒堵塞。

4）维护先浇块缝面洁净，防止浇筑过程中污水流入接缝内。

（2）通水检查。通水检查的主要目的是查明灌浆管路及缝面的通畅情况，以及灌区是否外漏和上下灌区串层，从而为灌浆前的事故处理方法提供依据。

1）单开式通水检查。单开式通水检查是目前普遍采用的一种方法。分别从两进浆管进水，随即将其它管口关闭，依次有一次管口开放，在进水管口达到设计压力的情况下，测定各个管口的单开出水率，通常标准为单开出水率大于 50L/min。若管口出水率小于 50L/min，则应从该管口进水，测定其余管口出水量和关闭压力，以便查清管道和缝面情况。

2）封闭式通水检查。从一通畅进浆管口进水，其它管口关闭，待排水管口达到设计压力（或设计压力的 80%），测定各项漏水量，并观察外漏部位，灌区封闭标准为稳定漏水量宜小于 15L/min。

3）缝面充水浸泡冲洗。每一接缝灌浆前应对缝面充水浸泡 24h，然后放净或通入洁净的压缩空气排除缝内积水，方可开始灌浆。

4）灌浆前预灌性压水检查。采用灌浆压力压水检查，选择与缝面排气管较为通畅的进浆管与回浆管循环线路，核实接缝容积、各管口单开出水率与压力，以及漏水量等数值，同时检查灌浆机运行可靠性。

当灌浆管路发生堵塞时，应采用压力水冲洗或风水联合冲洗等措施疏通。若无效，可采用钻孔、掏孔、重新接管等方法修复管路系统；两个灌区相互串通时，应待互串区均具备灌浆条件后同时灌浆。

（四）灌浆施工

1. 接缝灌浆次序

在选择和控制灌浆次序时，要注意以下几方面：

（1）同一灌区，应自基础灌区开始，逐层向上灌注。上层灌区的灌浆，应待下层和下层相邻灌区灌好后才能进行。

（2）为了避免各坝块沿一个方向灌注形成累加变形，影响后灌接缝的张开度，横缝灌浆一般从大坝中部向两岸或两岸向中部会合，纵缝灌浆自下游向上游推进。

（3）同一坝段、同一高程的纵缝，或相邻坝段同一高程的横缝应尽可能同时灌浆。

（4）同一坝段或同一坝块有横缝灌浆、纵缝灌浆及接触灌浆时，一般应先接触灌浆，可提高坝块稳定性。

（5）对陡峭岩坡的接触灌浆，宜安排在相邻纵缝或横缝灌浆后进行，以利于接触灌浆时坝块的稳定性。

（6）横缝及纵缝灌浆的先后顺序，一般为先横缝后纵缝。有的工程也采用先纵缝后横缝。

（7）靠近基础的接触灌区，如基础中有中、高压帷幕灌浆，一般接缝灌浆安排在帷幕灌浆前进行。

（8）同一坝缝的下一层灌区灌浆结束 10 天后，上一层灌区方可开始灌浆。若上、下层灌区均已具备灌浆条件，可采用连续灌浆方式，但上层灌区灌浆应在下层灌区灌浆结束后 4h 以内进行，否则仍应间隔 10 天后再进行灌浆。

2. 浆液稠度

原则上由稀到浓逐级变换。浆液水灰比可采用 2∶1、1∶1、0.6∶1（或 0.5∶1）三个比级。一般情况下，开始可灌注水灰比为 2∶1 的浆液，待排气管出浆后，浆液水灰比可改为 1∶1（起过渡作用）。当排气管出浆水灰比接近 1∶1，或水灰比为 1∶1 的浆液灌入量约等于灌区容积时，改用水灰比 0.6∶1（或 0.5∶1）的浆液灌注，直至结束。

当缝面的张开度较大，管路畅通，两个排气管单开出水量均大于 30L/min 时，开始就可灌注水灰比为 1∶1 或 0.6∶1 的浆液。

为尽快使浓浆充填缝面，开灌时排气管应全部打开放浆，其它管应间断打开放浆。测量放出浆液的密度和放浆量，以计算缝内实际注入的水泥量。

3. 结束标准

当排气管排浆达到或接近最浓比级浆液，且管口压力或缝面增开度达到规定设计值，注入率不大于 0.4L/min 时，持续 20min，灌浆即可结束。

若排气管出浆不畅或被堵塞时，应在缝面增开度限值内提高进浆压力，力争达到上述条件。若无效，应在顺灌结束后立即从两个排气管中进行倒灌。倒灌应使用最浓比级浆液，在设计规定压力下，缝面停止吸浆，持续 10min 即可结束。

需指出，灌浆结束时，应先关闭各管口阀门后再停机，闭浆时间不宜少于 8h。所谓闭浆是指为防止孔段内的浆液返流溢出，继续保持孔段封闭状态，即浆液在受压状态下凝固，以确保灌浆质量。

4. 特殊情况处理

（1）灌浆时发现浆液外漏，要从外部进行堵漏。若无效可用加浓浆液、降低压力等措施进行处理。

（2）灌浆过程中发现串浆现象，在串浆灌区已具备灌浆条件时，应同时灌浆。

（3）进浆管和备用进浆管发生堵塞，应先打开所有管口放浆，然后在缝面增开度限值内尽量提高进浆压力，疏通进浆管路。若无效可再用回浆管进行灌注等措施。

（4）灌浆因故中断，立即用清水冲洗管路和灌区，保持灌浆系统通畅。

（五）工程质量检查

灌区的接缝灌浆质量，要以分析灌浆施工记录和成果资料为主，结合钻孔取芯、槽检等测试资料，选取有代表性的灌区进行综合评定。评定和检查项目有：

（1）灌浆时坝块混凝土的温度。

（2）灌浆管路通畅、缝面通畅及灌区密封情况。

（3）灌浆材料、接缝张开度变化和缝面注入量。

（4）灌浆过程中是否有中断、串浆、漏浆等。

（5）钻孔取芯、槽检等成果资料。

第四节 土坝施工实例

一、黏土心墙填筑

1. 土料场分布及土料指标

黑河引水工程黏土心墙堆石坝大坝填筑施工。本工程黏土料场选择过程长，变化大，先后选择土料场 10 个，经过详勘和碾压试验，决定启用其中的 7 个。各料场土料天然含水量均偏高，平均含水量在 21％左右，而上坝含水量控制在 17％～19％，土料均须翻晒或掺拌后才能上坝。采用机械掺拌法，逐层翻晒法，堆存"土牛"并做好防雨抗渗。

2. 心墙土料填筑方法

（1）铺土区。土料用 20t 自卸汽车运输，进占法卸料，220HP 推土机平料，人工用钢钎控制铺料厚度，人工捡拾杂物及料姜石块，平地机找平，边角整齐。

（2）碾压区。两台 SD175F 自行式凸块振动碾和两台 YZT18 拖式凸块振动碾碾压，行车方向平行坝轴线，采用前进后退错距法进行，相邻碾迹的搭接宽不小于碾宽的 1/10。

（3）黏土和混凝土盖板结合部。铲除混凝土盖板表面浮皮，清扫泥土和杂物粉尘，外露钢筋头截止混凝土表面以下 5cm，用水泥砂浆抹平。铺土前，混凝土表面涂刷一层 3～5mm 浓黏土浆。

3. 防雨措施

降雨前及时用平碾对坝面压光封闭，坝面起拱形成横向弧面。并用订做的双面涂塑防雨帆布对全坝段覆盖。雨过天晴，立即揭去防雨布晾晒。晾晒 2 天，就可恢复施工。

4. 大面积碾压部位的填筑质量

碾压部位检测试样 6950 个，测得心墙填筑干密度范围为 1.65～1.84g/cm³，平均值为 1.722g/cm³，标准差为 0.028g/cm³，离差系数为 0.017，保证率 99.4％。心墙填筑含水量为 18％。

5. 心墙取样检测分析

心墙填筑 5～10m，应分别挖探坑取样进行室内物理（干密度、含水量）、力学（渗透、固结、直剪）试验。心墙压实土在室内做的各项力学指标与设计指标基本相同。探坑检查干密度 147 个，合格率为 90.5％，不合格值不低于设计标准的 98％，且不集中。干密度范围值为 1.65～191g/cm³，平均值为 1.74g/cm³，大于设计值。含水量范围值为 12.4％～21.7％，平均值为 17.9％。

二、坝壳砂卵石填筑

砂卵石料场在坝址下游 27.5km 的河床内，层厚 1～25m，粒径一般为 40～800mm。现场测得原位干密度为 2.17～2.38t/m³，平均 2.27t/m³。考虑施工机械开采效率，确定料场开采深度为 6m。

1. 坝壳砂砾石填筑质量控制标准

铺料厚度不大于 100cm，平整度为 0～10cm。压实质量控制标准：用碾压试验确定的施工机械，水下部分碾压 8 遍，水上部分碾压 6 遍。压实结果：水下部分 D_r 不小于 0.8，P_d 不小于 2.44g/cm³；水上部分 D_r 不小于 0.7，P_d 不小于 2.22g/cm³。

2. 坝壳料填筑施工

料场用两台 EXll00 正铲（6.3m³）和一台 PCl000 正铲（4.3m³）采装，18 台载重 45t 自卸车运输上坝，后退法卸料，520HP 推土机平料。两台 17.5t 自行式振动平碾和 2~4 台 18t 拖式振动平碾碾压。

3. 坝壳料填筑质量评价

坝壳料填筑质检，完成单元工程 575 个，合格 575 个，其中优良 521 个，合格率 100%，优良率为 90.6%。相对密度控制取样 1434 个，合格 1434 个，合格率 100%。

三、反滤料填筑

1. 反滤料制备

（1）混合反滤料的制备。混合反滤料生产系统，专门生产 80mm 以下级配稳定、质量合格的反滤料（连续级配）。主要设备有：420×110 振动喂料筛分机、1545 振动筛、SB8040 胶带输送机。与之配套的设施有：30m³ 料斗、电控操作楼、修理车间等。

料源采用下游料场地质分区的 Ⅱ 区河床砂卵石，加工后的混合反滤料，最大粒径 80mm。

（2）反滤砂制备。在混合反滤料的生产系统中，增加一台 PC-1200 洗砂机，一台 6 寸泥浆泵和 13800 胶带输送机，增建排水渠、沉砂池，即可完成对渭河砂的筛分、冲洗，使之达到设计要求。水洗后的渭河砂，最大粒径为 5mm，质地致密坚硬，具有高度抗水性，无风化料。

2. 反滤砂、混合反滤料填筑施工

试验确定反滤砂、混合反滤料铺料厚度均为 50cm，即填一层反滤砂和混合反滤料配填心墙两层土，并骑缝碾压一次；填筑两层反滤砂和混合反滤料配填一层坝壳砂卵石，并骑缝碾压一次，17.5t 自行式振动平碾碾压 8 遍，相对密度 D_r 不小于 0.8。反滤砂的填筑采用"先砂后土"法，专职施工员控制"三界"（土砂界、砂与混合料界、混合料与坝壳料界）。土砂接触带宽度控制在不大于土料层厚的 1.5 倍。土料填至第二层，和反滤砂平齐后，待土料碾压完成，再用振动碾骑缝碾压，骑缝宽度不小于 30cm，碾压遍数较正常遍数多 3~5 遍，保证土砂接触紧密。

学 习 检 测

一、名词解释

流水作业法、填筑强度、先土后砂法、先砂后土法、施工缝、冷缝、超径、堆石坝过渡区

二、填空题

1. 根据形式和使用材料，将拦河坝分为（ ）、（ ）、（ ）、（ ）、（ ）等形式。

2. 土坝按施工方法分可分为（ ）、（ ）、（ ）、（ ）。

3. 土坝坝面施工程序可分为（ ）、（ ）、（ ）、（ ）、（ ）、（ ）、（ ）。

4. 土坝坝料铺填方法有（　　）、（　　）、（　　）。

5. 土坝反滤与防渗料施工方法有（　　）、（　　）、（　　）。

6. 面板堆石坝按组成材料的不同特性分为（　　）、（　　）、（　　）、（　　）。

7. 面板堆石坝从上而下分区为（　　）、（　　）、（　　）、（　　）。

8. 面板堆石坝填筑工艺流程有（　　）、（　　）、（　　）、（　　）、（　　）、（　　）六个环节。

9. 混凝土施工特点为（　　）、（　　）、（　　）、（　　）。

10. 混凝土施工全过程包括（　　）、（　　）、（　　）、（　　）、（　　）。

11. 普通混凝土坝一般采用（　　）法施工，坝段浇筑分块主要有（　　）、（　　）、（　　）、（　　）。

12. 混凝土温度裂缝有（　　）、（　　）、（　　）。

三、选择题

1. 土坝防渗体部位的岸坡岩石开挖，应采用（　　）。
 　　A. 药壶爆破　　　　B. 预裂爆破　　　　C. 洞室爆破

2. 面板堆石坝石料开采宜采用（　　）。
 　　A. 抛掷爆破　　B. 深孔梯段微差爆破　　　C. 松动爆破

3. 土坝填筑时，坝壳砂料应采作（　　），黏土防渗体应采用（　　），堆石体应采用（　　）。
 　　A. 进占法铺料　　B. 后退法铺料　　C. 综合法铺料

4. 土坝防渗体土料铺填压应沿（　　）坝轴线方向进行。
 　　A. 垂直　　　　　　B. 平行　　　　　　C. 斜向

5. 面板堆石坝的设计边坡（　　）土坝设计边坡。
 　　A. 陡于　　　　　　B. 缓于　　　　　　C. 等于

6. 面板堆石坝的导流与土坝相比（　　）。
 　　A. 容易　　　　　　B. 难　　　　　　　C. 相同

7. 如果面板堆石坝坝高为 60m，面板混凝土宜（　　）施工。
 　　A. 一期　　　　　　B. 二期　　　　　　C. 三期

8. 骨料逊径是指骨料粒径（　　）该级骨料粒径的现象。
 　　A. 大于　　　　　　B. 小于　　　　　　C. 等于

9. 混凝土坝浇筑中出现裂缝的主要原因是（　　）。
 A. 外界温度过高　　　B. 混凝土温度过高　　C. 混凝土内温差过大

四、问答题

1. 何谓流水作业法？其施工实质是什么？

2. 土石坝施工中对黏性土料含水量有什么要求？如何控制和调整土料含水量？

3. 面板堆石坝施工有何特点？

4. 土坝清基的一般技术要求是什么？常用的清基施工方法有哪些？

5. 坝体填筑的主要施工工序有哪些？

6. 碾压式土坝施工的工作内容有哪些？

7. 面板堆石坝通常分为哪几个区？上游堆石面处理的主要工序有哪些？

8. 试描述面板堆石坝面板施工的工艺流程。

9. 土坝施工中，黏土料、砂砾料、反滤料、堆石料铺筑要求和铺料方法分别为什么？

五、论述题

1. 试述防止产生温度裂缝的主要温控措施有哪些？

2. 如何进行土石坝施工的料场规划？

3. 面板堆石坝施工填筑顺序是什么？各区施工填筑方法与要求是什么？

4. 如何进行混凝土骨料场规划？

第七章 输水工程施工

内容摘要：本章主要介绍渠道工程、水闸工程、管道工程和隧洞工程施工。渠道施工包括渠道开挖、填筑和衬护；水闸施工包括施工程序、分块、底板、闸墩、细部构造施工；管道施工包括沟槽开挖和下管、顶管施工；隧洞施工包括开挖、出渣、衬砌或支护、灌浆。

学习重点：渠道开挖和衬护；水闸施工程序、分块方法、底板闸墩立模、细部构造施工方法；管道下管方法、顶管法施工；隧洞开挖程序、出渣水支、衬砌分块与浇筑。

输水工程是拦河坝的配套工程，是将蓄水工程中水资源输送到工业、农业、城市用水和环境生态用水的地点，需要修建渠道工程、水闸工程、管道工程和输水隧洞等建筑物。因此，输水工程施工是水工建筑施工的重要组成部分。

第一节 渠道工程施工

渠道工程施工包括渠道开挖、填筑和衬护，其特点是工程量大，施工线路长，场地分散，但工种单一，技术要求较低，工作面宽，适合流水作业。

一、渠道开挖

渠道开挖的施工方法有人工开挖、机械开挖和爆破开挖等。选择开挖方法，取决于技术条件、土壤种类、渠道纵横断面尺寸、地下水位等因素。下面介绍机械开挖渠道的方法。

1. 推土机开挖渠道

采用推土机开挖渠道，其深度一般不宜超过 1.5～2.0m，填筑渠道高度不宜超过 2～3m，其边坡不宜陡于 1:2，如图 7-1 所示。在渠道施工中，推土机还可以平整渠底、清除植土层、修整边坡，压实渠道等。

2. 铲运机开挖渠道

半挖半填渠道或全挖方渠道就近弃土时，采用铲运机开挖最为有利。需要在纵向调配土方的渠道，如运距不远，也可用铲运机开挖。

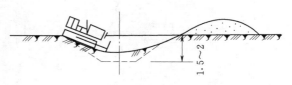

图 7-1 推土机开挖渠道（单位：m）

铲运机开挖渠道的开行方式有：

（1）环形开行。当渠道开挖宽度大于铲土长度，而填土或弃土宽度又大于卸土长度，可采用横向环形开行，如图 7-2（a）所示。反之，则采用纵向环形开行，如图 7-2（b）

所示。铲土和填土位置可逐渐错动，以完成所需要的断面。

（2）"∞"字形开行。当工作前线较长，填挖高差较大时，则应采用"∞"字形开行，如图 7-2（c）所示。其进口坡道与挖方轴线间的夹角以 40°～60° 为宜，过大则重车转弯不便，过小则加大运距。

采用铲运机工作时，应本着挖近填远、挖远填近的原则施工，即铲土时先从填土区最近的一端开始，先近后远；填土则从铲土区最远的一端开始，先远后近，依次进行，这样不仅创造了下坡铲土的有利条件，还可以在填土区内保持一定长度的自然地面，以便铲运机能高速行驶。

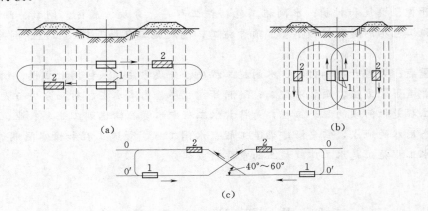

图 7-2　铲运机的开行路线

（a）环形横向开行；（b）环形纵向开行；（c）"∞"字形开行
1—铲土；2—填土；0-0—填方轴线；0'-0'—挖方轴线

3. 反向铲挖掘机开挖渠道

对于渠道开挖较深时，采用反向铲挖掘机开挖具有方便快捷、生产率高的特点，在生产实践中应用相当广泛，其布置方式有沟端开挖和沟侧开挖。如图 7-3 所示。

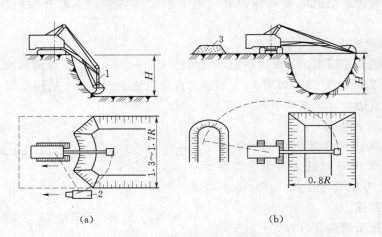

图 7-3　施工程序示意图

（a）沟端开挖；（b）沟侧开挖
1—挖土机；2—自卸汽车；3—弃土堆

4. 拉铲挖掘机开挖渠道

采用拉铲挖掘机开挖，根据渠道尺寸和挖掘机本身技术性能，有四种开挖方式：沟端开挖、沟侧开挖、连续开挖、翻转法，如图 7-4 所示。

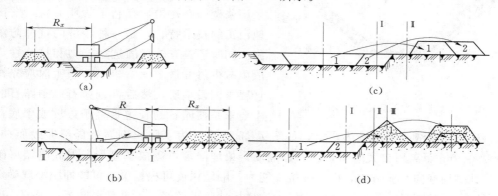

图 7-4 拉铲挖掘机开挖渠道
(a) 沟端开挖；(b) 沟侧开挖；(c) 连续开行；(d) 翻转法

沟端开挖适用于挖掘机卸土半径大于渠道顶宽一半加上弃土堆宽度与马道宽度之和。

沟侧开挖适用于卸土半径小于渠道顶宽之半加弃土堆与马道宽度之和，要求挖掘半径与卸土半径之和大于渠道顶宽之半加卸土堆宽度与马道宽度之和。

连续开挖适用于挖掘半径与卸土半径之和稍小于渠道顶宽之半加卸土堆宽度与马道宽度之和。

翻转法适用于挖掘半径与卸土半径之和远小于渠道顶宽之半加卸土堆宽度与马道宽度之和。

二、渠堤填筑

筑堤用的土料，不得掺有杂质，以黏土略含砂质为宜。如果用几种土料，应将透水性小的填在迎水坡，透水性大的填在背水坡。

填方渠道的取土坑与堤脚保持一定距离，挖土深度不宜超过 2m，且中间应留有土埂。取土宜先远后近，并留有斜坡道以便运土。半填半挖渠道应尽量利用挖方筑堤，只有在土料不足或土质不适用时，才在取土坑取土。

铺土前应先行清基，并将基面略加平整，然后进行刨毛，铺土厚度一般为 20～30cm。每层铺土宽度应略大于设计宽度，防止削坡后断面不足。堤顶应做成坡度为 2%～5% 的坡面，以利排水。填筑高度应考虑沉陷，一般可预加 5% 的沉陷量。

对小型渠道，土堤夯实宜采用人力夯和蛙式夯击机。砂卵石填堤，可选用轮胎碾或振动碾；在水源充沛地方可用水力夯实。

三、渠道衬护

渠道衬护是渠道施工的重要组成部分，渠道衬护的目的是防止渗漏，保护渠基不风化，减少糙率，美化建筑物。渠道衬护的类型有灰土、砌石、混凝土、沥青材料、塑料薄膜和生态材料等。在选择衬护类型时，应考虑以下原则：防渗效果好，因地制宜，就地取材，施工简易，能提高渠道输水能力和抗冲能力，减小渠道断面尺寸，造价低廉，有一定的耐久性，便于管理养护，维修费用低等。

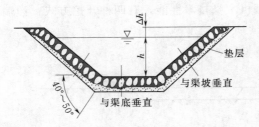

图 7-5　浆砌卵石渠道衬砌示意图

1. 砌石衬护

在砂砾石地区，坡度大、渗漏强的渠道，采用浆砌卵石衬护，有利于就地取材，发挥当地河工的技术特长，是一种经济的抗冲防渗措施。同时还具有较高的抗磨能力和抗冻性，一般可减少渗漏量 80%～90%。施工时应先按设计要求铺设垫层，然后再砌卵石；砌卵石的基本要求是使卵石的长边垂直于边坡或渠底，并砌紧、砌平、错缝、坐落在垫层上，如图 7-5 所示。为了防止砌面被局部冲毁而扩大，每隔 10～20m 距离用较大的卵石砌一道隔墙。渠坡隔墙可砌成平直形，渠底隔墙可砌成拱形，其拱顶迎向水流方向，以加强抗冲能力。隔墙深度可根据渠道可能冲刷深度确定。

渠底卵石的缝最好垂直于水流方向，这样抗冲效果较好。不论是渠底还是渠坡，砌石缝面必须用水泥砂浆勾缝，以保证施工质量。

2. 混凝土衬护

混凝土衬护由于防渗效果好，一般能减少 90% 以上渗漏量，耐久性强，糙率小，强度高，便于管理，适应性强，因而成为一种广泛采用的衬护方法。

渠道混凝土衬砌，目前多采用板型结构，但小型渠道也采用槽型结构。素混凝土板常用于水文地质条件较好的渠段；钢筋混凝土板则用于地质条件较差和防渗要求较高的重要渠道。钢筋混凝土板按其截面形状的不同，又有矩形板、楔形板、肋梁板等不同型式，矩形板适用于无冻胀地区的各种渠道，楔形板、肋形板多用于冻胀地区的各种渠道。

大型渠道的混凝土衬砌多为就地浇筑，渠道在开挖和压实处理以后，先设置排水，铺设垫层，然后再渠底跳仓浇筑，但也有依次连续浇筑的。渠坡分块浇筑时，先立两侧模板，然后随混凝土的升高，边浇筑边安设表面模板。如渠坡较缓用表面振动器捣实混凝土时，则不安设表面模板。在浇筑中间块时，应按伸缩缝宽度设立两边的缝子板。缝子板在混凝土凝固以后拆除，以便灌浇沥青油膏等填缝材料。

目前，根据南水北调工程明渠断面大、距离长、外观质量要求高、抗渗防冻材料承载能力低的实际情况，采用了先进的大型渠道衬砌成套设备，能够完成集布料、平仓振捣、衬砌一体化的施工作业。

混凝土拌和站的位置，应根据水源、料场分布和混凝土工程量等因素来确定。中、小型工程人工施工时，拌和站控制渠道长度以 150～400m 为宜；大型渠道采用机械化施工时，以每 3km 移动一次拌和站为宜。有条件时还可采用移动式拌和站或汽车搅拌机。

装配式混凝土衬砌，是在预制场制作混凝土板，运至现场安装和灌筑填缝材料。预制板的尺寸应与起吊运输设备的能力相适应。人工安装时，一般为 0.4～0.6m²。装配式衬砌预制板，施工受气候影响条件较小。在已运用的渠道上施工，可减少施工与放水间的矛盾。但装配式衬砌的接缝较多，防渗、抗冻性能差，一般在中小型渠道采用。

3. 生态材料衬护

三维排水生态边坡工程系统集生态、环保、节能、柔性结构四位一体，技术中的三维排水联结扣有包括基板以及设置在基板两侧的突出物，基板上设置有三维排水通道。此外，排水孔和排水槽进一步增加基板表面的摩擦系数，使结点的抗拉力、剪切强度增加，并且具有抗拉、抗弯、抗多面扭曲的特性，使联结扣结构更具有柔韧性。另外，系统中采用的生态袋，具有透水不透土的过滤功能，既能防止填充物（土壤和营养成分混合物）流失，又能实现水分在土壤中的正常交流，植物生长所需的水分得到了有效地保持和及时地补充，对植物非常友善，使植物穿过袋体自由生长。

绿霸三维排水柔性生态边坡工程系统技术中主要构件及其性能如下：①生态袋；②三维排水联结扣；③扎口带；④选配材料：生态锚杆、加筋格栅；⑤植被方式：喷播，混播，压播，插播，铺种草皮，围坑栽植。采用构件材料均属节能、环保材料，不用水泥、钢筋和石块，节能降耗、生态环保，符合国家提倡的低碳生产方式。如在天津水系治理中，使天津市在实现堤岸坚固、景美岸绿的同时，河道生态能力得到恢复。

4.空心结构衬护

由渠侧、渠底构件及填充物块石或卵石组成，渠底构件支撑渠侧构件，拼接成空心衬护框架，框架内空部分填充块（卵）石。该衬护改"堵截"为"疏导"，依靠结构措施消除了渗蚀、冻胀、碱胀等破坏因素，从根本上解决了滑塌、淤积等工程难题，从而保证了灌排渠道在各种工作条件下都能保持渠形，正常发挥输排水功能。另外，还具有工程造价低、使用寿命长、管理维护方便、运行可靠等特点。

第二节 水 闸 工 程 施 工

一、水闸的施工特点

平原地区水闸一般有以下施工特点：

（1）施工场地较开阔，便于施工场地布置。

（2）地基多为软土地基，开挖时施工排水较困难，地基处理较复杂。

（3）拦河闸施工导流较困难，常常需要一个枯水期完成主要工作量，施工强度高。

（4）砂石料需要外运，运输费用高。

（5）由于水闸多为薄而小结构，施工工作面较小。

二、水闸的施工内容

水闸由上游连接段、闸室段和下游段三部分组成。水闸施工一般包括以下内容：

（1）"四通一平"与临时设施的建设。

（2）施工导流、基坑排水。

（3）地基的开挖、处理及防渗排水设施的施工。

（4）闸室工程的底板、闸墩、胸墙、工作桥、公路桥等的施工。

（5）上、下游连接段工程的铺盖、护坦、海漫、防冲槽的施工。

（6）两岸工程的上下游翼墙、刺墙、上下游护坡等的施工。

（7）闸门及启闭设备的安装。

三、水闸施工程序

一般大、中型水闸的闸室多为混凝土及钢筋混凝土工程，其施工原则是：以闸室为主，岸翼墙为辅，穿插进行上下游连接段的施工。水闸施工中，混凝土浇筑是施工的主要环节，各部分应遵循以下施工程序：

（1）先深后浅。即先浇深基础，后浇浅基础，以避免深基础的施工而扰动破坏浅基础土体，并可降低排水工作的困难。

（2）先高后低。先浇影响上部施工或高度较大的工程部位，如闸底板与闸墩应尽量安排先施工，以便上部工作桥、公路桥、检修桥和启闭机房施工，而翼墙、消力池的护坦等可安排稍后施工。

（3）先重后轻。即先浇自重荷载较大的部分，待其完成部分沉陷以后，再浇筑与其相邻的荷重较小的部分，减小两者间的沉陷差。

（4）相邻间隔，跳仓浇筑。为了给混凝土的硬化、拆模、搭脚手架、立模、扎筋和施工缝及结构缝的处理等工作留有必要的时间，左、右或上、下相邻筑块浇筑必须间隔一定时间。

四、水闸混凝土分缝与分块

水闸混凝土通常由结构缝（包括沉陷缝与温度缝）将其分为许多结构块。为了施工方便，确保混凝土的浇筑质量，当结构块较大时，须用施工缝将大的结构块分为若干小的浇筑块，称为筑块。筑块的大小必须根据混凝土的生产能力、运输浇筑能力等，对筑块的体积、面积和高度等进行控制。

1. 筑块的面积

筑块的面积应能保证在混凝土浇筑中不发生冷缝。筑块的面积由下式计算：

$$A \leqslant \frac{Q_c k (t_2 - t_1)}{h} \qquad (7-1)$$

式中 Q_c——混凝土拌和站的实用生产率，$\mathrm{m^3/h}$；

k——时间利用系数，可取 $0.80 \sim 0.85$；

t_2——混凝土的初凝时间，h；

t_1——混凝土的运输、浇筑所占的时间，h；

h——混凝土铺料厚度，m。

当采用斜层浇筑法时，筑块的面积可以不受限制。

2. 筑块的体积

筑块的体积不应大于混凝土拌和站的实际生产能力（当混凝土浇筑工作采用昼夜三班连续作业时，不受此限制），则筑块的体积

$$V \leqslant Q_c m \qquad (7-2)$$

式中 m——系按一班或二班制施工时拌和站连续生产的时间，h。

3. 筑块的高度

筑块的高度一般根据立模条件确定，目前 8m 高的闸墩可以一次立模浇筑到顶。施工中如果不采用三班制作业时，还要受到混凝土在相应时间内的生产量限制，则浇筑块的高度

$$H \leqslant \frac{Q_c m}{A} \qquad (7-3)$$

水闸混凝土筑块划分时，除了应满足上述条件外，还应考虑如下原则：

（1）筑块的数量不宜过多，应尽可能少一些，以利于确保混凝土的质量和加快施工速度。

（2）在划分筑块时，要考虑施工缝的位置。施工缝的位置和形式应在无害于结构的强度及外观的原则下设置。

（3）施工缝的设置还要有利于组织施工。如闸墩与底板在结构上是一个整体，但在底板施工之前，难以进行闸墩的扎筋、立模等工作，因此，闸墩与底板的结合处往往要留设施工缝。

（4）施工缝的处理按混凝土的硬化程度，采用凿毛、冲毛或刷毛等方法清除老混凝土表层的水泥浆薄膜和松软层，并冲洗干净，排除积水后，方可进行上层混凝土浇筑的准备工作；临浇筑前水平缝应铺一层 1～2cm 的水泥砂浆，垂直缝应刷一层净水泥浆，其水灰比应较混凝土减少 0.03～0.05；新老混凝土结合面的混凝土应细致捣实。

五、底板施工

1. 底板模板与脚手架安装

在基坑内距模板 1.5～2m 左右处埋设地龙木，在外侧用木桩固定，作为模板斜撑。沿底板样桩拉出的铅丝线位置立上模板，随即安放底脚围图，并用搭头板将每块模板临时固定。经检查校正模板位置水平、垂直无误后，用平撑固定底脚围图，再立第二层模板。在两层模板的接缝处，外侧安设横围图，再沿横围图撑上斜撑，一端与地龙木固定。斜撑与地面夹角要小于 45°。经仔细校正底部模板的平面位置和高程无误后，最后固定斜撑。对横围图与模板结合不紧密处，可用木楔塞紧，防止模板走动。

若采用满堂脚手，在搭设脚手架前应根据需要预制混凝土柱（断面约为 15cm×15cm 的方形），表面凿毛。搭设脚手时，先在浇筑块的模板范围内竖立混凝土柱，然后在柱顶上安设立柱、斜撑、横梁等。混凝土柱间距视脚手架横梁的跨度而定，一般可为 2～3m，柱顶高程应低于闸底板表面，见图 7-6。当底板浇筑接近完成时，可将脚手架拆除，并立即把混凝土表面抹平，混凝土柱则埋入浇筑块内。

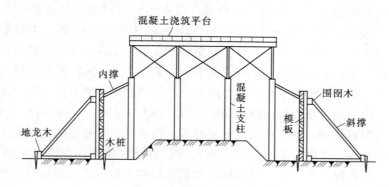

图 7-6　底板立模与仓面脚手

2. 底板混凝土浇筑

对于平原地基上的水闸，在基坑开挖以后，一般要进行垫层铺筑，以方便在其上浇筑混凝土。浇筑底板时运送混凝土入仓的方法较多，可以用吊罐入仓，此法不需在仓面搭设脚手架。采用满堂脚手，可以通过架子车或翻斗车等运输工具运送混凝土入仓。当底板厚度不大，由于拌和站生产能力限制，混凝土浇筑可采用斜层浇筑法，一般均先浇上、下游齿墙，然后再从一端向另一端浇筑。当底板顺水流长度在12m以内时，通常采用连坯滚法浇筑，安排两个作业组分层浇筑，首先两个作业组同时浇筑下游齿墙，待浇平后，将第二组调至上游浇筑上游齿墙，第一组则从下游向上游浇筑第一坯混凝土，当浇到底板中间时，第二组将上游齿墙基本浇平，并立即自下游向上游浇筑第二坯混凝土，当第一组浇到上游底板边缘时，第二组将第二坯浇到底板中间，此时第一组再转入第三坯，如此连续进行。这样可缩短每坯时间间隔，从而避免了冷缝的发生，提高混凝土质量，加快了施工进度。

为了节约水泥，底板混凝土中可适当埋入一些块石，受拉区混凝土中不宜埋块石。块石要新鲜坚硬，尺寸以30～40cm为宜，最大尺寸不得大于浇筑块最小尺寸的1/4，长条或片状块石不宜采用。块石在入仓前要冲洗干净，均匀地安放在新浇的混凝土上，不得抛扔，也不得在已初凝的混凝土层上安放。块石要避免触及钢筋，与模板的距离不小于30cm。块石间距最好不小于混凝土骨料最大粒径的2.5倍，以不影响混凝土振捣为宜。埋石方法是在已振捣过的混凝土层上安放一层块石，然后在块石间的空隙中灌入混凝土并加振捣，最后再浇筑上层混凝土把块石盖住，并作第二次振捣，分层铺筑两次振捣，能保证埋石混凝土的质量。混凝土骨料最大粒径为8cm时，埋石率可达8%～15%。为改善埋块石混凝土的和易性，可适当提高坍落度或掺加适量的塑化剂。

六、闸墩与胸墙施工

(一) 闸墩施工

1. 闸墩模板安装

(1) "对销螺栓、铁板螺栓、对拉撑木"支模法。闸墩高度大、厚度薄、钢筋稠密、预埋件多、工作面狭窄，因而闸墩施工具有施工不便、模板易变形等特点。可以先绑扎钢筋，也可以先立模板。闸墩立模，一要保证闸墩的厚度，二要保证闸墩的垂直度，立模应先立墩侧的平面模板，然后架立墩头曲面模板。单墩浇筑，一般多采用对销螺栓固定模板，斜撑固定整个闸墩模板；多墩同时浇筑，则采用对销螺栓、铁板螺栓、对拉撑木固定，如图7-7 (a) 所示。对销螺栓为 $\phi12～19mm$ 的圆钢，长度略大于闸墩厚度，两端套丝。铁板螺栓为一端套丝，另一端焊接钻有两个孔眼的扁铁。为了立模时穿入螺栓的方便，模板外的横向和纵向围图均可采用双夹围图，如图7-7 (b) 所示。对销螺栓与铁板螺栓应相间放置，对销螺栓与毛竹管或混凝土空心管的作用主要是保证闸墩的厚度；铁板螺栓和对拉撑木的作用主要是保证闸墩的垂直度。调整对拉撑木与纵向围图间的木楔块，可以使闸墩模板左右移动，当模板位置调整好后，即可在铁板螺栓的两个孔中钉入马钉。

另外，再绑扎纵、横撑杆和剪刀撑，模板的位置就可以全部固定，见图7-8。注意脚手架与模板支撑系统不能相连，以免脚手架变位影响模板位置的准确性。然后安装墩头模板，如图7-9所示。

(2) 钢组合模板翻模法。钢组合模板在闸墩施工中应用广泛，常采用翻模法施工。立模时一次至少立3层，当第二层模板内混凝土浇至腰箍下缘时，第一层模板内腰箍以下部分的混凝土须达到脱模强度 (以98kPa为宜)，这样便可拆掉第一层模板，用于第四层支模，并绑扎钢

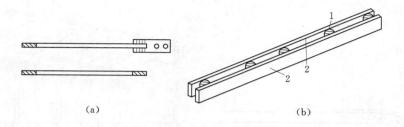

图 7-7 对销螺栓及双夹围图

（a）对销螺栓和铁板螺栓；（b）双夹围图

1—间隔 1m 放置的 2.5cm 小木板；2—5cm×15cm 的木板

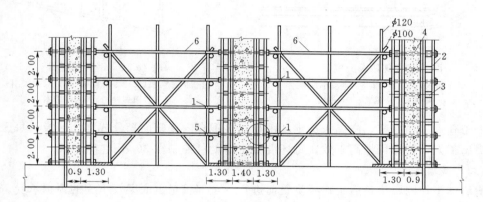

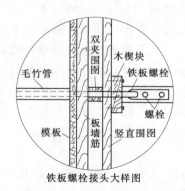

铁板螺栓接头大样图

图 7-8 铁板螺栓对拉撑木支撑的闸墩模板（单位：m）

1—铁板螺栓；2—双夹围图；3—纵向围图；4—毛竹管；5—马钉；6—对拉撑木

筋。依次类推，以避免产生冷缝，保持混凝土浇筑的连续性。具体组装见图 7-10。

2. 闸墩混凝土浇筑

闸墩模板立好后，随即进行清仓工作。用压力水冲洗模板内侧和闸墩底面。污水由底层模板上的预留孔排出。清仓完毕堵塞小孔后，即可进行混凝土浇筑。闸墩混凝土一般采用溜管进料，溜管间距为 2～4m，溜管底距混凝土面的高度应不大于 2m。施工中应注意控制混凝土面上升速度，以免产生模板变形现象。

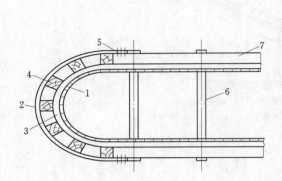
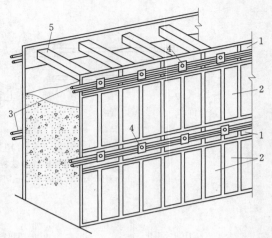

图7-9　闸墩圆头模板　　　　　　　　图7-10　钢模组装图
1—面板；2—板带；3—垂直围图；　　　1—腰箍模板；2—定型模板；3—双夹围图；
4—钢环；5—螺栓；6—撑管　　　　　　4—对销螺栓；5—水泥撑木

由于仓内工作面窄，浇捣人员走动困难，可把仓内浇筑面划分成几个区段，每区段内固定浇捣工人，这样可提高工效。每坏混凝土厚度可控制在 30cm 左右。

（二）胸墙施工

胸墙施工在闸墩浇筑后工作桥浇筑前进行，全部重量由底梁及下面的顶撑承受。下梁下面立两排排架式立柱，以顶托底板。立好下梁底板并固定后，立圆角板再立下游面板，然后吊线控制垂直。接着安放围图及撑木，使临时固定在下游立柱上，待下梁及墙身扎铁后再由下而上地立上游面模板，再立下游面模板及顶梁。模板用围图和对销螺栓与支撑脚手相连接。胸墙多属板梁式简支薄壁构件，故在闸墩立胸墙槽模板时，首先要作好接缝的沥青填料，使胸墙与闸墩分开，保持简支。其次在立模时，先立外侧模板，等钢筋安装后再立内侧模板，而梁的面层模板应留有浇筑混凝土的洞口，当梁浇好后再封闭。最后，胸墙底与闸门顶止水联系，所以止水设备安装要特别注意。

七、闸门槽施工

采用平面闸门的中小型水闸，在闸墩部位都设有门槽。为了减小启闭门力及闸门封水，门槽部分的混凝土中需埋设导轨等铁件，如滑动导轨、主轮、侧轮及反轮导轨、止水座等。这些铁件的埋设可采取预埋及留槽后浇两种办法。小型水闸的导轨铁件较小，可在闸墩立模时将其预先固定在模板的内侧。

闸墩混凝土浇筑时，导轨等铁件即浇入混凝土中。由于大、中型水闸导轨较大、较重，在模板上固定较为困难，宜采用预留槽浇二期混凝土的施工方法。在浇筑第一期混凝土时，在门槽位置留出一个较门槽宽的槽位，并在槽内预埋一些开脚螺栓或插筋，作为安装导轨的固定埋件。

一期混凝土达到一定强度后，需用凿毛的方法对施工缝认真处理，以确保二期混凝土与一期混凝土的结合。安装直升闸门的导轨之前，要对基础螺栓进行校正，再将导轨初步固定在预埋螺栓或钢筋上，然后利用垂球逐点校正，使其铅直无误，最终固定并安装模板。模板安装应随混凝土浇筑逐步进行。弧形闸门的导轨安装，需在预留槽两侧，先设立垂直闸墩侧面并能控制导轨安装垂直度的若干对称控制点，再将校正好的导轨分段与预埋的钢筋临时点焊结数点，待按设计坐标位置逐一校正无误，并根据垂直平面控制点用样尺检验调整导轨垂直度后，再电焊牢固。

导轨就位后即可立模浇筑二期混凝土。浇筑二期混凝土时，应采用较细骨料混凝土，并细心捣固，不要振动已装好的金属构件。门槽较高时，不要直接从高处下料，可以分段安装和浇筑。二期混凝土拆模后，应对埋件进行复测，并作好记录，同时检查混凝土表面尺寸，清除遗留的杂物、钢筋头，以免影响闸门启闭。

八、接缝及止水施工

为了适应地基的不均匀沉降和伸缩变形，水闸均设置温度缝与沉陷缝，并常用沉陷缝兼作温度缝使用，有铅直和水平的两种，缝宽一般为 2～3cm，缝内应填充材料并设置止水设备。

1. 填料施工

填充材料常用的有沥青油毛毡、沥青杉木板及沥青芦席等。其安装方法有以下两种。

（1）将填充材料用铁钉固定在模板内侧，铁钉不能完全钉入，至少要留有 1/3，再浇混凝土，拆模后填充材料即可贴在混凝土上。

（2）先在缝的一侧立模浇混凝土并在模板内侧预先钉好安装填充材料的铁钉数排，并使铁钉的 1/3 留在混凝土外面，然后安装填料、敲弯钉尖，使填料固定在混凝土面上。缝墩处的填缝材料，可借固定模板用的预制混凝土块和对销螺栓夹紧，使填充材料竖立平直。

2. 止水施工

凡是位于防渗范围内的缝，都有止水设施。止水设施分垂直止水和水平止水两种。水闸的水平止水大都采用塑料止水带或橡胶止水带（见图 7-11），其安装方法与沉陷缝填料的安装方法一样，也有两种，具体见图 7-12。

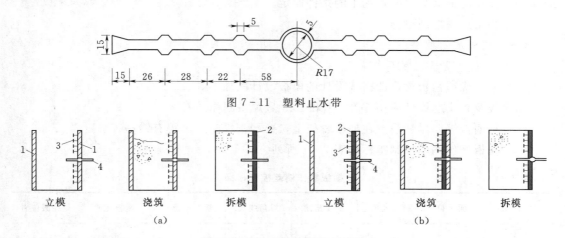

图 7-11 塑料止水带

图 7-12 水平止水安装示意图
（a）先浇混凝土后装填料；（b）先装填料后浇混凝土
1—模板；2—填料；3—铁钉；4—止水带

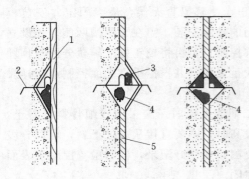

图 7-13　垂直止水施工方法
1—模板；2—止水片；3—预制砂块；
4—灌热沥青；5—填料

浇筑混凝土时水平止水片的下部往往是薄弱环节，注意铺料并加强振捣，以防形成空洞。

垂直止水可以用闭孔泡沫板、止水带或金属止水片，常用沥青井加止水片的形式，其施工的方法见图 7-13。

九、铺盖与反滤层施工

1. 铺盖施工

钢筋混凝土铺盖应分块间隔浇筑。在荷载相差过大的邻近部位，应待沉降基本稳定后，再浇筑交接处的分块或预留的二次浇筑带。在混凝土铺盖上行驶重型机械或堆放重物必须经过验算。

黏土铺盖填筑时，应尽量减少施工接缝。如分段填筑，其接缝的坡度不应陡于 1:3；填筑达到高程后，应立即保护，防止晒裂或受冻；填筑到止水设施时，应认真做好止水，防止止水遭受破坏。高分子材料组合层或橡胶布作防渗铺盖施工时，应防止沾染油污；铺设要平整，及时覆盖，避免长时间日晒；接缝黏结应紧密牢固，并应有一定的叠合段和搭接长度。

2. 反滤层施工

填筑砂石反滤层应在地基检验合格后进行，反滤层厚度、滤料的粒径、级配和含泥量等均应符合要求。反滤层与护坦混凝土或浆砌石的交界面应加以隔离，可用闭孔泡沫板，防止砂浆流入。铺筑砂石反滤层时，应使滤料处于湿润状态，以免颗粒分离，并防止杂物或不同规格的料物混入；相邻层面必须拍打平整，保证层次清楚，互不混杂；每层厚度不得小于设计厚度的 85%；分段铺筑时，应将接头处各层铺成阶梯状，防止层间错位、间断、混杂。铺筑土工织物反滤层应平整、松紧度均匀，端部应锚固牢固。连接可用搭接、缝接，搭接长度根据受力和地基土的条件而定。

十、施工质量控制措施

（一）模板质量控制

1. 模板制作质量控制要求

（1）采用优质钢板材，严格按设计的模板设计图加工。

钢模板及骨架等构件采用 Q235 钢和 E43 号焊条制作。

（2）板面接缝要尽量设置在横肋骨架上，要严密平整，不得有错槎。

（3）模板制作偏差控制指标如表 7-1 所列。

表 7-1　　　　　　　　　　　　　　模板制作偏差控制指标

项目名称	板面平整	模板高度	模板宽度	对角线长	板边平直	模板翘曲	孔眼位置
允许偏差（mm）	3	±2	+0，−1	±3	2	$L/1000$	±2
检查方法	用 2m 靠尺	钢尺	钢尺	拉线直尺	拉线直尺	放平台上，对角拉线用直尺	钢尺

2. 模板安装质量控制（见表7-2）

（1）两块模板的拼缝平整牢固，补缝件尽量标准化，模板缝夹3mm泡沫橡胶带。

（2）模板架设要标准牢固可靠，支撑系统与浇筑操作脚手架要相互独立。

（3）拆模时禁止用混凝土面作为支点撬模。拆除的模板禁止从高处坠落，要轻放。

（4）拆下的模板认真清理表面杂物，并均匀地涂刷隔离剂。

（5）模板安装偏差控制。

表 7 - 2　　　　　　　　　模 板 安 装 控 制 指 标

项 目 名 称	垂　直	位　置	上口宽度	标　高
允许偏差（mm）	3	2	+2，0	±5
检查方法	2m靠尺	钢卷尺	钢卷尺	塔尺、水准仪

（二）钢筋质量控制

1. 钢筋材质

钢筋应符合热轧钢筋主要性能要求。每批钢筋应附合格证。按规范对进场钢筋取样试验，不合格品严禁进场。

2. 钢筋加工和安装

（1）钢筋的表面应洁净无损伤，油污染和铁锈等在使用前清除干净，带有颗粒状或片状老锈的钢筋不得使用。

（2）钢筋应平直，无局部弯折。

（3）钢筋加工的尺寸应符合施工图纸的要求，其控制允许偏差严格执行规范和图纸要求。

（4）钢筋焊接要做力学性能试验，焊接材料要符合钢材型号要求。

（5）钢筋结构尺寸严格按施工图要求，施工前在基面上放好标准样，其绑扎和焊接长度以及施工方法均严格执行规范要求。

（三）现浇混凝土质量控制

1. 原材料的质量控制

包括水泥检验、外加剂检验、水质检查、骨料检验和混凝土拌和物各种原料配合量的检查试验，计量器随时校正。

2. 混凝土配合比

混凝土未施工前，根据设计要求，在施工现场试验室认真做好混凝土配料单的试配工作，选出最佳的混凝土配合比，报经监理部批准后才用于生产。

3. 混凝土质量的检测

包括混凝土拌和均匀性检测、坍落度检测、强度检测和测试机口混凝土温度以及仓面混凝土温度。

4. 混凝土工程建筑物的质量检查

（1）混凝土浇筑前，检查验收基面凿毛情况，检查钢筋、模板质量，对建筑物测量放样成果和各种埋件检查验收，合格后，方可进行准备工作。

（2）混凝土浇筑过程中，检查混凝土浇筑过程的操作和原料、拌和物、成品质量。

（3）对混凝土工程建筑物成形后位置和尺寸复测，且对永久结构面外观质量进行检查。

（四）混凝土、钢筋混凝土外观质量及裂缝控制措施

建筑物尺寸较大，保证混凝土外观质量以及在施工过程中使混凝土不产生裂缝是工程的关键技术。需采取下列措施。

（1）对混凝土外观质量的认识。混凝土外观质量是混凝土质量的一个重要方面，影响混凝土外观质量的主要因素有：混凝土的干缩和徐变、施工缝等。在施工过程中必须使混凝土表面达到密实、无麻面孔隙、表面光洁、色泽均匀的清水混凝土标准，混凝土外形尺寸、位置符合设计图和规范要求。

（2）提高混凝土外观质量的措施：

1）尽量扩大单块模板幅面，以减少拼缝，并采取行之有效的模板系统与浇筑操作系统分离措施，使模板的受荷变位影响降到最小。

2）通过试验采用最佳科学配方，在满足泵送混凝土对混凝土拌和物可泵性要求的前提下，努力提高混凝土的强度和耐磨性能，减少干缩和徐变量，从而增强混凝土的整体性和耐久性。

3）严格按规范进行混凝土的拌制、运输、浇筑和养护，确保混凝土成品的内在质量和外观质量。

4）为保证模板的稳定，既采用对销螺栓固定模板，同时又采用支撑固定模板，能可靠地承担模板传来的全部混凝土侧压力。

5）浇筑混凝土过程中，对于卸料入仓时自由落距超过 2m 的浇筑层混凝土，经漏斗和溜管卸料入仓，确保混凝土落距小于 2m，并使混凝土布料均匀。

混凝土振捣必须由专人负责，持证上岗。振动器插入点间距 20～30cm。插入振捣时间 20～30s，以振捣面基本不翻气泡、不再明显下沉为度，严禁漏振，不得欠振和过振。

6）混凝土采用水泥养护剂养护和喷淋法养护。在混凝土初凝前，外露面抹平、压实，然后喷洒养护剂，使混凝土表面形成一层不透水薄膜。模板拆除后的混凝土表面再喷洒养护剂，或者铺设 PVC 喷淋管，用喷淋法进行养护。模板拆除时间控制在强度达到 10MPa 以上之后。

7）拆模时禁止撬棍直接挤压和撞击混凝土表面，也不准损伤混凝土棱角。

第三节 管 道 工 程 施 工

一、开槽施工

（一）沟槽开挖

1. 沟槽断面

（1）沟槽断面的形式。沟槽断面的形式有直槽、梯形槽、混合槽等，还有一种两条或多条管道埋设同一槽内的联合槽，如图 7-14 所示。正确选择沟槽的开挖断面，可以为管道施工创造便利条件，保证施工安全，减少开挖土方量。选定沟槽断面通常应考虑以下因素：土的种类、水文地质情况、施工方法、施工环境、支撑条件、管道断面尺寸、管节长度和管道埋深等。

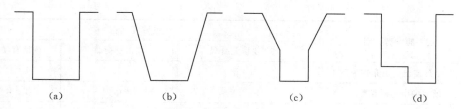

图 7-14　沟槽断面形式

(a) 直槽；(b) 梯形槽；(c) 混合槽；(d) 联合槽

（2）给排水管道埋深要求。非冰冻区的金属管道管顶埋设深度一般不小于 0.7m，当管道强度足够或者采取相应措施时也可小于 0.7m；非金属管道管顶的埋设深度一般不宜小于 1m；冰冻地区的管顶埋设深度除决定于上述因素外，还应考虑土壤的冻结深度。在无保温措施时，给水管道管顶的埋设深度一般不小于土壤冻结深度加 0.2m，排水管道不小于冰冻深度减 0.15m。

（3）不支撑开槽的最大深度。在无地下水的土中开挖沟槽，如沟深不超过表 7-3 的数值时，可采用不支撑直立的沟槽断面。

（4）沟槽断面的宽度。管道沟槽底部的开槽宽度，可按下式确定：

$$B = D_1 + 2(b_1 + b_2 + b_3) \qquad (7-4)$$

式中　B——沟槽底宽，mm；

　　　D_1——管道结构的外缘宽度，mm；

　　　b_1——管道一侧的工作面宽度，mm，见表 7-4；

　　　b_2——管道一侧的支撑宽度，mm，一般可取 150~200mm；

　　　b_3——现场浇注混凝土或钢筋混凝土管道一侧模板的厚度，mm。

表 7-3　　　　不支撑开直槽的深度限制　　（单位：m）

土质	黏土	砂土和砂砾石	砂质粉土和粉质黏土
允许深度	1.5	1.0	1.25

表 7-4　　　　　　　　　沟槽底部每侧工作面宽度　　　　　　　　（单位：mm）

管道结构宽度	非金属管道	金属管道	管道结构宽度	非金属管道	金属管道
200~500	400	300	1100~1500	600	600
600~1000	500	400	1600~2500	800	800

注　管道结构宽度无管座时，按管道外皮计；有管座时，按管座外皮计；砖砌混凝土管沟按管沟外皮计；沟底需设排水沟时，工作面应适当增加。

（5）梯形槽的边坡。沟槽槽壁边坡坡度按设计要求确定，如设计无明确规定时，对于地质条件良好、土质均匀、地下水位低于沟槽底、沟槽深度在 5m 以内、不加支撑的边坡最陡坡度可参考表 7-5。

表 7-5　　　　　　　　深度在 5m 以内沟槽的最陡边坡

土 的 类 别	边坡坡度（高：宽）		
	坡顶无荷载	坡顶有荷载	坡顶有动荷载
中密的砂土	1：1.00	1：1.25	1：1.50

续表

土 的 类 别	边坡坡度（高：宽）		
	坡顶无荷载	坡顶有荷载	坡顶有动荷载
中密的碎石类土（填充物为砂土）	1：0.75	1：1.00	1：1.25
硬塑的中粉质黏土	1：0.67	1：0.75	1：1.00
中密的碎石类土（填充物为黏性土）	1：0.5	1：0.67	1：0.75
硬塑的粉质黏土、黏土	1：0.33	1：0.5	1：0.67
老黄土	1：0.1	1：0.25	1：0.33
软土（经井点降水后）	1：1	—	—

2. 沟槽开挖

沟槽开挖的方法有两种，即人工开挖与机械开挖。应根据沟槽的断面形式、地下管线的复杂程度、土质坚硬程度、工作量和施工场地的大小以及机械配备、劳动力等条件确定。

（1）人工开挖。在工作量不大、地面狭窄、地下有障碍物或无机械施工条件等情况下，可采用人工开挖。人开挖沟槽，应集中人力尽快挖成，转入下一工序施工。

（2）机械开挖。机械开挖沟槽时应注意：机械开挖应严格控制标高。为防止超挖或扰动槽底面，槽底应留 0.2～0.3m 厚的土层暂时不挖，待临铺管前用人工清理挖至标高，并同时修整槽底。

（3）多层槽的层间留台宽度。当沟槽开挖深度较大时，应分层开挖，合理确定分层开挖深度，并应在层间设置台阶。

（4）槽边堆土。沟槽每侧临时堆土或施加其它荷载时，应保证槽壁稳定且不影响施工。沟槽弃土应尽量堆在沟上的一侧，如沟槽较深，可两侧堆土。

（5）沟槽开挖注意事项。应在沟槽两端设立安全设施和警告标志。沟槽开挖宜分段快速施工，敞沟时间不宜长，管道安装完毕及时验收，合格后立即回填。

（二）沟槽支撑

支撑是防止沟槽土壁坍塌的一种临时性挡土结构。

1. 沟槽支撑的形式

沟槽支撑形式有横撑、竖撑和板桩撑等。横撑分断续式水平撑（疏撑）和连续式水平撑（密撑）两种，疏撑是撑板之间有间距，密撑是各撑板间紧密相接。如图 7-15 所示。

2. 钢板桩

钢板桩做为一种临时支护结构，既挡土又防水。由于它强度高、接合紧密、不易漏水、施工简便、速度快，因此在沟槽支撑中应用较广泛。

钢板桩的入土深度应根据沟槽开挖深度、土层性质、施工周期、施工荷载、地面超载以及支撑布置等因素经计算后确定。入土深度除应保证板桩自身的稳定外，还应保证沟槽不会出现隆起或管涌现象。按照现场支撑条件和施工实际情况，应根据沟槽的开挖深度和土层的物理力学性质选取合适的板桩入土深度（T）和沟槽深度（H）的比值，T/H 的比值参见表 7-6。

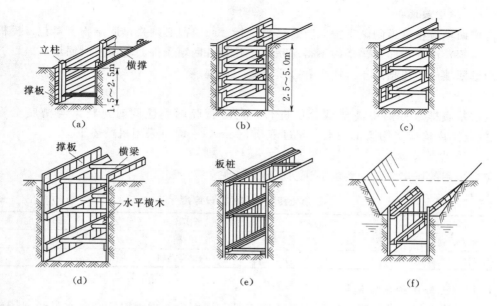

图 7 - 15　沟槽支撑形式

(a) 连续式水平支撑；(b) 连续式水平支撑；(c) 断续式水平支撑；
(d) 竖撑；(e) 板桩撑；(f) 部分支撑法

表 7 - 6 中的 T/H 值适用于一般土质条件。当土质条件较好，为液性指数 $I_L \leqslant 0.25$ 的硬塑黏性土时，降水良好的砂性土层中 T/H 值可适当减小；当土质

表 7 - 6　板桩入土深度和沟槽深度的比值

槽深（m）	<5	5～7	>7
T/H	0.35	0.5	0.65

条件较差，在 $I_L \geqslant 1$ 的软塑、流塑的黏性土、降水效果不明显的黏性夹粉砂的土层中，T/H 值可适当增加。

3. 沟槽支撑注意事项

沟槽支撑应注意：撑板必须随挖土深度及时安装，雨季施工不得空槽过夜；撑板应均匀地与槽壁紧贴，当有空隙时用土填实；在软土或其他不稳定土层中采用撑板支撑时，开始支撑的开挖沟槽深度不得超过 1.0m。以后挖深与支撑交替进行，每次交替的深度宜为 0.4～0.8m；采用木料支撑时，横撑应在垂直垫板上，横撑端下方应钉木托；在水平垫板上，横撑端应用铁抓钉与水平托板钉牢，且横撑端头下方亦钉木托；撑板必须牢固可靠，并应经常检查，发现松动应及时加固。

4. 拆撑

拆撑施工应注意：①应边回填土边拆除，拆除时须继续排除地下水；②竖撑拆除时，一般先填土至下层撑木底面，再拆除下撑，然后还土至半槽，再拆除上撑，拔出木板或板桩，竖撑板或板桩一般采用导链或吊车拔出；③水平撑拆除时，先松动最下一层横撑，抽出最下一层撑板，然后回填土，回填完毕后再拆上一层撑板，依次将撑板全部拆除，最后将立木拔出。如果一次拆撑有危险时，必须进行倒撑，即另用撑木将上半槽撑好后再拆除原有支撑。

（三）沟槽回填

沟槽回填应在管道隐蔽工程验收合格后进行。回填前必须将槽底杂物（草包、模板及支撑设备等）清理干净，沟槽内不得有积水。凡具备回填条件，均应及时回填。

沟槽回填施工包括还土、摊平和夯实等施工过程。

1. 还土

应按基底排水方向由高至低分层进行，同时管腔两侧应同时进行。沟槽底至管顶50cm的范围内均应采用人工还土，超过管顶50cm以上时可采用机械还土。

2. 每层虚铺厚度

应按采用的压实工具和要求的压实度确定，见表7-7。

表7-7　　　　　　回填土压实每层的虚设厚度　　　　　　（单位：cm）

压实工具	虚设厚度	压实工具	虚设厚度
木夯、铁夯	≤20	压路机	20～30
蛙式夯、人力夯	20～25	振动压路机	≤40

3. 回填土每层的压实遍数

应按回填土的要求压实度、采用的压实工具、回填土的虚铺厚度和含水量经现场试验确定。

4. 夯实

沟槽回填土的夯实通常采用人工夯实和机械夯实两种力法。管道两侧和管顶以上50cm范围内的压实，应采用薄铺轻夯夯实，管道两侧夯实面的高差不应超过30cm。管顶50cm以上回填时，应分层整平和夯实，若使用重型压实机械压实或较重车辆在回填土上行使时，管道顶部以上必须有一定厚度的压实回填土，其厚度通常不小70cm。

采用木夯、蛙式夯等压实工具时，应夯夯相连；采用压路机时，碾压的重叠宽度不得小于20cm。

（四）管子的运输、装卸和堆放

1. 管子的运输

管子在运输过程中，应有防止滚动和互相碰撞的措施。非金属管材可将管子放在有凹槽或两侧钉有木楔的垫木上，管子上下层之间用垫木、草袋或麻袋隔开。

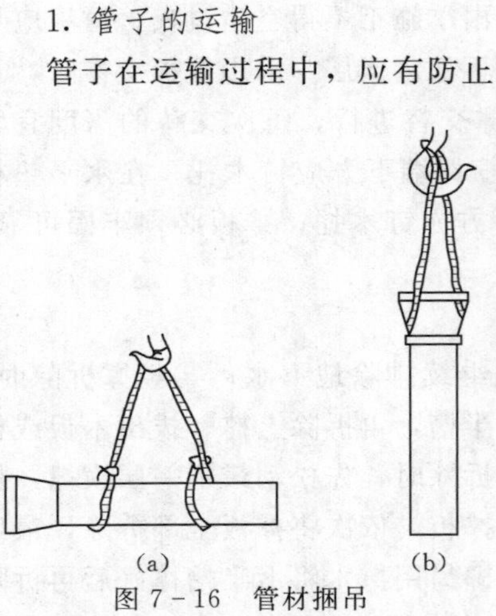

2. 管子的装卸

装卸管子宜用吊车，捆绑管子可用绳索兜底平吊或套捆立吊，如图7-16所示，不得将吊绳由管腔穿过吊运管子。

3. 管子的堆放

管子堆放场地要平整，不同类别和不同规格的管子要分开堆放。跺与跺之间要留有通道，以便进出管理。

图7-16　管材捆吊
（a）兜底平吊；（b）套捆立吊

（五）下管

重力流管道一般从最下游开始逆水流方向铺设，排管时应将承口朝向施工前进的方向。压力流管若为承插铸铁管时，承口应朝向介质流来的方向。并宜从下游开始铺设，以插口去承口；当在坡度较大的地段，承口应朝上，为便于施工，由低处向高处铺设。

下管的方法要根据管材种类、管节的重量和长度、现场条件及机械设备等情况来确定，一般分为机械下管和人工下管两种形式。

1. 人工下管

人工下管多用于施工现场狭窄、不便于机械操作或重量不大的中小型管子，以方便施工、操作安全为原则。可根据工人操作的熟练程度、管节长度与重量、施工条件及沟槽深浅等情况，考虑采用何种下滑方法。常用的下管方法有压绳下管法（见图 7-17）、溜管下管法（见图 7-18）及塔架下管法（见图 7-19）。

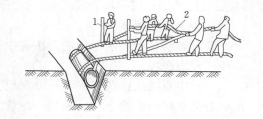

图 7-17　人工压绳下管法
1—撬棍；2—下管大绳

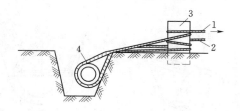

图 7-18　立管压绳下管法
1—放松绳；2—绳子固定端；3—立管；4—管子

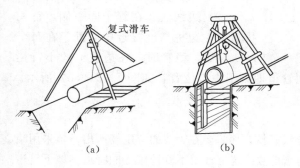

图 7-19　塔架下管法
（a）三角塔架下管；（b）高凳下管

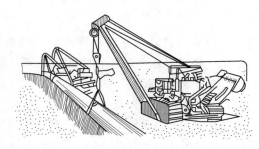

7-20　长管段下管示意图

2. 机械下管

机械下管一般是用汽车式或履带式起重机械进行下管，有分段下管和长管段下管两种方式。分段下管是起重机械将管子分别吊起后下入沟槽内，这种方式适用于大直径的铸铁管和钢筋混凝土管。长管段下管是将钢管节焊接连接成长串管段，用 2～3 台（不宜多于 3 台）起重机联合下管。如图 7-20 所示。

机械下管注意事项：

（1）机械下管应有专人指挥。

（2）吊车不得在驾空输电线路下作业。

（3）起吊及搬运管材、配件时，对于法兰盘面、非金属管材承插口工作面、金属管防腐层等，均应采取保护措施。

（4）绑（套）管子应找好重心，平吊轻放，不得忽快忽慢和突然制动。管节下入沟槽时，不得与槽壁支撑及槽下的管道相互碰撞。沟内运管不得扰动天然地基。

（六）稳管

稳管是将管子按设计高程和位置，稳定在地基或基础上。对距离较长的重力流管道工程一般由下游向上游进行施工，以便使已安装的管道先期投入使用，同时也有利于地下水排除。

1. 高程控制

高程控制是沿管线每 10～15m 埋设一坡度板（又称龙门板、高程样板），板上有中心钉和高程钉，利用坡度板上的高程钉进行控制。在稳管前，测量人员将管道的中心钉和高程钉测设在坡度板上，两高程钉之间的连线即为管底坡度的平行线，称为坡度线。

2. 轴线位置控制

管道轴线位置控制常用的方法有中心线法和边线法。

（1）中心线法：在连接两块坡度板的中心钉之间的中线上挂一垂球，在管内放置一块带有中心刻度的水平尺，当垂球线穿过水平尺的中心刻度时，表示管子已对中，如图 7 - 21（a）所示。

（2）边线法：在管子同一侧，钉一排边桩，边桩高度接近中心处。在每个

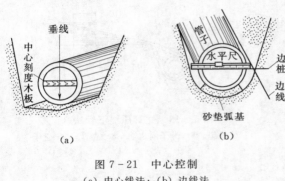

图 7 - 21 中心控制
(a) 中心线法；(b) 边线法

边桩上钉一小钉，其位置距管道轴线的水平距离为一常数。稳管时，在边桩上的小钉挂上边线，使管外皮与边线保持同一距离，则管道即处于中心位置，如图 7 - 21（b）所示。

二、不开槽施工

（一）概述

地下管道不开槽施工是指不需要在地面全线开挖，而只要在管线的特定场所出发，采用暗挖的方法就可在地下敷设管道。改明挖敷设为暗挖敷设这是管道不开挖施工的特点。地下管道不开槽敷设常用顶管法、定向钻、气动矛、夯管锥等。现主要介绍顶管法施工。

不开槽施工敷设管道的应用有以下几个方面：

（1）穿越。管道穿越像高速公路、铁路、江河等不便中断水上交通或无法排水施工的河流、大江等。

（2）构（建）筑物下管道。为了减少对交通、市民正常活动的干扰，减少房屋的拆迁，改善市容和环境卫生，地下管道的不开挖槽施工目前已成为城市水利基础设施施工中的最佳方案。

（3）埋置较深的管道。有些管道虽然可以开槽埋设，但因埋置太深，土方量较大，也往往采用不开槽方法施工。

（二）顶管法的工艺与特点

1. 顶管的工艺

在敷设管道前，管线的一端事先要建造一个工作坑（井），如图7-22所示。在坑内的顶进轴线后方，布置一组行程较长的油缸。一般左右成对布置，如2只、4只、6只、8只，根据管径大小而定。将敷设的管道放在主油缸前面的导轨上，管道的最前端安装工具管。主油缸顶进时，以工具管开路，推着前面的管道穿过坑壁上的穿墙（管）孔把管压入土中。与此同时，进入工

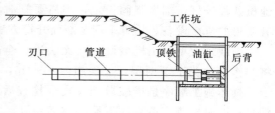

图7-22 顶管示意图

具管的泥土被不断挖掘排出管外。当主油缸达到最大行程后缩回，放入顶铁，主油缸继续顶进。如此不断加入顶铁，管道不断向土中延伸。当坑内导轨上的管道几乎全部顶入土中后，缩回主油缸，吊去全部顶铁，将下一节段吊下坑，安装在管段的后面，接着继续顶进，如此循环施工，直至顶完全程。

2. 顶管法的特点

顶管法的特点是顶管管道既起掘进空间的支护作用，又是构筑物的本身，顶管法敷设的管道整体性好、刚度大，适合于较小的管径。

第四节 隧洞工程施工

水工隧洞施工的主要内容是开挖、出渣、衬砌或支护、灌浆工作等。水工隧洞多数是在岩石中开凿，常用的开挖掘进方法为钻爆法，也有采用掘进机全断面掘进。钻爆法开挖掘进的施工过程为测量放线、钻孔、装药、爆破、通风散烟、安全检查与处理、装渣运输、洞室临时支撑、洞室衬砌或支护、灌浆及质量检查等。同时还需要进行排水、照明、通风、供水、动力供电等辅助作业，以保证隧洞施工的顺利进行。

水工隧洞施工的特点有：

（1）工程地质和水文地质条件对施工影响很大，如遇到断层破碎带、高压含水层等情况，将严重影响施工安全和施工进度。

（2）工作面小，工种工序多，劳动条件差，相互干扰大，因此必须做好施工组织设计，严密组织施工。

（3）隧洞施工容易发生事故，要特别注意安全。必须严格遵守安全操作规程，并制定安全技术措施，确保施工人员的安全。

一、隧洞开挖

平洞开挖的基本要求是：开挖断面尺寸必须符合设计要求，尽可能减少超欠挖；控制装药量，尽量减小对洞室围岩的破坏，以提高围岩的自稳能力，同时使爆落的岩块大小适度，以便于出渣；合理布置炮孔位置、炮孔数量和炮孔深度，提高爆破效果。

根据洞线地质条件、平洞型式和断面尺寸、施工条件及施工机械设备，选择合理的平洞开挖方法。

（一）全断面开挖法

全断面开挖是指平洞的设计断面一次性钻孔爆破成型。洞内工作面较大，有利于机械化施工。平洞的衬砌或支护，可在全洞贯通后进行，也可在掘进相当距离后进行。当地质条件较好，围岩坚固稳定，不需要临时支护或仅需局部支护的大小断面平洞中，又有完善的机械设备，均可采用全断面开挖方法，如图 7-23 所示。

当缺乏大型施工机械设备而无法进行全断面开挖时，可采用断面分层开挖方法。即将工作面分为上下两层，上层超前 2~4m，上下层同时爆破的掘进方法。如图 7-24 所示。具体施工顺序是爆破散烟及安全检查后，清理上层台阶的石渣，进行上层工作面的钻孔，同时出渣，清渣后下层工作面钻孔，钻孔完成后，上下层炮孔同时装药，一起爆破，保持上下工作面掘进深度一致。

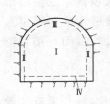 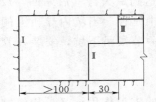 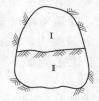 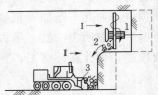

图 7-23　全断面开挖方法（单位：m）　　　　图 7-24　全断面台阶法掘进示意
Ⅰ、Ⅱ、Ⅲ、Ⅳ—开挖及衬砌程序　　　　　　　Ⅰ—上台阶；Ⅱ—下台阶
　　　　　　　　　　　　　　　　　　　1—上台阶钻孔；2—扒落石渣；3—出渣后再钻孔

（二）导洞开挖法

导洞开挖法就是在平洞中先开挖一个小断面的洞作为先导，称为导洞，然后扩大至整个设计断面，根据导洞与扩大开挖的次序可分为导洞专进法和导洞并进法。导洞专进法是待导洞全线贯通后再开挖扩大部分；导洞并进法是待导洞开挖一定距离（一般为 10~15m）后，导洞与扩大部分的开挖同时前进。根据导洞在整个断面中的不同位置，可分为上导洞、下导洞、中导洞、双侧导洞等开挖方法。

1. 下导洞开挖法

导洞布置在断面下部中央，开挖后向上向两侧底部扩大至全断面。其施工顺序是，先开挖下导洞，并架设漏斗棚架，然后向上拉槽至拱顶，再由拱部两侧向下开挖。上部岩渣可经漏斗棚架装车出渣，所以又称为漏斗棚架法，如图 7-25 所示。其优点是出渣线路不必转移，排水容易，工序之间施工干扰小。但地质条件较差时，施工不够安全。适用于基本稳定围岩中的大断面隧洞或机械化程度较低的中小断面平洞。

2. 上导洞开挖法

导洞布置在断面顶拱中央，开挖后由两侧向下扩大的开挖方法。其施工顺序如图 7-26 所示。即先开挖顶拱中部，再向两侧扩拱，及时衬砌顶拱，然后再转向下部开挖衬砌。此法适用于稳定性差或不稳定围岩的平洞。其优点是：先开挖顶拱，可及时做好顶拱衬砌，下部施工在拱圈保护下进行，比较安全。缺点是需重复铺设风、水管道及出渣线路，排水困难，施工干扰大，衬砌整体性差。尤其是下部开挖时影响拱圈稳定，所以下部岩体开挖时常采用马口开挖法。如图 7-27 所示。其原理是使拱圈不是由岩体承担，就是由衬砌后的边墙承担。

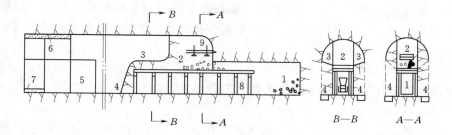

图 7-25　下导洞开挖法施工顺序

1—下导洞；2—顶部扩大；3—上部扩大；4—下部扩大；5—边墙衬砌
6—顶拱衬砌；7—底板衬砌；8—漏斗棚架；9—脚手架

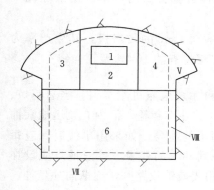

图 7-26　上导洞开挖

1—上导洞；2、3、4、6—开挖顺序
Ⅴ、Ⅶ、Ⅷ—衬砌顺序

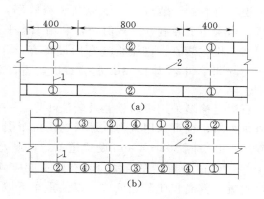

图 7-27　马口开挖顺序

(a) 对开马口；(b) 错开马口
1—马口；2—隧洞中心线
①、②、③、④—开挖顺序

（三）导洞的形状和尺寸

导洞一般采用上窄下宽的梯形断面，这种形状施工简单，受力条件较好，可利用底角布置风、水等管线。导洞断面尺寸是根据出渣运输要求、临时支护型式和人行安全的条件确定。一般底宽为 2.5～4.5m（其中人行通道宽取 0.7m），高度为 2.2～3.5m。

（四）炮孔布置与装药量计算

钻孔爆破设计的主要任务是：确定开挖断面的炮孔布置，即各类炮孔的位置、方向和深度；确保各类炮孔的装药量、装药结构及堵孔方式；确定各类炮孔的起爆方法和起爆顺序。具体内容参见本书第二章"爆破工程施工"。

（五）钻孔作业

1. 风钻钻孔

风钻是以高压空气为动力的冲击凿岩机械。风钻钻孔在隧洞断面不大或机械化程度不高的情况下应用最广，按作用条件和架立方法，可分为手持式、伸缩式、柱架式和气腿式风钻。

2. 钻孔台车钻孔

钻孔台车是一种具有钻孔、装药、支撑等多种用途的移动式工作平台，主要用于全断面开挖。台车尺寸与台车层数，应根据开挖断面的大小和不同要求（如钻孔、支护、立模、扎筋等要求），需要专门设计制造。钻孔台车各层安装的钻机数量，一般按照在一次掘进循环工作中，每台钻机能钻 7～10 个炮孔来装备。台车行走装置有轮胎式、履带式和轨道式三种。

3. 液压凿岩机

液压凿岩机按其工作特点分类有两臂、三臂和四臂机型。

（六）装渣运输作业

装渣和出渣是隧洞开挖中一项很繁重的工作，约占循环时间的 50%，它是控制掘进速度的关键工序，包括装渣和运输两项作业。

1. 装渣

（1）人工装渣：常在装渣地点设置钢板，使爆破石渣落在钢板上，以便用铁铲将堆渣翻松，将有利于装渣。为了提高装渣效率，采用下导洞开挖方式时，常利用漏斗棚架装渣。当采用上导洞开厂式时，常利用工作平台车装渣。

（2）机械装渣：机械装渣常用设备有：斗容为 $0.2～0.44m^3$ 的装岩机，其生产率为 $20～48m^3/h$；斗容为 $1～3m^3$ 的装载机；还有适合地下工程特点的 $1m^3$ 短臂正向铲。

2. 运输

石渣运输多采用窄轨铁路及装渣斗车，一般用电气机车或电瓶机车牵引。当运距短、出渣量少时，也可采用人力推运或卷扬机牵引 $0.6m^3$ 窄轨式斗车运输。洞内有轨运输宜铺设双线，并每隔 300～400m 设置道岔，以满足装卸及调车的需要。如采用单线时，应每隔 100～200m 设置错车道岔，其有效长度应满足停放一列斗车的要求。堆渣地点应设在洞口附近，其高程比洞底低些，以便重车下坡，并可利用废渣铺设路基，逐渐向外延伸。

（七）隧洞临时支撑

洞室开挖后，围岩形成新的应力状态，在围岩稳定性较差的洞室，容易发生坍塌或岩块松动跌落，产生安全事故。所以应根据地层条件、洞室断面、开挖方式和围岩裸露时间等因素，进行必要的临时支护。

临时支护的形式很多，可分为传统的构架式支撑和锚喷支护两类。喷混凝土和锚杆支护是一种临时性和永久性结合的支护形式，应优先采用。构架式支撑的结构形式有门框形和拱形两种，如图 7-28、图 7-29 所示。

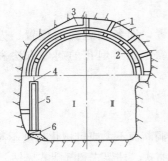

图 7-28 门框形木支撑

Ⅰ—半截面(有立柱)；Ⅱ—半截面(无立柱)；
1—垫木；2—纵向拉杆；3—衬板；
4—工字托梁；5—立柱；6—楔块

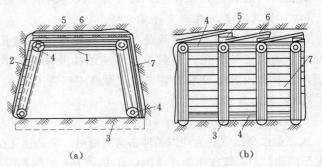

图 7-29 钢拱支撑

(a) 横剖面；(b) 纵剖面
1—顶梁；2—立柱；3—底梁；4—纵向撑木；
5—垫木；6—顶衬板；7—侧衬板

门框形木支撑适用于支洞的临时支撑。拱形钢支撑，是由一排排拱架（或框架）所构成。

拱架（框架）的基本构件是立柱和拱梁（顶梁），有时还设置底梁，纵向用拉杆连接。立柱应放在平整的岩面或基座上，用楔块固定，拱架（框架）与围岩之间用衬板、垫木塞紧，钢支撑运用于大断面或不稳定围岩的洞室。临时支护除满足强度、刚度、稳定性要求外，应力求结构简单，便于安装拆除，少占用洞内净空。

木支撑重量轻，架立拆除方便，损坏前有显著变形，能提供预警，适用于断面不大的导洞或施工支洞。

钢支撑具有强度高、耐久性好、占空间小、能多次使用等优点，适用于木支撑难以承受或支撑不能拆除必须留在衬砌层内的洞室。由于费用较高，需慎重选择。

预制混凝土或钢筋混凝土支撑，具有刚性大、耐久性好、占空间小等优点，但重量大、运输不便，适用于在木支撑难以承受、有机械安装或支撑必须留在衬砌层内的洞室。

（八）隧洞开挖辅助作业

地下工程施工的辅助作业有通风、防尘、消烟、排水、照明和风水电供应等工作，做好这些辅助作业，可以改善施工人员工作环境，加快施工进度。

1. 通风、防尘及消烟

通风、防尘及消烟的目的是为了排除因钻孔、爆破、内燃机尾气等原因产生的有害气体和岩尘含量，及时供给工作面充足的新鲜空气，改善洞室内的温度、湿度和气流速度，使之符合洞室施工卫生要求。

洞内通风有自然通风和机械通风两种，自然通风只适用洞长小于 40m 的短洞。一般多采用机械通风，其基本形式有压入式、吸出式和混合式三种。

2. 风水电及排水

在洞室施工的整个过程中，供风（压缩空气）、供水、供电及排水等辅助作业，对洞室钻爆、出渣等施工的正常进行有着一定的影响，在整个开挖循环作业中，需统筹考虑，不得疏漏。输送到工作面的压缩空气，应保证风量充足，风压不低于 5×10^5 Pa；施工用水的数量、质量和压力，应满足钻孔、喷锚、衬砌、灌浆等作业的要求；洞内供电线路，宜按动力、照明、电力起爆的不同需要分开架设，并注意防水和绝缘的要求；洞内照明，应采用 36V 或 24V 的低压电，保证洞室沿线和工作面的照明亮度；洞内排水系统必须畅通，保证工作面和路面无积水。

（九）掘进机开挖

掘进机是一种专用的隧洞掘进设备。它依靠机械的强大推力和剪切力破碎岩石，配合连续出渣，具有比钻爆法更高的掘进速度。

掘进机产生于 20 世纪 50 年代，我国 60 年代开始使用，70 年代开始生产，先后在杭州玉皇山、云南西洱河、天生桥二级水电站及甘肃引大入秦等水利水电引水隧洞工程中使用。掘进机可分为滚压式和铣削式。滚压式主要是通过水平推进油缸，使刀盘上的滚刀强行压入岩体，利用刀盘旋转推进过程中的挤压和剪切的联合作用破碎岩体；铣削式是利用岩石抗弯、抗剪强度低的特点，靠铣削（即剪切）加弯折破碎岩体。碎石渣由安装在刀盘上的铲斗铲起，转至顶部集料斗卸在皮带机上，通过皮带机运至机尾，卸入运输设备送至洞外。图 7 - 30 所示为掘进机工作示意图。

掘进机适用于地质条件良好、岩石硬度适中（抗压强度 $30\sim150N/mm^2$）、岩性变化不大的水平或倾斜的圆形隧洞。对于椭圆形隧洞，可通过调整刀盘倾角来实现。掘进机开挖直径为 $1.8\sim11m$。一般采用全断面掘进，也可采用分级扩孔开挖。

掘进机开挖与传统钻爆法相比，掘进机开挖可实现多种工序的综合机械化联合作业，具有成洞质量优、施工速度快、劳动工效高等优点。虽然，掘进机开挖的单价比钻爆法开挖的单价高约 1.78 倍，但由于提高了掘进速度，减少了支洞数量和长度，降低了隧洞超挖岩石量和混凝土超填量，通过综合经济效益分析，掘进机施工的隧洞成洞造价比钻爆法低 35% 左右。

掘进机开挖还存在着较多缺点，主要有：初期投资（主要是设备费用）大；刀具磨损快；刀具更换、电缆延伸、机器调整等辅助工作占时较长；掘进时释放热量大；要求通风能力强。因此，选择何种掘进方案，应结合工程具体条件，通过技术经济比较后确定。

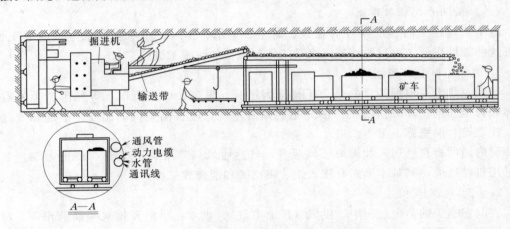

图 7 - 30　掘进机施工示意图

二、隧洞衬砌与灌浆

地下洞室开挖后，为了防止围岩风化和坍落，保证围岩稳定，往往要对洞壁进行衬砌。衬砌类型有现浇混凝土或钢筋混凝土衬砌、混凝土预制块或条石安砌、预填骨料压浆衬砌等。本节仅介绍隧洞现浇混凝土及钢筋混凝土衬砌施工。

1. 隧洞衬砌的分段分块及浇筑顺序

混凝土浇筑能力和模板结构型式等因素确定，一般分段长度以 $4\sim15m$ 为宜。当结构上设有永久伸缩缝时，可利用结构永久缝分段；当结构永久缝间距过大或无永久缝时，可设施工缝分段，并作好施工缝的处理。

分段浇筑的顺序有跳仓浇筑、分段流水浇筑和分段留空当浇筑等三种方式。如图 7 - 31 所示。

分段流水浇筑时，须等待先浇筑段混凝土达到一定强度后，才能浇筑相邻后段，影响施工进度。跳仓浇筑可避免窝工，因此隧洞衬砌常采用跳仓浇筑或分段留空当浇筑。对于无压平洞，结构上按允许开裂设计时，也可采用滑动模板连续施工的浇筑方式，但施工工艺必须严格控制。

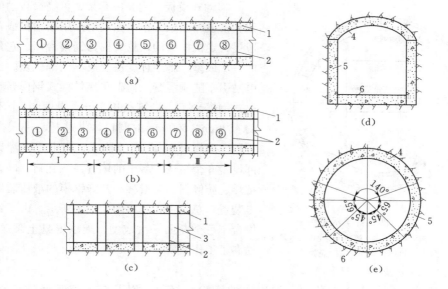

图 7-31 平洞衬砌分段分块

(a) 跳仓浇筑；(b) 分段流水浇筑；(c) 分段留空当浇筑；

(d) 在结构转折点设施工缝；(e) 在内力较小部位设施工缝

①～⑨—分段序号；Ⅰ、Ⅱ、Ⅲ—流水段号；1—止水；

2—分缝；3—空当；4—顶拱；5—边拱（墙）；6—底拱（板）

衬砌施工除在纵向分段外，在横断面上也采用分块浇筑，一般分为底拱（底板）、边拱（边墙）和顶拱。常采用的浇筑顺序为：先底拱（底板）、后边拱（边墙）和顶拱。可以连续浇筑，也可以分开浇筑，由浇筑能力或模板型式而定。地质条件较差时，可采用先顶拱，后边拱（边墙）和底拱（底板）的浇筑顺序。当采用开挖和衬砌平行作业时，由于底板清渣无法完成，可采用先边拱（边墙）和顶拱，最后浇筑底拱（底板）的浇筑顺序。当采用底拱（底边）最后浇筑的顺序时，应注意已衬砌的边墙顶拱混凝土的位移和变形，并做好接头处反缝的处理，必要时反缝要进行灌浆。

2. 隧洞衬砌模板

隧洞衬砌用的模板，按浇筑部位不同，可分为底拱模板、边拱（边墙）和顶拱模板。不同部位的模板，其构造和使用特点也不相同。

底拱模板，当中心角较小时，可以如平底板浇筑那样，只立端部挡板，不用表面模板，在混凝土浇捣中，用弧形样板将表面刮成弧形。对于中心角较大的底拱，一般采用悬挂式弧形模板。浇筑前，先立端部挡板和弧形模板的桁架，悬挂式弧形模板是随着混凝土的浇筑升高，从中间向两旁逐步安装。安装时，应将运输系统的支撑与模板架支撑分开，避免引起模板位移走样。

对洞径一致的中、大型隧洞的底拱浇筑，可采用拖模法施工。但必须严格控制施工工艺。

边拱（边墙）和顶拱的模板，常用的有桁架式和移动式两种形状。

桁架式模板，又称为拆移式模板，主要由面板、桁架、支撑及拉条等组成，如图 7-32 所示。通常是在洞外先将桁架拼装好，运入洞内安装就位，再安装面板。

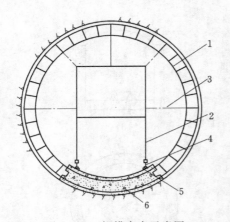

图 7－32　钢模台车示意图

1—钢筋；2—钢筋台车；3—螺旋千斤顶；4—轨道；
5—固定轨道埋件；6—底拱混凝土

移动式模板，主要由车架、可绕铰转动的模板支架和钢模板组成。车架和支架是用型钢构成，车架可通过行走机构移动，故又称为钢模台车。它具有全断面一次成型、施工进度快及成本低等优点。鲁布革水电站引水隧洞混凝土衬砌采用针梁式钢模台车。该针梁式钢模台车，浇筑段长 15m，设置 40 个不同高度的 450mm×600mm 的洞口，供进料、进人操作及检查用。四周设置 40 个螺栓孔，用来埋设灌浆管。顶部设置 3 个泵送混凝土的尾管注入孔口，同时还设置抗浮、防倾斜、防滑移和升降钢模的液压装置以及行走装置，总重 150t。如图 7-32 所示。由于针梁式钢模台车可全断面一次成型，配以混凝土泵送料入仓，提高了工作效率。

3. 衬砌混凝土的浇筑和封拱

由于隧洞衬砌的工作面狭窄，混凝土的运输和浇筑，以及浇筑前钢筋的绑扎安装等工作都较困难，采用合理的施工方案、先进的施工技术和组织设计尤为重要。隧洞衬砌内的钢筋，是在洞外制作，运入洞内安装绑扎。扎筋工作，常在立好模板并预留端部挡板的时候进行。钢筋是靠预先插入岩壁的锚筋固定。如采用钢筋台车绑扎钢筋时，则先绑扎钢筋后立模板。

隧洞混凝土浇筑能力的关键是混凝土的运输组合。混凝土水平运输有自卸汽车、运输车、专用梭车、搅拌罐车等。混凝土的入仓运输常用混凝土泵，常用型号为液压活塞泵。各种运输工具和适用条件见表 7-8。

表 7-8　　　　　　　隧洞混凝土施工运输车辆及适用条件

运输方式	运输车辆	运用条件
有轨	斗车或箱式车，搅拌罐车，专用车	中小断面隧洞，长隧洞最优方案是搅拌罐车
无轨	搅拌运输车，自卸汽车	大中断面隧洞，搅拌运输车较优

混凝土泵的给料设备是保证混凝土泵生产率的重要配套设备，应根据混凝土泵进料高度、运输车辆出料高度及工作面等进行选择浇筑布置图。

在浇筑顶拱时，浇筑段的最后一个预留窗口的混凝土封堵，称为封拱。由于受仓内工作条件限制，使混凝土形成完整拱圈的封拱工作常采取以下两种措施：

(1) 封拱盒封拱。当最后一个顶拱预留窗口工人无法操作时，退出窗口，并在窗口四周装上模框，将窗口浇筑成长方形，待混凝土强度达到 1N/mm² 后，拆除模框，洞口凿毛，装上封拱盒封拱，如图 7-33 所示。

(2) 混凝土泵封拱。使用混凝土泵浇筑顶拱混凝土时，封拱布置如图 7-34 所示。即将导管的末端接上冲天尾管，垂直地穿过模板伸入仓内，冲天尾管的位置应用钢筋固定，尾管之间的间距根据混凝扩散半径确定，一般为 4~6m，离端部约 1.5m，尾管出口与岩面的距离一般为 20cm 左右，其原则是在保证压出的混凝土能自由扩散的前提下，越贴近

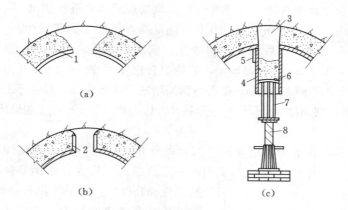

图 7-33　采用封拱盒封拱

(a) 封拱前的混凝土浇筑面；(b) 装模框；(c) 封拱盒封拱

1—已浇筑的混凝土；2—模框；3—封拱部分；4—封拱盒；

5—进料盒门；6—活动封拱板；7—顶架；8—千斤顶

岩面，封拱效果越好。为了排除仓内空气和检查拱顶混凝土充填情况，在仓内最高处设置通气孔。为了便于人进仓工作，在仓的中央设置进人孔。

混凝土泵封拱的步骤如下：当混凝土浇筑至顶拱仓面时，撤出仓内各种器材，并尽量填高；当混凝土浇筑至与进人孔齐平时，撤出仓内人员，封闭进人孔，增大混凝土坍落度（达 14～16cm），并加快泵送速度，直至通气管开始漏浆或压入混凝土超过预计量时止，停止压送混凝土后，拆除尾管上包住预留孔眼的铁箍，从孔眼中插入钢筋，防止混凝土下落，并拆除尾管。待顶拱混凝土凝固后，将外伸的尾管割除，用灰浆抹平，如图 7-34 所示。

4. 压浆混凝土施工

压浆混凝土，又称预填骨料压浆混凝土。其施工顺序是将组成混凝土的粗骨料

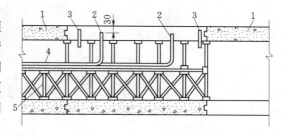

图 7-34　混凝土泵垂直封拱法（单位：cm）

1—已浇段；2—冲天尾管；3—通气管；

4—混凝土导管；5—支架

预先填入立好的模板中，并尽可能使粗骨料密实，然后用灌浆泵把水泥砂浆压入，填满骨料孔隙，凝固后成混凝土。由于压浆混凝土比一般混凝土含有较多的粗骨料，因此干缩性减小而弹性模量稍高。常应用于高压管道和竖井衬砌、封拱、堵洞、反缝处理及事故混凝土修补等部位。

为了保证压浆混凝土的质量，施工时应注意以下几点：

(1) 模板应专门设计，接缝严密，不漏浆，不产生位移和变形。

(2) 粗骨料要求表面干净，无泥土及粉尘，填入时不易破裂和磨损，级配良好，孔隙率小。

(3) 水泥砂浆应掺入适量的混合材料和外加剂，使砂浆具有良好的和易性和流动性（稠度为 250～500mm），保证充填密实。

（4）压浆部位要埋设观测管、排气管，以检查观测压浆进展情况。

（5）压浆前应用 0.1N/mm² 的压力水冲洗，检查模板无漏浆发生后，才可进行压浆。压浆时宜先灌注水泥浆，然后灌注水泥砂浆。压浆程序应由下而上，逐渐上升，不得间断，压浆压力可采用 0.2～0.5N/mm²，浆体上升速度为 50～100cm/h 为宜。

（6）压浆过程中，应加强观测，是否有管路堵塞、模板变形、漏浆等现象。若因故中断，短期内又无法恢复，则须待砂浆凝固后重新钻孔，压力水冲洗干净，才能继续压浆施工。

5. 隧洞灌浆

隧洞灌浆有回填灌浆和固结灌浆。前者的作用是填塞围岩与衬砌间空隙，所以只限于拱顶一定范围内；后者的作用是加固围岩，提高围岩的整体性和强度，所以其范围包括断面四周的围岩。

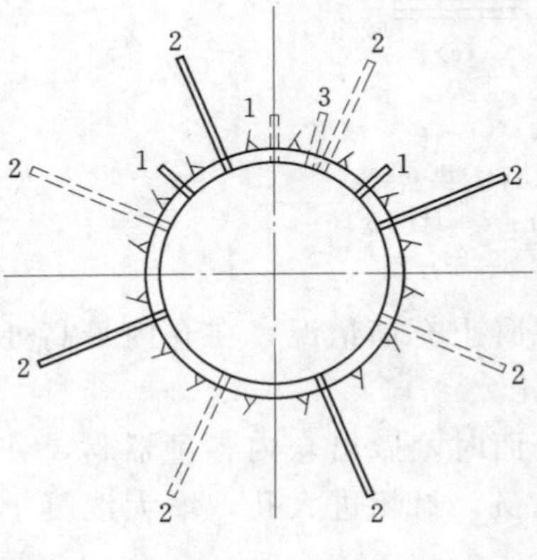

灌浆孔可在衬砌时预留，孔径为 38～50mm。灌浆孔沿洞轴线 2～4m 布置一排，各排孔位交叉排列。同时还需布置一定数量的检查孔，用以检查灌浆质量，如图 7-35 所示。

水工隧洞灌浆应按先回填后固结的顺序进行，回填灌浆应在衬砌混凝土达到 70% 设计强度后尽早进行。回填灌浆结束 7 天后再进行固结灌浆。灌浆前应对灌浆孔进行冲洗，冲洗压力不宜大于本段灌浆压力的 80%。回填灌浆须按分序加密原则进行，固结灌浆应按环间分序、环内加密的原则进行，灌浆压力、浆液浓度、升压顺序和结束灌浆标准应符合设计要求。

图 7-35　灌浆孔的布置
1—回填灌浆孔；2—固结灌浆孔；3—检查孔

第五节　水闸工程施工案例

一、工程概况

荆山湖行蓄洪区进洪闸是国家治淮重点工程，位于怀远县境内的荆山湖行洪区上口门附近，采用开敞式水闸形式，设计流量为 3500m³/s。进洪闸单孔净宽 10m，共 31 孔，总宽度 352m，闸室顺水流方向 19m，底槛高程 17.5m，闸顶高程 26.0m。启闭机台布置在闸室下游，顶面高程为 36.1m，公路桥桥面净宽 6m，高程 26.0m，设计标准为汽-20，验算荷载挂-100。

该闸为大（2）型水闸，主要建筑物级别为 2 级，抗震设防烈度为Ⅶ度，工程总投资 16858 万元，计划工期 23 个月，至 2005 年底结束。期间，开挖土方 82.85 万 m³，填筑土方 83.27 万 m³，完成现浇混凝土和钢筋混凝土 5.66 万 m³，基础处理混凝土 0.31 万 m³，制作钢闸门 992t，安装启闭机 31 台。

二、底板、闸墩钢筋混凝土施工方法

（一）施工机械配备

1. 混凝土拌和机械

本工程混凝土浇筑量大，浇筑强度高。配置 2 座 HZS50 型混凝土拌和楼和 1 套 JS-

500型拌和站，并配备2台JC-350混凝土拌和机作为小方量混凝土和砂浆拌和机械。

2. 水平运输机械

（1）混凝土水平运输机械。本工程闸室底板以大体积混凝土为主，且混凝土的标号较低，混凝土的配料应采用二级配，本工程的施工生产区主要布置于上游引河处，混凝土运至各浇筑点的距离均较短。根据混凝土的性质、混凝土运输距离较短和混凝土工程量较大的特点，并保证混凝土在运输途中不出现离析、漏浆和严重泌水现象，采用6m³混凝土拌和车作为混凝土水平运输机具。

为保证混凝土浇筑的连续性，且保证多个工作面能同时进行浇筑混凝土作业，本工程配置混凝土拌和车2辆。

（2）钢筋、模板等材料水平运输机械。钢筋加工厂布置于上引河生产区，模板加工厂布置于闸东侧生产区，距离施工部位较近，钢筋、模板等材料的水平运输可以根据施工需要分别采取载重汽车、机动翻斗车、手推平板车等机械设备。

3. 垂直运输机械

（1）混凝土垂直运输机械。闸墩以及闸墩以上的启闭机排架和梁板混凝土的运输均采用混凝土输送泵。混凝土输送泵是较好的垂直运输机械，运输方便且效率高，可以有效解决混凝土垂直运输问题。本工程配备2台HBT-30型混凝土输送泵，该泵技术性能为：水平面输送最大可达720m，垂直输送最大可达120m，每小时输送混凝土量18m³，满足该工程施工要求。

（2）钢筋、模板等材料垂直运输机械。闸室墩墙钢筋、模板、支撑构件等材料的垂直运输工程量很大，需要有专用的垂直运输设备。用25T及16T汽车起重机各1台，解决各种材料的垂直运输问题。

（二）底板施工方法

1. 底板钢筋混凝土浇筑顺序

水闸底板由大底板和小底板相间隔组成。

底板混凝土浇筑顺序是：先浇筑大底板，后浇筑小底板。

为保证施工的连续性和均衡性，便于闸墩的施工，底板可采取从左岸至右岸或右岸至左岸的浇筑顺序。

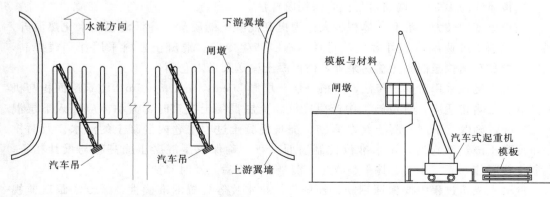

图7-36　汽车起重机布置示意图　　　　图7-37　材料垂直运输示意图

2. 模板及脚手工程

采用钢木组合模板施工,局部止水处以及不规则断面处采用木模板。所用的木模板在加工场按图纸配制,检查合格后运至现场安装。刨光木模板表面,保持模板的平整度和光洁度。模板安装前涂刷隔离剂,以利模板拆除。模板采用地坑木固定,模板木支撑与水平面夹角不得大于40°。模板安装好后,现场检查安装质量、尺寸、位置,所有质量检查项目均符合要求后,才进行下道工序施工。

模板安装好后要搭设仓面脚手架,保证泵管在仓面拆装。仓面脚手架采用移动式结构,可以随着混凝土浇筑部位的不同而移动。仓面脚手架采用钢管、5cm 厚木板等材料搭设,并采取有效的连接措施,使各种脚手架材料间有可靠的连接,保证仓面脚手架整体稳定。仓面脚手架的支撑系统采用比底板混凝土强度高的预制钢筋混凝土柱材料,直接支撑于底板仓内,并作为底板混凝土的一部分埋入底板。预制混凝土柱安装前进行全侧面凿毛清洗干净,以保证与底板混凝土的紧密结合。

3. 钢筋工程

钢筋在内场加工成型,现场绑扎定位,上、下层钢筋片间用工字型钢筋支撑,支撑与上、下层钢筋网片点焊,以确保网片之间的尺寸。下层钢筋网片垫混凝土垫块,垫块强度高于底板混凝土,以确保钢筋保护层厚度,支撑间距不大于 1.5m。需要焊接的钢筋现场焊接,为加快施工进度,直径 14mm 以下的钢筋尽量采用搭接。

4. 止水

安装模板的同时,在伸缩缝位置按设计要求安装橡皮止水,另外用小木板固定止水片,使其在混凝土浇筑过程中不移位。

伸缩缝的混凝土表面完全清除干净,填缝板按设计要求安装,以保证填缝板的质量。

对已安装的伸缩缝止水设施在施工过程中要采取保护措施,以防意外破坏。在止水片附近浇混凝土时,应认真仔细振捣,避免冲撞止水片,避免欠振,当混凝土即将淹埋止水片时,清除其表面干砂浆等杂物,并将其整理平展。嵌固止水片的模板适当推迟拆模时间,防止止水产生变形和破坏。

5. 混凝土浇筑工程

底板厚度为 1.5m,浇筑混凝土宜采用阶梯法。

底板厚度均较大,混凝土体积较大。为提高混凝土的质量,降低混凝土水化热温升,要适当控制浇筑速度,不可太快,同时亦不能产生冷缝。混凝土熟料采用拌和楼拌制,混凝土拌和车运输至混凝土输送泵处,由混凝土输送泵送入仓面。

混凝土浇筑采用阶梯浇筑法,严格分层,层厚 30cm,条宽 3~5m。浇筑层面积与机械拌制、运输相适应,避免施工中产生冷缝。上层混凝土浇筑时,振动棒应插入下层混凝土 5cm,确保上下层混凝土结合紧密。浇筑混凝土过程中仓内混凝土的泌水要及时排除。混凝土浇筑满仓后,用水准仪控制表面高程,确保成型混凝土面高程与设计相符,混凝土终凝前,人工压实、抹平、收光。混凝土终凝后,及时养护。

混凝土浇筑过程中要保证钢筋、预埋件、止水片等位置的准确性,派专人跟班监视和整理。底板混凝土浇筑工艺见图 7 - 38。

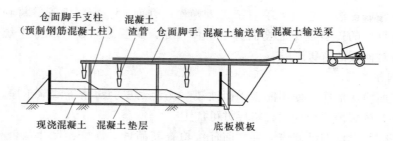

图 7-38　底板混凝土施工示意图

（三）闸墩施工

1. 墩墙钢筋混凝土浇筑顺序

闸墩工程较为单一，其施工顺序可以按照缩短与所在底板混凝土的浇筑间隔时间和方便施工为原则安排。本工程采取与闸室大底板浇筑顺序大致相同的顺序施工。

本工程工期紧，为加快工程进度，采取多配制几套模板，减少模板周转次数的措施。拟配制 8 套闸墩模板，保证 6 个闸墩同批浇筑混凝土，缩短闸墩混凝土施工总时段。

本工程闸墩高度相对较低，为保证闸墩混凝土的整体性，提高闸墩混凝土外观质量，单个闸墩采取一次性浇筑的施工方法。

2. 模板及脚手工程

（1）闸墩模板和脚手的选择。本工程是治理淮河的重点项目，不仅对其内在质量要求极高，而且对其外观要求十分严格，必须达到"工艺品"的要求。闸墩钢筋混凝土外观质量与闸墩所用的模板关系密切，要提高闸墩混凝土的外观质量，则必须使用单块大面积模板，减少模板的拼接接头数量，有效减少模板接头处混凝土的缺陷。使用厚度较大的钢板作为加工模板的材料，提高模板的刚度，防止模板变形。因此，本工程拟定采用整体性较好的大型钢模板作为闸墩模板。

为保证本工程外观质量的严要求，根据本工程的需要，到厂家定做一批单块大面积钢模。特别是闸墩等对外观影响明显的部位全部使用新模板。

浇筑闸墩混凝土的脚手采用钢管脚手，对闸墩模板进行了认真设计，并从理论上进行了详细的计算，以保证闸墩模板满足强度和刚度要求。

（2）模板制作的材料要求。制作闸墩的钢模板选用 5mm 厚的钢板制作，以保证模板的刚度。横向板筋采用 5mm 厚、50～100mm 宽的钢板条加工，模板纵向加劲肋采用角钢材料制作，以增加模板整体刚度。

（3）模板及脚手的安装。闸墩钢模板单块面积大，模板重量较大，必须采用汽车起重机吊装就位。

模板安装前涂刷隔离剂，以利模板拆除。模板安装好后，现场检查安装质量、尺寸、位置，符合要求后，进行下道工序施工。

模板之间拼缝要严密，对销螺栓应拧紧、无松动。围图采用双道钢管"十字"围图。模板安装后要反复校对垂直度及几何尺寸，其误差应严格控制在施工规范允许的范围内，且牢固稳定，平整光洁。钢筋、预埋件、预留孔、门槽、止水等高程与中心线要反复校核，在准确无误后才予浇筑混凝土。

模板安装好后要搭设仓面脚手便于工人操作。仓面脚手采用钢管等材料搭设，并使各种材料间有可靠的连接，保证仓面脚手整体稳定。脚手架与模板支撑系统分离，以避免操作动荷载对模板的有害影响。

3. 闸墩钢筋工程

钢筋的表面确保洁净，使用前将表面油漆、泥污锈皮、鳞锈等清除干净，钢筋平直，无局部弯折，并按规范取样检验合格后方可加工。

钢筋严格按照设计图纸制作，绑扎前仔细检查其品种、规格、尺寸是否与图纸相符，准确无误后再运至现场绑扎。钢筋接头一般采用闪光对焊，直径在14mm以下的可采用绑扎接头，但轴心受压、小偏心受拉构件，采用搭接或帮条焊接头，且符合以下要求：当双面焊时，搭接长度不小于5天，单面焊为10天。帮条的总截面积不小于主筋截面面积的1.5倍。搭接焊时，要保证两根钢筋同轴线。为保证钢筋的保护层厚度，在钢筋和模板之间设混凝土垫块，垫块可用高强度砂浆做成带中心孔的圆盘状，绑扎钢筋时沿墩柱四周间隔一定距离穿于箍筋上，并互相错开，分散布置，以确保浇筑时的钢筋位置准确、不变形。

4. 闸墩混凝土浇筑工程

（1）闸墩混凝土运输方式。闸墩厚度较大，混凝土体积较大。为防止混凝土产生温度裂缝和减少收缩量，提高混凝土的质量，要尽可能采用较低水灰比，但为了泵送需要，应掺入泵送剂等外加剂，以减少水灰比，改善和易性，满足泵送要求。

闸墩混凝土熟料由拌和楼拌制后经拌和车运到输送泵料斗，经输送泵的水平输料管和垂直输料管直接输送至闸墩浇筑面。如图7-39所示。

（2）闸墩混凝土浇筑方法。根据闸墩浇筑面积大小，适宜于采用分层浇筑法。要严格分层，层厚30cm。本工程混凝土浇筑层面积与机械拌制、运输相适应，施工中不会产生冷缝。上层混凝土浇筑时，振动棒要插入下层混凝土5cm，确保上下层混凝土结合紧密，仓内混凝

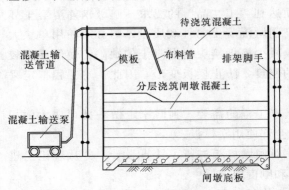

图7-39　闸墩混凝土浇筑示意图

土泌水要及时排除。混凝土浇筑满仓后，用水准仪控制表面高程，确保成型混凝土面高程与设计相符，混凝土终凝前，人工压实、抹平、收光。混凝土终凝后，及时养护。拆模后，及时在混凝土表面喷涂M-9混凝土保水养护剂，冬季外包雨布、草帘等蓄热保温材料。

5. 闸墩模板设计方案

闸墩是水闸最重要的结构之一，不但要求内在质量优良，满足工程安全运行和耐久性要求，而且要求外观几何尺寸准确、表面平整、密实、光洁、色泽均一。为此，采用工厂特制的全钢模板，只有闸门槽模板采用木模板。现将闸墩钢模板结构和布置方案简要说明如下。

闸墩外形为：上游为半径 700mm 的半圆柱面，下游剖面端头为 1400mm 的弹头形，左右侧立面为铅垂平面；闸墩高度相同，公路桥面下墩身高 8200mm，其余部位墩身高 8800mm。根据上述外形和尺寸特点，拟定闸墩模板的总体布置方案是：上游半圆柱面的墩头部分采用全钢半圆柱面模板，模板水平向半圆弧长为一整块，高度方向每 750mm 为一块，沿高度方向逐节组装；下游弹头形墩头，由两块弧形定形钢模组合而成设计图形，模板高程方向每 750mm 为一块，沿高度方向组装而成。左右侧立面全钢模板为平面模板，单块板高 750mm，板宽分为两种，大部分板块宽 1500mm，门槽两侧的板块宽 750mm。具体布置参见图 7-40 和图 7-41。

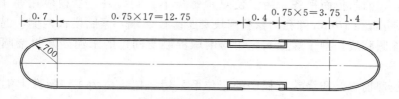

图 7-40　闸墩模板平面布置图（单位：m）

模板抵抗混凝土侧压力主要依靠模板外侧的钢管围檩和内拉对销螺栓。立平面部分的对销螺栓竖向和横向间距均为 750mm，两端头部分的内拉支杆竖向间距 750mm，水平向每 45°圆心角一根，同一层支杆均集中于圆心，再以一根总拉杆将上、下游两圆心支杆连成一体，起到上、下游混凝土压力相互抵消的作用。围檩采用通用的 $\phi48\times3.5$mm 脚手架钢管制作，钢管要经过严格校直后使用。每道围檩用两根钢管，分列于螺栓两侧，以短型钢压板通过螺栓将钢管压紧于钢模背面。模板内设 1400mm 长临时木对撑，对应于螺栓布置，以固定混凝土断面尺寸，浇筑混凝土时随混凝土面上升而逐层拆除。模板安装参见图 7-42。

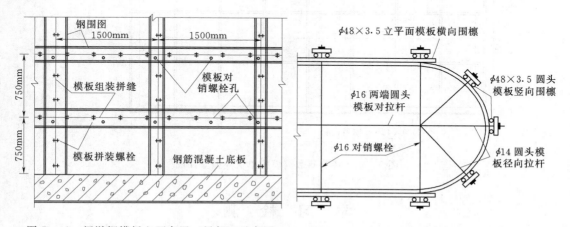

图 7-41　闸墩钢模板立面布置（局部）示意图　　图 7-42　闸墩圆墩头部位模板组装平面图

上游墩头半圆柱面钢模板的面板为 5mm 厚 3 号钢板卷制，每块弧长 2198mm，内半径 700mm，圆心角 180°，高 750mm。板肋厚 5mm，宽 70mm，用 3 号钢板切割加工而成。竖向板肋每 22.5°圆心角一道，含边肋共 9 道，水平向板肋之间间距 250mm，面板与板肋等接缝亦为焊接。

下游墩头面钢模板为 5mm 厚 3 号钢板卷制，每块弧长 2198mm，内半径 1400mm，圆心角 90°，高 750mm。板肋厚 5mm，宽 70mm，用 3 号钢板切割加工而成。竖向板肋 9 道（含边肋），均匀布置，水平向板肋之间间距 250mm，面板与肋板等接缝亦为焊接。

单块全钢平面模板的面板为 5mm 厚普通 3 号钢板，边肋为 L70×45×6 不等边角钢，内纵横板肋均为 70×5 钢板条，面板与板肋、板肋与板肋间均为焊接。竖向板肋间距 200mm，与边肋之间间距 150mm；水平板肋间距 250mm。参见图 7—43。

为了尽量减少板缝在混凝土表面残留痕迹，安装模板时，在相邻板缝间夹垫 3mm 厚泡沫橡胶条，表面与板面平齐。为了使对销螺栓不影响外观，立模时用厚 10mm、直径 30mm、中心带直径 16mm 圆孔的橡胶圆块套于螺栓两端，紧贴模板内侧，混凝土浇筑完拆模后，拆除圆胶块，割去螺栓头，用与闸墩混凝土同色的水泥砂浆封堵圆坑，表面与墩面抹平。

闸墩模板现场立模和浇筑过程中的定位系采用斜撑定位为主，斜撑上端与模板的围檩连接，下端与事先预埋于底板混凝土上的螺栓连接。

上述模板设计方案经强度和刚度验算均有充分余地，符合规范要求。

模板在工厂内严格按设计图制作和检测，不合格不予出厂。模板在现场严格按工程设计图的位置和尺寸进行安装，安装后按图纸和规范及技术条款要求进行检查，不合格的部位坚决纠正或返工，确保闸墩的内在和外观质量均达到优良标准。

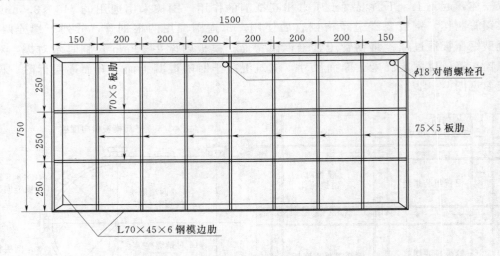

图 7—43 特制闸墩钢模板单块典型立面图

学 习 检 测

一、名词解释

渠道衬护、二期混凝土、填缝材料、止水、顶管法、全断面开挖法、导洞开挖法、隧洞支护、掘进机开挖、隧洞衬砌、分段流水浇筑、封拱、压浆混凝土

二、填空题

1. 渠道工程施工包括（　　）、（　　）、（　　）。

2. 渠道开挖方法有（　　）、（　　）、（　　）、（　　）。

3. 渠道衬护的类型有（　　）、（　　）、（　　）、（　　）、（　　）。

4. 水闸施工中，混凝土浇筑施工程序的原则是（　　）、（　　）、（　　）、（　　）。

5. 水闸混凝土必须根据混凝土的生产运输浇筑能力等，对筑块的（　　）、（　　）、（　　）等进行控制。

6. 水闸施工程序为（　　）、（　　）、（　　）和（　　）。

7. 顶管法的特点是顶管管道既起掘进空间的（　　）作用，又是（　　）。

8. 导洞开挖中，根据导洞在整个断面中的不同位置，可分为（　　）、（　　）、（　　）、（　　）。

9. 地下工程施工的辅助作业有（　　）、（　　）、（　　）、（　　）、（　　）等工作。

10. 分段浇筑的顺序有（　　）、（　　）、（　　）等三种方式。

11. 装渣方法有（　　）和（　　）两种。

12. 隧洞灌浆有（　　）和（　　）两种。

三、选择题

1. 渠道衬护的类型有（　　）。
   A. 砌石衬护　　　　B. 混凝土衬护　　　　C. 钢丝网水泥衬护
   D. 沥青材料衬护　E. 塑料薄膜衬护

2. 铲运机开挖渠道的开挖方式包括（　　）。
   A. 直线开行　　　　B. 环形开行　　　　C. 停止　　　　D. "∞"字开行

3. 管道施工包括（　　）。
   A. 管沟开挖　　　　B. 管道试压　　　　C. 管道铺设　　　　D 管沟回填

4. 管道沟槽开挖断面的形式有（　　）。
   A. 直槽　　　　　　B. 圆洞　　　　　　C. 梯形槽　　　　D. 混合槽

5. 管道沟槽断面尺寸主要取决于（　　）。
   A. 管道直径　　　　B. 土壤性质　　　　C. 管道铺设　　　　D. 气候

6. 隧洞临时支撑的形式有（　　）。
   A. 木支撑　　　　　B. 钢支撑　　　　　C. 预制混凝土支撑　　D. 钢筋混凝土支撑

7. 机械通风的布置方式有（　　）。
   A. 自然通风　　　　B. 压入式　　　　　C. 吸出式　　　　D. 混合式

8. 隧洞分段浇筑的顺序有（　　）。
   A. 跳仓浇筑　　　　B. 肋墙肋拱　　　　C. 分段流水浇筑　　D. 分段留空当浇筑

9. 喷混凝土的原材料有（　　）。
   A. 水泥　　　　　　B. 骨料　　　　　　C. 速凝剂　　　　D. 水

10. 水闸模板板面平整允许误差为（　　）。
    A. 3mm　　　　　　B. 2mm　　　　　　C. 4mm　　　　　D. 5mm

四、问答题

1. 地下管道开槽施工的准备工作有哪些?

2. 地下管道开槽施工沟槽开挖的要求有哪些?

3. 地下管道开槽施工沟槽支撑方式如何确定?

4. 地下管道开槽施工沟槽回填应注意哪些问题?

5. 地下管道开槽施工下管方法有哪些?

6. 简述水闸施工程序。

7. 提高水闸闸墩混凝土外观质量的措施有哪些?

五、论述题

1. 试述渠道衬砌的方法。

2. 试述水工隧洞的施工特点。

3. 试述水工隧洞的辅助作业。

六、计算题

混凝土拌和系统采用 1 座 HZS1000 型拌和楼,生产率为 40m³/h,采用 32.5 级普通硅酸盐水泥,掺 19% 粉煤灰及 1.6% 的泵送剂,混凝土的初凝时间得以延长,浇筑混凝土允许间歇时间约为 135min,混凝土的运输、浇筑所占的时间合计 40min。该工程闸室小底板混凝土浇筑量为 $1.2 \times 6.48 \times 19 = 147.7 \text{m}^3$,现采用分层连续浇筑法,请问每层铺料厚度 0.3m 是否满足要求。

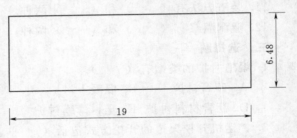

图 7-44 浅基础(小底板)平面示意图(单位:m)

$$\left(提示:利用筑块的面积公式:A \leqslant \frac{Q_c K (t_2 - t_1)}{h}。\right)$$

第八章 施 工 组 织

内容摘要：本章主要介绍水利工程基本建设程序、施工组织设计、施工总进度编制、施工总体布置设计。

学习重点：施工组织在水利工程施工中的重要作用；水利工程建设的基本程序；水利工程施工组织设计的内容，编制步骤；水利工程施工进度计划编制的要求、方法；水利工程施工布置的原则、施工临时设施的设计、施工用电、用水、用风以及施工机械设备的选用和用量的计算，施工布置图的绘制。

水利工程建设涉及国民经济多个部门，工程投资大、工期长、技术复杂。施工组织是一项系统工程，必须熟悉基本建设规律，按水利工程建设程序进行建设，编制好施工组织设计，做好施工场地的平面和空间布置，保证施工的速度、质量和安全，在规定的时间内优质高效地完成建设任务。

第一节 基 本 建 设 程 序

一、基本建设

1. 基本建设的作用

基本建设是指国民经济各部门利用国家预算拨款、自筹资金、国内外基本建设贷款以及其它专项资基金进行的以扩大生产能力（或增加工程效益）为主要目的的新建、扩建、改建、技术改造、更新和恢复工程及有关工作。

基本建设的作用是：

（1）扩大再生产以提高人民物质文化生活水平和加强国防实力的重要手段。

（2）通过基本建设以提高国民经济各部门的生产能力。

（3）调整和改变各产业部门内部及各部门之间的构成和比例关系，使全国生产力的配置更趋合理。

（4）拉动内需促进社会经济发展。

（5）为社会提供住宅、文化设施、市政设施、能源、交通设施等物质基础。

2. 基本建设的分类

基本建设按投资用途、建设性质、规模和构成分为以下几类：

（1）按建设用途分为生产性建设和非生产性建设。

（2）生产性建设包括工业、建筑业、农林水利气象、电力、交通、邮电通信、商业物资供应、地质资源等建设。

（3）非生产性建设包括住宅、文教卫生、科学实验研究、公用事业等建设。

（4）按建设性质分为新建、扩建、改建、恢复和迁建项目。

（5）按规模大小分为大型、中型、小型。

二、基本建设程序

基本建设程序是基本建设项目从决策、设计、施工到竣工验收整个工作过程中各个阶段必须遵循的先后次序。水利基本建设因其规模大、费用高、制约因素多等特点，更具复杂性及失事后的严重性，因此其基本建设程序更复杂，要求更严格。基本建设程序对水利工程施工组织设计起到了指导性的作用。

水利基本建设程序一般包括：前期工作、项目实施、竣工验收及项目后评价几个阶段。一般分为：流域（或区域）规划、项目建议书、可行性研究、初步设计、施工准备（包括招标设计）、建设实施、生产准备、竣工验收、项目后评价等阶段。

1. 流域（或区域）规划

流域（或区域）规划就是根据该流域（或区域）的水资源条件和国家长远计划对该地区水利建设发展的要求，该流域（或区域）水资源的梯级开发和综合利用的最优方案。

2. 项目建议书

项目建议书又称立项报告。它是在流域（或区域）规划的基础上，由主管部门提出的建设项目轮廓设想，主要是从宏观上衡量分析该项目建设的必要性和可能性，即分析其建设条件是否具备，是否值得投入资金和人力。项目建议书是进行可行性研究的依据。

3. 可行性研究

可行性研究的目的是研究兴建该工程技术上是否可行、经济上是否合理。其主要任务是：

（1）论证工程建设的必要性，确定本工程建设任务和综合利用的主次顺序。

（2）确定主要水文参数和成果，查明影响工程的主要地质条件和存在的主要地质问题。

（3）基本选定工程规模。

（4）选定基本坝型和主要建筑物的基本型式，初选工程总体布置。

（5）初选水利工程管理方案。

（6）初步确定施工组织设计中的主要问题，提出控制性工期和分期实施意见。

（7）评价工程建设对环境和水土保持设施的影响。

（8）提出主要工程量和建材需用量，估算工程投资。

（9）明确工程效益，分析主要经济指标，评价工程的经济合理性和财务可行性。

4. 初步设计

初步设计是在可行性研究的基础上进行的，是安排建设项目和组织施工的主要依据。初步设计的主要任务是：

（1）复核工程任务及具体要求，确定工程规模，选定水位、流量、扬程等特征值，明确运行要求。

（2）复核区域构造稳定，查明水库地质和建筑物工程地质条件、灌区水文地质条件和设计标准，提出相应的评价和结论。

（3）复核工程的等级和设计标准，确定工程总体布置以及主要建筑物的轴线、结构型式与布置、控制尺寸、高程和工程数量。

（4）提出消防设计方案和主要设施。

（5）选定对外交通方案、施工导流方式、施工总布置和总进度、主要建筑物施工方法及主要施工设备，提出天然（人工）建筑材料、劳动力、供水和供电的需要量及其来源。

（6）提出环境保护措施设计，编制水土保持方案。

（7）拟定水利工程的管理机构，提出工程管理范围、保护范围以及主要管理措施。

（8）编制初步设计概算，利用外资的工程应编制外资概算。

（9）复核经济评价。

5. 施工准备

项目在主体工程开工之前，必须完成各项施工准备工作。其主要内容包括：

（1）施工现场的征地、拆迁工作。

（2）完成施工用水、用电、通信、道路和场地平整等工程。

（3）必需的生产、生活临时建筑工程。

（4）组织招标设计、咨询、设备和物资采购等服务。

（5）组织建设监理和主体工程招投标，并择优选定建设监理单位和施工承包队伍。

6. 建设实施

建设实施阶段是指主体工程的全面建设实施，项目法人按照批准的建设文件组织工程建设，保证项目建设目标的实现。

主体工程开工必须具备以下条件：

（1）前期工程各阶段文件已按规定批准，施工详图设计可以满足初期主体工程施工需要。

（2）建设项目已列入国家或地方水利建设投资年度计划，年度建设资金已落实。

（3）主体工程招标已经决标，工程承包合同已经签订，并已得到主管部门同意。

（4）现场施工准备和征地移民等建设外部条件能够满足主体工程开工需要。

（5）建设管理模式已经确定，投资主体与项目主体的管理关系已经理顺。

（6）项目建设所需全部投资来源已经明确，且投资结构合理。

7. 生产准备

生产准备是项目投产前要进行的一项重要工作，是建设阶段转入生产经营的必要条件。项目法人应按照建管结合和项目法人责任制的要求，适时做好有关生产准备工作。

生产准备应根据不同类型的工程要求确定，一般应包括如下主要内容：

（1）生产组织准备。

（2）招收和培训人员。

（3）生产技术准备。

（4）生产物资准备。

（5）正常的生活福利设施准备。

（6）及时具体落实产品销售合同协议的签订，提高生产经营效益，为偿还债务和资产的保值、增值创造条件。

8. 竣工验收

竣工验收是工程完成建设目标的标志，是全面考核基本建设成果、检验设计和工程质量的重要步骤。竣工验收合格的项目即可从基本建设转入生产或使用。

当建设项目的建设内容全部完成，并经过单位工程验收，符合设计要求并按水利基本建设项目档案管理的有关规定完成了档案资料的整理工作，在完成竣工报告、竣工决算等必需文件的编制后，项目法人按照有关规定，向验收主管部门提出申请，根据国家和部颁验收规程，组织验收。

竣工决算编制完成后，须由审计机关组织竣工审计，审计报告作为竣工验收的基本资料。

9. 项目后评价

建设项目竣工投产后，一般经过1～2年生产运营后，要进行一次系统的项目后评价。主要内容包括：影响评价、经济效益评价、过程评价。

项目后评价一般按三个层次组织实施，即项目法人的自我评价、项目行业的评价、计划部门（或主要投资方）的评价。

建设项目后评价工作必须遵循客观、公正、科学的原则，做到分析合理、评价公正。通过建设项目的后评价以达到总结经验、研究问题、吸取教训、提出建议、改进工作、不断提高项目决策水平和投资效果的目的。

第二节　施　工　组　织　设　计

施工组织设计的主要任务是根据工程地区的自然、经济和社会条件制定工程的合理施工组织，包括：合理的施工导流方案；合理的施工工期和进度计划；合理的施工场地组织设施与施工工厂规模，以及合理的生产工艺与结构物型式；合理的投资计划、劳动组织和技术供应计划，为确定工程概算、确定工期、合理组织施工、进行科学管理、保证工程质量、降低工程造价、缩短建设周期提供切实可行和可靠的依据。

一、施工组织设计的作用

施工组织设计是研究施工条件、选择施工方案、对工程施工全过程实施组织和管理的指导性文件，是编制工程投资估算、设计概算和招标投标文件的主要依据。

工程项目施工是工程建设由蓝图转变为实体的一个过程。当初步设计以及总概算已获批准，工程项目列入国家年度基本建设计划，意味着工程建设的总体方案已经确定，建设资金已有来源。当建设单位通过招标程序与施工单位签订了工程承发包合同，施工单位就可组建机构进入施工现场，进行施工准备。

不同环节所研究的施工组织问题，由于工作深度和资料条件的限制，其内容详略和侧重点虽不尽相同，但研究的范围却大同小异。在可行性研究中，要根据工程施工条件，从施工角度提出可行性论证；在初步设计中，要编制施工组织设计，全面论证工程施工技术上的可能性和经济上的合理性；在招标投标活动中，参加招投标的单位，都要从各自的角度，分析施工条件，研究施工方案，提出质量、工期、施工布置等方面的要求，以便对工程的投资或造价作出合理的估计；在技施设计和工程施工过程中，要针对各单项工程或专项工程的具体条件，编制单项工程或专项工程施工措施设计，从技术组织措施上具体落实施工组织设计的要求。由于篇幅的限制，本书不可能逐一详加讨论。下面仅对初步设计中的施工组织设计进行介绍。

在进行水利工程初步设计时，要配合选坝工作，从施工导流、场内外交通、当地建筑材料、施工场区布置、主体工程施工方案、施工总进度安排等方面，对不同坝址不同坝型的枢纽方案进行技术经济论证，提出工程总量、施工期限、施工强度、工程费用、劳动力、主要建筑材料、主要施工机械设备、施工动力需用量等估算指标。坝址选定以后，要研究枢纽主要建筑物的施工方案，提出合理方案的推荐意见。由此所构成的施工组织设计，是整个设计文件的一个组成部分。

二、施工组织设计编制的原则、依据

1. 施工组织设计编制原则

（1）执行国家有关方针政策，严格执行国家基建程序和遵守有关技术标准、规程规范，并符合国内招投标的规定和国际招投标的惯例。

（2）面向社会，深入调查，收集市场信息，根据工程特点，因地制宜提出施工方案，并进行全面技术经济比较。

（3）结合实际、因地制宜，力求工程与自然环境和谐。

（4）统筹安排、综合平衡、妥善协调各分部、分项工程的施工。

（5）结合国情积极开发和推广新技术、新材料、新工艺和新设备，凡经实践证明技术经济效益显著的科研成果，应尽量采用，努力提高技术效益和经济效益。

2. 施工组织设计编制依据

（1）预可研阶段研究报告及审批意见，项目法人对工程建设的要求或协议。

（2）工程所在地区有关基本建设的法律或条例，地方政府对工程建设的要求。

（3）国家各有关部门（国土、铁道、交通、林业、水利、环境保护、安全生产、旅游等）对工程建设期间有关要求及批件。

（4）本阶段水工、机电等专业的设计成果，有关工艺试验或生产性试验成果及各专业对施工的要求。

（5）工程所在地区的施工条件（包括自然条件、水电供应、交通、环保、旅游、防洪、灌溉、航运、过木现状及规划等）和本阶段最新调查成果。

（6）施工导流及通航等水工模型试验、各种原材料实验、混凝土配合比实验、重要结构模型试验、岩土力学实验等成果。

（7）目前国内外可能达到的施工水平、施工设备及材料供应情况。

（8）上级机关、国民经济各有关部门、地方政府，以及业主单位对工程施工的要求、指令、协议、有关法规和规定。

三、施工组织设计的内容

根据初步设计编制规程和施工组织设计规范，初步设计的施工组织设计应包含以下8个方面的内容。

1. 施工条件分析

施工条件包括工程条件、自然条件、物质资源供应条件以及社会经济条件等，主要有：

（1）工程所在地点，对外交通运输，枢纽建筑物及其特征。

（2）地形、地质、水文、气象条件，主要建筑材料来源和供应条件。

（3）当地水源、电源情况，施工期间通航、过木、过鱼、供水、环保等要求。

（4）对工期、分期投产的要求。

（5）施工用地、居民安置以及与工程施工有关的协作条件等。

2. 施工导流

在综合分析导流条件的基础上，确定导流标准，划分导流时段，明确施工分期，选择导流方案、导流方式和导流建筑物，进行导流建筑物的设计，提出导流建筑物的施工安排，拟定截流、度汛、拦洪、排冰、通航、过木、下闸封堵、供水、蓄水、发电等措施。

3. 主体工程施工

主体工程包括挡水、泄水、引水、发电、通航等主要建筑物，应根据各自的施工条件，对施工程序、施工方法、施工强度、施工布置、施工进度和施工机械等问题进行分析比较和选择。

4. 施工交通运输

（1）对外交通运输：是在弄清现有对外水陆交通和发展规划的情况下，根据工程对外运输总量、运输强度和重大部件的运输要求，确定对外交通运输方式，选择线路的标准和线路，规划沿线重大设施和与国家干线的连接，并提出场外交通工程的施工进度安排。

（2）场内交通运输：应根据施工场区的地形条件和分区规划要求，结合主体工程的施工运输，选定场内交通主干线路的布置和标准，提出相应的工程量。施工期间，若有船、木过坝问题，应作出专门的分析论证，提出解决方案。

5. 施工工厂设施和大型临建工程

（1）施工工厂设施，应根据施工的任务和要求，分别确定各自位置、规模、设备容量、生产工艺、工艺设备、平面布置、占地面积、建筑面积和土建安装工程量，提出土建安装进度和分期投产的计划。

（2）大型临建工程，要作出专门设计，确定其工程量和施工进度安排。

6. 施工总布置

（1）对施工场地进行分期、分区和分标规划。

（2）确定分期分区布置方案和各承包单位的场地范围。

（3）对土石方的开挖、堆料、弃料和填筑进行综合平衡，提出各类房屋分区布置一览表。

（4）估计用地和施工征地面积，提出用地计划。

（5）研究施工期间的环境保护和植被恢复的可能性。

7. 施工总进度

（1）必须仔细分析工程规模、导流程序、对外交通、资源供应、临建准备等各项控制因素，拟定整个工程的施工总进度。

（2）确定项目的起止日期和相互之间的衔接关系。

（3）对导流截流、拦洪度汛、封孔蓄水、供水发电等控制环节，以及工程应达到的形象面貌，需作出专门的论证。

（4）对土石方、混凝土等主要工种工程的施工强度，对劳动力、主要建筑材料、主要机械设备的需用量要进行综合平衡。

（5）要分析施工工期和工程费用的关系，提出合理工期的推荐意见。

8. 主要技术供应计划

（1）根据施工总进度的安排和定额资料的分析，对主要建筑材料和主要施工机械设备列出总需要量和分年需要量计划。

（2）在施工组织设计中，必要时还需提出进行试验研究和补充勘测的建议，为进一步深入设计和研究提供依据。

（3）在完成上述设计内容时，还应提出相应的附图。

第三节　施　工　进　度　计　划

施工进度计划是工程项目施工时的时间规划，它是在施工方案已经确定的基础上，对工程项目各组成部分的施工起止时间、施工顺序、衔接关系和总工期等作出安排。编制施工进度计划应根据工程特点、工程规模、技术难度，依据施工组织管理水平和施工机械化程度，合理安排工程建设工期，并分析论证项目业主对工期提出的要求。

一、建设过程的分期

水利工程建设全过程基本可划分为工程筹建期、工程准备期、主体工程施工期、工程完建期四个阶段，工程建设总工期为工程准备工期、主体工程施工工期、工程完建工期之和，其中主体工程施工工期是控制建设总工期和工程发挥效益的重要环节，必须纵观全局、统筹兼顾，处理好各个施工阶段的衔接，妥善协调土建与机电安装、关键项目与一般项目之间的关系，力求做到工期最短、施工均衡、资源需求平衡。

（一）工程筹建期

工程筹建期是指工程正式开工前为承包单位进场施工创造条件所需的时间。工程筹建期的工作主要包括对外交通工程、施工供电、施工通信、施工区的征地和移民，以及工程招投标等。

在工程筹建期，应认真分析工程所在地区的对外交通情况（公路、铁道、水运）是否满足工程施工运输要求；了解工程区供电环境，与供电部门和地方政府沟通，做好施工供电规划；根据工程特点，采用合理的施工通信手段（无线通信、有线通信、网络通信）；筹建期应依照国家有关规定以及地方政府规定征地，移民为后续施工创造良好的施工条件；按期完成工程招投标工作。

1. 筹建期进度具体内容

(1) 对外交通公路的修建。

(2) 铁路物资转运站的修建。

(3) 施工大桥和码头的修建。

(4) 场内主要交通干线的修建。

(5) 场外施工供电线路架设和施工变电站的修建。

(6) 当采用集中供水时施工供水设施的修建。

(7) 施工对外通信设施的修建。

(8) 部分施工场地平整和部分临时房屋的修建。

(9) 施工场地征地、移民。

2. 筹建期进度计划编制

(1) 筹建期的工程项目并非一成不变,需要根据业主的意向,由设计单位同业主共同讨论确定。在初步设计阶段,如未明确业主单位,筹建期的工程项目可根据国内外已建工程的实践,结合本工程的实际情况,由设计者初步确定。

(2) 筹建工程的工期,根据各项筹建工程的规模和实践经验确定。在发布开工令前,应基本完成筹建工程,对于一些不影响承包商进场或主体工程开工的项目,可在发布开工令之后,同主体工程穿插进行。

(3) 由于施工场地征地、移民的政策性强、难度大,故在研究筹建期进度时,应充分考虑其所需要的时间。

(4) 缜密研究编制招标文件和工程招标、评标和合同谈判的进度。国际招标需要较长的周期,国内招标需要的周期较短,可根据工程规模的大小、主体工程分标的情况和已建工程的招标、评标经验,分先后次序进行安排。

(二) 工程准备期

工程准备期是指准备开工起至关键线路上的主体工程开工前的工期。工程准备期的主要工作一般包括施工场地的平整、施工区的场内交通、工程施工导流、施工临建设施的建设(施工工厂、生产、生活设施等)等准备工程项目。

在工程准备期内,根据施工组织进度计划,按期完成场内交通工程、工程施工导流、施工临建设施的建设,为施工人员及机械设备按期进场打下基础。在施工组织设计中,为保证主体工程高速度、高质量地完成,临时房建和施工工厂宜采用标准设计和装配式结构,以加快准备工程进度。

1. 工程准备期的含义

(1) 从发布开工令到河道截流这一时期。

(2) 从发布开工令到本标主体工程破土动工这一时期。

在实行招标承包制以后,准备工程由各标自行布置、设计和施工,第(1)种含义已不能确切反映各标所需要的准备工期,所以目前常用的是第(2)种含义。

2. 准备工程的项目

(1) 施工人员和施工机械设备进场。

(2) 场内临时房屋和施工营地修建。

（3）场内风、水、电及通信设施。

（4）为主体工程施工需要的施工道路。

（5）为主体工程施工服务的施工工厂。

（6）砂石料、混凝土及制冷的生产和运输系统。

（7）大型施工机械设备安装。

（8）合同规定的其它临时或永久道路工程。

3. 工程准备期进度的编制

（1）大中型水利工程一般都实行分标建设。在分标建设的情况下，某些标开工较早，某些标开工较迟，应根据各标开工的先后和各标准备工程量的大小分别匡估其所需要的准备工期。但在初步设计阶段，一般还没有研究分标方案，故在编制总进度时，可根据关键路线上主体工程所需要的准备工程项目，分析研究其准备工期。

（2）准备工程的项目和进度计划由承包商自行安排，在一般情况下设计单位不编制详细的准备工程进度。但在总进度表上，需列出影响主体工程开工的主要准备工程项目，例如影响主体工程开挖的出渣道路修建，控制主体建筑混凝土工程开工时间的砂石料、混凝土和制冷系统以及施工工厂设施等，并分析这些项目的施工工期，如在主体工程开工前不能完成，则应推迟主体工程的开工日期。

（三）主体工程施工期

主体工程施工期是指从关键线路上的主体工程项目施工开始，至第一台机组发电或工程开始受益为止的工期。主要包括完成永久挡水建筑物、泄水建筑物和引水发电建筑物等土建工程及其金属结构和机电设备安装调试等主体工程施工。根据 DL/T 5397—2007《水利水电工程施工组织设计规范》的规定，主题工程施工起点可按照表 8-1 划分。

表 8-1   主 体 工 程 施 工 起 点

控制总进度的关键线路项目	主题工程施工起点
拦河坝（含河床式厂房、坝后厂房）	主河床截流
发电厂房系统	厂房主体土建工程或地下厂房顶拱层开挖
输水系统	输水系统主体工程施工
上（下）库工程（抽水蓄能电站）	上（下）库主体工程施工

（四）工程完建期

工程完建期是指以第一台（批）机组投入运行或工程开始受益为起点，至工程竣工为止的工期。主要完成后续机组的安装和调试，挡水建筑物、泄水建筑物和引水发电建筑物剩余工作以及导流泄水建筑物的封堵等。

施工总进度关键线路上的项目工作应该力求连续有序的进行，工程建设各阶段的项目工作不能都截然分开，相邻两个阶段的工作是可以交叉安排的。

二、施工进度计划的作用和类型

1. 施工进度计划的作用

（1）控制工程的施工进度，使之按期或提前竣工，并交付使用或投入运。

（2）通过进度计划的安排，加强工程施工的计划性，使施工能均衡、连续地进行。

（3）从施工顺序和施工速度等组织措施上保证工程质量和施工安全。

（4）合理使用建设资金、劳动力、材料和机械设备，达到快速优质地建设的目的。

（5）确定各施工时段所需的各类资源的数量，为施工准备提供依据。

（6）是编制更细一层进度计划（如月、旬作业计划）的基础。

2. 施工进度计划的类型

施工进度计划按编制对象的大小和范围不同可分为施工总进度计划、单项工程施工进度计划、单位工程施工进度计划、分部工程施工进度计划和施工作业计划。

三、施工总进度计划编制的原则

水利工程施工总进度计划编制的原则如下：

（1）严格执行基本建设程序，遵循国家法律、法规和相关标准的原则。

（2）加快工期提前发电的原则。如该工程所在地区，工农业生产用电要求十分迫切，电站在电网中的地位非常重要，因此，工程一旦开工，就应当在施工程序合理、施工条件可能的前提下，尽量加快工期，使第 1 台机组提前发电。在保证工程质量和工程建设总工期的前提下，研究提前发电和使投资效益最大化的施工措施。但初步设计阶段，在施工总进度计划的关键线路上，应留有适当的余地，应研究电站分期建设、降低初期建设投资、提前发挥效益的可能性和合理性。

（3）同招标承包制进行工程建设相适应的原则。结合招标的性质（国际招标或国内招标），采用与之相适应的施工水平。

（4）重视工程筹建期和准备工期的原则。与招标承包制相适应，在发布开工令之前应有足够的筹建期，从承包商进场到主体工程破土动工应有适当的准备工期。筹建期和准备期的进度，应给予充分的重视。按照当前平均先进施工水平合理安排工期。地质条件复杂、气候条件恶劣或受洪水制约的工程，在工期安排上应该考虑留有余地。

（5）充分重视施工期洪水，保证安全度汛的原则。重点研究受洪水威胁的工程和关键项目的施工进度计划，采取有效地技术和安全措施；大中型水利水电工程的建设一般要经历几个汛期，对于大坝和与大坝相关的水工建筑物，要特别重视施工期的度汛安全，各年汛前要达到度汛所要求的高程和形象，完成导流所要求的防护设施，洪水标准应满足 DL/T 5397—2007《水利水电工程施工组织设计规范》的要求。

（6）尊重上级主管部门对建设工期指示的原则。初步设计阶段的施工总进度，必须在可行性研究阶段总进度的基础上进行编制，应充分研究可行性研究报告的审批意见，尊重上级主管部门（或业主）对本工程建设工期的指示或指导意见。当外部条件和施工条件发生变化，难以满足上述指示和意见要求时，应以合理工期编制施工总进度。

（7）进行施工总进度方案比较的原则。对于大中型水利水电工程，应编制不同发电日期和总工期的总进度方案，进行技术经济比较，从而选定既先进积极、又经济合理的总进度方案。

（8）单项工程施工进度与施工总进度相互协调，各项目施工程序前后兼顾、衔接合理、干扰少、施工均衡；做到资源配置均衡。

（9）对改建、扩建机组工程等施工总进度安排，应减少对现有工程运行影响的措施。在安排施工总进度时，突出主次关键工程、重要工程、技术复杂工程尤为重要，明确对控制施工进程的里程碑事件如施工导流、坝肩开挖、截留施工、主体工程开工、工程度汛、下闸蓄水等事件的施工条件。

四、施工总进度计划的表示方法

施工总进度的表示方法有：横道图（见图8-1）；网络图（见图8-2）；工程进度曲线（见图8-3）；形象进度图（见图8-4）等，目前最常用的有横道图和网络图。

项目横道进度表

序号	工程项目	代号	延续时间(天)	工程量		施工进度(天)															
				单位	数量	25	50	75	100	125	150	175	200	225	250	275	300	325	350	375	400
1	施工道路	A	75			A₁　A₂															
2	临时房屋	B	25			B															
3	辅助企业	C	100			C₁　C₂															
4	隧洞开挖	D	110				D														
5	隧洞衬砌	E	125						E												
6	水库清理	F	175			F															
7	截流备料	G	175				G														
8	围堰预进占	H	75													H					
9	截流	I	10														I				

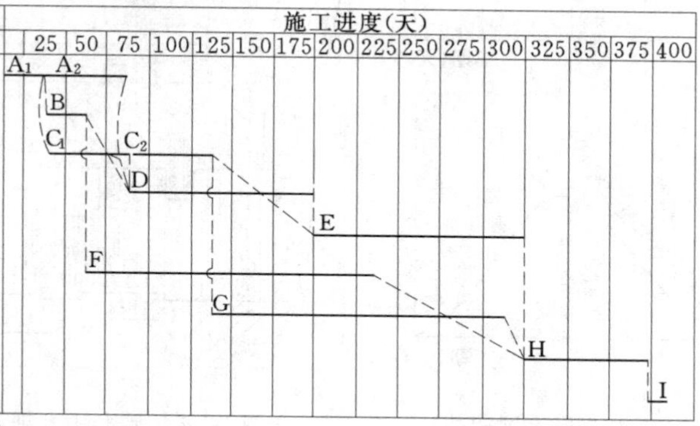

注：1. 实线代表项目及其起止时间。
2. 虚线指出项目间的逻辑关系。
3. 延续时间一栏数据，系根据工程量和施工能力估算而得的结果，未列出计算过程。

图8-1　某工程施工进度计划横道图

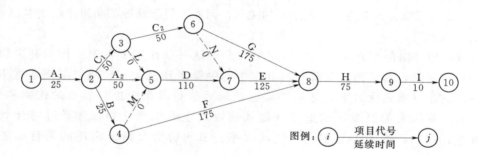

图8-2　某工程施工计划网络图

1. 横道图

用横道图表示的施工进度计划，一般包括两个基本部分，即左侧的工作名称及工作的持续时间等基本数据部分和右侧的横道画线部分。该计划明确表示出各项工作的划分、工作的开始时间和完成时间、工作持续时间、工作之间的搭接关系，以及整个工程项目的开工时间、完工时间等。

横道计划的优点是形象、直观，且易于编制和理解，因而长期以来被广泛应用于建设工程进度控制中。但利用横道图表示的进度计划，存在以下缺点：

（1）不能明确反映出各项工作之间错综复杂的相互关系；不便于分析工作及总工期的影响程度，不利于工程建设进度的动态控制。

（2）不能明确反映出影响工期的关键工作和关键线路，也就无法反映出整个工程项

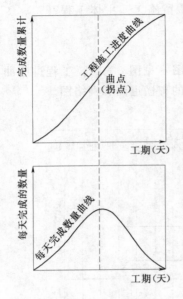

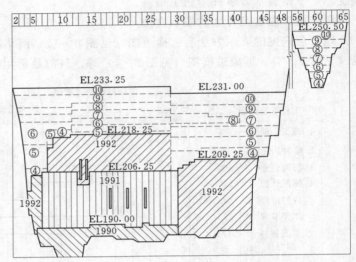

图 8-3　工程进度曲线　　　　　图 8-4　某水库大坝混凝土填筑 1998 年形象进度图

目的关键所在，因而不便于进度控制人员抓住主要矛盾。

（3）不能反映出工作所具有的机动时间，看不到计划的潜力所在，无法进行最合理的组织和指挥。

（4）不能反映工程费用和工期之间的关系，因而不便于缩短工期和降低成本。

2. 网络图

网络计划方法的原理是首先应用网络图形表达一项计划中各项工作的开展顺序及其相互间的关系，然后通过计算找出计划中的关键工作及关键线路，继而通过不断改进网络计划，寻求最优方案，并付诸实施，最后执行过程中进行有效的控制和监督。网络计划主要用来编制施工的进度计划和建设企业的生产计划，并通过对计划的优化、调整、控制，达到缩短工期、提高效率、节约劳力、降低消耗的项目施工管理目标。

五、施工总进度计划编制的步骤

对于不同类型的施工进度计划，内容范围和项目计划的粗细程度虽然不同，但编制方法和步骤基本相同。

1. 收集基本资料

编制施工总进度计划所需资料如下：①工程建设地点的对外交通现状及近期发展规划；②施工期（包括初期蓄水期）通航和下游用水要求等情况；③建筑材料的来源和供应条件调查资料；④施工区水源、电源情况及供应条件；⑤地方及各部门对工程建设期的要求和意见；⑥当地可能提供加工、修理能力情况；⑦当地承包市场及可能提供的劳动力情况；⑧当地可能提供的生活必需品的供应情况；⑨工程所在河段水文资料、洪水特性，各种频率的流量计洪量，水位流量关系，冬季冰凌情况（北方河流），施工各支沟各种频率洪水、泥石流以及上下游水利水电工程对本工程的影响情况；⑩工程地点的地形、地质、水文工程地质条件等资料；⑪影响工程施工工期的气象资料；⑫与工程有关的政策、法律和法规。

2. 列出工程项目

按不同阶段内容要求的粗细程度不同列出项目，并按施工顺序和逻辑关系列入表中。以水库工程为例，有准备工程、导流工程、拦河坝工程、溢洪道工程、输水工程、水电站工程、升压变电工程、水库清理工程、结束工作；以拦河坝工程单项工程为例，有准备工作、基础开挖、基础处理、河床坝段、岸坡坝段、坝顶工程等。分部工程再继续细分，如混凝土工程分为：安装模板、架立钢筋、埋冷却管、层间处理、混凝土浇筑、混凝土养护、模板拆除等。

3. 计算各项目工程量和施工时间

将所列项目，根据图纸，按工程性质、工程分期、施工顺序等因素，分别按土方、石方、水上、水下、开挖、回填、混凝土等进行计算。根据工程量，按定额法计算每项工程施工时间。为了便于对施工进度进行分析和比较，及时调整，需要定出施工时间可能变动的幅度，按三时估计法计算每项工程的施工时间：

$$t = \frac{t_a + 4t_m + t_b}{6} \qquad (8-1)$$

式中　t_a——最乐观完成时间；

　　　t_m——最可能完成时间；

　　　t_b——最悲观完成时间。

4. 分析各项目间逻辑关系

逻辑关系就是项目间的依从关系，分为工艺关系和组织关系。

工艺关系是由施工工艺决定的逻辑关系，如先土建、后安装、再调试；先地下、后地上；先基础、后上部；先开挖、后衬砌；混凝土中安模、架钢筋、浇混凝土、养护、拆模；土方填筑中铺土、平土、洒水、压实、创毛等，都是施工工艺上必须遵守的顺序，是不能改变的。

组织关系是由施工组织安排决定的衔接关系。如导流顺序、施工分期、劳力调配、施工机械进场、材料供应、机电设备供应等施工安排，这种组织关系是可以改变的。

5. 初拟施工进度

在逻辑分析基础上，根据工程特点，初步拟定出一个施工进度计划方案。

对于水利枢纽工程施工总进度计划，关键项目在河床，因此以导流为主线，将导流、围堰、截流、基坑排水、坝基开挖、基础处理、施工度汛、坝体拦洪、下闸蓄水、机组安装、引水发电等关键性控制进度安排好，考虑施工准备、结束工作等辅助工作进度，构成轮廓进度，再安排不受水文条件制约的其它项目，形成施工进度计划方案。

6. 调整、修改和优化

在草拟的施工进度计划基础上，考虑施工使用资源的合理性，对施工强度、施工的均衡性、连续性进行分析和计算，对于关键项目施工要保证，对于非关键项目通过减变化施工强度，变动施工开始结束时间，安排平行作业或流水作业等措施，进行优化处理，以求施工的均衡连续性、材料使用的节约性、节约使用资金。

7. 提交施工进度计划成果

经过优化之后的施工进度计划，作为设计成果提交。

六、网络计划技术

网络计划技术是一种科学的计划管理方法。它是随着现代科学技术和工业生产的发展而产生的。20 世纪 50 年代，为了适应科学研究和新的生产组织管理的需要，国外陆续出现了一些计划管理的新方法。

网络计划——用网络图形式表达出来的进度计划称为网络计划。

网络计划方法——依托网络计划这一形式产生的一套进度计划管理方法称为网络计划方法。

网络计划技术——是指网络计划原理与方法的集合。

（一）网络图的分类

网络计划技术可以从不同的角度进行分类。

1. 按工作之间逻辑关系和持续时间的确定程度分类（见表 8-2）

表 8-2　　　　　网络计划技术按工作之间逻辑关系和持续时间的确定程度分类

2. 按网络计划的基本元素——节点和箭线所表示的含义分类

（1）双代号网络计划（工作箭线网络计划）以箭线或节点表示工作的绘图表达方法的不同为区别。

（2）单代号搭接网络计划、单代号网络计划（工作节点网络计划）。

（3）事件节点网络计划。事件节点网络是一种仅表示工程项目里程碑事件的很有效的网络计划方法。

3. 按目标分类

可以分为单目标网络计划和多目标网络计划。只有一个终点节点的网络计划是单目标网络计划。终点节点不止一个的网络计划是多目标网络计划。

4. 按层次分类

根据不同管理层次的需要而编制的范围大小不同、详略程度不同的网络计划，称未分级网络计划。以整个计划任务为对象编制的网络计划，称为总网络计划。以计划任务的某一部分为对象编制的网络计划，称为局部网络计划。

5. 按表达方式分类

以时间坐标为尺度绘制的网络计划，称为时标网络计划。不按时间坐标绘制的网络计划，称为非时标网络计划。时标网络图还可以按照表示计划工期内各项工作活动的最早可以与最迟必须开始时间的不同相应区分为早时标网络图和迟时标网络图；按照时标网络图分别与双代号或是单代号网络图形成的不同组合，时标网络图还可进一步区分为双代号与单代号时标网络图。

6. 按反映工程项目的详细程度分类

概要描述项目进展的网络，称为概要网络。详细地描述项目进展的网络，称为详细网络。

7. 按照工作关系分类

按是否在图中表示不同工作活动之间的各种搭接关系，如工作之间的开始到开始（STS）、开始到结束（STF）、结束到开始（FTS）、结束到结束（FTF）关系，网络图还可依次区分为搭接网络图和非搭接网络图。

在以上分类中，双代号与单代号网络图是网络图的两种基本形式。

（二）网络图的特点

网络计划技术作为现代管理的方法与传统的计划管理方法相比较，具有明显优点，主要表现为：

（1）利用网络图模型，明确表达各项工作的逻辑关系。按照网络计划方法，在制订工程计划时，首先必须理清楚该项目内的全部工作和它们之间的相互关系，然后绘制网络图模型。

（2）通过网络图时间参数计算，确定关键工作和关键线路。

（3）掌握机动时间，进行资源合理分配。

（4）运用计算机辅助手段，方便网络计划的调整与控制。

（三）双代号网络计划

双代号网络图由工作、节点、线路三个基本要素组成。

1. 工作

工作就是计划任务按需要粗细程度划分而成的一个消耗时间或也消耗资源的子项目或子任务。它是网络图的组成要素之一，用一根箭线和两个圆圈来表示，如图 8-5 所示。工作：用"——→"表示，虚工作：用"—→"表示。

图 8-5　双代号网络图的基本形式

工作的名称标在箭线上方，工作的持续时间标在箭线的下方，箭线的箭尾节点表示工作的开始，箭线的箭头节点表示工作的结束。两个节点一个箭线表示一项工作，故称双代号表示法。

工作通常分为三种：需要消耗资源和时间；只消耗时间而不消耗资源（混凝土养护）；即不消耗时间也不消耗资源。前两种是实际存在的，后一种是认为虚设的工作，只表示相邻的前后工作之间的逻辑关系，通常称为"虚工作"。如图 8-6 所示。

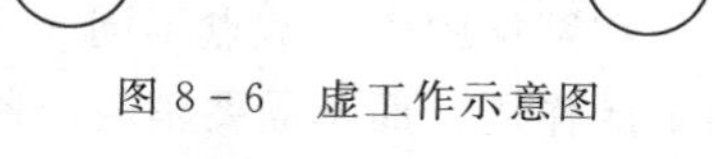

双代号网络图工作间逻辑关系表达方法如表 8-3 所示。

图 8-6　虚工作示意图

表 8-3   双代号网络图逻辑关系表达方法

序 号	逻 辑 关 系		双代号网络图
	紧 前	紧 后	
1	A B	B C	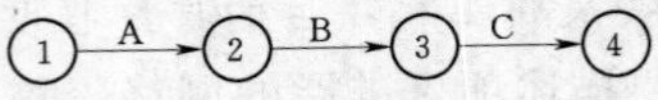 ①—A→②—B→③—C→④
2	A A	B C	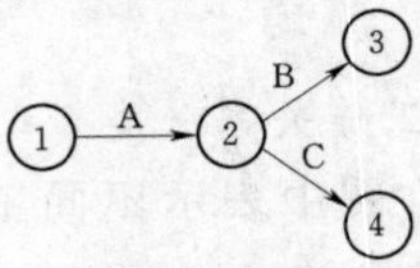 ①—A→②—B→③ ②—C→④
3	B A	C C	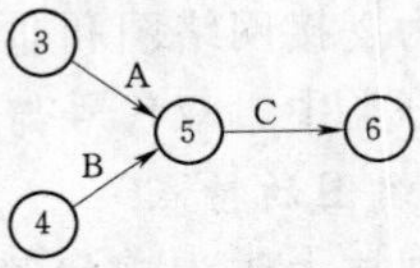 ③—A→⑤—C→⑥ ④—B→⑤
4	— A B	A、B C D	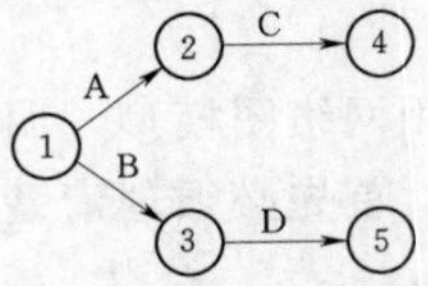 ①—A→②—C→④ ①—B→③—D→⑤
5	A B	C、D D	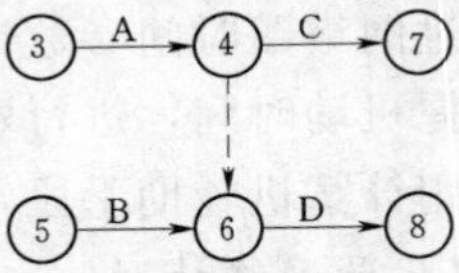 ③—A→④—C→⑦ ⑤—B→⑥—D→⑧
6	A B C	B、C D D	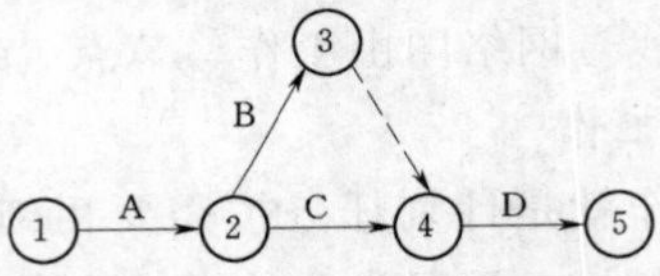 ①—A→②—B→③ ②—C→④—D→⑤
7	A B	C、D C、D	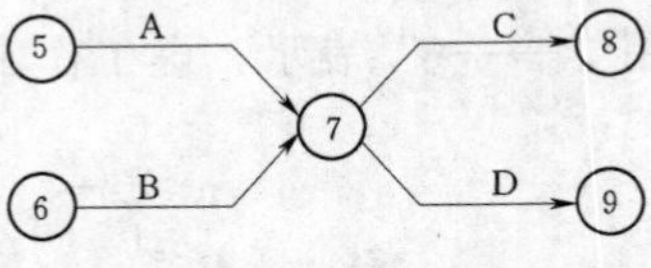 ⑤—A→⑦—C→⑧ ⑥—B→⑦—D→⑨
8	A B C D E	B、C D、E E F F	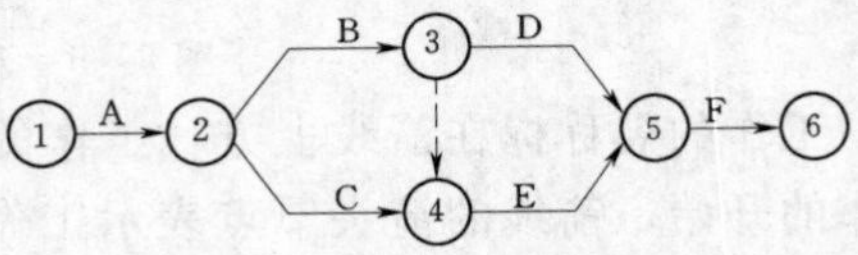 ①—A→②—B→③—D→⑤—F→⑥ ②—C→④—E→

2. 节点

在网络图中箭线的出发和交汇处画上圆圈，用以标志该圆圈前面一项或若干项工作的结束和允许后面一项或若干项工作开始的时间，称为节点。

在网络图中，节点不同于工作，它只是标志着工作的结束和开始的瞬间，具有承上启下的作用，而不需要消耗时间和资源。用"○"表示节点的圆圈分别用数字进行编号，前后两个编号可用来表示一项工作。

节点编号的顺序是：从起点节点开始，依次向终点节点进行。编号的原则是：每一条箭线的箭头节点编号必须大于箭尾节点编号，并且所有节点的编号不能重复出现。如图 8-7 所示。

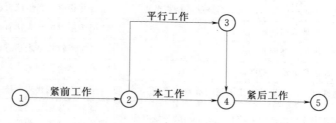

图 8-7 节点编号的原则

在整个网络图中，除整个网络计划的起点节点和终止节点外，其余的任何节点都具有双重的意义，既是前面工作的结束节点，又是后面工作的开始节点。

在一个网络中，可以有许多工作通向一个节点，也可以有许多工作由一个节点出发，我们把通向某个节点的工作称为该节点的紧前工作。

表示整个网络计划开始的节点称为网络计划的起点节点，整个网络计划的最终完成节点称为终点节点，其余称中间节点。

在一个网络图中，每个节点都是自己编号，以便计算网络图的时间参数和检查网络图是否正确。对于一个网络图，只要不重复，各个节点可以任意编号，但是人们习惯从起点节点到终点节点，编号从小到大，并且对于每一个工作，箭尾节点编号一定要小于箭头节点的编号。

3. 线 路

网络图中从起点节点开始，沿箭线方向连续通过一系列箭线与节点，最后到大终点节点的通路称为线路。每一条线路都有自己确定的完成时间，它等于该线路上各项工作持续时间的总和，也是完成这条线路上所有工作的计划工期。工期最长的线路称为关键线路，位于非关键线路上的工作称为非关键工作，位于关键线路上的工作称为关键工作。关键工作完成的快慢直接影响整个计划工期的实现，关键线路用粗线或者双箭线连接。

关键线路在网络图中不止一条，可能同时存在多条关键线路，这几条线路持续时间相同。

4. 绘制网络图的原则

作为一种人为设定的计划表达方法，网络图应遵循一定的绘图原则。双代号网络图，其各种绘制要求可纳入表 8-4。

表 8-4　　　　　　　　　　　网 络 图 绘 图 规 则

绘图要求	内　　容	相应绘图处理方法
基本原则	必须正确反映工作之间的逻辑关系	避免逻辑关系绘图表达出现"多余"或"欠缺"两类错误

绘图要求	内 容	相应绘图处理方法
约定规则	不允许出现反向箭线	通过图形高速避免反向箭线
	不允许出现用节点代号称呼时的重名箭线	用添画虚箭线手法处理
	不允许出现一个以上的网络图开始或结束节点	合并相应节点形成封闭圆形
	不允许出现双向箭线	说明逻辑关系表达有误,检查、重新绘图
	不允许出现特环回路	说明逻辑关系表达有误,检查、重新绘图
	不允许出现无箭头的线段	避免疏忽漏画箭头
	不允许出现无箭尾节点或无箭头节点的箭线	遵从本规则要求画法
	不允许出现向箭线引入或自箭线引出的箭线(但采用"母线法"绘图时例外)	遵从本规则要求画法"母线法"系指多条起始或收尾工作箭线自一条起始工作的箭线引出或向一条收尾工作箭线引入的画法
图形简化规则	尽量保持箭线的水平或垂直状态	避免任意直线、层叠折线或曲线画法
	尽量避免箭线交叉	应用绘图技巧避免箭线交叉,可用断路法或过桥法表示
	尽量避免多余虚箭线及相关节点	在准确判断的基础上运用可行方法去除多余虚箭线及相关点

本工作、紧前工作、紧后工作、平行工作、先行工作、后续工作、虚工作、虚拟节点等概念术语或设定条件是网络图的基本绘图要素。其中,虚拟节点应用于单代号网络图起始或收尾工作不止一项的特定场合。

5. 双代号网络图绘制步骤

(1) 根据已知的紧前工作,确定出紧后工作,并自左至右先画紧前工作,后画紧后工作。

(2) 若没有相同的紧后工作或只有相同的紧后工作,则肯定没有虚箭线;若既有相同的紧后工作,又有不同的紧后工作,则肯定有虚箭线。

(3) 到相同的紧后工作用虚箭线,到不同的紧后工作则无虚箭线。

表 8-5 给出了从 A 到 I 共 9 个工作的紧前工作逻辑关系,绘制双代号网络图并进行节点编号。

表 8-5 　　　　　　　某分部工程各施工过程的逻辑关系

施工过程	A	B	C	D	E	F	G	H	I
紧前过程	无	A	B	B	B	C、D	C、E	C	F、G、H

表 8-6 　　　　　　　某分部工程各施工过程的逻辑关系

施工过程	A	B	C	D	E	F	G	H	I
紧后过程	B	C、D、E	F、G、H	F	G	I	I	I	无

画图前,先找到各工作的紧后工作,如表 8-6 所示。显然 C 与 D 有共同的紧后工作 F 和不同的紧后工作 G、H,所以有虚箭线,C 指向共同的紧后工作 F 用虚箭线;另外 C 和 E 有共同的紧后工作 G 和不同的紧后工作 F、H,因此也肯定有虚箭线,C 指向共同的紧后工作 G 是虚箭线。其它均无虚箭线,绘出网络图并进行编号,如图 8-8 所示。绘好后还可用紧前工作进行检查,看绘出的网络图有无错误。

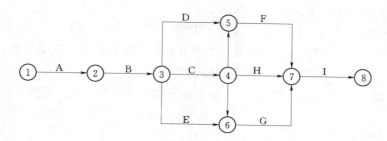

图 8-8 双代号网络图

6. 双代号网络图时间参数计算

为了动态地优化、调整执行过程当中的工程项目进度计划，必须对经过图形绘制步骤而形成的网络计划实施各种时间参数计算。

（1）网络计划的主要时间参数（见表 8-7）。

表 8-7 双代号网络图主要时间参数

种类	符号 双代号	含义	求取方法	备注
1. 节点最早时间	T_i^E	节点处最早时间		
2. 节点最迟时间	T_i^F	节点处最迟时间		
3. 工作持续时间	D_{i-j}	本工作持续时间		
4. 工作的最早可以开始时间	T_{i-j}^{ES}	一旦具备工作条件，便立即进行的工作开始时间	$ES_{ij} = \max(ES_{hi} + D_{hi})$	
5. 工作的最早可能完成时间	T_{i-j}^{EF}	与上一时间参数对应的工作完成时间	$EF_{ij} = ES_{ij} + D_{ij}$	
6. 工作的最迟必须开始时间	T_{i-j}^{LS}	在不影响总体工程任务按计划工期完成前提下的工何等最晚开始时间	$LS_{ij} = \min LS_{jk} - D_{if}$	备注： 1. IJ、HJ、JK 分别表示双代号网络图中的本工何等及其紧前，紧后工作，设表收居工作。
7. 最迟必须完成时间	T_{i-j}^{LF}	与上一时间参数对应的工作完成时间	$LF_{ij} = LS_{ij} + D_{ij}$	
8. 工作总时差	F_{i-j}^T	在不影响总体工程任务按计划工期完成前提下本项工作拥有的机动时间	$TF_{ij} = LS_{ij} - ES_{ij}$	
9. 工作自由时差	F_{i-j}^F	在不影响紧着工作最早可以开始时间前提下本项工作拥有的机动时间	$FF_{ij} = ES_{jk} - ES_{ij} - D_{ij}$	2. 要求工期及不按计算工期取值确定的计划工期均与时间参数计算无关
10. 相邻两工作时间间隔	LAG	本工作最早完成时间与紧后工作最早开始时间的间隔	$LAG_{ijk} = ES_{jk} - EF_{jk}$	
11. 计算工期	T_C	由关键线路决定网络计划总持续时间	$T_c = \max(ES_{in} + D_{in})$	
12. 计划工期	T_P	基于计算工期高速形成的工期取值，一般令 $T_P = T_C$		
13. 求工期	T_r	外界所加工期限制条件		

（2）时间参数的计算原理。

有关符号介绍：T_i^E、T_i^L、D_{i-j}、T_{i-j}^{ES}、T_{i-j}^{EF}、T_{i-j}^{LS}、T_{i-j}^{LF}、F_{i-j}^{T}、F_{i-j}^{F}。

1）计算 T_i^E。先令 $T_1^E = 0$，从起点节点开始，顺箭杆相加，逢交取大。

$$T_j^E = \max\{T_i^E + D_{i-j}\}$$

2）计算 T_i^L。先令 $T_n^L = T_n^E$，从结束节点开始，逆箭杆相减，逢交取小。

$$T_i^L = \min\{T_j^L - D_{i-j}\}$$

3）计算 T_{i-j}^{ES}、T_{i-j}^{EF}、T_{i-j}^{LF}、T_{i-j}^{LS}、F_{i-j}^{T}、F_{i-j}^{F}。

$$T_{i-j}^{ES} = T_j^E$$
$$T_{i-j}^{EF} = T_{i-j}^{ES} + D_{i-j} = T_i^E + D_{i-j}$$
$$T_{i-j}^{LF} = T_j^L$$
$$T_{i-j}^{LS} = T_{i-j}^{LF} - D_{i-j} = T_j^L - D_{i-j}$$

总时差 F_{i-j}^{T}：就是在不影响工期的前提下，各项工作所具有的机动时间，一项工作从最早开始时间或最迟时间开始，均不会影响工期。

$$T_{i-j}^{ES} \text{——} T_{i-j}^{EF} \qquad T_{i-j}^{LS} \text{——} T_{i-j}^{LF}$$

自由时差 F_{i-j}^{F}：是反映各项工作在不影响其紧后工作最早开始时间的条件下所具有的机动时间，有自由时差的工作可占用的时间范围是从该工作最早开始时间至其紧后工作最早开始时间。

$$F_{i-j}^{T} = T_j^L - T_i^E - D_{i-j} \tag{8-2}$$
$$F_{i-j}^{F} = T_j^E - T_i^E - D_{i-j} \tag{8-3}$$

4）关键工作与关键线路。

关键工作：凡是总时差＝0的工作。

非关键工作：凡是总时差≠0的工作。

关键线路：由关键工作连接起来的线路。

$$T_{i-j}^{ES} \text{ 起始工作} = 0 \qquad T_{i-j}^{ES} = \max\{EF \text{ 紧前工作}\}$$
$$T_{i-j}^{EF} = T_{i-j}^{ES} + D \text{ 本工作}$$
$$TC = \max\{EF \text{ 终止工作}\} \qquad TP = TC \text{ 或合同工期}$$
$$T_{i-j}^{LF} \text{ 终止工作} = TP \qquad T_{i-j}^{LF} = \min\{LS \text{ 紧后工作}\}$$
$$T_{i-j}^{LS} = T_{i-j}^{LF} - D \text{ 本工作}$$
$$F_{i-j}^{T} = T_{i-j}^{LF} - T_{i-j}^{EF} = T_{i-j}^{LS} - T_{i-j}^{ES}$$
$$F_{i-j}^{F} = \min\{T_{i-j}^{ES} \text{ 紧后工作}\} - T_{i-j}^{EF}$$

（3）计算实例（某网络图见图8-9）。

1）以 A 工作为例：

最早时间：A 工作 $T_{i-j}^{ES} = 0$；

最早完成时间：$T_{i-j}^{EF} = T_{i-j}^{ES} + D_{1-2} = 0 + 22 = 22$。

以 F 工作为例：

最早时间：F 工作 $T_{i-jF}^{ES} = \max\{T_{i-j}^{EF}、T_{i-j}^{ES}\} = \{10、15\} = 15$；

最早完成时间：$T_{i-j}^{EF} = T_{i-j}^{ES} + D_{3-4} = 15 + 17 = 32$。

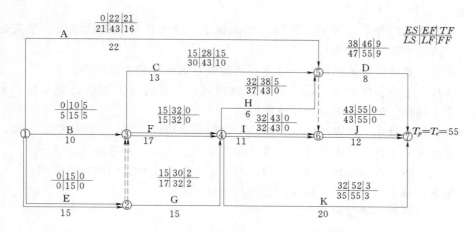

图 8-9 某网络图

其余节点请自己完成，并最终计算出工期。

2）以 J 工作为例：

最迟完成时间：$T^{LF}_{i-j} = 55$；

最迟开始时间：$T^{LS}_{i-j} = T^{LS}_{i-j} = T^{LF}_{i-j} - D_{6-7} = 55 - 12 = 43$。

以 F 工作为例：

最迟完成时间：$T^{LF}_{i-j} = \text{MIN}\{LS\ 紧后工作\} = \{I、H、K\} = \{32、37、35\} = 32$；

最迟开始时间：$T^{LS}_{i-j} = T^{LF}_{i-j} - D_{3-4} = 32 - 17 = 15$。

其余计算请自己完成。

3）总时差。以 A 工作为例：

总时差：$F^{T}_{i-j} = T^{LF}_{i-j} - T^{EF}_{i-j} = T^{LS}_{i-j} - T^{ES}_{i-j} = 21 - 0 = 21$。

4）自由时差。以 A 工作为例：

$F^{F}_{i-j} = \text{MIN}\{T^{ES}_{i-j}\ 紧后工作\} - T^{EF}_{i-j} = \min\{D\ 工作、J\ 工作\} - T^{EF}_{i-j} = \min\{38、43\} - 22 = 16$。

其余计算请自己完成。

由该例可以看出总时差为 0 的线路为关键线路。

第四节　施 工 总 布 置

施工总布置是施工场区在施工期间的空间规划，是施工组织设计的重要内容。

一、施工总布置的任务

施工总布置设计涉及的问题比较广泛，且每个工程各有其特点，共性少，难有一定格式可以沿用。所以在设计过程中，要根据工程规模、特点和施工条件，以永久建筑物为中心，研究解决主体工程施工与其辅助企业、交通道路、仓库、临时房屋、施工动力、给排水管线及其他施工设施等总体布置问题，即正确解决施工地区的空间组织问题，以期在规定期限内完成整个工程的建设任务。

1. 初步设计阶段施工布置

（1）落实选定对外运输方案及具体线路和标准，落实选定场内运输及两岸交通联系方式，布置线路和渡口、桥梁。

（2）确定主要施工设施的项目，计算各项设施建筑面积和占地面积。

（3）选择合适的施工场地，确定场内区域规划，布置各施工辅助企业及其它生产辅助设施、仓库站场、施工管理及生活福利设施。

（4）选择给水排水、供电、供气、供热及通信等系统的位置，布置干管、干线。

（5）确定施工场地的防洪及排水标准，布置排水、防洪、管道系统。

（6）规划弃渣、堆料场地，做好场地土石方平衡以及土石方调配方案。

（7）提出场地平整工程量、运输设备等技术经济指标。

（8）研究和确定环境保护措施。

2. 招标和施工阶段施工布置

（1）工程任务情况和施工条件分析，根据全工程合理分标情况，分别规划出各个合同的施工场地与合同责任区。

（2）对于共用场地设施、道路等的使用、维护和管理等问题作出合理安排，明确各方的权利和义务。

（3）在初步设计施工交通规划的基础上，进一步落实和完善，并从合同实施的角度确定场内外工程各合同的划分及其实施计划，对外交通和场内交通干线、码头、转运站等由业主组织建设，至各作业场或工作面的支线，由辖区承包商自行建设。

（4）施工总方案、主要施工方法、工程施工进度计划、主要单位工程综合进度计划、施工力量、机具及部署。

（5）施工组织技术措施，包括工程质量、施工进度、安全防护、文明施工以及环境污染防治等各种措施。

（6）施工总体平面布置图。

二、施工总布置设计

水电枢纽工程的布置和地形条件，直接影响到施工场地的布局，对于堤坝式水电站枢纽，由于电站厂房靠近大坝，工程比较集中，如果下游比较平坦开阔，常在枢纽轴线下游的一岸或两岸设立施工场地。当设在一岸时，则这一岸的选择常受电站厂房位置和对外交通线路引入的影响。若分设在两岸，则主要场地的确定也受上述因素的影响。

在规划施工场地时，要十分注意场内运输干线的布置，主要有：两岸交通联系的线路；混凝土和水泥的运输线路；土石方上坝线路；砂石骨料运输线路，金属结构、机电设备的进厂线路；联系上下游的过坝线路等。一般可采取高低线统筹布置的方式，能结合的则尽量结合。两岸联系最好在坝址下游修建永久性跨河桥，以保证全年运输畅通。当对外交通采用标准轨专用线时，宜将专用线引入混凝土系统和水电站厂房，作为运送水泥、机电设备之用。砂石骨料运输线取决于料场、加工厂和混凝土系统的相对位置，常设专线运输。对外交通干线应从施工场区边沿引入，最好不穿过居住区。场内外交通干线要避免平面交叉。

在进行布置规划时，对于严重不良地质区，滑坡体危害区，泥石流、沙暴、雪崩可能危害区，重点文物、古迹、名胜或自然保护区以及与重要资源开发有干扰的地区，均不应设置施工设施，以确保施工安全和避免发生不可挽回的损失。

（一）施工总布置设计的一般原则

施工总布置规划应遵循因地制宜、因时制宜、有利生产、方便生活、节约用地、经济合理的原则，施工总布置方案应与水利工程建设管理要求相适应。通常考虑如下几方面因素：

（1）工程规模、水利枢纽布置、主体建筑物型式和特点、施工条件以及所在地区社会和自然条件；建设管理模式、工程施工分标因素及其对施工总布置的影响。

（2）工程施工所需的各种临时设施项目组成、规模、布置。

（3）施工临时设施与永久建筑物相结合以及利用施工场地附近现有设施的可能性。

（4）各施工区、段之间关系和施工场地内外关系。

（5）为保障工程施工质量，加快施工进度，提高经济效益创造条件，有利于施工安全和工程管理。

（6）合理规划工程用地，少占耕地，适应移民安置、环境保护和水土保持要求，明确可利用场地的相对位置、高程、面积。

（7）对外交通的衔接方式、场站位置、主要交通干线及跨河设施的布置情况。

（8）做好土石方挖填平衡，统筹规划堆渣、弃渣场地；弃渣处理应符合环境保护及水土保持要求。

施工总布置一般应遵循的原则如下：

（1）施工临时设施与永久性设施，应研究相互结合、统一规划的可能性。

（2）确定施工临建项目及其规模时，应研究利用已有企业设施为施工服务的可能性与合理性。

（3）主要施工设施和主要辅助企业的防洪标准应根据工程规模、工期长短、水文特性和损失大小，采用防御 10～20 年一遇的洪水。高于或低于上述标准，要进行论证。

（4）场内交通规划，必须满足施工需要，适应施工程序、工艺流程的要求；全面协调单项工程、施工企业、地区间交通运输的连接与配合；力求使交通联系简便，运输组织合理，节省线路和设施的工程投资，减少管理运营费用。

（5）施工总布置应紧凑、合理，节约用地，并尽量利用荒地、滩地、坡地，不占或少占良田。

（二）施工总布置分区

施工总布置分区为：主体工程施工区；当地建材开采和加工区；仓库、站、场、厂、码头等储运系统；机电、金属结构和大型施工机械设备安装场地；工程存、弃料堆放区；施工管理及生活营区。

各施工区域在布置上并非截然分开，它们的生产工艺和布置是相互联系的，应构成一个统一的、高度灵活的、运行方便的整体。在区域规划时，按主体工程施工区与其它各区域互相关联或相互独立的程度，分为集中布置、分散布置、混合布置三种方式，水电工程一般多采用混合式布置。

（三）现场布置的总体规划

施工现场总体规划是解决施工总体布置的关键，要着重研究解决一些重大原则问题。

例如：施工场地是设在一岸还是分布在两岸？是集中布置还是分散布置？如果是分散布置，则主要场地设在哪里？如何分区？哪些临时设施要集中布置？哪些可以分散布置？主要交通干线设几条？它们的高程、走向如何布置？场内交通与场外交通如何衔接？以及临建工程和永久设施的结合、前期和后期的结合等。在工程施工实行分项承包的情况下，尤其要做好总体规划，明确划分各承包单位的施工场地范围，并按总体规划要求进行布置，使得既有各自的活动区域，又能避免互相干扰。

（四）施工场地选择的步骤

1. 施工场地选择的一般步骤

（1）根据枢纽工程施工工期、导流分期、主体工程施工方法、能否利用当地企业为工程施工服务等状况，确定临时建筑项目，初步估算各项目的建筑物面积和占地面积。

（2）根据对外交通线路的条件、施工场地条件、各地段的地形条件和临时建筑的占地面积，按生产工艺的组织方式，初步考虑其内部的区域划分，拟定可能的区域规划方案。

（3）对各方案进行初步分区布置，估算运输量及其分配，初选场内运输方式，进行场内交通线路规划。

（4）布置方案的供风、供水、供电系统。

（5）研究方案的防洪、排水条件。

（6）初步估算方案的场地平整工程量、主要交通线路、桥梁隧道等工程量及造价、场内主要物料运输量及运输费用等技术经济指标。

（7）进行技术经济比较，选定施工场地。

2. 施工场地选择的基本原则

（1）一般情况下，施工场地不宜选在上游的水库区。如果不得已必须在水库区布置施工场地时，其高程应不低于场地使用期间最高设计水位，并考虑回水、涌浪、浸润、坍岸的影响。

（2）利用滩地平整施工场地，尽量避开因导流、泄洪而造成的冲淤、主河道及两岸沟谷洪水的影响。

（3）位于枢纽下游的施工场地，其整平高程应能满足防洪要求。如地势低洼，又无法填高时，应设置防汛堤和排水泵站、涵闸等设施，并考虑清淤措施。

（4）施工场地应避开不良地质地段，考虑边坡的稳定性。

（5）施工场地地段之间、地段与施工区之间，联系简捷方便。

（6）研究与地方经济发展规划相结合的可能性。

（五）施工交通运输

1. 交通运输设计的主要任务

选定场内、外交通运输方案；确定场内交通与对外交通的衔接方式；确定转运站场、码头等设施的规模和布置；选定重大件设备的运输方式；布置场内主要交通运输道路；确定场内、外交通运输道路的技术标准及主要建筑物的布置和结构型式；铁路运输委托专业设计的有关工作；选择施工期间的过坝交通运输方案；各方案的技术经济指标和主要运输设备需要量；各选定方案施工工期、工程量及所需设备、材料和劳动力。

2. 工程所在地区的交通运输资料

准轨铁路运输：拟与接轨的铁路线及其车站的技术条件、车流情况、运输能力、机车、车辆修理设施规模；现有桥梁、隧道的极限通过眼界；当地铁路有关部门对该地区的铁路规划和接轨要求。

公路运输：工程附近可利用的公路情况，如路况、等级标准、纵坡、路面结构、宽度、最小平曲线半径及昼夜最大行车密度等；桥、隧及其它建筑物设计标准、跨度、长度、结构型式和通行能力，最大装载限制尺寸；公路运输有关承运单位能力及费率。

水力运输：通航河段、里程，船只吨位、吃水深度，船形尺寸，年运输能力，码头吞吐能力及航运有关费率；利用现有码头的可能性及新建专用码头的地点和要求；有关部门对航运的规划。

（六）施工工厂设施

施工工厂设施的任务应包括制备施工所需建筑材料，供应水、电和压缩空气，建立工地内外通信联系，维修和养护施工设备，加工制作钢筋、非标模板和各种构件。

1. 施工工厂规划布置原则

（1）厂址宜靠近主要服务对象和用户中心，设置于交通运输和水电供应方便处，避免物料逆向运输。

（2）砂石加工、混凝土生产系统的厂址应避开较大的断层和滑坡等地质不良地段，系统建筑物和设备基础等的承载力应满足要求。

（3）施工工厂宜与生活区分开布置，供应、协作关系密切的施工工厂宜集中布置。

（4）应满足安全、防火、卫生、节能和环境保护的要求。

2. 施工工厂设计原则

（1）施工工厂设计应推广新技术和新型、节能的设备和工艺，提高机械化、自动化水平，力求设计系列化、定型化。

（2）宜选用通用性好、功能先进的定型设备，以提高设备利用率，增强运行可靠性和降低设备生产成本。

3. 砂石加工系统

砂石原料需用量根据混凝土和其它砂石原料，以及开采、加工、运输损耗和弃料量确定。砂石加工系统生产规模可按毛料处理能力划分为大、中、小型。见表8-8。

砂石加工厂宜设置在料场附近，多料场供料时，宜设在主料场附近，如经论证也可分设砂石加工系统。砂石加工系统主要由破碎系统、筛分系统等组成。砂石加工系统主要生产车间工作制度可按以下规定：月工作日数25天，日工作小时数：二班制14h；三班制20h。砂石系统宜采用二班制工作，混凝土浇筑高峰月可三班制工作。

表8-8 砂石加工系统生产规模划分标准

类型	砂石加工系统处理能力（t/h）
大型	>500
中型	120～500
小型	<120

主要车间、设施布置有一定的灵活性，既要集中紧凑，又要留有余地，应合理利用地形为物料运输创造条件。各车间、设施应结合对外和场内运输道路进行布置，粗碎车间宜靠近料场来料方向，成品堆料场宜靠近混凝土生产系统。

4. 混凝土生产系统

混凝土生产系统规模可按生产能力大小划分为大、中、小型。划分标准见表8-9。

表8-9 混凝土生产系统规模划分标准

类型	生产能力（m³/h）	生产能力（m³/月）
大型	>180	>6
中型	40～180	1.5～6
小型	<45	<1.5

混凝土生产系统宜集中布置，但对于工程规模较大，枢纽建筑物分散且相对独立，混凝土浇筑强度高，考虑工程分标和运行管理要求需分设混凝土系统的工程，混凝土用料点高差悬殊或坝区两岸混凝土运输线不能沟通，混凝土运距远以及砂石料场分散，可以采用分散布置混凝土生产系统。应以拌和楼为中心，就近布置骨料存储、筛洗、水泥、掺合料储运，预冷、预热等设施。拌和楼宜靠近混凝土浇筑地点布置，原材料进料方向与混凝土出料方向错开。辅助企业宜靠近服务对象，水电供应设施宜靠近主要用户布置。

5. 压缩空气、供水、供电和通信系统

根据压缩空气的用户分布、负荷特点、管网压力以及管网设置的经济性，综合分析后确定采用集中或分散供气方式。用户分散、使用期限较短，设置固定式压缩空气站集中供气不经济时，宜采用移动式空气压缩机或随机供气方式。压缩空气站位置宜靠近用气负荷中心，接近供电、供水点。

施工用水、生活用水和消防用水水质应按照规范采用。施工用水量应满足不同时期日高峰生产用水和生活用水需要，并按消防用水量进行校核。生产用水和生活用水水源、管道、取水建筑物设置等具体条件，通过经济技术比较后选择集中或者分散布置。

供电系统应保证生产、生活高峰负荷需要。电源选择应结合工程所在地区电力供应状况和工程施工特点，经比较后确定。宜采用电网供电，大型工程宜设中心施工变电站。施工期间若无其它电源，可建临时发电厂供电，电网供电后，电厂可作备用电源。

施工通信系统设置应符合迅速、准确、安全、方便的原则，施工通信系统宜与地方通信网络相结合。

（七）仓库及临时房屋

1. 各种材料存储量的估算

各种材料存储量应根据施工、供应和运输条件确定。对受季节影响的材料，应考虑施工和生产的中断因素；水运系统应考虑洪水、枯水和严寒季节影响。

（1）材料存量方式按照如下规定计算：

$$q = QdK/n \qquad (8-4)$$

式中　q——需要材料储存量，t 或 m³；

　　　Q——高峰年材料总需要量，t 或 m³；

　　　d——需要材料的存储天数；

　　　K——材料总需要量的不均匀系数，一般取 1.2～1.3；

　　　n——年工作天数。

（2）施工仓库建筑面积按照如下规定计算：

$$W = na/K \qquad (8-5)$$

式中　　W——施工设备仓库面积，m^2；

　　　　K——面积利用系数，库内有行车时取 0.3，无行车时取 0.17；

　　　　n——储存设备台数；

　　　　a——每台设备占地面，m^2，可参照相关规范取值。

（3）材料、器材仓库建筑面积计算：

$$W = q/PK_1 \tag{8-6}$$

式中　　W——材料、器材仓库面积，m^2；

　　　　P——每平方米有效面积的器材存放量，t 或 m^3；

　　　　K_1——面积利用系数，可参照水利水电工程施工组织设计规范取值。

（4）永久机电设备仓库建筑面积计算：

$$F_总 = 2.8Q \tag{8-7}$$

$$F_保 = 0.5F_总 \tag{8-8}$$

式中　　$F_总$——设备库总面积，包括铁路与卸货场的占地面积，m^2；

　　　　$F_保$——仓库保管净面积，指仓库总面积中扣除与货场占地面积后的部分，m^2；

　　　　Q——同时保管仓库内机组设备总量，t。

2. 施工仓库占地面积的计算

仓库占地面积估算：

$$A = \sum WK_3 \tag{8-9}$$

式中　　A——仓库占地面积，m^2；

　　　　W——仓库建筑面积或堆存场面积，m^2；

　　　　K_3——占地面积系数，参照有关规范选用。

（八）水、电、风、供应系统

1. 供水系统

（1）供水系统的任务。工地临时供水系统的任务是保证供应一定数量、质量和水压的施工生产、生活、消防用水。设计临时供水系统时，主要解决以下几个问题：确定需水量和需水地点；规定水的质量要求和水压要求；选择水源；设计取水、净水建筑物和配水管网。

（2）需水量的估算。工地用水由生产用水、生活用水和消防用水三部分组成，但不应该简单的相加。施工供水量应该满足不同时期日高峰生产用水、生活用水的需要，并按照消防用水量进行校核。

1）生产用水：是指完成混凝土工程、土石方工程等所需要的用水量，以及起重运输机械、施工工程设施和动力设备等消耗的水量。生产用水量可按照下式计算：

$$Q_1 = 1.2\sum kq(8 \times 3600) \tag{8-10}$$

式中　　Q_1——生产用水需要量，L/s；

　　　　q——各用水单位每班次用水量，$L/8h$，初步估算可按照现行相关用水平均定额；

　　　　k——用水不均匀系数，其数值见表 8-10；

　　　　1.2——考虑水量损失和未计入的各种小额用水的扩大系数。

表 8 - 10 用 水 不 均 匀 系 数

用水对象	土建工程	建筑运输机械	施工工厂	现场生活用水	居住区生活用水
k	1.5	2.0	1.25	2.7	2.0

2）生活用水：是指工地职工和家属在生活饮用、食堂、浴室和医疗机构等方面的需水量。其需水量按下式计算：

$$Q_2 = k(N_1 q_1 + \sum q_3)/(8 \times 3600) + k(N_2 q_2 + \sum q_3)/(24 \times 3600) \quad (8-11)$$

式中 Q_2——生活用水需要量，L/s；

N_1——施工现场工人人数；

N_2——居住区居民人数；

q_1——施工现场工人用水定额，估算时可用 3～5L/班；

q_2——居住区居民用水定额，估算时间可用 25～30L/天；

q_3——文化福利设施的需水量，估算时可参考表 8 - 11。

表 8 - 11 文化福利设施的需水量 （单位：L）

用户对象	浴室	食堂	医院	学校	幼儿园
计算单位	每人一次	每人一餐	每床一昼夜	每一学员	每一儿童
平均用水量	30～100	10～15	100～150	12～15	75～90

3）消防用水，包括施工现场消防用水和居住区消防用水。施工现场消防用水的需水量与施工现场面积大小有关，当面积在 30 万 m² 以下时，可取 10L/s，面积在 30 万～50 万 m² 时，取 20L/s，；以后每增加 25 万 m² 累加 5L/s。居民区消防用水的需要量，可按居民人数确定，居民人数在 1 万人以下时，可按 5L/s 估算，居民人数大于 1 万时，可按 10L/s 估算。灭火的延续时间可按 3h 计算。设计的总需水量，可按下式计算：

$$Q = Q_1 + Q_2 \quad (8-12)$$

由式（8-12）计算出的总需水量应大于或等于消防用水量，否则，应以消防用水量作为设计的总需水量。

供水水质、水压、水源的要求：饮水和某些生产用水对水质有一定要求。设计临时供水系统时，首先应对水源的水质进行鉴定，以满足这些要求。饮用水的水质应满足卫生部规定的水质要求。供水水源不外是地面水和地下水，前者指江河、湖泊、池塘及水库的水，一般多为软水，但往往含有有机物和细菌；后者则相反。因此，地面水多用作生产水，地下水则多用于生活水。

2. 施工供电

供电系统应保证生产、生活高峰负荷需要。设计工地供电系统时，主要解决三个问题：确定用电地点和需电量；选择电源；设计供电系统。

工地的需电量，应根据不同施工阶段分别确定。各施工阶段用电最高负荷按需要系数法计算。施工某个阶段中，由一个变电站供应的供电区域所需的总功率可按下式计算：

$$P = 1.1(k_m \sum k_c P_y / \cos \varphi + \sum k_c P_z) \quad (8-13)$$

式中 P——供电区域所需的总功率，kVA；

1.1——考虑输电网络中功率损失的系数；

k_m ——动力用电的同时负荷系数，可采用 $0.75 \sim 0.85$；

k_c ——需电系数，可参照相关规范；

$\cos \varphi$ ——功率因数的平均计算值，应按照动力用电的总无功功率与总有功功率之比计算，初估时，可采用 $0.5 \sim 0.6$；

P_y ——动力用电的铭牌功率，kW，详见有关手册；

P_z ——照明负荷总功率，kW，可参照相关规范。

除了通常采用的需要系数法外，当资料不足时，尚可采用总同时系数法。

施工供电的电源可能是施工区已有的国家电力系统、移动式发电站、临时发电厂。

供电线路及变电站的布置根据工程规模大小、用户位置和用户性质，其线路布置形式有枝装、网状、混合状。枝状节省电线，网状供电可靠。

3. 工地供风

工地供风的主要对象有石方开挖、振捣混凝土、铆接钢结构，以及喷浆、混凝土系统等处。压缩空气可由固定式的空气压缩机站或移动式空气压缩机供应。由于送风管的长度不宜过长（最好不超过 500m，至多为 $1000 \sim 2000$m），因而多采用分散供应的方式，将供风系统设在用风对象附近。各用风对象的供风量可按照下式计算：

$$Q = (1.5 \sim 1.8) \sum knF \qquad (8-14)$$

式中　　Q ——空气压缩机的供风量，m^3/min；

$1.5 \sim 1.8$——考虑空气压缩机和供风管中漏气损失的系数；

n ——各类风动机具的台数；

F ——各类风动机具的耗风量，m^3/min，可从相应的性能表中查出；

k ——各类风动机具的同时工作系数，可参照现行规范要求取用。

组织工地供风，不仅需要满足风量的要求，同时也要满足风压的要求，通常选择空气压缩机的工作压力为 $6 \sim 8$ 个大气压，比风动机具的驱动压力大 $1 \sim 2$ 个大气压。

固定式空气压缩机站内，通常安装 $2 \sim 4$ 台空气压缩机。台数太少将不便轮换检修，台数太多则动力消耗增多。

为了调节输气管网中的空气压力，以及清楚空气中的水分、油脂等，每台空气压缩机需设储气罐，容量可按照下式计算：

$$V = \alpha Q^{\frac{1}{2}} \qquad (8-15)$$

式中　V ——储气罐的容量，m^3；

Q ——空压机的生产率，m^3/min；

α ——系数，随空气压缩机的型式和生产率大小而变，具体参见相关手册。

（九）施工总平面布置图

1. 施工总平面图的内容

（1）施工用地范围。

（2）一切地上和地下的已有和拟建建筑物、构筑物及其它设施的平面位置与尺寸。

（3）永久性和半永久性坐标的位置，必要时标出建筑物场地的等高线。

（4）场内取土和弃土的区域位置。

（5）为施工服务的各种临时设施的位置。

（6）施工导流建筑物，如围堰、隧洞等。

（7）交通运输系统，如公路、铁路、车站、码头、车库、桥涵等。

（8）料场及其加工系统，如土料场、石料厂、沙砾石料场、骨料加工厂等。

（9）各种仓库、堆料、弃料场等。

（10）混凝土制备及浇筑系统。

（11）机械维修系统。

（12）金属结构、机电设备和施工设备安装基地。

（13）风、水、电供应系统。

（14）其它施工工厂，如钢筋加工厂、木材加工厂、预制构件厂等。

（15）办公及生活用房，如办公室、宿舍、实验室等。

（16）安全防火设施及其它，如消防站、警卫室、安全警戒线等。

2. 施工总平面图的设计要求

（1）在保证施工顺利的情况下，尽量少站耕地。在进行大型水电工程施工时，要根据各阶段施工平面布置图的要求，分期分批地征地，以便做到少占土地或者缩短占地时间。

（2）临时设施最好不占用拟建永久性建筑物和设施的位置，以避免拆迁这些设施所引起的损失和浪费。在特殊情况下，当被占用的位置上的建筑物施工时期较晚，并与其上所布置的设施使用时间不冲突时，才可以使用该场地。

（3）在满足施工要求的前提下，最大限度地减低工地运输费用。为了降低运输费用，必须合理地布置各种仓库、起重设备、加工厂和其它工厂设施，正确的选择运输方式和铺设工地运输道路。

（4）在满足施工要求的前提下，临时工程的费用应该尽量减少。为了降低临时工程费用，首先应该力求减少临时建筑和设施的工程量，主要方法是尽最大的可能利用现有的建筑物以及可供施工使用的设施，争取提前修建拟建的永久性建筑物、道路以及供电线路等。

（5）工地上各项设施，应该明确为工人服务，而且使工人在地上因往返而损失的时间最少。这就要求最合理的规划行政管理及文化福利用房的相对位置，考虑卫生、防火安全等的要求。

（6）遵循劳动保护和安全生产等要求。必须使各房屋之间保持一定的距离，储存燃料及易燃物品的仓库，如汽油、柴油等距拟建工程及其它临时性建筑物不得小于50m。在铁路与公路及其它道路交叉处应设立明确的标志。在工地内应设置消防站、消防栓、警卫室等。

3. 施工总布置图设计步骤

施工总体布置图的设计，由于施工条件多变，不可能列出一种一成不变的格局，只能根据实践经验，因地制宜，按场地布置优化的原理和原则，创造性地予以解决。设计施工总体布置图，大体可以按以下步骤进行。

（1）收集和分析基本资料。所需的基本资料包括：施工场区的地形图，比例尺

1/10000～1/1000；拟建枢纽的布置图；已有的场外交通运输设施、运输能力和发展规划；施工场区附近的居民点、城镇和工矿企业，特别是有关建筑标准、可供利用的住房、当地建筑材料、水电供应以及机械修配能力等情况；施工场区的土地状况；料场位置和范围；河流水文特征，包括在自然条件下和施工导流过程中不同频率上下游水位资料；施工地区的工程地质、水文地质及气象资料；施工组织设计中的有关成果，如施工方法、导流程序和进度安排等。

（2）列出临建工程项目清单。在掌握基本资料的基础上，根据工程的施工条件，结合类似工程的施工经验，编拟临建工程项目单，估算它们的占地面积、敞棚面积、建筑面积，明确它们的建筑标准、使用期限以及布置和使用方面的要求，对于施工工厂还要列出它们的生产能力、工作班制、水电动力负荷以及服务对象等情况。

（3）具体布置各项临时建筑物。在作出现场布置总体规划的基础上，通常是根据对外交通方式，按实际地形地貌、依一定顺序布置各项临时建筑物和施工设施。

当对外交通采用标准轨铁路或水路时，宜首先确定车站或码头的位置，以满足站台停车线、泊岸航深和线路设计等方面的专门要求，然后布置场内外交通的衔接和场内交通干线，再沿干线布置各项施工工厂和仓库等设施，最后布置办公、生活设施以及水、电和动力供应系统等。

如果对外交通采用公路时，则可与场内交通联成一个系统来考虑，再据以确定施工工厂、仓库、办公、生活以及水、电，动力系统的布置。

学 习 检 测

一、名词

基本建设、基本建设程序、项目后评价、施工组织设计、施工进度计划、工程准备期、施工总体布置、网络计划、工程项目施工

二、填空题

1. 一个工程项目的建设过程要经历（　　　）、（　　　）、（　　　）三个阶段。

2. 施工组织设计是研究（　　　）、选择（　　　）、对工程施工（　　　）的指导性文件。

3. 工期压缩的方法有（　　　）与（　　　）两种。

4. 施工总布置的内容包括（　　　）、（　　　）和（　　　）三方面。

5. 施工总布置，对混凝土坝枢纽应以（　　　）为重点，对土石坝枢纽应以（　　　）、（　　　）等为重点。

6. 施工总布置的场区划分和布局应符合（　　　）、（　　　）、（　　　）的原则。

7. 双代号网络图中的三要素是（　　　）、（　　　）和（　　　）。

8. 虚工作既不消耗（　　　），又不消耗（　　　）。

9. 总时差为零的工作叫（　　　），连接这些工作的线路叫做（　　　）。

10. 工程建设可行性研究是在（　　　）阶段进行的。

11. 主要施工设施的防洪标准为（　　　）重现期。

三、判断题

1. 计施设计一般是与工程施工进度同步进行。（ ）

2. 水电站设备安装基地宜布置在水电站厂房附近。（ ）

3. 当河流进行梯级开发或区域开发，对一条河流或一个区域的水利工程宜建立集中的生产生活基地。（ ）

四、选择题

1. 基本建设程序是基本建设项目从决策、设计、施工到竣工验收整个工作过程中各个阶段（ ）的先后次序。

    A. 必须遵循　　　　B. 要求遵守　　　　C. 提倡要求

2、所谓工程筹建期是指工程正式（ ）为承包单位进场施工创造条件所需的时间。

    A. 开工前　　　　　B. 施工中　　　　　C. 开工后

3. 主体工程施工期是指从关键线路上的主体工程项目施工开始，至第一台机组发电或（ ）为止的工期。

    A. 工程开始受益　　B. 落闸蓄水　　　　C. 大坝工程结束

4. 工程完建期是指自第一台（批）机组投入运行为起点，至（ ）为止的工期。

    A. 主体工程结束　　B. 工程竣工　　　　C. 工程保修期结束

5. 建设实施阶段是指（ ）的全面建设实施，项目法人按照批准的建设文件组织工程建设，保证项目建设目标的实现。

    A. 主体工程　　　　B. 整个枢纽项目　　C. 投标开始

6. 项目建议书又称立项报告。它是在（ ）的基础上，由主管部门提出的建设项目轮廓设想。

    A. 流域规划　　　　B. 项目设计　　　　C. 可研报告

7. 建设项目竣工投产后，一般经过（ ）1～2 年生产运营后，要进行一次系统的项目后评价，主要内容包括：影响评价、经济效益评价、过程评价。

    A. 1～2 年　　　　 B. 2～3 年　　　　　C. 3～4 年

8. 工程项目施工是工程建设由（ ）转变为实体的一个过程。

    A. 设想　　　　　　B. 蓝图　　　　　　C. 规划

五、问答题

1. 基本建设程序的内容是什么？

2. 初步设计阶段，施工组织设计包括哪些内容？

3. 编制施工进度计划的目的是什么？

4. 编制施工总进度计划的依据是什么？施工总布置应符合哪些原则？

六、论述题

1. 什么是水利工程基本建设？基本建设项目分为哪几个阶段？

2. 简述施工进度计划与施工导流方案、施工方法、技术供应、施工总布置之间的关系。

3. 水利水电枢纽施工总进度有哪些重要控制环节？在安排进度时各起什么控制作用？

七、绘制双代号网络图

根据表 8 - 12 所给条件绘制双代号网络图。

表 8 - 12

工作	紧前工作	紧后工作	工作	紧前工作	紧后工作
A	—	C、E、F	E	A、B	G、H
B	—	E、F	F	A、B	H
C	A	D	G	D、E	—
D	C	G	H	E、F	—

第九章 施 工 管 理

内容摘要：本章主要介绍计划管理的特点和任务、计划编制，计划分类和控制；质量管理的内容，水利工程质量管理的要点；成本的概念和分类，控制成本的方法；降低成本的措施；安全管理内容及措施。

学习重点：施工计划的分类和施工计划的控制方法；全面质量管理的内容、方法、工具；成本管理的环节、降低成本的措施、控制成本的方法；安全管理的特点、内容。

施工管理是施工生产管理的一项中心内容，是企业为完成建筑产品的施工任务对施工全过程所进行的组织管理工作。施工管理水平，对于缩短建设周期、降低工程造价、提高施工质量、保证施工安全至关重要。

施工管理的工作业务范围涉及施工、技术、财务等各个方面，按业务性质分有计划管理、质量管理、技术管理、财务管理、成本管理、定额管理、信息管理等。本章主要学习计划管理、质量管理、成本管理、安全管理。

第一节 计 划 管 理

计划管理是施工管理的重要组成部分，特别是水利工程建设管理中推行业主（项目法人）责任制、招标承包制、建设监理制和合同管理制以来，其地位尤其重要。

一、计划管理的特点和任务

计划管理是对项目预期目标进行筹划安排等一系列活动的总称，是根据现状对工程项目的总体目标进行规划，对工程项目实施各项活动进行周密安排，系统地确定项目任务、综合进度和完成任务所需的资源等。施工企业必须进行全面计划管理，通过计划工作的周期活动，带动企业中一切部门、单位和个人，在招揽任务、施工准备、施工到竣工验收、结算和竣工后服务等活动中实行全企业、全过程、全员性的计划管理。

工程项目计划管理的特点主要有：

（1）被动性。工程项目计划管理工作是随着项目的确立而展开并随着项目的实施而深入的，很多外部因素直接影响着项目计划的编制，特别是工程实行招标投标制，中标与否，对施工企业的计划管理影响更大，这种计划的被动性无疑加大了管理的难度。

（2）多变性。项目运行过程中，有很多不可预见的因素，水利工程施工点多、线长、面广，施工条件的变化以及设计中的因素，随时都可能影响着工程项目的计划管理。

（3）波动性。水利水电工程施工有着明显的季节性，在整个施工过程中，各项工程的开工、完工，难于组织均衡连续施工，因此，工程项目施工的计划必须统筹安排，充分考虑主要因素，认真搞好综合平衡。

计划管理的任务是通过系统分析，合理地使用本企业的人力、物力、财力；把施工生产和经营活动全面地组织起来，以生产、经营活动为主体，制定各项专业计划，经综合平衡，相互协调，形成一个完整的综合计划。

计划管理的职能要求施工单位在组织施工的各个环节中进行全员性的科学管理，如施工准备、施工到竣工验收等阶段，使各项工作纳入正常轨道。为确保高效管理和目标实现，计划管理要注意以下几点：①各项计划应动态调整，并有利于总目标的实现；②执行各项计划时，特别注意时间上的相互衔接和连贯性；③强调各项计划的效率和实际效果，指导各项活动顺利进行。

二、施工计划分类

计划一般是指组织或个人为达到既定目标而制定行动方案的过程，是对将要进行的活动所做的事先安排。计划的作用在于收集、整理、分析有关信息，为决策者提供决策依据。项目计划即根据项目目标要求，对实施的各项活动系统地确定任务、进度及所需资源等，使其在合理工期内，低成本高质量实现预期目标。

施工企业根据所从事的施工生产经营活动，为使建设工程投资少、质量好、工期短，需要编制各种计划，分类的方法常有以下几种。

1. 按照计划时间长短分

按照计划时间长短可分为：长、中期计划，年度计划，月度计划等。

长、中期计划一般是 2～5 年，或 5 年以上，主要是预测性、方向性计划，它确定企业发展的方向和目标，随年度计划起指导作用，是控制性计划。

年度计划是年度内组织生产经营活动的指导性文件，是实现中长期计划的保证。

季度计划是将年度计划具体到月计划的桥梁，具体安排在施工项目、开工项目、竣工项目和重点工程进度部位要求，完成的总产值和实物工程量，平衡施工力量和物质供应。

月度计划是具体安排一个月内的技术经济活动和施工活动的计划，是基层施工单位计划管理的中心环节。

旬计划是施工队内部生产活动的作业计划，其主要作用是组织与协调班组的施工活动，实际上是月计划的短期安排。

2. 按照计划的内容和性质分

按照计划的内容和性质可分为工程施工进度计划、综合施工计划、作业计划和各种专业计划。

（1）施工进度计划。如总进度计划、单项工程进度计划等，它是施工组织设计的一个重要组成部分，如拟建或在建工程建筑安装施工计划等。

（2）综合施工计划。如管理部门编制的长期计划、中期计划和年、季度计划，是指导有关部门进行生产经营活动的指导性文件。

（3）作业计划。如基层组织编制的月、旬计划，是具体组织施工生产活动的计划文件。一般根据施工组织设计和现场实际，科学安排，将计划任务、施工进度计划与现场实际情况紧密结合，成为组织施工的直接指导性文件。

（4）专业计划。如成本计划和质量计划等，各专业工程有土建、电气和管道等专业计划。另外根据实际工程需要，还有与工程计划或企业生产计划相配套的劳动工资计划、物资计划等。

三、施工计划的编制

编制施工计划时，要以完成最终最佳产品为企业生产的目标；坚持施工程序，注意施工的连续性和均衡性；搞好综合平衡，落实施工条件；计划指标既要可靠又要留有余地。

编制施工计划时，由于其直接指导施工，要求深入现场调查研究，同时计划中应列出计划期内完成的工程项目、实物工程量，完成计划任务的资源需要量及提高劳动生产率、降低成本等措施。

工程中常根据工程规模和工程施工期的长短来考虑编制要求。如根据施工总进度要求，编制年度计划、季度施工计划和月施工计划等。

施工计划的编制由计划部门负责。施工计划编制前要进行一系列准备工作，主要有：对照施工组织设计的进度安排和设计图纸、设备、材料、机具等必要条件；对照本年度计划和技术经济指标完成情况的预计和粗略分析，对下年度施工生产作出正确的估算和提出相应的措施。

准备工作完成后就可以进行计划的编制。施工计划虽然在具体项目内容、指标方面有不同要求，但编制步骤大致相同，一般有如下几个过程：

（1）确定目标。明确项目工期、质量等，明确项目的真正目的。项目往往有多个目标，需要对目标进行排序，分清主次。

（2）资料收集和准备。通过多种渠道收集有关资料、上级文件，调查有关技术、法律信息，对施工做准备工作，收集和整理的资料应尽可能做到及时、全面、准确。

（3）计划分析与评价。

（4）计划决策。

四、施工计划的控制

施工计划的实施过程中，有很多影响因素，如人为因素、技术因素、材料和设备因素、资金因素、气候和环境因素等，所以施工计划的控制是一个动态过程。施工计划实施过程中，一方面要通过调度管理，组织人力、物力、财力去实现目标；另一方面，当发现实施过程偏离计划目标时，要跟踪寻找原因，发现问题及时协调和调整，制定出相应措施，修改和完善原有施工计划。

为此，计划调控时可及时根据计划实施的反馈信息，根据施工需要，绘制工程进度管理、材料供应管理等曲线，以便对工程进度、材料等进行适时控制。施工进度控制，可采用以下几种方法。

1. 横道图

采用横道图可将计划进度与实际进度表示出来，通过比较而直观了解工程进展情况，工程中常用实线、虚线或双线分别表示实际进度和计划进度。此法不足在于难以清晰反映出进度的差距和某工序对其它工序和整个工程的影响。在工程应用中，将传统横道图与网络图结合起来成为新横道图。这种形式根据网络计划编制，但与网络计划表达形式不同，主要保留了计划中明确的工作逻辑关系和各工作的时间参数的正确表达。

2. 工程进度管理曲线

以横轴表示工期，以纵轴表示工程进度参数的累计量（如工程量、施工强度等），图上可分别绘出实际曲线和计划曲线，看出实际进度与计划进度的差距，一定程度上克服横道图表示法不足，但仍难以直接反映出某项作业滞后对其它作业和整个工程的影响。

由于实际进度曲线随工程条件和管理条件而变化，工程中常使实际进度曲线保持一定的安全区域（控制曲线的允许上、下限）内，以便进行施工进度控制。该区域为满足施工管理基本条件而适时调整施工进度曲线的变化范围。

3. 网络计划技术

利用网络计划技术管理施工进度，可在计划网络上直接标示实际进度，由反馈信息及时进行施工进度调整。按照网络图绘制的计划进度管理曲线，通常用最早时间、最迟时间分别绘出两条资源累计曲线，其中按最早开始时间安排进度所绘制的S形曲线简称ES曲线，而按最迟开始时间安排进度所绘制的S形曲线简称LS曲线，其形类似香蕉，又称香蕉曲线，如图9-1所示。

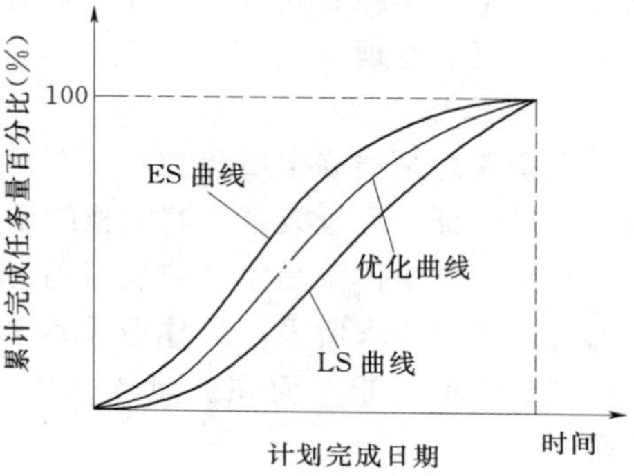

五、施工计划管理采取的措施

在施工计划管理中，一方面要科学编制计划；另一方面也要采取可行措施，加强管理，保证各项工作的顺利进行。为了及时了解工程进展情况，可采取如下措施：

图9-1 香蕉曲线

（1）建立定期例会制度。分析工程实施情况，不断总结经验教训，提高施工和管理水平。

（2）加强施工调度与管理。按施工计划调度劳力、材料和机械设备，发现问题及时解决。

（3）建立定期检查制度。直观检查工程实际的施工进展情况及质量、安全、文明施工等，了解计划实施和存在的问题。

（4）加强机械维修管理。有计划对施工机械和设备进行保养，以提高工效，满足施工需要。

（5）强化基本资料整理和统计工作。利用现代化工具和手段进行管理，科学地分类整理，利用基本数据和资料为工程施工服务。

第二节 质 量 管 理

在水利工程项目建设中，工程质量的好坏关系人民的生命财产安全，是施工企业的生命，因此，质量管理是施工管理的中心内容。

一、工程质量

工程质量是指工程产品满足规定要求和具备所需要的特征及特性的总和。工程项目质量包括工程建设各个阶段的质量，即可行性研究质量、工程决策质量、工程设计质量、工程施工质量、工程竣工验收质量。

工程项目质量具有两个方面的含义：一是指工程产品的特征性能，即工程产品质量；二是指参与工程建设各方面的工作水平、组织管理等，即工作质量。工作质量包括社会工作质量和生产过程工作质量。社会工作质量主要是指社会调查、市场预测、维修服务等。生产过程工作质量主要包括管理工作质量、技术工作质量、后勤工作质量等，最终将反映在工序质量上，而工序质量的好坏，直接受到人、原材料、机具设备、工艺及环境等五方面因素的影响。因此，工程项目质量的好坏是各环节、各方面工作质量的综合反映，而不是单纯靠质量检验查出来的。

二、质量管理

1. 基本概念

质量管理是指确定质量方针、目标和职责，并在质量体系中通过质量策划、质量控制、质量保证和质量改进使其实施的全部管理职能的所有活动。

其中，质量体系是为实施质量管理所需的组织结构、程序、过程和资源；质量控制指为达到质量要求所采取的作业技术和活动；质量保证是为了提供足够的信任表明实体能够满足质量要求，而在质量体系中实施并根据需要进行证实的全部有计划有系统的活动。

2. 施工阶段质量管理

（1）按施工阶段工程实体形成过程中物质形态的转化划分，可分为：对投入的物质、资源质量的管理；施工及安装生产过程质量管理，即在使投入的物质资源转化为工程产品的过程中，对影响产品质量的各因素、各环节及中间产品的质量进行控制；对完成的工程产出品质量的控制与验收。

前两项工作对于最终产品质量的形成具有决定性的作用，需要对影响工程项目质量的五大因素进行全面管理。其中包括：施工有关人员因素、材料（包括半成品）因素、机械设备（永久性设备及施工设备）因素、施工方法（施工方案、方法及工艺）因素和环境因素。

（2）按工程项目施工层次结构划分，工程项目施工质量管理过程为：工序质量管理、分项工程质量管理、分部工程质量管理、单位工程质量管理、单项工程质量管理。其中单位工程质量管理与单项工程质量管理包括建筑施工质量管理、安装施工质量管理与材料设备质量管理。

（3）按工程实体质量形成过程的时间阶段划分，工程项目施工质量过程控制分为事前控制、事中控制和事后控制。其中事前控制包括施工技术准备工作的质量控制、现场准备工作的质量控制和材料设备供应工作的质量控制。事中控制是对施工过程中进行的所有与施工过程有关各方面的质量控制，包括对施工过程中的中间产品（工序产品或分部、分项工程产品）的质量控制。事后控制是指对施工所完成的具有独立功能和使用价值的最终产品（单位工程或整个工程项目）以及有关方面（如质量文档）的质量进行控制。

因此施工阶段的质量管理可以理解成对所投入的资源和条件、对生产过程各环节、对所完成的工程产品进行全过程质量检查与控制的一个系统过程。

三、全面质量管理

从 20 世纪初期到现在，质量管理大致经历了质量检验管理阶段、质量统计管理阶段和全面质量管理阶段。全面质量管理（Total Quality Management，简称 TQM）是质量管理的最新阶段，是以组织全员参与为基础的质量管理模式。全面质量管理是企业管理的中心环节，是企业管理的纲，它和企业的经营目标是一致的，这就要求将企业的生产经营管理和质量管理有机地结合起来。

（一）全面质量管理的基本要求

开展全面质量管理的基本要求可以概括为"三全一多样"，即全员的质量管理、全过程质量管理、全企业的质量管理、多方法的质量管理。

1. 全过程质量管理

任何一个工程（产品）的质量都有一个产生、形成和实现的过程，整个过程由多个相互联系、相互影响的环节组成，每一环节都或重或轻地影响着最终的质量状况。全过程管理就是把工程质量贯穿于工程的规划、设计、施工、使用的全过程，尤其在施工过程中要贯穿于每个单位工程、分部工程、分项工程和施工工序。

2. 全员质量管理

全员质量管理即施工企业的全体人员，包括各级领导、管理人员、技术人员、政工人员、生产工人、后勤人员等都要参与到质量管理中来，人人都要学习运用全面质量管理的理论和方法、明确自己在全面质量管理中的义务和责任，使工程质量管理有扎实的群众基础。只有人人关心工程质量，才会产出好质量的工程。

3. 全企业质量管理

全企业质量管理就是施工企业的各个部门都要参加质量管理，都要履行自己的职能。工程质量的优劣涉及施工企业的各有关部门，施工企业的计划、生产、材料、设备、财务等各项的管理与质量管理紧密相连。只有充分发挥自身的质量管理职能，全企业共同管理，才能保证工程质量。

4. 多方法质量管理

影响工程质量的因素越来越复杂：既有物质的因素，又有人为的因素；既有技术因素，又有管理因素；既有内部因素，又有企业外部因素。要搞好工程质量，就必须把这些影响因素控制起来，分析它们对工程质量的不同影响。灵活运用各种现代化管理方法来解决工程质量问题。

（二）全面质量管理的基本原则

1. 质量第一

"质量第一"是水利水电工程推行全面质量管理的思想基础。水利水电工程质量的好坏不仅关系到国民经济的发展及人民生命财产的安全，而且直接关系到施工企业的信誉、经济效益及生存和发展。贯彻"质量第一"就要求企业全员，尤其是领导层要有强烈的质量意识，当质量与数量、社会效益与企业效益、长远利益与眼前利益发生矛盾时，应把质量、社会效益和长远利益放在首位。

"质量第一"并非"质量至上"，不能不问成本一味地讲求质量，必须考虑经济性，建立合理的经济界限，应该重视质量成本分析，把质量与成本加以统一，确定最合适的质量。

2. 用户至上

"用户至上"是水利水电工程推行全面质量管理的精髓。"用户至上"就是要树立以用户为中心，为用户服务的思想。这里所说的用户是广义的，既包括产品完成后直接或间接使用建筑工程的单位或个人，又包括企业内部，下道工序是上道工序的用户。如混凝土工程中，模板工程的质量直接影响混凝土浇筑这一道工序的质量。质量管理的目标就是要达到用户满意。

3. 预防为主

在工程施工过程中，每个工序、每个分部、分项工程的质量，都会随时受到许多因素的影响，只要有一个因素发生变化，质量就会产生波动，所以在企业质量管理中，要认真贯彻预防为主的原则，凡事防患于未然。全面质量管理强调在施工过程中，将影响质量的因素控制起来，及时分析质量波动的原因，制定对策，采取措施，把质量上可能出现的问题消除在生产过程中。

4. 强调用数据说话

全面质量管理强调用数据说话，是因为它是以数量统计方法为基本手段，而数据是应用数理统计方法的基础。在全面质量管理中广泛采用了各种统计方法和工具，其中用得最多的有七种，即排列图、直方图、因果分析图、控制图、散布图、统计分析表、分层法，常用的数理统计方法有回归分析、方差分析、多元分析、时间序列分析等。

5. 相互协作

协作是大生产的必然要求。生产和管理分工越细，就越要求协作。一个具体单位的质量问题往往涉及许多部门，而没有良好的协作是很难解决的。因此，强调协作是全面质量管理的一条重要原则，也反映了系统科学全局观点的要求。

6. 坚持 PDCA 循环组织活动

全面质量管理过程分为四个阶段，即计划（Plan）、执行（Do）、检查（Check）和处理（Action），简称为 PDCA 循环。全面质量管理重视实践，坚持按照这一循环过程办事，周而复始，循环不已，以求质量不断提高。

（三）全面质量管理的基本方法

全面质量管理的基本方法可以概括为四个阶段、八个步骤、七种工具。

1. 四个阶段

计划阶段（Plan）：按使用者要求，根据具体生产技术条件，找出生产中存在的问题气剂原因，拟定生产对策和措施计划。

执行阶段（Do）：按预定对策和生产措施计划、组织实施。

检查阶段（Check）：对生产成品进行必要的检查和测试，即把执行的工作结果与预定目标对比，检测执行过程中出现的情况和问题。

处理阶段（Action）：把经检查发现的各种问题及用户意见进行处理。凡符合计划要求的予以肯定，对不符合设计要求和不能解决为问题，转入下一循环以便进一步研究解决。

PDCA 循环的特点是：

（1）四个阶段缺一不可，先后次序不能颠倒。就好像一只转动的车轮，在解决质量问题中滚动前进逐步使产品质量提高。

（2）大环套小环，企业内部 PDCA 循环各级都有，整个企业是一个大循环，企业各部门又有自己的循环，如图 9-2 所示。大循环是小循环的依据，小循环又是大循环的具体和逐级贯彻落实的体现。

（3）PDCA 循环不是在原地转动，而是在转动中前进。每个循环结束，质量便提高一步。图 9-3 为循环上升示意图，表明每一个 PDCA 循环都不是在原地周而复始地转动，而是每转动一个循环都有新的目标和内容，也就意味着前进了一步，从原有水平上升到新的水平，每经过一次循环，也就解决了一批问题，质量水平就有新的提高。

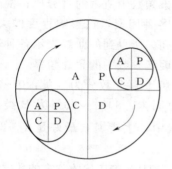

图 9-2 PDCA 循环

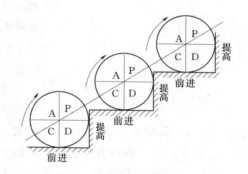

图 9-3 PDCA 循环上升示意

（4）A 阶段是循环的关键，这一阶段的目的在于总结经验，巩固成果，纠正错误，以利于下一个管理循环。为此必须把成功和经验纳入标准，定位规程，使之标准化、制度化，以便于下一个循环中遵照办理，使质量水平逐步提高。

2. 八个步骤

对上面的四个阶段，可细分为八个步骤，见表 9-1。

表 9-1 　　　　　　　　全面质量管理的四个阶段、八个步骤

阶 段	工 作 步 骤
计划阶段（P）	1. 分析现状，找出问题，不能凭印象和表面作判断
	2. 分析各种影响因素，把各种可能因素一一进行分析
	3. 找出主要因素，改进工作，提高产品质量
	4. 研究对策，制订计划，确定目标
执行阶段（D）	5. 认真实施和执行预定的措施计划
检查阶段（C）	6. 检查执行措施计划后的效果
	7. 通过总结，制定标准，把成熟的措施订成标准，形成制度
处理阶段（A）	8. 遗留问题转入下一个循环

3. 七种工具

在上述八种步骤中，需要大量的调查研究和数据分析工作，以便作出科学的判断。下面对常用的七种工具进行详细阐述。

（1）排列图。排列图又称主项因素分析图、帕累托图，是按照出现各种质量问题的频数，按大小次序排列，寻找出造成质量问题的主次因素，以便抓住关键，采取措施，加以解决。

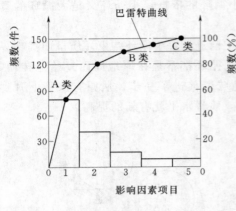

图 9-4　排列图

排列图由两条纵坐标（频数、频率）、一条横坐标、若干个矩形和一条曲线组成，如图 9-4 所示。从图 9-4 中看出，左边的纵坐标表示频数，即是影响调查对象质量的因数重复发生或出现的次数（或件数、个数、点数）；右边的纵坐标表示频率，即表示横坐标所列各种质量影响因素在整个影响因素频数中所占的百分比；横坐标表示影响质量的各种因素，按影响程度的大小，由左至右依次排列。所得到的曲线表示各种质量因素在整个影响因素频数中的累计频率。

通常把累计频率百分数分为三类：0～80％为 A 类，是主要因素；80％～90％为 B 类，是次要因素；90％～100％为 C 类，是一般因素。这些因素中，主要因素最好是 1～2 个，最多不要超过 3 个，否则就失去找主要矛盾的意义。

（2）直方图。直方图又称频数（或频率）分布直方图，是把从生产工序收集来的数据经过整理后，再分成若干组，画出以组距为底边、以频数为高度的一系列矩形图，如图 9-5 所示。直方图可以对某质量特征（如强度、尺寸等）来观察其分布状态，分析其分布位置、偏差大小。直方图的优点是：计算和绘图比较方便，既能明确表示质量的分布情况，也能较准确地得出质量特征的平均值和标准偏差。其主要缺点是：不能反映随时间变化数据的群内和群间的波动，要求收集数据较多，一般至少在 50 个以上，否则难以反映其质量规律。直方图主要有：锯齿型、正常型、绝壁型、孤岛型、双峰型和平顶型几种类型。

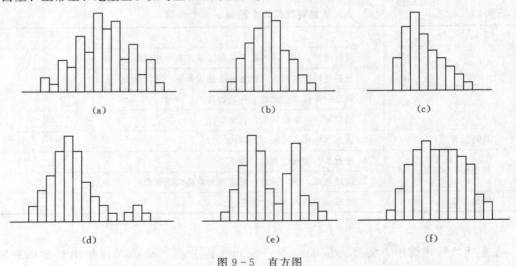

图 9-5　直方图
（a）锯齿型；（b）正常型；（c）绝壁型；（d）孤岛型；（e）双峰型；（f）平顶型

（3）因果分析图。因果分析图又称鱼刺图、树枝图，根据排列图找出主要因素，用因果分析图探索寻找问题产生的原因。这些原因通常不外乎人、机器、材料、方法、环境等五个方面。把这些原因依照大小次序分别用主干、大枝、小枝等图形表示出来，一目了然地观察出产生质量问题的可能原因，并框出主要原因。根据主要原因，采取相应的措施，措施实施后，再通过排列图等检查其效果。如图9-6所示。

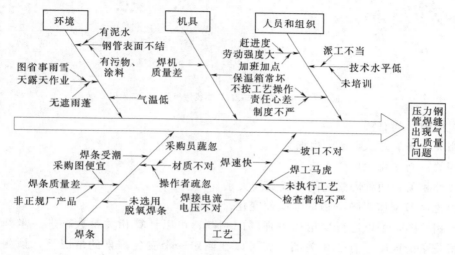

图9-6 压力钢管焊缝气孔因果分析图

焊缝金属气孔内的气体成分常常不是由单一气体构成，而是由氢、氮、氧、CO、SO_2等多种气体组成。由于这些气体可能来自母材、焊丝、焊剂、焊条、药条、焊件表面锈污等，因此形成气孔的原因及成分常与压力钢管材质成分及脱氧条件、焊接方法、焊接工艺、焊接环境与位置以及焊接设备有关。

（4）控制图。控制图又称管理图，是按照数理统计的原理，在直角坐标系内画有质量控制界限，描述生产过程中产品质量波动状态的图形，见图9-7。质量波动一般有两种情况：一种是偶然性因素引起的波动，称为正常波动；一种是系统性因素引起的波动，则属异常波动。控制图是区分由异常原因引起的波动和事物过程固有的偶然波动的一种工具。

控制图使质量控制从事后检验转变为事先预防，通过控制图提供的质量动态数据，可以及时了解工序质量状态，发现问题，查明原因，采取措施，使生产处于稳定状态。

控制图的基本原理是：生产处于受控状态时，产品总体质量特征一般服从正态分布规律，其质量特征值落在$\mu \pm 3\sigma$范围之内的概率是99.73%，如超出该范围，则说明生产已不稳定，一定有由于系统因素引起的问题存在，要找出原因，使生产重新处于受控状态。

（5）相关图。相关图又称散布图，是一种分析、判断两种测定数据之间是否存在相关关系，以及相关程度的方法。纵坐标表示某项质量指标，横坐标代表影响质量的某种

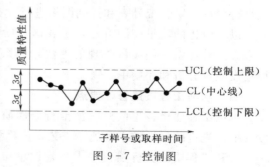

图9-7 控制图

原因。可以根据已测得的一组数据判断另一相关数据的未来值，以利于提前掌握质量信息，采取措施，如图9-8所示。

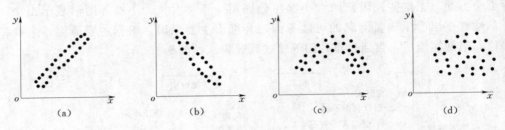

图9-8 相关图

(a) 正相关；(b) 负相关；(c) 非线性相关；(d) 无相关

相关图的形式有：

正相关：当 x 增大时，y 也增大。

负相关：当 x 增大时，y 减少。

非线性相关：两种因素之间不成直线关系。

无相关：即 y 值不随 x 值的增减而变化。

通过相关图，可以进行变量相关强弱的判断；可以计算相关系数，进一步判定因素之间的相关紧密程度；有了相关图，就可以在测定一个变化因素的情况下，预测另一变化因素的结果，做到以防为主。

（6）统计分析表。也称统计调查表或调查表法，是利用统计整理数据和分析质量问题的各种表格，对影响质量的原因作粗略分析和判断，这种方法简单灵活，便于整理数据，可随时监视质量动态，并能为其它方法提供依据。

质量管理中常用的统计分析表有如下几类：产品质量缺陷部位统计分析表；影响产品质量主要原因的统计分析表；质量检验评定的统计分析表；工程设备主要零部件质量检验评定的统计分析表；工序质量特性分布统计分析表。

（7）分层法。也称分类法或分组法，是将收集到的质量数据根据不同的目的，按产生的质量问题所造成的影响等加以分类，并一层层进行深入研究，从中发现影响质量的主要因素的一种方法。通过分层，把性质相同，又在同一条件下收集的数据归纳在一起，使数据反映的事实更加明显和突出，以便于分析原因，采取措施。它主要是根据研究的目的来决定，一般可按工艺和操作方法、操作人员、分部分项工程、时间环境和工程性质进行分层，结合统计表和排列图来进行。

以上所述的质量控制方法，是我国现阶段质量分析与控制中最常用的七种工具。近年来，国外还将一些质量管理的方法，如系统图法、关系图法、矩阵图法等用于水利工程建设质量分析和控制中。

四、水利工程质量管理要点

水利工程建设各单位要积极推行全面质量管理，采用先进的质量管理模式和管理手段，推广先进的科学技术和施工工艺，依靠科技进步和加强管理，努力创建优质工程。

水利工程质量实行项目法人（建设单位）负责、监理单位控制、施工单位保证和政府监督相结合的质量管理体制。此外，建设单位、勘察单位、设计单位、施工单位、工程监理单位依法对建设工程质量负责，严格执行基本建设程序，坚持先勘察、后设计、再施工，采用先进的科学技术和管理方法，提高建设工程质量，且建设工程实行质量保修制度和质量监督管理制度。

1. 工程质量监督管理

（1）政府对水利工程质量实行监督的制度。水利工程按照分级管理的原则由相应水行政主管部门授权的质量监督机构实施质量监督。

（2）水利工程质量监督机构，必须按照水利部有关规定设立，经省级以上水行政主管部门资质审查合格方可承担水利工作的质量监督工作。各级水利水电工程质量监督机构，必须建立健全质量监督工作机制，加强对贯彻执行国家和水利部有关质量法规、规范情况的检查，坚决查处有法不依、执法不严、违法不究及滥用职权的行为。

（3）水利工程质量监督机构负责监督设计、监理、施工单位在其资质等级允许范围内从事水利工程建设的质量工作；负责检查、督促建设、监理、设计、施工单位建立健全质量体系。

（4）水利工程质量监督实施以抽查为主的监督方式，运用法律和行政手段，做好监督抽查后的处理工作。工程竣工验收时，质量监督机构应对工程质量等级进行核定。未经质量核定或核定不合格的工程，施工单位不得交验，工程主管部门不能验收，工程不得投入使用。

2. 设计单位质量管理

设计单位必须建立健全设计质量保证体系，加强设计过程质量控制，健全设计文件的审核、会签批准制度。质量管理主要任务有：

（1）设计文件必须符合相关法规、规程要求，满足相应设计阶段有关规定要求。

（2）设计质量必须满足工程质量和安全需要。

（3）按合同规定及时提供设计文件及施工图纸，施工过程中随时掌握施工现场情况，优化设计，大中型工程在施工现场设立设计代表机构或派驻设计代表。

（4）在阶段验收、单位工程验收和竣工验收中，对施工质量是否满足设计要求提出评价意见。

3. 监理单位质量管理

监理单位必须有水利部颁发的监理单位资格等级证书，依照核定的监理范围承担相应的水利工程监理任务，必须严格执行国家法律、水利行业法规、技术标准，严格履行监理合同。监理单位质量管理主要任务有：

（1）必须接受水利工程质量监督机构对其监理资格质量检查体系及质量监理工作的监督检查。

（2）根据所承担的监理任务向水利工程施工现场派出相应的监理机构，人员配备要满足项目要求。

（3）监理工程师上岗必须有水利部颁发的监理工程师岗位证书，一般监理人员上岗前要经过岗前培训。

（4）应根据监理合同参与招标工作，从保证工程质量全面履行工程承建合同出发签发施工图纸；审查施工单位的施工组织设计和技术措施；指导监督合同中有关质量标准要求的实施；参与工程质量检查、工程质量事故调查处理和工程验收工作。

4. 建设单位质量管理

建设单位应根据国家和水利部有关规定依法设立，应根据规模和工程特点，按照有关规定，通过资质审查招标选择勘测设计、施工、监理单位并实行合同管理。建设单位质量管理主要工作有：

（1）主动接受水利工程质量监督机构并对其质量体系的监督检查。

（2）要加强工程质量管理，建立健全施工质量检查体系，根据工程特点建立质量管理机构和质量管理制度。

（3）在开工前，应按规定向水利工程质量监督机构办理工程质量监督手续；施工过程中，主动接受质量监督机构对工程质量的监督检查；组织设计和施工单位进行设计交底，施工中应对工程质量进行检查，工程完工后及时组织有关单位进行工程质量验收签证。

5. 施工单位质量管理

施工单位必须依靠国家、水利行业有关工程建设法规、技术规程、技术标准的规定以及设计文件和施工合同的要求进行施工，并对其施工的工程质量负责。施工单位质量管理工作主要有：

（1）按其资质等级和业务范围承揽施工任务，接受水利工程质量监督机构对其资质和质量保证体系的监督检查。

（2）不得将其承接的水利建设项目的主体工程进行转包。对工程的分包，分包单位必须具备相应资质等级，并对其分包工程的施工质量向总包单位负责，总包单位对全部工程质量向建设单位负责。

（3）要推行全面质量管理，建立健全质量保证体系，制定和完善岗位质量规范、质量责任及考核办法，落实质量责任制。

（4）工程发生质量事故，施工单位必须按照有关规定向监理单位、建设单位及有关部门报告，并保护现场，接受工程质量事故调查，认真进行事故处理。

（5）竣工工程质量必须符合国家和水利行业现行的工程标准及设计文件要求，并应向建设单位提交完整的技术档案、试验成果及有关资料。

五、工程质量事故与处理

工程建设项目不同于一般工业生产活动，其项目实施的一次性，生产组织特有的流动性、综合性，劳动的密集性，协作关系的复杂性和环境的影响，均导致建筑工程质量事故具有复杂性、严重性、可变性及多发性的特点，事故是很难完全避免的。

凡水利工程在建设中或完工后，由于设计、施工、监理、材料、设备、工程管理和咨询等方面造成工程质量不符合规程、规范和合同要求，影响工程的使用寿命或正常运行，一般需作补救措施或返工处理的，统称为工程质量事故。日常所说的事故大多指施工质量事故。

1. 事故的分类

在水利工程中，按对工程的耐久性和正常使用的影响程度，检查和处理质量事故对工期影响时间的长短以及直接经济损失的大小，将质量事故分为一般质量事故、较大质量事故、重大质量事故和特大质量事故。

（1）一般质量事故：指对工程造成一定经济损失，经处理后不影响正常使用，不影响工程使用寿命的事故。小于一般质量事故的统称为质量缺陷。

（2）较大质量事故：指对工程造成较大经济损失或延误较短工期，经处理后不影响正常使用，但对工程使用寿命有较大影响的事故。

（3）重大质量事故：指对工程造成重大经济损失或延误较长工期，经处理后不影响正常使用，但对工程使用寿命有较大影响的事故。

（4）特大质量事故：指对工程造成特大经济损失或长时间延误工期，经处理后仍对工程正常使用和使用寿命有较大影响的事故。

2. 事故处理

事故处理的依据主要有：质量事故的详细实况资料；质量事故的调查报告；具有法律效力的合同文件、技术文件和档案；有关的建设法律、质量法规、技术规范等。

质量事故处理报告的主要内容有：①工程质量事故概况；②质量事故的调查与检验情况，包括调查的有关资料；③质量事故原因分析；④质量事故处理的依据；⑤质量缺陷处理方案及技术措施，界定责任；⑥实施质量处理中的有关原始数据、记录、资料；⑦对处理结果的检查、鉴定和验收；⑧结论意见。

事故处理的方法有两大类：

（1）修补。这种方法适合于通过修补可以不影响工程的外观和正常使用的质量事故。此类事故是施工中多发的。

（2）返工。这类事故是严重违反规范或标准，影响工程使用和安全，且无法修补，必须返工。

第三节 成 本 管 理

一、施工成本概念

施工成本是指建筑企业以施工项目成本核算对象的施工过程所消耗的生产资料转移价值和劳动者的必要劳动所创造的价值的货币形式，即某施工过程中所发生的全部生产费用的总和，包括完成该项目所发生的人工费、材料费、施工机械费、措施项目费、管理费，但是不包括利润和税金，也不包括构成施工项目价值的一切非生产性支出。

施工项目成本是施工企业的产品成本，即工程成本，一般以项目的单位工程作为成本核算对象，通过各单位工程成本核算的综合来反映施工项目成本。

施工项目成本可按不同标准的应用范围进行分类。

（1）按成本计价的定额标准分，分为预算成本、计划成本和实际成本。

预算成本是根据施工图结合国家或地区的预算定额及取费标准计算的社会平均成本。预算成本包括直接成本和间接成本，它是确定工程造价的依据，也是施工企业投标的依据，同时也是编制计划成本和考核实际成本的依据。它反映的是一定范围内的平均水平。

计划成本是在预算成本的基础上，根据企业自身的要求，结合施工项目的具体情况而确定的标准成本，也称目标成本。计划成本是控制施工项目成本支出的标准，也是成本管理的目标。对控制施工过程中生产费用、降低施工项目成本具有十分重要的作用。它反映的是企业的平均先进水平。

实际成本是施工过程中实际发生的可以列入成本支出的各项费用的总和，是工程项目施工活动中劳动耗费的综合反映。实际成本与预算成本的差额为项目成本降低额，成本降低额与预算成本的比率成为项目成本降低率。这个指标可用来考核项目总成本降低水平和各分项成本降低水平。

（2）按计算项目成本对象分，可分为建设工程成本、单项工程成本、单位工程成本、分部工程成本和分项工程成本。

（3）按生产费用与工程量关系划分，分为固定成本和变动成本。固定成本是指在一定期间和一定工程量的范围内，成本的数量不会随工程量的变动而变动，比如折旧费、大修费、办公费、照明费等。变动成本是指成本的发生会随工程量的变化而变动的费用，比如人工费、材料费等。

（4）按照生产费用计入成本的方法可分为直接成本和间接成本。直接成本是指直接用于并能够直接计入施工项目的费用，比如人工工资、材料费用等。间接成本是指不能够直接计入施工项目的费用，只能按照一定的计算基数和一定的比例分配计入施工项目的费用，比如管理费、规费等。

二、成本管理

成本管理是指在保证满足工程质量、工程施工工期的前提下，施工生产过程中对项目实施过程中以降低工程成本为目标，对成本的形成所进行的预测、计划、控制、核算、分析等一系列的管理工作的总称。主要通过施工技术、施工工艺、施工组织管理、合同管理和经济手段等活动来最终达到施工项目成本控制的预定目标，获得最大限度的经济利益。

成本管理和工程质量、工期、资源等密切相关，总结水利工程经验教训，做好成本管理工作需要注意以下几点：

（1）做好数据和资料统计工作。严格执行有关规定，做好施工原始记录和报表制度，利用计算机加强对基本数据的分析统计工作，为工程成本分析和管理掌握第一手资料。

（2）做好计量检验工作。工程中计量与支付是财务管理的关键工作，是合同管理的重要内容，要根据计量细则、方法及合同要求，做好计量检验工作，如计量器具、出入库检验制度等。施工阶段成本或投资控制的重要任务是控制付款。应严格进行工程量计量复核工作和工程付款账单复核工作，根据建筑材料、设备消耗、人工劳务消耗等进行施工费用结算和竣工决算。

（3）做好定额管理。定额是进行按劳分配、经济核算、提高经济效益的有效工具，是确定工程造价和进行技术经济评价的依据。在施工阶段是班组下达具体施工和计划组织施工任务的基本依据；计划部门根据施工任务，按定额计算人工、材料和机械设备的需要量和需要时间；计划部门由计划适时、保质保量地供应材料和机械设备。

（4）做好施工预算。施工阶段在施工图预算控制下，通过工料分析，计算拟建工程工、料和机具等需要量，根据施工图工程量、施工组织设计和施工方案、施工定额等资料编制，作为加强企业内部经济核算，节约人工和材料，向施工班组签发施工任务单和限额领料的主要依据。

三、成本管理的环节

现代化成本管理的环节一般包括成本预测、成本决策、成本计划、成本控制、成本核算、成本分析、成本考核七个环节。

1. 成本预测

成本预测是成本管理中事前科学管理的重要手段，是根据一定的成本信息结合施工项目的具体情况，采取一定的方法对施工项目成本可能发生或发展的趋势作出的判断和推测。是施工项目成本管理的第一个工作环节，是进行成本决策和编制成本计划的基础，成本决策在预测的基础上确定出降低成本的方案，并从中可选的方案中选择最佳的成本方案。

成本预测的方法有定性预测法和定量预测法。定性预测是指具有一定经验的人员或有关专家依据自己的经验和能力水平对成本未来发展的态势或性质作出分析和判断；该方法受人为因素影响很大，并且不能量化，具体包括专家会议法、专家调查法（特尔菲法）、主管概率预测法。定量预测法是指根据收集的比较完备的历史数据，运用一定的方法计算分析，以此来判断成本变化的情况；该法受历史数据的影响较大，可以量化，具体包括移动平均法、指数滑移法、回归预测法。

2. 成本决策

成本决策是对企业未来成本进行计划和控制的一个重要步骤，是对项目施工生产活动与成本相关的总和作出判断和选择。实质就是工程项目实施前对成本进行核算，是降低项目成本、提高经济效益的有效途径。实践证明，正确的决策能够指导人们正确行动，能够实现预定的成本目标，可以起到避免盲目性和减小风险性的导航作用。

3. 成本计划

成本计划是对成本实现计划管理的重要环节，是以货币形式编制施工项目在计划期内的生产费用、成本水平、降低成本率和降低成本额所采取的主要措施和规划的方案，也是建立施工项目成本管理责任制、开展成本管理和成本核算的基础，是项目全面计划管理的核心。

制定施工项目成本计划时要根据国家的方针政策，从企业的实际情况出发；要与其它目标计划相结合，如施工方案、生产进度、财务计划；要采用先进的经济技术定额；要统一领导、分级管理，即在项目经理的领导下，以财务和计划部门为中心，发动全体职工共同总结降低成本的经验，找出降低成本的正确途径；要留有充分的余地，保持目标成本的一定弹性，制定目标时应充分考虑各种情况，使成本计划保持一定的适应能力。

4. 成本控制

成本控制是在满足工程承包条款要求的前提下，根据施工项目的成本计划，对项目施工过程中所发生的各种费用支出采取一系列的措施来进行严格的监督和控制，及时纠正偏差，总结经验。成本控制是加强成本管理、实现成本计划的重要手段。一个企业制定科学先进的成本计划后，只有加强对成本的控制力度，才可能保证成本目标的实现，否则只有成本计划，而在施工过程中控制不力，不能及时消除施工中的浪费，成本目标根本无法实现。

成本控制，应当贯穿于从招标阶段直到施工项目竣工验收的全过程。成本控制包括事前控制、事中控制和事后控制。成本计划属于事前控制；此处所讲的控制是指项目在施工过程中，通过一定的方法和技术措施，加强对各种影响成本的因素进行管理，将施工中所发生的各种消耗和支出尽量控制在成本计划内，属于事中控制；竣工验收阶段的成本控制属于事后控制。

5. 成本核算

成本核算是指对项目产生过程所发生的各种费用进行核算，如人工费、材料费、机械使用费等。是成本管理的一个十分重要的环节，是施工项目制定成本计划和实行成本控制所需数据的重要来源，是施工项目进行成本分析和成本考核的基本数据。它包括两个基本环节：一是归集费用，计算成本实际发生额；二是采取一定的方法计算施工项目的总成本和单位成本。

6. 成本分析

成本分析就是在成本核算的基础上采取一定的方法，对所发生的成本机型比较分析，检查成本发生的合理性，找出成本的变动规律，寻求降低成本的途径。成本分析应贯穿于施工项目成本管理的全过程，要认真分析成本升降的主观因素和客观因素、外部因素和内部因素等，尤其要把成本执行中的各项不利因素找准、找全，以便抓住主要矛盾，采取有效措施。成本分析的方法主要有对比分析法、连环替代法、差额计算法和挣值法。

7. 成本考核

成本考核是对成本计划执行情况的总结和评价。施工项目成本考核的内容是既要对计划目标成本的完成情况进行考核，又要对成本管理工作业绩进行考核。成本考核应分层进行，企业对项目经理部进行成本管理考核，项目经理部对项目部内部各作业队进行成本管理考核。通过成本考核，有效地调动每个职工努力完成成本目标的积极性，为降低施工项目成本，提高经济效益，做出自己的贡献。

成本考核要求企业对项目经理部考核的时候，以责任目标成本为依据；项目经理部以控制过程为考核重点；成本考核要与进度、质量、安全指标的完成情况相联系；应形成考核文件，为对责任人进行奖罚提供依据。

四、成本控制方法

（一）以施工图预算控制成本

在施工项目的成本控制中，可认真分析企业实际的管理水平与定额水平之间的差异，按施工图预算来控制成本支出，具体做法如下。

1. 人工费控制

项目经理在与施工队签订劳动合同时，可将人工费单价定得低一些，其余部分可以用于定额外人工费和关键工序的奖励费。这样人工费就不会超支，而且还留有余地，以备关键工序之需。

2. 材料费控制

在实行"量价分离"方法计算工程造价的条件下，水泥、钢材、木材的价格由市场价格而定，实行高进高出，即地方材料的预算价格＝基准价×（1＋材差系数）。由于材料市场价格变动频繁，往往会发生预算价格与市场价格不同而使采购成本失去控制的情况，因此项目材料管理人员要经常关注市场价格的变动，并积累市场信息。如果遇到材料价格大幅度上涨，可向有关部门反映，同时争取建设单位的补贴。

3. 周转设备使用费控制

施工图预算中，周转设备使用费＝好用系数×市场价格，而实际发生的周转设备使用费等于企业内部的租赁价格或摊销率，两者计算方法不同，只能以周转设备预算费得总量来控制实际发生的周转设备使用费的总量。

4. 施工机械使用费控制

施工图预算中，机械使用费＝工程量×定额台班单价。由于施工项目的特殊性，实际的机械使用率不可能达到预算定额的取定水平，加上机械的折旧率又有较大的滞后性，往往使施工图预算的施工机械使用费小于实际发生的机械使用费。在这种情况下，就可以用施工图预算的机械使用费和增加的机械费补贴来控制机械费得支出。

5. 构件加工费和分包工程费控制

在签订构件加工费和分包工程经济合同时，如混凝土构件、木制品和成型钢筋等构件的监工，以及相关的打桩、吊装、安装、装饰等工程的分包，都要以经济合同来明确双方的权利和义务，合同金额超过施工图预算金额。

（二）以施工预算控制成本

以施工过程中的人工工日、材料消耗、机械台班消耗量为控制依据，以施工图预算所确定的消耗量为标准，人工单价、材料价格、机械台班单价按照承包合同所确定的单价为控制标准。该控制标准能够结合企业的实际，具体做法如下：

（1）项目开工之前，编制整个工程项目的施工预算作为指导和管理施工的依据。

（2）对生产班组的任务安排必须签发施工任务单和限额领料单，并向生产班组进行技术交底。

（3）施工任务单和限额领料单在执行过程中，要求生产班组根据实际完成的工程量和实际消耗人工、实际消耗材料作好原始记录，作为施工任务单和限额领料单结算的依据。

（4）在任务完成后，根据回收的施工任务单和限额领料单进行核算，并按照结算内容支付报酬。

（三）以会计方法控制成本

会计方法主要以记录实际发生的经济业务及证明经济业务的合法凭证为依据，对成本的支出进行核算与监督，从而发挥成本控制作用。

会计方法最主要的手段是成本分析表，包括月度成本分析表和最终成本控制报告表。月度成本分析表又分为月度直接成本分析表和月度间接成本分析表，前者主要反映工程实际完成的实物量和与成本相对应的情况，以及与预算成本和计划成本相对比的实际偏差和目标偏差，后者主要反映间接成本的发生情况，以及与预算成本和计划成本相对比的实际偏差和目标偏差。最终成本控制报告表主要是通过已完实物进度、已完产值和已完累计成本，联系尚需完成的实物进度、尚可上报的产值和还将发生的成本，进行最终成本预测，以检验实现成本目标的可能性，并可为项目成本控制提出新的要求。

（四）以健全的制度控制成本

制度是对例行活动应遵行的方法、程序、要求及标准作出的规定。成本的控制制度就是通过制定成本管理的制度，对成本控制作出具体的规定，作为行动的准则，约束管理人员和工人，达到控制成本的目的。如成本审核签证制度，引进项目经理责任制以后，需要建立以项目为成本中心的核算体系，所有的经济业务，不论是对内还是对外，都要与项目直接对口。发生经济业务时，首先要由有关项目管理人员审核，最后经项目经理签证后支付。这是项目成本控制的最后一关，必须十分重视。其中以有关项目管理人员的审核尤为重要，因为他们熟悉自己分管的业务，有一定的权威性。另外还有成本管理责任制度、技术组织措施制度、成本管理制度、定额管理制度、材料管理制度、劳动工资管理制度、固定资产管理制度等，都与成本控制关系非常密切。

（五）以成本计划控制成本

施工项目成本预测和决策为成本计划的编制提供依据。编制成本计划首先要设计降低成本技术组织措施，然后编制降低成本计划，将承包成本额降低而形成计划成本，成为施工过程中成本控制的标准。

对于计划成本降低额，我们通常以两算（概算、预算）对比差额与技术措施带来的节约额来估算：计划成本降低额＝两算对比差额＋技术措施节约额。

而对于计划成本，有以下几种方法：

施工预算法：计划成本＝施工预算成本－技术措施节约额。

技术措施法：计划成本＝施工图预算成本－技术措施节约额。

成本习性法：计划成本＝施工项目变动成本＋施工项目固定成本。

按实计算法：施工项目部以该项目的施工图预算的各种消耗量为依据，结合成本计划降低目标，由各职能部门结合本部门的实际情况，分别计算各部门的计划成本，最后汇总项目的总计划成本。

五、降低施工成本的措施

（1）加强图纸会审，减少设计浪费。项目建设过程中，施工单位所依据的图纸是由设计单位根据用户要求设计的，所以施工单位要在满足过程质量的前提下，联系实际情况，对设计图纸进行认真会审，并提出积极修改意见，在取得用户和设计单位的同意后，修改设计图纸。特别是对于结构复杂、施工难度高的项目，审图时更要加倍认真。

（2）加强合同预算管理，增加工程预算收入。深入研究招标文件、合同文件，正确编写施工图预算。编制施工图预算的时候，要将所有可能发生的成本费用列入施工图预算，通过工程款结算向甲方取得补偿。

把合同规定的"开口"项目作为增加预算收入的重要方面。比如，预算定额缺项的项目，可参照相近定额来编制施工图预算，在定额换算的过程中，预算员可根据设计要求，充分发挥自己的业务技能，提出合理的换算依据，摆脱原有定额偏低的约束，让"开口"项目的取费有比较大的潜力，增加工程预算收入。

根据工程变更资料及时办理增减账。工程变更必然会影响成本费用的变更，所以项目承包方应就工程变更对既定施工方法、机械设备使用、材料供应、劳动力调配和工期目标影响程度，以及实施变更内容所需要的各种资料进行合理估价，及时办理增减账手续，并通过工程结算从建设单位取得补偿。

（3）节约材料物资。建筑工程中，材料费用所占比重最大，一般达 $60\%\sim70\%$。所以节约材料消耗对降低工程成本意义重大。节约材料的主要途径有：①认真对待材料的采购、运输、入库、使用以及竣工后部分材料的回收等环节，加强管理，降低材料费用；②采购材料，尽量选择质优价廉的材料，做到就地取材，避免远距离运输；③合理使用材料，避免大材小用；④合理选择运输供应方式，合理确定库存，避免二次搬运；⑤控制用料，合理使用代用和质优价廉的新材料。

（4）加强施工生产管理，提高劳动生产效率。工程成本的高低取决于生产所消耗的物化劳动和活劳动的数量，取决于技术和组织管理水平。建安工程施工成本中工资支出比重较大，减少工资开支，主要是靠提高劳动生产率来实现。劳动生产率的提高有赖于施工机械化程度的提高和技术进步，这是以少量物化劳动取代大量活劳动的结果。所以采用机械化施工和新技术新工艺可以取得降低工资支出、降低工程成本的效果。

（5）提高机械设备利用率和降低机械使用费。随着施工机械化程度的提高，管理好施工机械，提高机械完好率和利用率，充分发挥施工机械的能力是降低成本的重要方面。主要途径有：①根据工程特点和施工方案，合理选择机械的型号、规格和数量；②根据施工需要，合理安排机械施工，充分发挥机械的效能，减少机械使用成本；③严格执行机械维修和养护制度，加强平时的机械维修保养，保证机械完好和在施工过程中运转良好。

（6）节约施工管理费，加强技术质量管理。施工管理费约为工程成本的 $14\% \sim 16\%$，所占比重较大，所以应本着艰苦奋斗的方针，精打细算节约开支，尽量减少非生产人员比例。施工过程中，积极推行新技术、新结构、新材料、新工艺，不断提高施工技术水平，保证工程质量，避免和减少返工损失。

第四节 安 全 管 理

一、安全管理的概念

施工安全是指在施工过程中，在实现工程质量、成本、工期等目标的同时，保证从事施工生产的各类人员的生命安全，不造成人身伤亡和财产损失事故。

从生产管理的角度，安全管理可以概括为：在进行生产管理的同时，通过采用计划、组织、技术等手段，依据并适应生产中人、物、环境因素的运动规律，使其经济方面能充分发挥，而又有利于控制事故不致发生的一切管理活动。安全管理的中心问题，是保护生产活动中人的安全与健康，保证生产顺利进行。

施工安全管理的任务是建筑生产安全企业为达到建筑施工工程中安全的目的，所进行的组织、控制和协调活动，主要内容包括制定、实施、实现、评审和保持安全方针所需的组织机构、策划活动、管理职责、实施程序、所需资源等。

安全法规、安全技术和工业卫生是安全控制的三大主要措施。安全法规侧重于对劳动者的管理，安全技术侧重于劳动对象和劳动手段的管理，工业卫生侧重于环境的管理。

二、安全管理的特点

1. 复杂性

水利工程施工中，施工项目是固定的，但是各生产要素，即生产过程中的人员、工具和设备，具有流动性；另外，施工项目是在野外，外部环境因素很多，如气候、地质、地形地貌、地域等，这些外部因素对施工项目的影响具有不确定性，这些生产和环境因素都决定了水利工程施工中安全管理的复杂性。

2. 多样性

受客观因素影响，水利工程项目具有多样性，使得建筑产品具有单件性，每一个施工项目都要根据特定条件和要求进行施工生产，对应施工项目的安全管理也具有多样性特点，主要表现在以下几个方面：

(1) 项目不能按相同的图纸、工艺和设备进行批量生产。

(2) 因项目需要设置的组织机构在项目结束后便不存在，生产经营的一次性特征突出。

(3) 新技术、新工艺、新设备、新材料的应用给安全管理带来新的难题。

(4) 人员的改变、安全意识、经验不同带来安全隐患。

3. 协调性

水利工程项目的施工过程必须在同一个固定场地按严格的程序连续生产，上一道工序完成后进行下一道工序，上一道工序的生产结果往往被下一道工序所掩盖，而每一道工序都是由不同的部门和人员来完成的。施工过程的连续性和分工决定了施工安全管理的协调性，要求在安全管理中不同部门和人员做好横向协调和配合，共同注意各施工生产过程接口处安全管理的协调，确保整个生产过程和安全。

4. 强制性

工程建设项目建设前，已经通过招投标程序确定了施工单位。由于目前建筑市场供大于求，施工单位大多以较低标价中标，实施中安全管理费用投入严重不足，不符合安全管理规定的现象时有发生，从而要求建设单位和施工单位重视安全管理经费的投入，达到安全管理的要求。

三、安全管理的内容

(一) 建立安全生产制度

安全生产责任制，是指项目经理为中心的安全生产责任制，企业对项目经理各部门、各类人员所规定的在他们各自职责范围内对安全生产应负责任的制度。建立安全生产责任制是施工安全技术措施的重要保证。施工现场项目经理是项目安全生产第一责任人，对安全生产负全面的领导责任。施工现场从事与安全有关的管理、执行和检查人员，特别是独立行使权力开展工作的人员，应规定其职责、权限和相互关系，定期考核。

(二) 贯彻安全技术管理

安全技术管理侧重于"劳动手段和劳动对象"的管理，包括预防伤亡事故的工程技术和安全技术规范、标准、条例等，减少或消除对人对物的危害。

(三) 坚持安全教育和安全技术培训

1. 安全教育内容

安全教育的种类有安全法制教育、安全思想教育、安全知识教育、安全技能教育以及事故案例教育。

对新工人（包括合同工、临时工、学徒工、实习和代培人员），必须进行公司、工地和班组的三级安全教育。教育内容包括安全生产方针、政策、法规、标准及安全技术知识、设备性能、操作规程、安全制度、严禁事项及本工种的安全操作规程。

对特殊工种工人，如电工、焊工、架工、司炉工、爆破工、机操工及起重工、打桩机和各种机动车辆司机等，除进行一般安全教育外，还要经过本工种的专业安全技术教育。

采用新工艺、新技术、新设备施工和调换工作岗位时，对操作人员进行新技术、新岗位的安全教育。

2. 安全技术培训

根据国家经济贸易委员会《特种作业人员安全技术培训考核管理办法》的规定，特种作业是指容易发生人员伤亡事故，对操作者本人、他人及周围设施的安全有重大危害的作业。从事这些作业的人员必须进行专门培训和考核。与建筑业有关的主要种类有：电工作业、金属焊接切割作业、起重机械（含电梯）作业、企业内机动车辆驾驶、登高架设作业、压力容器操作、爆破作业。

3. 安全生产的经常性教育

施工企业在做好新工人入场教育、特种作业人员安全生产教育和各级领导干部、安全管理干部的安全生产培训的同时，还必须把经常性的安全教育贯穿于管理工作的全过程，并根据接受教育对象的不同特点采取多层次、多渠道和多种方法进行。

（四）组织安全检查

安全检查的目的是消除安全隐患、防止安全事故发生、改善劳动条件及提高员工的安全生产意识，是施工安全控制工作的一项重要内容。通过安全检查发现工程中的危险因素，以便于有计划地采取相应的措施，保证安全生产的顺利进行。

1. 安全检查的类型

施工安全检查有日常性检查、专业性检查、季节性检查、节假日前后检查和不定期检查。

日常性检查是经常性、普遍检查，一般每年进行 1～4 次。项目部、科室每月至少进行一次，施工班组每周每班次都应进行检查，专职安全技术人员的日常检查应有计划、有部位、有记录、有总结地周期性进行。

专业性检查是指针对特种作业、特种设备、特殊场地进行的检查，如电焊、气焊、起重设备、运输车辆、锅炉压力容器、易燃易爆场所等，由专业检查员进行检查。

季节性检查是根据季节性的特点，为保障安全生产的特殊要求所进行的检查，如春季空气干燥、风大，重点检查防火、防爆；夏季多雨、雷电、高温，重点检查防暑、降温、防汛、防雷击、防触电；冬季检查防寒、防冻等。

节假日前后检查是针对节假日期间容易产生麻痹思想的特点而进行的安全检查，包括假前的综合检查和假后的遵章守纪检查等。

2. 安全检查的主要内容

施工现场应建立各级安全检查制度，工程项目部在施工过程中应组织定期和不定期的安全检查。主要是查思想、查管理、查隐患、查事故、查整改等。

查思想主要是检查企业干部和员工对安全生产工作的认识。

查管理主要是检查安全管理是否有效，包括安全生产责任制、安全技术措施计划、安全组织机构、安全保证措施、安全技术交底、安全教育、持证上岗、安全设施、安全标示，标识、操作规程、违规行为、安全记录等。

查隐患主要查作业现场是否符合安全生产的要求，是否存在不安全因素。

查事故主要是查明安全事故的原因、明确责任、对责任人作出处理，明确落实整改措施等要求。另外，检查对伤亡事故是否及时报告、认真调查、严肃处理。

查整改主要检查对过去提出的问题的整改情况。

3. 安全检查的要求

各种安全检查都应该根据检查要求配备力量；每种安全检查都应有明确的检查目的和检查项目、内容及标准；查记录是安全评价的依据，因此要认真、详细，特别是对隐患的记录必须具体，如隐患的部位、危险性程度及处理意见等；安全检查需要认真地、全面地进行系统分析，定性定量进行安全评价；整改是安全检查工作重要的组成部分，是检查结果的归宿。整改工作包括隐患登记、整改、复查、销案。

（五）进行安全事故处理

1. 预防事故的措施

预防事故的措施主要有：改进生产工艺，实现机械化自动化施工；设置安全装置，包括防护装置、保险装置、信号装置、危险警示；预防性的机械强度实验和电气绝缘检验；机械设备的保养和有计划的检修；文明施工；正确使用劳保用品等。

2. 安全事故处理原则

安全事故的处理原则主要有：事故原因不清楚不放过；事故责任者和员工没受教育不放过；事故责任者没受处理不放过；没有制定防范措施不放过。

3. 安全事故处理程序

安全事故处理程序一般是：报告安全事故；处理安全事故，抢救伤员、排除疫情、防止事故扩大，做好标识、保护现场；进行安全事故调查、对事故责任者进行处理；编写调查报告并上报。

4. 现场安全事故的应急措施

在施工现场，对安全事故要有应急措施：施工现场应重视与有关单位的联系，了解附近医疗单位、消防单位、公安部门、电力部门、燃气等部门的电话、地址，以便发现情况及时联系；普及现场急救常识、重视救护物品的准备，如备用急救物品的准备、存放、检查、定期检查和更换消防器材、准备各种安全防护用具等；加强现场安全事故应急处理的培训以及灭火知识教育，严格进行保护事故现场、隔离和切断危险源（如电源、气源、火源）的正确方法的培训，可以有效地控制事故的蔓延。

四、施工安全技术措施

施工安全技术措施包括安全防护设施和安全预防措施，主要有防火、防毒、防爆、防洪、防尘、防雷击、防触电、防坍塌、放物体打击、防机械伤害、防起重机械滑落、防高空坠落，防交通事故、防寒、防暑、防疫、防环境污染等方面的措施。

（一）施工安全技术措施编制要求

（1）要在工程开工前编制，并经过审批。

（2）要有针对性。施工安全及措施是针对每项工程特点而制定的，因此，编制安全技术措施的技术人员必须掌握工程概况、施工方法、施工环境等一手资料，并熟悉安全法规、标准等才能编写有针对性的安全技术措施。

（3）要考虑全面、具体。

（4）要有操作性。对大型工程，除必须在施工项目管理规划中编制施工安全技术总体措施外，还应编制单位工程或分部分项工程安全技术措施，详细地定制出有关安全方面的防护要求和措施，确保该单位工程或分部分项工程的安全施工。

（二）施工安全技术措施的主要内容

1．安全保证措施

（1）明确安全责任。针对实际情况，建立健全施工安全管理制度，要求各级安全员忠于职守，对一切违反规定的劳动和违章行为要坚持原则及时纠正。

（2）做好安全技术交底工作。各项施工方案、施工工序在实施前，工程师和专职安全员必须事先做好技术交底，强化职工安全保护意识，特别对于易燃易爆材料，在施工前制定详尽的安全保护措施，确保安全。

（3）建立安全生产设施管理制度和劳保用具的发放制度，确保工程设施、设备、人员的安全。定期或不定期地对安全生产设施进行检查，发现问题及时进行处理，配备劳保用具和必要的安全生产设施。

2．施工现场安全措施

（1）施工现场的布置应符合防火、防触电、防雷击等安全规定的要求，现场的生产、生活用房、仓库、材料堆放场、修配间、停车场等临时设施，应按照总平面布置图统一部署。

（2）施工场内的地坪、道路、仓库、加工场、水泥堆放场四周采用砂或碎石进行场地硬化，危险地点悬挂警示灯或警告牌，工作坑设防护围栏和明显的红灯警示，并在醒目的地方设置固定的大幅安全标语及各种安全操作规程牌。

（3）现场实行安全责任人负责制，具体制定各项安全施工规则，检查施工执行情况，对职工进行安全教育，组织有关人员学习安全防护知识，并进行安全作业考试，考试合格的职工才具备进入施工作业面作业的资格。

（4）重视业主和设计单位提供的气象资料和水文资料，做好抗灾和防洪工作。按照业主和监理要求做好每年的汛前检查工作，配置必要的防汛物资和器材，按要求做好汛情预报和安全度汛工作。若发现有可能危机人身、工程、财产安全的灾害预兆时，应采取切实可行的防灾害措施，确保人身、工程、财产的安全。

（5）定期举行安全会议，适时分析安全工作形势，由项目经理部成员，工区责任人和安全员参加，并做好记录，各种作业班组在班前班后对该班的安全作业情况进行检查和总结，并及时处理安全作业中存在的问题，建立和保留有关人员安全记录档案。

（6）加强安全检查，建立专门安全监督岗，实行安全生产承包责任制。在各自业务范围内，对应实现的安全生产负全责。遇有特别紧急的事故征兆时，停止施工，采取措施确保人员、设备和工程结构安全。

（7）施工现场的生产、生活区按《中华人民共和国消防法》有关规定，配备一定数量常规的消防器材，明确消防责任人，并定期按要求进行防火安全检查，及时消除火灾隐患。

（8）住房、库棚、修理间等消防安全距离应符合《中华人民共和国消防法》有关规定，严禁在室内存放易燃、易爆、有毒等危险品。

（9）氧气瓶不得沾染油脂，乙炔瓶应安装防火安全装置，氧气瓶与乙炔瓶必须隔离存放，隔离存放的距离应符合有关安全规定的要求。

（10）现场工作人员应佩戴统一安全帽，高空作业人员应系好安全带。

（11）施工现场临时用电，严格按《施工临时用电安全技术规范》中的有关规定办理。

（12）施工现场和生活区应设置足够的照明，其照明度应不低于国家有关规定。对于夜间或特殊场所施工照明应充足、均匀，在潮湿条件下的照明供电电压不应大于 36V。

学　习　检　测

一、名词解释

计划管理、工程项目质量、质量管理、全过程质量管理、全员质量管理、直方图、控制图、施工成本、成本管理、安全管理

二、填空题

1. 施工管理的工作业务范围按业务性质分有（　　）、（　　）、（　　）、（　　）、（　　）、（　　）、（　　）。

2. 工程项目计划管理的特点主要有：（　　）、（　　）、（　　）。

3. 施工企业根据所从事的施工生产经营活动需要编制各种计划，按照计划时间长短分为（　　）、（　　）、（　　）；按照计划的内容和性质分为（　　）、（　　）、（　　）、（　　）。

4. 施工计划虽然在具体项目内容、指标方面有不同要求，但编制步骤大致相同，一般有如下几个过程：（　　）、（　　）、（　　）、（　　）。

5. 开展全面质量管理的基本要求可以概括为"三全一多样"，即（　　）、（　　）、（　　）、（　　）。

6. 全面质量管理的基本原则是（　　）、（　　）、（　　）、（　　）、（　　）。

7. 全面质量管理的基本方法可以概括为四个阶段，是（　　）、（　　）、（　　）、（　　），其中（　　）是关键。

8. 全面质量管理常用的七种工具是（　　）、（　　）、（　　）、（　　）。

9. 水利工程质量实行质量管理体制是（　　）、（　　）、（　　）。

10. 在水利水电工程中，将质量事故分为（　　）、（　　）、（　　）。

11. 施工项目成本按成本计价的定额标准分为（　　）、（　　），按计算项目成本对象分为（　　）、（　　）、（　　）、（　　），按生产费用与工程量关系划分为（　　）、（　　），按照生产费用计入成本的方法分为（　　）、（　　）。

12. 现代化成本管理的环节一般包括（　　）、（　　）、（　　）、（　　）、（　　）、（　　）、（　　）七个环节。

13. 施工项目成本控制方法有（　　　）、（　　　）、（　　　）、（　　　）、（　　　）。

14. 安全管理的特点是（　　　）、（　　　）、（　　　）、（　　　）。

三、选择题

1. 计划管理是施工管理的（　　　）。

　　A. 重要组成部分　　　　　　B. 基本内容　　　　　　C. 手段

2. 施工总进度计划是（　　　）。

　　A. 中、长期计划　　　　　　B. 年度计划　　　　　　C. 月度计划

3. 施工企业内质检部门编的质量计划是（　　　）。

　　A. 综合施工计划　　　　　　B. 作业计划　　　　　　C. 专业计划

4. 施工计划的实施控制是一个（　　　）。

　　A. 动态控制过程　　　　　　B. 雷打不动的过程　　　C. 随时修改的过程

5. 全面质量管理是企业管理的（　　　）。

　　A. 中心环节　　　　　　　　B. 主要环节　　　　　　C. 重要节点

6. 质量第一是水利工程推行全面质量管理的（　　　）。

　　A. 思想基础　　　　　　　　B. 物质基础　　　　　　C. 统一规定

7. 全面质量管理强调用数据说话，是因为它是以（　　　）方法为基本手段。

　　A. 数理统计　　　　　　　　B. 技术分析　　　　　　C. 质量报告

8. 全面质量管理的基本方法可以概括为四个阶段，其中（　　　）是循环的关键。

　　A. 计划阶段　　　　　　　　B. 执行阶段　　　　　　C. 处理阶段

9. 某水利工地混凝土浇筑，温控不当，出现了一条裂缝，进行了处理。这属于（　　　）。

　　A. 一般质量事故　　　　　　B. 重大质量事故　　　　C 特大质量事故

10. 施工企业支付给生产工人的工资是（　　　）。

　　A. 直接成本　　　　　　　　B. 间接成本　　　　　　C. 其它成本

四、问答题

1. 何谓计划管理？其特点和任务是什么？

2. 工程质量事故的分类有哪些？

3. 简述施工项目成本控制的环节和方法。

4. 降低施工成本的措施有哪些？

5. 何谓安全管理？其特点是什么？内容有哪些？

五、论述题

1. 简述施工计划的种类有哪些？

2. 何谓全面质量管理？全面质量管理的基本要求和原则是什么？

3. 全面质量管理的基本方法是什么？

参 考 文 献

[1] 钟汉华. 水利水电工程施工技术 [M]. 北京：中国水利水电出版社，2004.
[2] 杨康宁. 水利水电工程施工技术 [M]. 北京：中国水利水电出版社，1994.
[3] 侍克斌. 水利工程施工 [M]. 北京：中国水利水电出版社，2009.
[4] 袁光裕. 水利工程施工 [M]. 北京：中国水利水电出版社，2003.
[5] 苗兴皓. 水利工程施工技术 [M]. 北京：中国水利水电出版社，2008.
[6] 余恒睦. 施工机械与施工机械化 [M]. 北京：水利电力出版社，1987.
[7] 章仲虎. 水利工程施工 [M]. 北京：中国水利水电出版社，2009.
[8] 刘祥柱. 水利水电工程施工 [M]. 郑州：黄河水利出版社，2009.
[9] 张玉福. 水利施工组织与管理 [M]. 郑州：黄河水利出版社，2009.
[10] 周克已. 水利工程施工 [M]. 北京：中央广播大学出版社，2004.
[11] 黄森开. 水利水电施工组织与工程造价 [M]. 北京：中国水利水电出版社，2003.
[12] 俞振凯. 水利水电工程管理与实务 [M]. 北京：中国水利水电出版社，2004.
[13] 魏璇. 水利水电工程施工组织设计指南（上）[M]. 北京：中国水利水电出版社，1999.
[14] 魏璇. 水利水电工程施工组织设计指南（下）[M]. 北京：中国水利水电出版社，1999.
[15] 钟汉华. 水利水电工程施工组织与管理 [M]. 北京：中国水利水电出版社，2005.
[16] 王火利. 水利水电工程建设项目管理 [M]. 北京：中国水利水电出版社，2005.
[17] 张智涌. 水利水电工程施工技术 [M]. 北京：中国水利水电出版社，2003.
[18] 董邑宁. 水利工程施工技术与组织 [M]. 北京：中国水利水电出版社，2005.
[19] 王柏乐. 中国当代土石坝工程 [M]. 北京：中国水利水电出版社，2004.
[20] DL/T 5087—1999 水电水利工程围堰设计导则 [S]. 北京：中国电力出版社，1999.
[21] DL/T 5128—2001 混凝土面板堆石坝施工规范 [S]. 北京：中国电力出版社，2001.
[22] DL/T 5129—2001 碾压式土石坝施工规范 [S]. 北京：中国电力出版社 2001.
[23] DL/T 5235—2001 水利水电工程爆破施工技术规范 [S]. 北京：中国电力出版社，2001.
[24] DL/T 5144—2001 水工混凝土施工规范 [S]. 北京：中国电力出版社，2002.
[25] DL/T 5235—2001 水工混凝土模板施工规范 [S]. 北京：中国电力出版社，2002.
[26] DL/T 5169—2002 水工混凝土钢筋施工规范 [S]. 北京：中国电力出版社，2003.
[27] SL 26—92 水利水电工程技术术语标准 [S]. 北京：水利电力出版社，1993.
[28] SL 47—94 水工建筑物岩基开挖工程施工技术规范 [S]. 北京：中国水利水电出版社，1994.
[29] SL 53—94 水工碾压混凝土施工规范 [S]. 北京：中国水利水电出版社，1994.
[30] SL 62—94 水工建筑物水泥灌浆施工技术规范 [S]. 北京：中国水利水电出版社，1994.
[31] SL 274—2001 碾压式土石坝设计规范 [S]. 北京：中国水利水电出版社，2002.
[32] SL 303—2004 水利水电施工组织设计规范 [S]. 北京：中国水利水电出版社，2004.
[33] SL 378—2007 水工建筑物地下开挖工程施工规范 [S]. 北京：中国水利水电出版社，2007.
[34] SL 377—2007 水利水电工程喷锚支护技术规范 [S]. 北京：中国水利水电出版社，2007.
[35] SL 223—2008 水利水电建设工程验收规程 [S]. 北京：中国水利水电出版社，2008.